知/识/产/权/运/营/书/系

U0519006

Management of Patent

专利运营论

刘海波　吕旭宁　张亚峰 / 著

知识产权出版社
全国百佳图书出版单位

图书在版编目（CIP）数据

专利运营论/刘海波，吕旭宁，张亚峰著. —北京：知识产权出版社，2017.8
（知识产权运营书系）
ISBN 978-7-5130-4454-7

Ⅰ.①专… Ⅱ.①刘…②吕…③张… Ⅲ.①专利—运营管理—研究 Ⅳ.①G306.3

中国版本图书馆 CIP 数据核字（2016）第 219636 号

内容提要

本书由理论探索篇和案例解析篇组成。理论探索篇，从组织战略切入，立足组织经营发展、研究开发和知识产权三位一体的战略视角，讨论了专利运营的本质、专利运营的规律和专利运营的价值取向等专利运营的重大、核心问题，分析了五种不同类型的组织对专利运营的需求。案例解析篇，通过 20 多个国内外典型案例，进一步对理论探索篇所归纳的不同类型组织的专利运营情况进行说明，以期通过生动的实例说明专利运营的理论在组织经营中的具体运用和体现。

本书可供政策制定者、企业从业者和学术研究者参考。

责任编辑：李　潇　　　　　　　　责任校对：潘凤越
封面设计：张　冀　　　　　　　　责任出版：刘译文

专利运营论

刘海波　吕旭宁　张亚峰　著

出版发行：知识产权出版社有限责任公司	网　　址：http://www.ipph.cn
社　　址：北京市海淀区气象路 50 号院	邮　　编：100081
责编电话：010-82000860 转 8133	责编邮箱：elixiao@sina.com
发行电话：010-82000860 转 8101/8102	发行传真：010-82000893/82005070/82000270
印　　刷：北京嘉恒彩色印刷有限责任公司	经　　销：各大网上书店、新华书店及相关专业书店
开　　本：787mm×1092mm　1/16	印　　张：21.25
版　　次：2017 年 8 月第 1 版	印　　次：2017 年 8 月第 1 次印刷
字　　数：426 千字	定　　价：78.00 元
ISBN 978-7-5130-4454-7	

序

党的"十八大"明确提出"科技创新是提高社会生产力和综合国力的战略支撑，必须摆在国家发展全局的核心位置"。强调要坚持走中国特色自主创新道路、实施创新驱动发展战略。当前，中国经济发展进入新常态，创新成为引领发展的第一动力，大众创业、万众创新正在蓬勃兴起，知识产权作为创新与经济社会发展之间的桥梁和纽带，正发挥着越来越重要的作用。《中共中央国务院关于深化体制机制改革加快实施创新驱动发展战略的若干意见》也明确提出，要让知识产权制度成为激励创新的基本保障。专利作为知识产权的重要部分和主要部分，同时也是与科学技术衔接最为密切的一种知识产权，在大众创业和万众创新背景下，将会扮演更加重要的角色。

2015 年是我国《专利法》实施 30 周年。30 多年来，我国专利创造能力不断提升，专利申请和授权的数量也迅速增长。这一年内，国家知识产权局共受理发明专利申请 92.8 万件，连续 4 年位居世界首位；共授权发明专利 23.3 万件。截至 2014 年年底，代表较高专利质量指标、体现专利技术和市场价值的国内（不含港澳台）有效发明专利拥有量共计 66.3 万件，每万人发明专利拥有量达到 4.9 件。此外，2014 年，国家知识产权局共受理通过《专利合作条约》（PCT）途径提交的国际专利申请 2.6169 万件。

近年来，专利运营在我国迅速展开并初见成效，但从整体上看我国专利运营活动尚处于起步阶段，专利运营服务行业规模不大、服务能力有限、管理水平不高，迫切需要进一步发挥第三方社会组织的力量，加强专利运营机构间的协同创新。2015 年 4 月 26 日世界知识产权日，在国家知识产权局引导和支持下，中国专利保护协会邀请全国 60 余家重点知识产权运营机构共同发起成立了中国知识产权运营联盟，我作为联盟理事长也有幸投身到知识产权运营，特别是专利运营的大潮中，并将努力推动我国企业知识产权运营能力和风险防范能力的有效提升。

在这样的大背景下，中国科学院研究员刘海波等人的专著《专利运营论》完稿付梓，可谓恰逢其时。本书分为理论探索篇和案例解析篇。上编理论探索篇围绕当前国内专利运营中的常见问题，重点关注基于组织的专利运营，研究了专利运营的规律，探讨专利运营的价值取向，并从理论上揭示了专利运营的本质。下编案例解析篇将专利运营组织分为生产型组织、服务型组织、研发型组织、集中型组织和综合型组织，还选择了日本佳能株式会社、德国弗劳恩霍夫协会、美国高智发明公司、英国技术集团和中国华为技术有限公司等 25 个有代表性的各类专利运营领域组织解剖其专利运营案例。

基于组织的视角研究专利运营，是本书的重点和特点。本书提出的"三位一体"的专利运营，强调专利运营要和组织的其他经营资源、要素和形式结合起来，必须有合适的战略设计和制度安排。经营发展战略、研究开发战略和知识产权战略需要通过整合才能为组织带来竞争优势。知识产权活动和研发现场是不可能分离存在的，知识产权战略与研发战略同样也是紧密结合共同服务于企业经营发展的。

本书详细探析了不同组织在国际化战略中的专利运营活动。在创新驱动发展战略和"一带一路"国家战略深入实施的背景下，我国有越来越多的企业将自身发展放眼海外，积极寻求机遇参与全球市场的角逐，争取在世界经济贸易格局中取得一席之地。为了更好地实现国际化，企业必须构建自己的竞争优势，而专利作为一种重要的战略性资源，无疑是企业借以构建竞争优势的一个重要选择，对于一些技术强度要求比较高的产业，专利几乎已经成为企业进军全球化市场的必备"门票"，比如信息通信技术产业领域的智能终端产业。

希望《专利运营论》的出版发行，能为我国企业开展专利运营活动发挥有益的参考和借鉴作用，对我国大众创业、万众创新的全面推进产生积极的影响。

中国专利保护协会秘书长
中国知识产权运营联盟理事长

目　录

下编　案例解析篇

导　言

一、专利运营在我国的展开

2013 年 4 月 2 日，国家知识产权局办公室发布《关于组织申报国家专利运营试点企业的通知》（以下简称《通知》），标志着"专利运营"作为政策概念的根本确立。与该《通知》一同下发的《国家专利运营试点企业申报指南（试行）》对申报试点企业是这样要求的：以提高企业创新驱动发展能力和核心竞争力为目标，将专利运营贯穿于企业技术研发、产品化和市场化的全流程，加快新技术新产品新工艺研发应用；鼓励专门从事专利运营等相关业务的企业发展，加强专利技术集成和专利运营商业模式创新，着力培育专利运营业态。这意味着我国政府倡导专利运营，实际上有两种类型，一种是产品型企业的专利运营，另一种是专门从事专利运营企业的专利运营。对前者的要求是把专利运营贯穿在技术研发、产品化和市场化的全流程，加快新技术新产品新工艺研发应用；对后者的要求是加强专利技术集成和专利运营商业模式创新，着力培育专利运营业态。

近年来，专利运营在我国迅速展开并初见成效。国家知识产权局先后于 2013 年 8 月和 2014 年 12 月两次分别批准 35 家企业为国家专利运营试点企业[①]。这些企业按照国家知识产权局制定的《专利运营试点企业培育指引》的要求，积极探索，做出了大量有益的尝试。2012 年 5 月由北京市政府倡导的北京知识产权运营管理公司成立，围绕北京市重点产业和重点领域，探索知识产权综合运营服务之路。2014 年 4 月由海淀区政府和中关村管委会各出资 2000 万元，并吸引金山、小米、TCL 等多家科技企业投资，成立了我国第一支专注于专利运营和技术转移的基金——睿创专利运营基金，并由智谷公司负责基金管理与日常运营。2014 年 4 月深圳市发布了《企业专利运营指南》[②]，作为标准化指导性技术文件，为企业开展专利运营提供切实指导，受到普遍欢迎。

2015 年年初，全国知识产权运营公共服务平台建设工作正式启动，该

[①] 相关文件包括《国家知识产权局关于确定国家专利导航产业发展实验区、国家专利协同运用试点单位、国家专利运营试点企业的通知》（国知发管字〔2013〕149 号），《关于确定第二批国家专利运营试点企业的通知》（国知发管函字〔2014〕156 号）。

[②] 深圳市市场监督管理局. 企业专利运营指南（SZDB/Z 102-2014）[S]. 2014.

平台采用"1+2+20+N"的组织结构，即在北京建设一个总平台，在西安和珠海建设两个特色平台，在全国选择 20 家具有较强国际化经营能力的知识产权运营机构作为基础机构，吸引更多的机构参与其中。目前，平台建设工作正在紧张进行中。

同年的 4 月 26 日世界知识产权日，在国家知识产权局引导和支持下，由中国专利保护协会邀请全国 60 余家重点知识产权运营机构共同发起成立中国知识产权运营联盟。中国知识产权运营联盟将开展六项核心工作：①充当桥梁纽带，建立与政府部门、司法机关、行业协会及相关联盟的沟通机制，加强政策引导；②扩大宣传影响，培养高端人才；③加强知识产权运营试点机构跨行业、跨区域、跨部门之间的沟通和交流，推动协同共享；④引入国际专利，加强二次开发；⑤制定知识产权许可、转让、竞价交易的服务规范和标准，逐步规范我国知识产权交易市场，引导联盟成员探索设立知识产权运营基金，开展知识产权质押、知识产权证券化等金融创新模式；⑥整合联盟成员专家资源，建立高端智库，提供决策支撑服务。

不过必须看到，我国专利运营还面临两方面亟待解决的问题。一方面是专利运营的盈利情况不乐观。专利转让是我国专利运营中的主要手段，但是我国专利转让以企业内部的专利转让居多，营利性较差，其他形式的专利运营还较少。另一方面是当前主流倡导的专利运营形式和手段有意无意地忽视了专利对组织业务的支撑作用。尽管专利运营形式和手段多种多样且不断推陈出新，但是由于强调专利价值的直接实现，能够把专利价值变现的许可、转让、质押、出资等受到高度重视，而专利对组织业务发挥支撑和保护作用的形式和手段却没有得到应有的关注。

从整体上看，我国专利运营活动的开展处于起步阶段。目前，在一些个别的产业领域和技术领域，我国的专利运营已经初见成效，但是我国专利运营的实践和有关专利运营的政策制定都还有待于进一步发展和完善。这其中有一个重要的基础性因素是，我国专利制度的历史还比较短，符合我国国情并与专利制度配套的各项制度还在进一步的探索和完善中，而且社会上有利于专利运营的社会意识也还处于形成阶段。

二、我国专利运营面临的新形势

1. 知识产权强国建设

2014 年 7 月 11 日，国务院总理李克强在会见世界知识产权组织总干事高锐一行时指出我国"努力建设知识产权强国"。建设知识产权强国，是我国知识产权战略的升级版。

最早明确提出建设知识产权强国构想的是韩国。2009 年 7 月，以韩国国务总理室为首的 13 个部门联合发表了《知识产权强国实现战略》的报告。报告由推进背景、前景与重点任务、推进课题、预期效果和实施计划五部分组成，具体论述了韩国建设知识产权强国的目标、路径和措施。

虽然韩国是最早提出建设知识产权强国具体构想的国家，但是利用知识产权提高本国产业竞争力、提升国际影响力的知识产权强国思想在美国、日本等国家的有关文件中已早有表述。比如，1983 年 6 月，美国总统里根任命惠普公司总裁约翰・杨为总统产业竞争力委员会主席。该委员会由来自学术界和产业界的有识之士组成，任务是调查美国产业竞争力衰退的原因，并向总统提出相应的政策建议。经过一年半的广泛、深入调查，1985 年 1 月 25 日，委员会提交了名为《全球竞争：新现实》的报告，这就是在世界知识产权史上有名的"杨报告（Young Report of 1985）"。报告称，美国的技术力依然是世界最高水平，但是这一点没有在产品贸易中体现出来，原因是各国的知识产权保护不力。为了恢复美国的产业竞争力，应该推行"重视专利的政策（Pro-patent Policy）"。这个建议被美国政府积极采纳。1985 年 9 月里根发表的"美国贸易政策"和 1986 年 4 月美国贸易谈判代表发表的"知识产权政策"中都强调了"重视专利政策"。在美国强大的政治力、经济力和制度构想力的影响下，其他国家和国际组织或主动或被动地响应了美国的"重视专利政策"，从而使重视专利政策由理念逐步落实到了行动。

又如，2002 年日本首相小泉纯一郎在国会发表演说中提出"知识产权立国"概念，建立了知识产权战略委员会，通过了《知识产权战略大纲》，颁布《知识产权基本法》，明确提出了"知识产权立国"的目标，并于 2003 年成立知识产权战略本部。至此，日本实现了从"贸易立国"到"技术立国"，再到"知识产权立国"的战略升级。

我国的发展历程与日本有诸多相似之处，2008 年国务院发布《国家知识产权战略纲要》（国发〔2008〕18 号），2014 年年底由我国 20 多个部门共同制定的《深入实施国家知识产权战略行动计划（2014～2020 年）》（国办发〔2014〕64 号）明确提出要建设知识产权强国，2015 年全国知识产权宣传周更是提出了"建设知识产权强国支撑创新驱动发展"的主题。

专利是知识产权的重要部分和主要部分，而且专利是与科学技术衔接最为密切的一种知识产权，从这一角度看，建设"知识产权强国"是"科教兴国"战略的升级版和加强版。建设知识产权强国的一项主要内容就是专利强国，利用专利来强国最重要的就是对专利的运用和经营。

2. 大众创业、万众创新

目前，我国经济发展呈现出新一轮的创业潮，而且创业行为出现在社会各个阶层，呈现出极大的复合性。《国务院办公厅关于发展众创空间推进大众创新创业的指导意见》（国办发〔2015〕9 号）提出了促进创新创业的具体任务，2015 年 1 月国务院常务会议决定设立规模达到 400 亿元的新兴产业创投引导基金，来支持更多创新企业的发展。

在大众创业和万众创新背景下，专利将会有大作为。2012 年，美国专利代理人 Leonid Kravets 等人为了研究专利对创业企业的重要性，建立了一个专利活动数据库，涵盖 12000 家技术公司。研究发现：1/3 获融资的公司，提交了专利申请；19％获融资的公司，在获得任何融资前至少提交了一次专利申请；整个获融资公司的专利申请率（任一时间段）为 33％；申请了专利的公司再次申请专利的可能性越大，申请专利的数量越多[①]。可见，专利对创业企业的重要性表现在多个方面，专利可以帮助初创企业比没有专利的企业更快的成长[②]。

但是从我国的目前情况来看，很多进行到 C 轮融资的初创企业还没有专利行为，这为科技型企业的发展埋下了很大的隐患，而这也正是专利运营的机会和意义所在。专利运营机构会在这里发现商机，教育创业者和投资者重视知识产权的风险管理，并把机会转化为业务。

可以预期，随着大众创业、万众创新的进一步深入，我国的市场环境会进一步和国际接轨，前述 Leonid Kravets 等人对专利与创业企业关系研究中发现的规律也会在我国发生作用。

三、本书的目的与结构

1. 本书的目的

2008 年 6 月发布的《国家知识产权战略纲要》，提出"激励创造、有效运用、依法保护、科学管理"的指导方针，把"运用"摆在"创造、运用、保护、管理"四方面工作的第二位，足以表明我国政府对加强运用以实现专利价值的急迫性的强调。"十二五"以来我国专利申请量和授权量飙升进一步反映出强化运用的时不我待。

从专利实施到专利运用再到专利运营，我国不断对实现专利价值的途径进行拓展。只是当人们很多时候把专利运营理解为如何把专利直接换成现金的时候，就需要问一下，专利价值实现是不是等同于专利创造现金流？

当然不是。现金流观点下的专利运营，有强烈而浓厚的科技成果转化色彩，这和我国专利工作部门脱胎于、依附于科技工作部门的历史渊源或现实情况有密切关系。科技进步贡献率是科技成果转化的宏观指标，一个技术卖多少钱是科技成果转化的微观指标。当前常用的衡量专利创造现金流的指标，如专利质押融资额、专利转让收入、专利许可收入等和科技成

① Kravets L. Do patents really matter to startups? New data reveals shifting habits [EB/OL]. (2012-06-21) [2015-12-22]. http://techcrunch.com/2012/06/21/do-patents-really-matter-to-startups-new-data-reveals-shifting-habits/.

② Helmers C, Rogers M. Does patenting help high-tech start-ups? [J]. Research Policy, 2011, 40 (7): 1016-1027.

果转化的思维方式极其相似，都是想直接测度出价值。专利运营如果不打破这样的思维限制，很难推动专利实现其真正的价值。

回顾有专利制度以来的创新发展史，不难发现，专利对组织业务的第一作用是支撑和保障，或者像英文表达的那样："Freedom to operate"（保障业务自由）。用专利去创造现金流，反倒是近年来流行的新业务。用专利创造现金流的神话级人物 Mashell Phlieps 在自己的著作《Burning the Ships》①中详细讲述了自己在担任 IBM 专利许可总监时，是在什么背景下进行的这项工作（参阅本书下编第十章 IBM 案例）。我们在研究中发现，几乎所有从事专利运营的大企业，都是在受到财务压力时才开始向外许可专利创造现金流的。始作俑者 IBM 如此，松下电器（Panasonic）亦如此，同样是日本制造业巨擘的佳能公司，甚至于对利用专利创造现金流的经营行为表示出极大的不解②。

可见，对专利的作用和意义的认识因组织而异。但无论怎样的认识，都不应该取一端而不顾其余，因为这既有悖于事实，也偏离了"我叩其两端而竭焉"③的大智慧。强调"实施"时，关注的是专利价值的产品化实现，制造业企业是重点；强调"运营"时，关注的是专利价值的金融化实现，服务业企业是重点。但是无论是制造业企业还是服务业企业，要想在一波又一波的竞争大潮中不被淘汰，就必须把产品或服务的构成，即业务结构布局放在第一位，其次才是单项业务的发展。专利创造现金流是专利作用的新体现。可以预言，专利支撑组织业务的作用形式还会有更多新的体现。而且，随着更多新形式的出现，在 Pro-IP（重视知识产权）的时代，专利对组织业务的顶梁柱的作用和意义益发显著。下文所提到的通过运营所实现的专利在掌握市场进入权、保护产品、构筑竞争优势和塑造商业生态系统等方面的功能，其实都是专利的顶梁柱功能的现实体现。这些功能通常并不能够直接给组织带来现金收益，但是却能够增强组织获取现金的能力，同时对于维系组织的经营发展和提升组织的能力地位也有重要支撑作用。一旦失去了这种支撑作用，轻则会降低组织获利能力，重则会影响组织的经营发展。

因此，本书的目的有三。一是分析专利运营的本质。专利本质上是组织的战略工具，专利运营必须符合组织的战略目标。二是探索专利运营的规律。专利运营业态要做强做大，不了解其规律，难以奏效。三是专利运营的价值取向。专利运营价值的实现，应该追求哪条路径，现金流还是顶梁柱？

---

① 菲尔普斯，克兰. 烧掉舰船［M］. 谷永亮，译. 北京：东方出版社，2010.
② 本书作者之一刘海波 2014 年 1 月访谈佳能公司专务、知识产权法务本部长长泽健一时，问到对松下公司出售专利一事的评论，长泽说"看来松下的现金确实有些紧张"。
③ 《论语·子罕》，子曰：吾有知乎哉？无知也。有鄙夫问于我，空空如也。我叩其两端而竭焉。

2. 本书的结构

为了有效地追求上述三个目的，本书在结构上分为上下两编。上编是理论探索篇，下编是案例解析篇。上编理论探索篇在围绕当前国内专利运营中常见理论问题展开的同时，重点关注基于组织的专利运营问题。下编选择专利运营领域各类有代表性的组织解剖其专利运营案例。上编涉及的理论问题主要有：专利运营概念及其特性，专利运营形式及其功能，专利运营规律与体系，专利运营流程与风险防控，专利运营环境与国际化。下编涉及的组织主要分为生产型组织、研发型组织、集中型组织、服务型组织和综合型组织。基于组织的视角研究专利运营，是本书的重点和特点。

另外，本书还在适当的地方提供了扩展阅读资料，供读者参考。

上　编

理论探索篇

第一章 专利运营的概念与规律

一、专利运营概念界定

专利运营，是指市场经济中的各类主体，基于专利制度和其他相关法律、法规、政策，利用经济规律和市场机制对专利申请权、专利权、专利信息、专利技术进行的研发的、生产的、商业的、法律的以及其他形式的谋求自身利益的行为。

这样界定的专利运营具有以下特征。

第一，专利运营的主体，可以是市场经济中的各类主体，包括以营利为根本目的的企业和专业服务机构，也可以是非营利的社团组织，又可以是科研机构、大学，还可以是个人。尽管我国当前专利运营政策、研究和舆论关注的是企业、专业服务机构、科研机构和大学，但是个人也可以进行专利运营，成为专利运营主体。不过，本书重点研究组织的专利运营，不过多讨论个人的专利运营。

第二，专利运营主体进行专利运营的基础条件是专利制度和其他相关法律、法规和政策。没有专利制度，专利自身不存在，自然不能开展专利运营业务。没有其他相关的法律法规，如合同法、民事诉讼法等法律，行政复议等法规，专利运营也无法有效开展。近年来国家知识产权局等政府部门出台的一系列促进专利运营的政策，也构成了专利运营的有力支撑。

第三，经济规律和市场机制是专利运营的基本原则。专利运营是市场经济的产物，专利运营的机会、风险等都根源于市场经济的规律和机制。不根植于市场经济规律和市场机制的专利运营，如基于行政垄断的专利运营，不属于本书讨论的范围。事实上，基于行政垄断的专利运营也不具有可持续发展性。如英国技术集团（British Technology Group，BTG）的前身是英国政府于 1949 年组建的国家研究开发公司（National Research Development Company，NRDC），全权负责对英国政府公共资助形成的研究成果的商品化，但是一直和预期效果相差甚远，几经改组后于 1991 年彻底民营化。

知识框 1 英国国家研究开发公司

英国政府于 1949 年组建国家研究开发公司（National Research Development Company，NRDC），负责对政府公共资助形成的研究成果的商用化。根据英国 1967 年颁布的《发明开发法》，NRDC 有权取得、占有、出让为公共利益而进行研究所取得的发明成果，所有大学和公立研究机构，无论是实验室还是研究所，也无论是团体还是个人，只要所进行的研究是由政府资助的，成果一律归国家所有，由 NRDC 负责管理。

1975 年，英国政府又成立了国家企业委员会（National Enterprise Board，简称 NEB），主要职责是进行地区的工业投资，为中小企业提供贷款，研究并解决高技术领域发展的投资问题。

1981 年，英国政府决定 NRDC 与 NEB 合并，组建英国技术集团（British Technology Group），行使原 NRDC 对公共研究成果管理的权利。

1984 年 11 月，英国保守党政府认为《发明开发法》的垄断规定不利于科技成果充分发挥作用，抑制了科技人员的积极性，宣布废除有关规定，使发明者有了自主权，可以自由支配自己的发明创造，有利于发挥科技人员的积极性和创造力。这样 BTG 再也不能无偿占有公共资助的科研成果，但由于多数大学和公立研究机构对知识产权保护与商品化缺乏足够的资金和专长，仍愿意与 BTG 合作。

为了推动 BTG 的市场化运作，1991 年 12 月，英国政府把 BTG 转让给了由英国风险投资公司、英格兰银行、大学副校长委员会和 BTG 组成的联合财团，售价 2800 万英镑，促使 BTG 实现私有化。

第四，专利运营的操作对象是专利信息、专利申请权、专利权、专利技术等和专利密切相关的信息、权利和技术。专利信息是专利制度对社会的最大贡献，专利信息不但可以提高整个社会的技术类信息和知识基础，还可以帮助各类社会主体更好地选择研发主题和研发角度。因此，专利信息检索和分析属于专利运营的范畴。专利申请权是取得专利权的前提，专利申请权可以发明人自己行使，也可以转让给他人，在合作研发中对专利申请权的约定是一项重要内容，也属于专利运营的业务内容。专利权是专利运营的重点，基于专利权的许可、诉讼、联盟等构成了专利运营丰富多彩的主体内容。在大多数情况下，专利技术是专利运营取得实际效果的重要工具，技术性发明创造是取得专利权的前提条件，大多数专利权许可也带有技术转移的内容，因此，专利运营不能脱离专利技术。

第五，专利运营的形式多种多样。表现在研发方面，可以是根据专利信息分析有远见地部署研发选题和研发资源；表现在生产方面，可以是保障产品得以顺利生产；表现在商业方面，可以是强化定价权和竞争力；表现在法律方面，可以是诉讼和以诉讼为后盾的许可等。

第六，专利运营的目的自然是谋求利益。虽然在市场经济环境中，经济利益是最基本的、有时也是最大的利益，但也不尽然。大学和科研机构有时更追求自己成果的影响力和社会贡献。比如，美国国立卫生研究院（National Institute of Health，简称 NIH）的技术许可以社会利益为己任，原则明确、策略灵活，对大企业和中小企业设定不同的许可价格（详见下编有关章节）。

二、运营语境下的专利所指

（一）运营的特性

运营是个常用词，对运营的解释有很多种。辞海给出的解释是"（车船等）运行和营业"，包括机器运行、商业组织的商业活动等；也有观点认为运营指"对工作的策划、执行、管控"，比如资本运营、存货运营、供应链运营等；或者是将运营限定为以实现价值最大化为目标而进行的资源配置和经营运作的活动。尽管对运营的认识存在各种观点，但是有一点是非常明确的，即运营强调的是实际操作，包括针对宏观问题的战略性操作和针对微观问题的战术性操作。在现实经济生活中，所谓操作有三个基本要求，一是服务于目的，二是务实，三是灵活。当然，运营手段必须要和运营对象与工作内容结合起来才有意义，以企业市场运营为例，广告、促销、事件等都是运营手段。

专利运营的目的是谋求利益，但是利益的界定通常会随主体和主体所处的环境发生变化，也就是说利益具有主体个性化和发展阶段性的特点。比如，关于专利制度本身，就有"富者的美食、贫者的毒药"的说法。所以说，不同的主体有不同的利益诉求，同样的主体处于不同发展阶段和环境时，其利益诉求也会发生改变。

专利运营之所以能为运营主体创造利益，其基础有两个，一个是专利多维度的价值属性，另一个是运营的多样化手段。

专利具备法律、商业、技术和信息等方面的价值属性，即专利可以通过不同的角度展现其价值。从法律角度看，专利权是法律赋予专利权人一定期限内的独占排他性权利，权利人拥有使用或不使用、放弃或不放弃专利权的权利。从商业角度看，专利技术可以应用到产品生产中从而转化为现实生产力，也可以直接作为一种商品进入交易市场。从技术角度看，专利就是一种技术方案，具备"实用性、新颖性和创造性"的特点，而且专利文献向社会公开的技术信息对于相关技术的研究具有重要意义。从信息角度看，专利信息的公开是专利权人为获得专利权而付出的代价，专利信息包含丰富的内容，包括作为专利权人的组织的技术动态、发展方向等。从更广义的范围来看，与专利相关的法律信息、政策信息和商业信息也都属于专利信息的范畴，通过对这些信息的综合分析、运用，可以直接或间接地为组织创造价值。

需要明确的是，专利事实上只是一种形式和手段，最终能够带来收益的是专利背后的技术，即专利终极价值产生于专利转化为生产力这一环节。

在这一环节之前通过对专利在法律、商业和信息等方面的属性的运用也能够带来直接或间接的收益，但是这些收益其实是建立在专利制度对专利技术进行保护的基础之上的。

当然，专利运营不同于我国《专利法》规定的专利实施。《专利法》规定的发明和实用新型专利的实施是指"为生产经营目的制造、使用、许诺销售、销售、进口其专利产品，或者使用其专利方法以及使用、许诺销售、销售、进口依照该专利方法直接获得的产品"，外观设计专利的实施指"为生产经营目的制造、许诺销售、销售、进口其外观设计专利产品"。不难发现，我国《专利法》规定的专利实施是专利运营的一个侧面，没有体现专利不同角度的功能属性，而本书所提到的专利运营的概念则包括了更为广泛的内容，充分表现了专利各个维度的功能属性的应用，所以说法律规定的专利实施仅仅是专利运营中的一部分。

（二）专利的性质

专利的各项价值属性来自专利制度对专利技术的保护，而专利法是专利制度的核心和基础，专利的一个最基础性质就是权利法定性。因此，从专利法相关规定的角度来理解专利的性质，可以对专利运营有更好的理解。

（1）《专利法》规定专利权的申请取得。专利申请取得意味着申请或不申请就是一个运营选择。如果不申请专利更符合自身的利益，那么就可以选择其他方式保护自己的发明，比如利用市场先入者优势、商业秘密和学习曲线效应等方式。对于企业来说，若是短期内并没有实施相应技术成果的计划，可以选择在核心技术研发结束后，暂且将其作为技术秘密进行保护，同时开展外围专利技术的研发，并综合考虑产品市场推广需要、竞争对手研发情况等因素来确定提交专利申请的时机和提交专利申请的地域。

（2）《专利法》规定在未经专利权人许可的情况下任何单位和个人都不得实施其专利。这样规定的排他性的权利是专利运营的最重要的基础。因为专利权人可以根据自身的利益诉求，许可或不许可他人实施自己的专利；还可以决定以什么样的条件和价格，在什么地域范围以及多长时间内许可他人实施自己的专利。

（3）《专利法》还规定，国务院专利行政部门应当完整、准确、及时发布专利信息。专利信息包含有申请人信息、发明人信息和技术信息。这些信息也是专利运营的重要资源，通常会对经营决策发挥重要参考作用。不过需要注意的是，专利信息通常具有一定的滞后性，完全依据专利信息，可能导致决策失误。另外，专利信息可能会有一定的欺骗性，例如，申请人不充分公开技术信息，申请人可以是实际运营者的幌子，即壳公司（shell company）。因此，运营好专利信息的前提，是很好地理解和把握专利信息的性质。

（4）《专利法》规定专利权人以书面声明放弃其专利权的，则专利权在期限届满前终止。当专利获得授权后，专利权人是持有该专利还是放弃专利，与最开始是否选择申请专利一样，都是专利运营的选择。对于专利权人来说，当放弃或者部分放弃专利可以为其带来收益时，就可以选择放弃，这里的收益包括间接收益和潜在收益。

（5）专利法是国内法的性质决定专利权具有地域性。专利权只能在特定的国家产生法律效力，而没有域外效力，这就对想要进行专利运营的权利人提出了较高的要求，因为在运营过程中需要考虑很多国别因素，比如专利制度的不同、专利执法严格程度的差异等。

（6）专利权只能在特定时间内获得保护。作为对专利权独占性的均衡，专利制度规定专利权的保护具有一定期限，即专利权具有时效性。目前我国专利法所规定的发明专利的保护期限是 20 年，实用新型和外观设计的保护期限为 10 年，超过这一期限专利就会失效。

（三）专利运营的形式

1. 基于专利功能的分类

（1）专利权利运营。

专利权利运营包括对专利申请权和专利权的运营。专利是一种法律赋予的权利，专利权是专利法律价值属性的体现，所以专利运营的一项重要内容就是将专利作为一种权利进行运营。作为权利的专利运营主要包括权利的转让、专利拍卖、专利质押、专利诉讼和专利保险等形式。

① 专利转让。

专利的转让包括专利申请权的转让和专利权的转让，但是一般情况下所说的专利转让指的都是专利权转让，即专利权人将专利所有权全部转让给受让方，我国《专利法》第十条对专利转让进行了相应的规定[①]。

从运营的角度看，专利转让是盘活资产和筹集资金的一种方式。如果管理不当，持有大量专利也会成为专利权人的一个沉重负担，专利的申请费、年费、管理成本、诉讼费用、时间贬损成本等，都是源源不断的开支，而专利转让可以将这些支出进行转嫁，同时给专利权人带来权利转让的收入。

一般来看，专门转让专利申请权的情况比较少，因为申请人提交专利申请都是以获得授权为目的，而且专利申请权具有不确定性，并不必然会形成专利权，在没有特殊原因的情况下不会将专利申请权转让出去。常见的情况是伴随专利权转让的专利申请权转让，比如企业进行业务重组时出

---

① 我国《专利法（2008 修正）》第十条规定："专利申请权和专利权可以转让。中国单位或者个人向外国人、外国企业或者外国其他组织转让专利申请权或者专利权的，应当依照有关法律、行政法规的规定办理手续。转让专利申请权或者专利权的，当事人应当订立书面合同，并向国务院专利行政部门登记，由国务院专利行政部门予以公告。专利申请权或者专利权的转让自登记之日起生效。"

售某一领域的专利权，通常会连带专利申请权一并出售。

进行专利权转让的组织主体以大学和科研机构为主，因为大学和科研机构每年申请大量专利但是自身较少从事专利实施方面的工作，需要通过专利权的转让来完成专利技术的转移转化。在企业方面，是否对专利权进行转让是一项慎之又慎的决策，因为在激烈而复杂的市场竞争环境下，企业持有专利的目的不仅仅是保护当前的产品和技术，也有可能是对未来技术进行储备，或者是作为应对竞争对手提起专利侵权诉讼的防御性专利，或者是对未来市场开发进行的前期布局。

可以认为，企业对于专利权的持有是可以起到多重作用的，但是只有在较少的情况下企业才会选择出售专利，一是企业进行业务重组时需要削掉部分业务部门，连带出售涉及该业务的专利权（伴随专利申请权），比如1999年柯达以1亿美元的价格将冲印机专利组转让给了德国海德堡印刷公司，从而节约了维护这些专利的大量费用；2000年12月IBM向联想出售其PC业务及相关专利。二是企业破产后对相应业务和专利进行出售，比如北电网络公司（Nortel Networks Corp）在2009年1月提出破产申请，此后开始出售自身业务，在2011年7月以45亿美元的价格将6000余项专利出售给苹果、微软、RIM、爱立信、EMC和索尼6家科技公司；类似的美国柯达公司在2012年1月申请破产保护后为进行业务重组于2013年以5.27亿美元的价格向包括苹果、三星和Facebook在内的12家公司出售了1100项数字图像采集技术相关专利；2012年Google收购摩托罗拉移动和2013年微软收购诺基亚手机业务基本上也属于此种类型。三是企业经营状况恶化，但是并没有业务重组的计划而且还不至于破产的情况下，为解决临时性的财务危机，企业可能会选择出售其部分专利来获得资金，但是这种方式可能会使企业的未来收益受损。四是当专利确实不能为企业创造价值，反而因为年费给企业造成沉重负担之时，企业也会有选择性地对专利进行出售，这主要是指企业的一些非核心专利。

这里，我们将专利申请权和专利权的转让归结为作为权利的专利运营，是因为这种情况下的转让行为所转让的是完整的权利，权利的主体发生转移，而且这种权利的转移要以在专利行政管理部门登记为生效要件，并且受让人在接受专利权的同时也肩负了缴纳专利年费的责任和承担与之相关的风险。专利的许可，尤其是专利许可方式中的独占许可，与专利转让具有一定的相似性，但是一来专利许可其实是允许被许可方实施其专利技术的许可，二来专利许可并没有发生完整的权力转移，而且我国专利法并没有将专利实施权作为一种权利进行规定，所以我们将专利许可认为是基于专利技术功能属性的专利运营。

② 专利拍卖。

在现实经济活动中，专利拍卖是实现专利转让的一种手段，也是专利运营的一种重要形式。专利拍卖通过一个拍卖公司和多个买方进行现场交易，使不同的买方围绕同一专利或专利组合竞价购买，从而发现其真实价格，更直接地反映市场需求①。

专利拍卖涉及出让方（专利权人）、受让方（竞拍者）和拍卖公司，拍卖公司对于专利的运作是专利拍卖成功的关键所在。美国的知识产权资本化综合性服务集团海洋托莫（ICAP Ocean Tomo）是在专利拍卖方面取得一定成绩的典型，已在美国、亚洲和欧洲举办了多场知识产权现场拍卖会，成交金额累计超过千万美元。我国的中国技术交易所也在专利拍卖方面进行了有益的探索，自 2010 年开始举办专利拍卖会。此外我国台湾地区的工业技术研究院也在专利拍卖方面有所尝试。

传统的专利交易以协议和谈判交易为主，存在供给方和需求方信息沟通不畅的问题，交易的完成需要耗费较多的信息搜寻成本，并且交易非公开，不为外部所知，谈判过程烦琐。而专利拍卖具有市场竞价、覆盖面广、公开交易等特点。首先，专利拍卖是通过市场竞价交易的方式来实现专利权的转移。公开竞价具有价格发现的功能，可以体现专利的潜在价值；其次，专利拍卖的交易双方的搜寻由拍卖平台完成，而且同样的技术可以吸进较多需求者，具有覆盖面广的特点；再次，通过拍卖公司对于专利的运作，比如将互补性专利进行打包拍卖，可以有效提升专利的价值；此外，拍卖公司可能还会提供包括专利检索和分析的增值服务，以使交易双方对专利有充分了解，节省了其私下交易进行专利分析的部分成本②。

③ 专利质押。

《担保法》规定的担保方式包括保证、抵押、质押、留置和定金五种，质押是这五种担保方式中的一种，分为动产质押和权利质押两种形式。《担保法》第七十五条规定"依法可以转让的商标转让权，专利权、著作权中的财产权"是可以质押的权利，从而专利质押属于权利质押的类别。

专利质押即专利权质押，指债务人或者第三人将其专利权移交债权人占有，并将专利权作为债权的担保，当债务人不履行债务时，债权人有权依法以该专利权折价或者以拍卖、变卖该专利权的价款优先受偿。其中，债务人或者第三人为出质人，债权人为质权人，移交的专利权为质物。专利权质押的主要法律依据是我国的《物权法》《担保法》和《专利法》。

专利权质押的一个必要前提是专利权必须有效，因为专利权的保护具有时间性，而且还有被无效的风险，专利一旦失效将不再具备权利质押的构成条件。同时，专利权具有人身权和财产权的双重含义，在专利权质押中，作为质物的是专利权中的财产权，即因取得专利权而产生的包括许可

---

① 毛金生，陈燕，李胜军，等. 专利运营实务［M］. 北京：知识产权出版社，2013：169-170.
② 来小鹏，李桢. 完善我国专利拍卖的法律思考［J］. 中国发明与专利，2011（11）：24-27.

权和转让权等在内的具有经济内容的权利。质权的生效要以在有关部门登记为要件，我国《专利权质押登记办法》规定"质权自国家知识产权局登记时设立"。在质权设定后，未经质权人同意，专利权不得转让或许可他人使用。此外，专利申请权不能作为质物进行质押，因为专利申请权具有不确定性，不必然会形成专利权。

专利质押贷款拓宽了专利融资渠道，对于科技型企业，尤其是科技型中小企业显得尤为重要。一方面，专利质押丰富了企业融资的形式和专利运营的形式，有利于发挥专利权的作用，也有利于优化银行的资本运作，方便多角度、全方位地利用资本[①]。另一方面，专利质押为企业提供了支撑其发展和运营的资金，使中小企业和初创企业拥有了发展壮大的机会。此外，专利质押作为一项新的金融产品，丰富了金融机构的服务范围，为金融机构带来新的利润增长点，为金融市场添加了新的活力。

知识框2 我国专利质押政策

我国国家知识产权局于1996年依据《担保法》颁布了《专利权质押合同登记管理办法》（专利局令第8号），2010年发布了《专利权质押登记办法》（国家知识产权局令第56号），进一步规范了专利权质押融资。2005年，国务院发布实施《国家中长期科学和技术发展规划纲要（2006～2020）》（国发〔2005〕44号），指出支持和鼓励国家政策银行、商业银行、担保公司向高新技术企业、中小企业开展贷款及知识产权质押贷款业务。2006年12月，中国银监会发布《关于商业银行改善和加强对高新技术企业金融服务的指导意见》（银监发〔2006〕94号），其中第十条规定"商业银行对高新技术企业授信，应当探索和开展多种形式的担保方式，如出口退税、股票质押、股权质押、债券质押、仓单质押和其他权益抵（质）押等。对拥有自主知识产权并经国家有关部门评估的高新技术企业，还可以试办知识产权质押贷款"。2007年通过的《物权法》也有针对知识产权抵押贷款担保的条款。2008年年底，国家知识产权局确定了我国首批知识产权质押融资试点单位，分别是北京市海淀区知识产权局、吉林省长春市知识产权局、湖南省湘潭市知识产权局、广东省佛山市南海区知识产权局、宁夏回族自治区知识产权局和江西省南昌市知识产权局。2009年9月，国家知识产权局批复成都、广州、东莞、宜昌、无锡、温州6个城市成为全国第二批知识产权质押融资试点城市。2010年10月1日起国家知识产权局施行新的《专利权质押登记办法》，同时废止1996年9月19日中华人民共和国专利局令第8号发布的《专利权质押合同登记管理暂行办法》。2014年全国专利权质押融资总额达489亿元。

---

① 夏轶群. 企业技术专利商业化经营策略研究［D］. 上海：上海交通大学，2009.

④ 专利诉讼。

我国《专利法》第十一条和第六十三条[①]对专利侵权行为进行了基本界定，专利侵权行为包括未经专利权人许可而实施其专利的行为和假冒专利的行为，实践中的专利侵权行为以前者为主。

专利诉讼在本质上是对专利权的司法保护。专利侵权行为损害了专利权人的利益，在通过谈判难以说服对方支付许可费的情况下，专利权人可能会选择通过提起诉讼来维护自身权益。但是有关专利的侵权诉讼往往要耗费较高的成本，包括时间成本、资金成本和人力成本等。专利侵权案件往往涉及多项法律法规和多方主体，复杂性高，审理周期长，始于 1976 年美国宝丽来公司质控柯达公司专利侵权的案件一直持续了 14 年，到 1990 年才做出最终裁决。此外，专利诉讼具有较强的风险性，这主要来自诉讼结果的不可预测性。所以，是否采取专利诉讼这一策略对于权利人也是一个重要的专利运营抉择。

另外，随着专利功能的不断放大和市场竞争的日益激烈，专利诉讼的目的已经不仅仅是由于对方实施了己方专利而没有支付相应费用，而是越来越多地成为一种竞争手段和商业工具，甚至是营利模式。"在知识产权世界的营销，则须经由诉讼作为手段逼人就范，才能展现实力，这是商场上的'合法'威胁，不是刑事上的犯罪恐吓。这是知识产权营销学与商品服务营销学的截然不同之处。"[②] 这在大型跨国科技企业领域尤为明显，他们通过专利诉讼达到阻碍竞争对手进入特定市场、贬损竞争对手声誉、干扰竞争对手上市等目的，同时强化自身的市场地位。当然在胜诉的情况下还能获得一笔不菲的侵权赔偿，而且即使是败诉也不会对这些企业造成太大的影响，因为败诉仅仅是一个结果，而这些企业看上去也并不是很在意诉讼费用的支付，反而在诉讼过程中已经达到了消耗对方精力、占用对方资源的目的。

专利诉讼可以将其分为攻击型（主动型）的专利诉讼和防御型（被动型）的专利诉讼。攻击型的专利诉讼是指企业为了获得许可费用或者维护市场地位等目的而主动提起的专利诉讼，比如针对 2003 年 1 月思科对华为提起的专利侵权诉讼，很多人分析都认为这是思科为打击华为扩张海外市场，尤其是美国市场而采取的措施。类似地，小米公司于 2014 年 7 月在印

---

① 我国《专利法（2008 修正）》第十一条规定："发明和实用新型专利权被授予后，除本法另有规定的以外，任何单位或者个人未经专利权人许可，都不得实施其专利，即不得为生产经营目的制造、使用、许诺销售、销售、进口其专利产品，或者使用其专利方法以及使用、许诺销售、销售、进口依照该专利方法直接获得的产品。外观设计专利权被授予后，任何单位或者个人未经专利权人许可，都不得实施其专利，即不得为生产经营目的制造、许诺销售、销售、进口其外观设计专利产品。"

我国《专利法》第六十三条规定："假冒专利的，除依法承担民事责任外，由管理专利工作的部门责令改正并予公告，没收违法所得，可以并处违法所得四倍以下的罚款；没有违法所得的，可以处二十万元以下的罚款；构成犯罪的，依法追究刑事责任。"

② 周延鹏. 知识产权全球营销获利圣经［M］. 北京：知识产权出版社，2015：51.

度开设分公司，12月爱立信就向印度德里高等法院提起诉讼指控小米的产品侵犯了其标准必要专利。

防御型的专利诉讼主要是指企业被指控专利侵权和提起专利诉讼后，利用自己持有的专利起诉对方侵权，从而化被动为主动。比如2012年11月爱立信在美国德克萨斯州东区地方法院对三星电子提起专利侵权诉讼，紧随其后的12月三星电子就向美国国际贸易委员会提起诉讼指控爱立信侵犯其专利权。2012年3月12日雅虎公司向位于加利福尼亚州圣何塞的美国联邦地方法院起诉脸谱侵犯其涉及网络广告、隐私控制、通信和社交网络等技术的10项专利，随后脸谱公司迅速做出反应，于4月3日向位于旧金山的美国联邦法院反诉雅虎，指控后者侵犯脸谱公司包括图片共享、在线广告和在线建议等技术在内的10项专利。2013年6月，美国Knowles Electronics，LLC（下称"Knowles"）在美国伊利诺伊州北部地区法院，对歌尔声学及其全资子公司歌尔电子（美国）有限公司发起了专利侵权诉讼，所涉专利权也是用于生产MEMS麦克风产品，7月歌尔声学就在中国起诉Knowles的MEMS麦克风制造工厂专利侵权。在实践中，专利诉讼不断呈现出复杂化的特征，一起专利诉讼可能会涉及众多公司，并引发多起后续诉讼，而攻击和防守的界限也变得模糊，非常典型的就是三星和苹果之间的专利诉讼纠纷。

近年来，专利领域的非实施主体NPE（Non-practicing entity）异常活跃，专利诉讼呈现出了量大面广的新特点。据统计，截至2014年7月，已经有830多家NPE，自1979年以来这些NPE卷入了涉及11000余家企业的超过14000项诉讼中，仅在2013年一年时间内AT&T（51起）、Apple（42起）、Verizon（42起）、Samsung（38起）和Dell（33起）就分别遭遇了数十起专利诉讼[①]，从2012年到2013年由NPE提起的专利诉讼增加了464%[②]，包括高智发明（Intellectual Ventures）、Interdigital、Round Rock Research LLC、Rockstar Consortium LLC等在内的NPE都持有上千项专利甚至更多，NPE越来越多地通过专利诉讼来实现专利价值。

⑤ 专利保险。

专利保险指以专利的财产权和专利侵权赔偿责任为标的的保险，主要解决由于持有专利并进行专利产品化发生损失和因专利侵权而造成赔偿和财产损失的问题。进行专利运营存在较大的内部外部风险，而且随着NPE的大肆兴起和全球盛行，专利纠纷和专利诉讼的数量也迅速膨胀，而专利保险则为专利运营添加了一层保护伞，在风险发生时降低了投保人的损失。

我国专利保险近年来取得长足进展，全面实现专利执行保险、侵犯专

---

① Patentfreedom. Most Pursued Companies［EB/OL］．［2015-12-22］．https：//www. patentfreedom. com/about-npes/pursued/.

② RPX. 2013 Litigation Report［R］．2014.

利权责任保险、知识产权综合责任保险、知识产权质押融资保险业务运营。2014 年全国有 798 家创新型中小微企业投保专利保险，保障金额 1.34 亿元，其中投保专利执行险的企业数量较上年增长 45.7％。

专利保险险种是专利保险运营的基础，随着这类险种的完善、充实，专利保险经营也会有大发展。

（2）专利技术运营。

专利的技术属性是专利价值的根本来源，从技术的角度对专利进行运营是专利运营的一个非常重要的方面。

① 专利许可。

专利许可是指专利权人将其所拥有的专利技术许可他人使用的行为。在专利许可中，专利权人成为许可方，允许实施的人成为被许可方，许可方与被许可方需要签订专利实施许可合同，该合同只允许被许可方实施许可方的发明创造专利技术，而不转移许可方的专利所有权。专利许可是企业组织经营管理的主要策略之一，是进行专利运营的最简单、最直接、最主要的获取收益的方式，随着企业不断认识到专利技术的价值，一些企业已经能够通过专利许可方式获利，尤其那些大型的企业通过采用不同专利许可的方式来规划企业，并且将其作为企业的组织经营策略，以推动企业的发展。

专利许可的形式一般分为独占许可、排他许可、普通许可、交叉许可和分许可。独占许可是指许可方规定被许可方在一定条件下独占实施其专利的权利，这种许可的特点是许可人本人也不能使用这项专利，同时也不得向任何第三方授予同样内容的许可。排他许可也称独家许可，是指许可人不在该地域内再与任何第三方签订同样内容的许可合同，但许可人本身仍有权在该地域内使用该项专利。普通许可，也称非独占性许可，是最常见的专利许可方式，即许可人在允许被许可人使用其专利的同时，本人仍保留着该地域内使用其专利的权利，同时也可以将使用权再授予被许可人以外的第三人。交叉许可也称互惠许可或相互许可，是指当事人双方相互允许对方使用各自的专利。分许可也称再许可、从属许可，指原专利许可合同的被许可人经许可人的事先同意，在一定的条件下将专利权或者其中一部分权利再授权给第三方在一定条件下使用，未经许可人事先同意，被许可人无权与任何第三方签订分许可合同。

专利许可的实施完成，需要多方主体与客体的共同参与。专利权人和专利许可人是实施专利许可的双方主体，只有双方主体同时存在的前提下，才能实现专利许可；专利许可价格及支付方式是交易双方主体达成专利许可的前提，只有交易双方确定了专利许可费用和支付交易方式，才能签署专利实施许可合同，达成专利许可；专利实施许可合同具有法律约束性，能够约束交易双方遵守法律规则进行专利许可交易，以保障交易双方主体的合法权益。

专利实施许可的作用是实现专利技术成果的转化、应用和推广，有利于科学技术进步和发展生产，从而促进社会经济的发展和进步。专利许可是技术转移的重要途径之一，可以将科研机构、大学和企业的先进技术发明转移到市场和其他企业中，加快该项专利技术的市场化应用，推动先进技术的广泛性推广。对于从事产品生产的企业，将专利技术许可给他人实施在一定程度上与其通过申请专利获得对技术的独占是矛盾的，企业在其不具备利用专利技术的资源和技能的情况下，或者是想要通过许可实现有利于企业发展的商业利益的情况下，才会进行专利许可。具体地，除去许可费这一最为直接的专利许可效益外，专利许可能够为许可方带来的商业利益包括以下几个方面：扩展地理市场和产品市场，即通过授权他人销售或发行其产品，利用被许可人的商业资源，进入原本难以企及的市场；先期进入市场从而占领市场，因为许可能够缩短仅仅依靠一个公司的力量将产品或服务推向市场的时间；通过互补品增强市场渗透力；实现技术"易货贸易"，交叉许可便是其中的典型，因为交叉许可允许双方利用对方的专利技术；提高声誉和信誉以及加强对知识产权的控制，提高企业技术对产业的影响和对产业标准化的影响[1][2]。

② 专利产品化。

这里首先对专利产品化和专利商品化的概念进行区分。专利（这里特指发明专利）技术是对产品、方法或者其改进所提出的新的技术方案，其最终的目的就是创造出新的产品和方法或者对原有的产品和方法进行改进，这也是专利的使用价值所在，这种使用价值的体现就是专利产品化。可以将专利的产品化概括为在对专利技术进行试验、开发的基础上，将其应用于产品或产品生产工艺上从而生产出产品。而专利商品化是基于专利能够进行产品化的使用价值所产生的交换价值，即由于专利技术能够贡献于产品生产，而使专利本身也可以作为交换对象进行交换，从而专利成为一种商品，即专利商品化。

专利产品化是专利作为一种技术进行运营的各种形式的基础。比如在专利许可中，被许可方寻求许可的目的就是因为有着实施相应专利技术的需求，这种实施要么应用于产品自身，要么应用于产品生产工艺的改进；当然在个别情况下，被许可方的直接目的并非实施专利，比如专利运营机构，他们通过专利的再许可获利，但是一般再许可的被许可方是专利技术的真正需求方，会将专利技术进行产品化。

③ 专利标准化。

国际标准化组织（ISO）对标准的定义为：标准是有关各方根据科学技术成就与先进经验共同合作起草，一致或基本上同意的技术规范或其他公开文件，其目的在于促进最佳的公众利益，并由标准化团体批准。我国的

---

① Jay Dratler, Jr J. 知识产权许可（上）[M]. 王春燕，等，译. 北京：清华大学出版社，2003：16-24.
② 毛金生. 企业知识产权战略指南 [M]. 北京：知识产权出版社，2010：77.

国家标准中对于标准的定义是"为了在一定的范围内获得最佳秩序，经协商一致制定并由公认机构批准，共同使用的和重复使用的一种规范性文件（注：标准宜以科学、技术和经验的综合成果为基础，以促进最佳的共同效益为目的）"①。标准具有先进的科学性、鲜明的政策性和显著的经济性，而专利技术是一种创新性技术，具备专有性和独占性，而且一般不能无偿使用。专利标准化，即专利技术标准化，指专利权所保护的技术方案被纳入到技术标准之中，包括国际标准、国家标准等。专利技术被纳入到标准之后成为标准必要专利（Standard Essential Patent，SEP），SEP 的必要性主要体现在两个方面，一是该专利技术没有其他的非专利技术能够进行替代，二是该专利技术必须与标准针对的产品或方法有直接的联系。

技术标准是国际贸易中市场进入壁垒的重要组成部分，专利技术标准化是目前发达国家企业普遍采用的将专利、技术标准和产业发展联系起来的一种方式。因为标准与专利的捆绑意味着技术规范可以得到专利法的保护，从而为企业带来更多的效益。技术标准是企业将科学技术创新成果转化为现实生产力的接口②，以专利技术为支撑的技术标准能够为标准的拥有者带来巨大的经济效益，技术标准的主导者往往可以在产业化方面取得领先地位。

标准的本质在于统一，这一本质赋予标准以强制力和约束力，在某一领域接受标准的参与者都必须遵守标准的规定，当专利被纳入标准之中后，则标准的所有参与者都必须获得相应专利的许可后才能实施标准。从而专利技术的标准化对于专利的许可有很大的优势，专利标准化被认为是企业专利实施的最高策略，也是企业实现创新收益和谋取竞争优势，通过垄断市场获取超额利润的重要机制，是国家为国际贸易设置技术壁垒的主要方式③。

信息通信技术（ICT）行业是当前阶段技术标准最为密集的一个行业，以华为公司为例，在华为公司迈开国际化步伐的过程中，积极参与标准组织的活动和行业标准的制定，已经在 3GPP、ETSI、IEEE、ITU-T 等 170 余家标准组织中担任主席、副主席、董事、工作组组长等核心职务，仅 2014 年就提交了超过 4800 篇标准提案，成为 ICT 标准的重要贡献者④，大大提高了公司参与国际竞争的话语权。

④ 专利联盟。

虽然有观点将英文的 patent pool 翻译为"专利池"或者"专利联盟"，但是我们认为，在中国的语义背景和市场实践中，"专利池"和"专利联

① 国家质量监督检验检疫总局. 标准化工作指南第 1 部分：标准化和相关活动通用词汇（GB/T 20000.1-2002）[S]. 2002.
② 冯晓青. 企业技术标准与专利战略研究 [J]. 科学管理研究，2007，25（4）：83-87.
③ 王玉民，马维野. 专利商用化的策略与运用 [M]. 北京：科学出版社，2007：163-169.
④ 华为投资控股有限公司. 共建全联接世界——华为投资控股有限公司 2014 年年度报告 [R]. 2005.

盟"是不同的。本书前面引用的由深圳市发布的《企业专利运营指南》中的界定可以对这两个概念进行很好的区分，该文件指出专利联盟是"组织或机构之间以专利技术为纽带达成的一种合作形式"，"专利池"是"由一个或多个专利权人为实现某种目的将与某产品有关或在技术上相互关联的专利进行组合而形成的专利集合体"。两者最大的区别在于，专利联盟是一种组织之间的协议，联盟成员通过达成协议来共同壮大行业力量，联盟的成员也比较广泛，包括企业、大学、政府研究机构、社会团体等；而专利池事实上也是一种组织间的协议，但是这种协议更多发生在企业相互之间，协议的效果是形成了一个"专利集合体"，而且这一"专利集合体"必须要有至少一个组织对其进行管理。所以，也可以认为专利联盟是专利池发展的一个低端形态，随着专利联盟成员的不断壮大和专利联盟的整体壮大，联盟内部会倾向于建立专利池来进一步巩固自身力量。

知识框 3 中关村 ICT 和移动互联网知识产权产业联盟

2014 年 10 月 29 日，由中关村汇智产业技术研究所、联想（北京）有限公司、京东方科技集团、北汽福田、奇虎 360、北大方正、百度、小米、中国政法大学、北京工商大学等 30 家中关村企事业单位、高校和相关机构共同发起了"中关村 ICT 和移动互联网知识产权产业联盟"，在企业联合共同应对知识产权风险和拓展国际市场方面做出了有益尝试。

联盟主要在六个方面开展工作：一是搭建公共服务平台，引领 ICT 和移动互联网领域龙头企事业单位、高校、研究机构打造完整的技术创新产业链，实施标准战略和知识产权战略，提供技术交流研讨平台，建立健全产业合作平台。二是组建专利委员会，引导联盟成员自动自发构建联盟专利池，通过运营专利池，优先享受联盟专利技术和其他资源，共同应对外来知识产权的纷争。三是促进知识产权行业应用，促进我国 ICT 和移动互联网领域技术和产业的进步融合发展，推进 ICT 和移动互联网领域的知识产权行业应用。四是搭建统一知识产权信息服务平台，建立产业联盟网站，增进联盟成员的信息沟通，研究、探索企业共同关心的知识产权问题，推动联盟成员之间的合作，实现资源共享、优势互补，提升联盟成员在行业中的市场影响力。五是搭建投融资服务平台，引入民间资本，与金融机构、投资人、投资机构、券商进行合作，以电子信息、移动互联网、智慧城市、物联网等领域为专注领域，搭建一个聚焦于创新与知识产权运营、产学研紧密结合的技术转移综合性投融资服务平台，构建一个创新网络，组合一批有市场价值的核心专利。六是切实加强行业自律，维护联盟合法权益和声誉，维护联盟成员间的团结，避免恶性竞争，自觉树立知识产权意识，维护企业信誉，接受联盟的指导与监督。

⑤ 专利池。

专利池（patent pool），也称为专利联合许可、专利联营，指的是多个专利所有人通过签订协议，实现相互之间或者向第三方的专利许可，专利池的成员之间共享所有入池专利，同时也可以向专利池外的企业进行专利许可。实际上专利池也是一种技术联盟。专利池在表面上是多个专利的集合，但是在本质上其实是大量许可协议的集合，专利池许可协议是多数专利权人相互结合其专利权，以打包授权的方式相互许可或对外许可的协议。专利池并不是一个组织机构，但是专利池的形成和运作必须依赖于一个独立的组织机构，该组织机构对专利池中的各项专利以及专利许可事务进行管理，这个组织机构可能是一个由专利池成员共同设立的独立实体机构，也可能直接委托专利池中的某一个成员来负责，抑或是同时允许专利池的多个成员或所有成员可以单独对外进行许可。

根据专利池是否对外许可可以将其分为开放式专利池和封闭式专利池，开放式专利池的成员之间以各自专利相互交叉授权，对外则由专利池统一进行许可；封闭式专利池只在专利池内部成员之间进行交叉许可，而不统一对外进行许可。在现实中存在较多的是开放式专利池，而且其对外许可通常采取专利打包许可的方式，并且采用统一的专利许可费率，许可费收入按照一定的比例在专利池成员之间进行分配。

专利池的出现在一定程度上是科学技术发展和专利制度结合的必然产物[①]，因为一些产业关键共性技术的研发是单个企业所不能完成的，必须依赖众多企业和大学、研究机构等的共同参与，而不同组织之间研发成果的共享需要借助于一定的手段和机制才能实现，专利池就是这样的一种机制。在专利池的协议安排中，专利池的成员可以使用池中的全部专利而无须支付许可费，专利池外的企业则可以通过支付许可费使用池中的全部专利而不需要向池中每个专利的权利人寻求许可。从本质上看，专利池是一种市场化的交易机制，同时也是一种专利的集体管理模式，有利于消除专利实施的授权障碍和促进专利技术的推广，同时集中管理的模式可以有效降低交易成本，因为被许可方可以节省单独就每项专利向权利人寻求许可的交易费用。对于企业来讲，加入专利池是企业产品要进入国际市场的一个重要保障，可以避免来自专利池成员企业的可能发生的侵权诉讼，因为专利池成员之间的专利纠纷可以通过协商机制解决；当专利池内的专利面临侵权时，专利池的成员通过联合起来壮大己方力量也能够增加谈判实力；成员间的联合有利于专利池所涉及的技术的推广和进一步研发，推动相关专利的标准化，而专利标准化则能为专利池成员带来更大的利益。

知识框 4　我国有代表性的专利池

1. 闪联专利池

2003 年 7 月 17 日，经信息产业部科技司批准，由联想、TCL、康佳、

---

① 詹映，朱雪忠. 标准和专利战的主角——专利池解析 [J]. 研究与发展管理，2007，19（1）：92-99.

海信、长城 5 家企业发起，7 家单位共同参与的"信息设备资源共享协同服务"标准工作组正式成立（简称 IGRS 标准工作组，又称"闪联"），以共同制定 IGRS 协议规范。

如何保证闪联成员在 IGRS 中协调合作、相关知识产权合理授权，一直是闪联标准推广的关键问题之一。闪联工作组已经建立了一整套知识产权管理体系，并正着手建立设置一个"专利池"，用于闪联成员间知识产权使用的管理。闪联"专利池"是由闪联工作组内部审定，并授权闪联成员企业公共使用的知识产权产品。即闪联成员企业在 IGRS 相关开发上都有贡献自己技术的义务，并得到使用其他成员成果的权利。

对于进入"专利池"的专利资格审定，闪联工作组已经专门成立了闪联知识产权小组。除联想相关人士外，知识产权小组的其他成员均来自闪联成员企业，且均由其公司内知识产权和技术方面的权威人士构成。而在知识产权小组制定"专利池"的相关条款之后，交由工作组通过。闪联目前有 23 家加盟企业，进入专利小组的成员企业少于 10 家。

2. 彩电专利池

经过 20 余年的发展，彩电业已成为我国电子信息产业中发展最快、国际化程度最高的支柱行业之一。近年来，我国生产和销售的彩电占全球一半左右。根据海关总署发布的数据，我国 2014 年全年电视机出口量 7405 万台，比 2013 年的 5959 万台相比增加了 1446 万台，出口总金额为人民币 832.5203 亿元。但彩电技术从模拟向数字和智能转变的过程中，国产彩电企业面临知识产权壁垒。昂贵的专利费已成为制约中国彩电业发展的主要瓶颈。

在 2005 年 5 月召开的彩电峰会上，9 家企业达成共识，未来中国电子视像行业协会将组织国内彩电企业积极参与并推动国内外重大技术标准的制定，促进新技术的标准化和产业化。同时，各家企业协商解决国内彩电企业面临的共性专利问题，组建中国彩电专利池，通过互利合作的方式，建立中国彩电产业知识产权的完整体系。同时成立的知识产权委员会将组织一些共同的课题研究，并讨论在彩电行业组建相应的专利池。中国彩电业的知识产权协调委员会的六项主要工作包括：①建立中国彩电行业的专利池，以及制定切实可行的管理制度；②建立中国彩电行业专利谈判组织，以及制定具体管理办法和实施的细则；③建立专利池管理委员会；④对专利池有效专利进行分析；⑤寻找有购买价值的专利；⑥承担委托对外进行专利谈判。2007 年 3 月，由 TCL、长虹、康佳、创维、海信、厦华、海尔、上广电、新科、夏新 10 家中国彩电骨干企业，每家出资 100 万元，联手成立了深圳中彩联科技有限公司。2010 年 1 月 22 日，中彩联在北京与数字电视专利大户汤姆逊公司签订知识产权合作协议，并宣布中国首个彩电专利池正式运营。①

_____

① 郭丽峰，高志前. 专利池的形成机理及对我国的启示 [J]. 中国科技产业，2006 (4)：41-45.

3. AVS 专利池

2002 年，国家信息产业部科学技术司批准成立数字音视频编解码技术标准工作组（Audio and Video Coding Standard Workgroup of China，简称 AVS 工作组）。AVS 工作组组织制订的《信息技术先进音视频编码》国家标准（简称 AVS 标准）是数字音视频产业的共性基础标准。2006 年，该标准系列中的《信息技术先进音视频编码第二部分视频》被作为国家标准正式实施。2007 年，AVS 视频编码标准被 ITU-T 确定为 IPTV 国际标准。作为中国牵头创制的第二代信源编码标准，AVS 标准达到了当前国际先进水平。

2005 年 5 月，AVS 产业联盟正式在北京成立，包括 TCL、创维、华为、海信、海尔、浪潮、长虹、上广电、中兴等国内 12 家知名企业作为发起单位，AVS 标准向产业化迈出了实质性的一步。AVS 专利池是 AVS 工作组在开展技术研究和标准起草工作的同时，既为采纳先进的专利技术，又为在标准发布前将专利的利益索求限制在一个合理的水平，同时保证标准的先进性和公益性而建立的专利联盟协议。在 AVS 专利池中，90% 以上的专利由中国会员贡献。AVS 专利池的指导与决策机构是 AVS 专利池管理委员会，该机构是在中国注册的非营利组织，具体执行机构是 AVS 专利池管理中心。AVS 专利池管理委员会共由 19 位理事组成，包括：实施 AVS 标准所需必要专利的所有人代表、AVS 标准用户代表、有政府工作背景的代表公共利益的专家以及 AVS 工作组组长和 AVS 专利池管理中心主任。AVS 专利池管理委员会确定采用 1 元人民币政策作为目前阶段的 AVS 专利池的许可基础，并责成管理中心起草 AVS 专利池相关许可协议。

⑥ 融资。

高新技术领域的创业企业的一个主要特点就是，企业具备了关键的技术和基本的人才，但是缺乏包括办公设备、办公场所等在内的有形资产，而且关键技术可能倾向于单一化，组织结构也不够完善。这类企业具有较强的市场成长潜力，但是现金流的匮乏是其获得成长和发展的一个主要困境，利用专利技术吸引风险投资可以解决企业创业初期资金不足的问题，为其赢得成长空间。事实上，从我国目前来看，很多创业企业可能有技术、有想法、有方案、有团队，但是却没有专利化的技术，可以说这是中小企业发展壮大的一个重要隐患，因为一旦这些创业企业的技术和模式被有实力的大型企业注意到后，很有可能会因为没有申请专利而遭遇各种形式的风险。所以在实践中，无论是创业团队获得融资的过程中，还是风投企业在选择投资对象的过程中，都应该将知识产权，尤其是专利权作为一个重要的考虑因素。

另外一种吸引投资的方式是，组织具备了进行专利技术研发的条件，尤其是高素质的研发人员和基础的研发设备。从而组织可以借此吸引资金对自身研发进行投资，研发成果申请专利的相关费用也由投资人承担，但是要将研发完成后申请的专利权全部转让或者部分转让给投资方。高智发明公司的发明开发基金（Invention Development Fund，IDF）所起到的就是这种作用，IDF 基金通过与优秀的发明者合作，寻找并筛选出拥有市场前景的发明创造，帮助发明者将其发明创造申请专利，而高智获得全球独家使用权，进而通过专利运营来获取利润。

此外，还有一种投资方式，是对高智这样的专利运营公司进行投资，分享所投资的专利运营公司的利润，而自身不直接参与专利运营。这种投资的投资方主要包括实力强劲的科技企业和研究机构，以及家族基金和政府资金，比如高智发明公司的投资人就包括亚马逊、苹果、思科、eBay、Google、索尼和微软等企业，比尔·盖茨、杜邦和惠普家族基金，以及来自斯坦福等大学的基金。

（3）专利信息运营。

对于专利信息的内容可以从狭义和广义两个方面加以理解，狭义的专利信息即专利文献，指的是各国专利行政管理部门的正式出版物，包括专利说明书、权利要求书、说明书摘要、说明书附图、专利公报、专利索引、专利分类表等；广义的专利信息还要在专利文献的基础上包括与专利相关的科技、政策、法律和商业等方面的信息。其中专利文献的公开是专利制度中的一项重要内容，世界各国的专利行政管理部门一般都对专利文献的内容和格式有严格的要求，尤其是说明书、权利要求书和摘要，其内容涵盖了申请专利的发明或者实用新型的名称、技术领域、技术特征、主要用途、具体实施方式、申请（专利权）人、申请日、发明（设计）人，同时专利行政管理部门的专利公告还包括专利的法律状态、著录项变更等。所以说专利文献是技术信息、经济信息、法律信息和人才信息的集合，而且由于专利行政管理部门对专利文献在内容和格式方面的要求，专利文献的标准化程度很高，这是专利信息运营的一个重要基础。

对专利信息的运营可以促进企业经营发展战略、研究开发战略和知识产权战略的协调，帮助企业更好地构筑竞争优势和获得持续性发展，专利信息运营的两个最主要的功能就是支持研发决策和支持竞争策略。当然，除去支持研发决策和竞争策略之外，专利信息的分析和运营还广泛地应用于企业并购、专利技术引进、专利技术转让、专利预警等方面，并且发挥着重要作用。企业对专利信息的运营通常不能带来直接的收益，而主要是起到支撑性的作用，降低组织各项决策的风险，当然有一些专门的专利信息咨询服务机构是通过提供专利信息检索和分析来营利的。

① 支持研发决策。

技术信息的公开是包括专利文献在内的专利信息的一项最为基础的功能。每一项专利的说明书都详细记载了该发明的技术领域、背景技术、发明内容、附图和附图说明、具体实施方式等，世界知识产权组织（WIPO）提出全世界所发布的所有技术信息中，有 90% 以上可以在专利文献中找到，通过对专利信息的运用可以大大缩短研发时间和节约研发费用。

专利信息的公开为专利权人以外的全世界的单位和个人提供了一个及

时了解和掌握最新技术，以及特定领域的技术发展路径的机会，从而可以立足于前人的研究成果进行独立的研究开发，加速创新的步伐。此外，由于专利权的保护具有时效性，而且授权专利在到期前也可能因为各种原因而被无效，加之很多已经公开信息的专利申请也会因为一些原因而未被授权。然而，无论是到期失效和被无效的专利，还是未被授权的专利申请，都应当是具备一定价值的技术性方案，而且是可以无偿使用的社会共有技术。

研发部门可以对社会共有技术直接加以利用，也可以结合组织的整体经营发展战略，在参考当前有效专利的基础上做出合适的研发决策和专利申请决策，比如可以针对同行的有效专利进行竞争性技术、互补性技术或者障碍性技术的研发和专利申请，以配合组织的发展。

② 支持竞争策略。

专利具有法律、技术、商业和信息方面的功能属性，事实上信息是其他几个方面功能属性的载体和基础。通过对特定竞争对手的专利信息进行分析，企业可以根据其在哪些国家申请了专利了解其市场发展规划，根据其申请专利的技术要点了解其研发方向甚至产品开发方向，综合各方面的信息还能分析出竞争对手的未来产品布局和市场布局。通过对特定技术领域的专利信息进行全局性分析，可以了解技术实力的分配，各国各地区的技术水平和申请人情况等。据此，企业结合自身情况，制定适合企业发展的竞争策略，包括产品开发策略、市场扩张策略等内容，以建立和维持竞争优势。

值得注意的是，一些企业为了模糊竞争对手的视线，不以自身名义申请专利，而是通过壳公司来实现专利的申请，在需要的情况下再从壳公司处取得专利，这给专利信息的分析带来了一定的困难。

③ 专利预警。

随着国际化的不断深入和各国贸易来往的不断密切，在货物贸易、企业并购、国际科技合作、技术交易等经济科技活动中，专利起到越发重要的作用，同时在这些活动中也有很多风险与陷阱，一不小心就可能会给企业甚至国家带来重大损失，而通过对专利信息进行运营，可以有效降低各类风险，达到专利预警的目的。我国《国家知识产权战略纲要》对知识产权工作提出了"建立健全重大经济活动知识产权审议制度"的要求，《国家中长期科学和技术发展规划纲要（2006～2020）》中也明确"要建立对企业并购、技术交易等重大经济活动的知识产权特别审查机制，避免自主知识产权流失"。目前，全国范围内的多个省市都开展了有关知识产权评议（审查）的相关工作，但是政府推动下的专利评议（审查）并不是专利预警的全部，因为企业才是将专利信息的运营应用到专利预警之中的重要主体。企业在参与市场经济活动的过程中，通过对专利信息进行有效的分析和运用，可以达到促进创新、控制成本、降低风险等多重效果。

（4）专利的资产性运营。

专利权是一种无形资产，所以专利也可以作为资产进行运营，这也是专利的商业价值的一部分。而且，专利作为一种无形资产，不像有形资产一样存在天然的效益，专利必须经过各种形式的运营，才能为权利人带来收益。

① 专利出资。

出资是指股东（包括发起人和认股人）在公司设立或者增加资本时，为取得股份或股权，根据协议的约定以及法律的规定向公司交付财产或履行其他给付义务。专利权出资是指出资股东提供合法有效的专利权，将专利权作价后，按照估值对企业进行出资，换取公司股份或股权的行为。出资的资产应当具备可估价性、可转让性、现实确定性和收益性等特点，同样的用来出资的专利权也需要具备这些特点。

我国《公司法》第二十七条规定："股东可以用货币出资，也可以用实物、知识产权、土地使用权等可以用货币估价并可以依法转让的非货币财产作价出资；但是，法律、行政法规规定不得作为出资的财产除外。"《公司法》为专利出资提供了法律上的依据，因为专利权是知识产权的重要组成部分，值得注意的是专利出资的标的应当是专利权，而非专利申请权，因为专利申请权不稳定，并不必然会形成专利权，即不具有现实确定性。专利出资需要进行权利的转移，即权利主体由原专利权人变为出资公司，因为《公司法》第二十八条和第八十三条规定"以非货币财产出资的，应当依法办理其财产权的转移手续"。此外，我国 2013 年修订的《公司法》删除了原有的关于"全体股东的货币出资金额不得低于有限责任公司注册资本的百分之三十"的规定，从而为专利出资提供了更大空间，专利出资在公司资本运营中的作用和地位日益突出，也说明了知识产权的资本化在知识产权运营实践中扮演着越来越重要的角色。

专利出资是实现专利技术转化，发挥专利价值，获得收益和持续创新的有效途径，也是商业合作的重要机遇，同时也是很多拥有技术但缺乏资金的初创企业和科技型中小企业取得成功的机会所在。大学和科研机构由于集中了较多知识资源但缺乏产业化途径，是专利入股的高发地。专利出资丰富了专利技术转移转化的渠道，同时为企业的发展提供了新的机遇，具体来看，专利出资的社会经济价值主要体现在以下几个方面[①]：

促进科技成果转化为生产力。技术创新成果迅速转化为生产力才是真正意义上的经济发展，影响和制约我国科技成果转化的一个重要原因是知识与资本的结合途径少且不畅。专利出资为专利技术的转化与应用提供了新的渠道，使新技术在资本的协助下迅速得到应用，结成的利益共同体还可以实行研发和生产的一体化，解决科技成果对实际生产的适应性问题。

激励科研人员开展创新活动。专利出资让只有技术而没有资金的创新者成为企业的合伙人，在共享利益的同时也承担了企业经营的风险。由于企业的兴衰与自身利益密切相关，他们会更密切关注企业的技术需要，更

---

① 夏轶群. 企业技术专利商业化的经营策略研究 [D]. 上海：上海交通大学，2009.

积极主动地去改造技术或创新产品，从而激发其内在创新动力。对于大学和科研机构的研究人员，专利出资使其意识到他们的研发成果是有价值和有意义的，而且他们通常也能够通过专利出资得到一些物质性的奖励，这会进一步激励他们开展深入的研发。

降低投资企业的技术引进成本。企业通过受让或寻求许可的方式引进专利技术，除了付给专利权人大笔费用，还要在不同程度上承担专利实施的风险。而在专利出资中，专利权人凭股份参与分红，共担亏损和风险，使企业的技术引进成本大大降低，并优化了企业的资源配置。此外，企业在得到新技术的同时，通常可以同时借力出资人的知名品牌发展自身，还可能会得到相关的创新人才甚至创新团队，成为企业培养持续创新能力和竞争优势的原动力。

知识框5　研究机构、大学专利出资

2012年5月31日，润中国际控股（00202）公告其A股附属黑龙江国中与中国科学院生态环研究中心订立战略合作框架协议，共同投资成立中科环境科技创新有限责任公司。根据战略合作的框架协议之条款，合资公司注册资本将为5000万元人民币（6172.8万港元），中科院生态环研中心以不低于评估价值500万元人民币（617.2万港元）的专利知识产权出资，持有科技创新公司10％股权；黑龙江国中以货币认缴出资4500万元人民币（5555.6万港元），持有科技创新公司90％股权，为科技创新公司控股股东。2012年8月24日，天水华天科技股份有限公司与中国科学院微电子研究所等共5名出资人签署投资协议，拟共同投资设立华进半导体封装先导技术研究中心有限公司，注册资本为10000万元人民币，其中中科院微电子所出资2500万元，包括1000万元货币出资和1500万元的无形资产出资，无形资产主要是以专利技术为主。2013年5月28日，奥维通信股份有限公司公告称，其第三届董事会第九次会议审议通过同意公司与中国科学院沈阳自动化研究所及23名自然人股东共同出资设立沈阳中科奥维科技股份有限公司，拟定注册资本为3077万元。其中中国科学院沈阳自动化研究所以无形资产出资647.08万元，占中科奥维注册资本21.03％，主要包括专利和软件著作权。

中国科学院是我国规模最大、学科最全的国立科研机构，每年有大量的包括专利在内的技术成果产出。通过上述几个小例子可以窥见，中国科学院积极探索通过专利技术出资的形式来促进科技成果的转化，并取得了一定成效。实际上，根据中国科学院年鉴公布的数据，截至2013年，中科院全院有纳入统计范围的院、所投资企业477家（按集团合并数），中科院直接投资的控股企业有21家[1]，这数百家企业与中科院存在密切的关系，

---

[1]　中国科学院年鉴2014［EB/OL］. 2014［2015-05-23］. http：//www.cas.cn/zj/nj/2014/.

中科院的专利技术支撑是企业发展的一个重要条件。

在大学方面，近年涌现出了一批特殊的公司——学科性公司。2009 年底北京理工大学创办了首家学科性公司——雷科电子信息技术有限公司，在公司管理运营体系中，首席科学家要直接向董事会负责，而公司总经理携公司科技委员会向首席科学家负责，市场、研发和行政等各部门由总经理具体管理。至 2011 年 12 月 31 日，理工雷科的注册资金由成立时的 100 万元变成了 2000 万元，总资产达到了 3900 多万元，其中的无形资产达到了 600 万元。不过，该公司之后被江苏长发制冷股份有限公司收购，并购审核于 2015 年 4 月 29 日通过，从而成为收购公司的一家子公司。2010 年 8 月北京理工大学成立了另外一家学科性公司——北京理工华创电动车技术有限公司，注册资金 1000 万元，依托北京理工大学电动车辆国家工程实验室，而公司成立前北京理工大学就已经拥有 300 多项专利，公司成立的一个主要目的就是推动这些专利技术的市场应用。2010 年 9 月，中山大洋电机股份有限公司宣布与北京理工资产经营有限公司共同出资成立北京京工大洋电机技术有限公司，前者出资 3000 万元，后者以技术出资 2000 万元。

实际中，在北京理工大学之外，包括北京航空航天大学、中山大学、中南大学、南京理工大学、青岛科技大学等在内的多所高校都建设了学科性公司，中山大学还出台了《中山大学学科性公司管理办法》。其中中南大学可谓是学科新公司的先驱，中南大学早在 2000 年就提出了"学科性公司制"的概念并成立多家学科性公司。可以发现，学科性公司成立的一个重要推动因素就是大学参与，一个重要支撑因素就是大学掌握研发人员和科技成果，其中非常重要的一部分就是专利成果。创办学科性公司是推动高校科技成果转化及产业化的一个创新途径，其中的股权激励更是能兼顾到学院和具体科研人员的利益。

② 专利信托。

信托是财产转移及管理的手段，涉及委托人、受托人和受益人三方主体。信托的内涵是指委托人将信托财产转移给受托人，由受托人为受益人的利益对信托财产进行管理和处分。专利信托，或专利权信托，指权利人（委托人）基于对受托人的信任，将其专利及相应的衍生权利委托给受托人，由受托人按委托人的意愿，以自己的名义，为受益人的利益或特定目的，进行管理或者处分。

在具体操作中，专利信托主要有三个环节：受托、经营和收益。专利权人在一定时期内将专利委托给信托投资公司进行经营和管理，信托投资公司对受托专利的技术特征和市场价值进行深度挖掘和适度包装，并依照信托合同的约定，向社会投资人出售专利的风险投资期权，或者吸纳风险投资基金，以获取资金流[1]。张晓云等提出了三种专利信托融资的法律运行

---

① 夏轶群. 企业技术专利商业化的经营策略研究 [D]. 上海：上海交通大学，2009.

模式，即信托贷款模式、股权投资模式和专利基金模式①。还可以将专利信托分为所有权信托和许可使用权信托，前者受托人可以对专利权的全部进行经营管理或者转让，后者只能对许可使用权进行经营管理或者处分。

信托包括自益信托和他益信托，专利信托也是如此。专利信托具有独立性、同一性和追及性的特性。独立性是指信托一旦成立，信托专利即从三方当事人的固有财产中分离出来，成为独立资产，处于三方债权人可追及的范围之外。同一性是指受托人因成立信托而取得的初始专利、因管理处分专利而取得的收益、因信托专利毁损灭失而取得的赔偿金及保障金等，均属于信托财产的范围。追及性是指受托人无权处分信托知识产权时，委托人及受益人可以撤销受托人的处分行为，要求其恢复原状或赔偿。

信托具有设立和经营规则简单的特点，而且信托财产与发起人的其他财产相剥离，不受发起人其他财产经营状况的影响，从而专利信托可以对专利风险进行有效隔离，尤其是当专利信托与专利证券化结合时，可以放大风险分散和获得融资的效应。专利信托也可以与风险投资结合，实现专利转化的同时也减轻了受托人的负担。

《信托法》第十四条规定"受托人因承诺信托而取得的财产是信托财产"，其中"受托人因承诺信托而取得的财产"指委托人合法所有的财产和财产权利，包括动产和不动产、有形财产和无形财产，而以专利为代表的知识产权无疑是无形资产的重要组成部分，从而专利权也是可以作为信托财产的。2001年1月12日，中国人民银行发布《信托投资公司管理办法》（中国人民银行令第2号）规定"动产、不动产以及知识产权等财产、财产权"为信托投资范围，明确将知识产权纳入其中；2002年5月9日中国人民银行发布的修订后的《信托投资公司管理办法》（中国人民银行令〔2002〕第5号）也有同样的规定。但是2007年银监会重新发布了《信托公司管理办法》（中国银行业监督管理委员会令2007年第2号），并废除《信托投资公司管理办法》，仅仅将知识产权涵盖在"其他财产或财产权信托"范围内。事实上早在《信托法》正式颁布之前，武汉国际信托投资公司于2000年10月推出了一项旨在推动金融资本与无形资本结合"专利信托"业务，成为中国首例专利信托案，但是仅限于专利转让和许可业务，未涉及风险融资，致使这项业务两年后由于种种原因被终止。

知识框6 华硕专利信托

为有效率的解决专利侵权的问题，华硕（Asustek Computer Inc.）在2006通过专利信托协议将专利权委托给 Innovative Sonic Limited 公司进行经营，Innovative Sonic 公司主要负责专利授权金追讨或相关法律诉讼，发

---

① 张晓云，冯涛. 专利信托融资模式的设计与运用 [J]. 知识产权，2012（6）：72-74.

挥的作用类似律师事务所。据称华硕针对 RIM 手机相关专利疑似侵权已进行多年搜证，将相关专利权信托契约让与，而华硕本身不直接参与诉讼，Innovative Sonic 公司则以专利所有权地位，将主导诉讼并负担相关费用，但华硕对诉讼可能获得利益有受益权。

在信托协议完成后的第四年，Innovative Sonic 于 2010 年 9 月 2 日起诉 RIM（包括 Research In Motion LTD. 和 Research In Motion，Corporation），控告 RIM 侵犯其三项有关手机无线通信安全系统的专利，案件在德克萨斯州泰勒东区联邦地方法院（Eastern District of Texas Tyler Division）进行审理。系争的三项专利（US6925183、USRE40077、US7436795）的原专利权人都是华硕，分别于 2006 年、2007 年进行专利权让与。Innovative Sonic 公司是一家设于英属维京群岛的专利管理公司，此次起诉由 Innovative Sonic 承担相关费用，而华硕不直接参与，但是可以分享诉讼可能产生的利益收入。

知识框 7　日本的专利信托

近年来，以日本为代表的发达国家正在积极探寻专利信托可运用的领域。自 1923 年日本引入信托制度以来，长期禁止对专利这类无形财产进行信托。2002 年以后，日本在知识产权立国和知识产权战略框架下，开始制定积极的专利信托政策，排除专利信托的制度障碍，并引导信托银行或公司进行专利信托实践。在其《知识产权战略大纲》《知识产权基本法》和《知识产权战略推进计划》中，特别强调需要"利用信托制度来促进知识产权的管理和流通，实现利用知识产权筹集资金制度的多元化"。2004 年 3 月，日本内阁府金融局向日本国会提交《信托业法》修改法案，建议允许非金融机构通过信托集体管理知识产权；2004 年 6 月 16 日《信托业法》获得通过，废除了对可信托财产范围的限制。从此日本企业利用信托筹措资金的渠道将增加，在利用专利权发行有价证券及资金筹措等方面更加简便易行。2003 年 3 月，日本成功地将 Scalar 公司的多项光学技术专利许可费收益权进行了证券化，融资 20 亿日元。2004 年 12 月 29 日，日本 UFJ 信托银行率先在日本开展专利信托业务，接受了首例铲土机液压管制造方法专利的信托。

（资料来源：李和金. 专利信托与专利资产证券化比较分析［J］. 管理观察，2008，21：83-84.）

③ 专利证券化。

资产证券化（Asset Securitization）是指以特定资产（基础资产）的未来现金流为支撑发行证券的融资活动，对资产的收益和风险进行重组和隔离，所发行证券称为资产支持证券（Asset-Backed Securities，ABS）。证券化将缺乏流动性但能够产生现金流的资产通过信用增级、真实出售、破产隔离等结构性重组技术出售或转让给一个远离破产的特别目的载体（Special Purposen Vehicle，SPV）。资产证券化没有统一的模式，相对来看，发达国家的资本市场建设比较完善，金融衍生品也层出不穷，美国和欧洲的证券化可以分别概括为表外证券化和表内证券化①。我国的金融市场还处于不断建设和完善的阶段，在资产证券化的资产重组、风险隔离和信用增级方面还存在一定的障碍，目前的资产证券化模式主要包括信贷资产证券化、券商专项资产证券化和资产支持票据，其中信贷资产证券化发展最早而且规模最大，资产支持票据不需要设立 SPV，在一定意义上不属于资产证券化。

专利证券化即专利资产证券化，发起人以专利的未来收入为基础资产，通过一定的融资结构安排对基础资产的收益和风险进行重组和隔离，并以此发行证券进行融资。可证券化的基础资产需要有良好的历史记录和可预见的、稳定的未来现金流，良好的历史记录为收益的预测和证券的发行提供了可靠依据，而可预见的、稳定的现金流是投资者购买证券的前提，同时基础资产必须是可以自由转让的财产或财产权利。可以发现，尚未充分利用的专利难以成为基础资产，而且专利的运用存在较大程度的不确定性，专利作为一种财产权不能当然地产生稳定的现金流，而实现专利证券化的可行做法是通过专利债权化获得稳定的现金流，主要包括专利许可和专利质押两种方式②。但是，随着金融市场的不断创新，专利证券化的形式也会呈现多样化，根据所依据的权利的不同，可以将专利证券化分为以专利所有权或使用权为基础的权利证券化，以专利许可收入为基础的专利债权证券化和以担保专利为基础的担保贷款证券化。

虽然资产证券化没有固定统一的模式，但是一般认为资产证券化有资产分割和证券化两个阶段，据此可以大致概括专利证券化的基本流程。在专利权证券化的具体运作过程中，发起人（一般是科技企业）将其有可预期的未来现金收入的专利权及衍生债权转移给 SPV，再由 SPV 对该专利权进行重新包装、信用评级以及信用增强后，在市场上发行证券以获得资金③。袁晓东列举了三种主要的专利资产证券化的类型，即专利许可应收款证券化、专利质押贷款证券化和专利投资权益证券化④。

专利资产证券化的一个最为直接的效果就是在短期内为专利持有人带来了大规模的融资，而且证券化的风险隔离机制使这种融资比较安全，而且专利权人并未丧失对于专利权的持有。同时，专利资产化有利于促进专利技术的产品化和产业化，而且专利权人可以将自身持有专利可能遭受的来自市场和科技等方面的风险进行转移和分散。

① 宣昌能，王信. 金融创新与金融稳定——欧美资产证券化模式的比较分析 [J]. 金融研究，2009 (5)：35-46.
② 袁晓东. 我国专利资产证券化的制度环境研究 [J]. 科技与法律，2007 (5)：84-93.
③ 李建伟. 知识产权证券化：理论分析与应用研究 [J]. 知识产权，2006 (1)：33-39.
④ 袁晓东. 专利信托研究 [M]. 北京：知识产权出版社，2010：162.

知识框8 美国的专利证券化

知识产权证券化始于 20 世纪 90 年代，以 1992 年陶氏化学公司用知识产权获得贷款为萌芽。1997 年 1 月美国摇滚歌星大卫·波威在金融市场出售 300 首歌曲的出版权和录制权获得 5500 万美元，被认为是世界上第一起典型的知识产权证券化案例[①]。这笔融资被穆迪公司评为 3A 级，发行票据为期 15 年，平均期限约为 10 年，利率为固定的 7.9%，被一家保险公司全部买下。此后，音乐、电影等逐渐成为知识产权证券化的主角，但专利，尤其是技术专利的证券化并不多见，原因有两点：首先，比起音乐资产现金流形成过程的简单透明，专利资产形成现金流需要与其他知识产权"合成"，转化成复杂的产品，因此定量分析比较难；其次，从法律保护角度，专利的保护期限为 14~20 年，尽管可能延长，但领先性大打折扣。

尽管如此，随着专利转化对融资的需求增大，专利证券化还是于 21 世纪初初露端倪，一个著名的案例是 Royalty Pharma 的药品专利证券化[②]。2000 年 6 月，Royalty Pharma 出价超过 1 亿美元收购耶鲁大学的 Zerit 药品专利（一种艾滋病治疗药物，耶鲁大学授权许可 Bristol-Myers Squibb 公司开发的），通过专门设立 Bio Pharma Royalty Trust（一家 SPV）对该专利进行证券化操作，股票由 Royalty Pharma、耶鲁大学和美国著名风险投资公司 Banc Bostom Capital 持有，并聘请了 Royalty Pharma 和 Major US University 作为承销商和分销商。每个季度 SPV 从 Bristol-Myers Squibb 公司获得使用许可费收入，然后将其中的 30% 支付给投资人，其余 70% 按照信托协议分配，偿还贷款后（SPV 曾贷款支付许可费收益权的部分购买价款），三个股东平均分配，耶鲁大学得到了现金和信托中的股权。该案之后，Royalty Pharma 继续购买药品专利许可费收益权，并将购得的 13 种药品专利许可费收益权组合成资产池。2003 年 7 月，Royalty Pharma 的 SPV 机构 Royalty Pharma 金融信托以 13 种药品专利许可费收益权为支撑，成功发行 2.25 亿美元的可转期集资债券（Variable Funding Notes），有 7 年和 9 年两期。瑞士信贷第一波士顿公司参与设计并承销了这些债券，MBIA 保险公司作为担保方，两家公司还联合聘请了外部人员对此次证券发行计划进行了特别评估。

2004 年 4 月，日本经济产业省宣布在信息技术和生物技术领域实行专利证券化：由政府设立特定的公司，将专利权交给这个公司经营，该公司以证券的形式将专利权投入市场，供企业、投资者买卖，收取的专利使用费作为发行证券的原资，部分盈利还给专利权拥有者。在全球范围内，知识产权证券化正凭借金融资产证券化的成功经验而迅速发展。美国知识产

---

① Borod R S. An update on intellectual property securitization [J]. Journal of Structured Finance, 2005, 10 (4)：65-72.

② Edwards D. Patent backed securitization：Blueprint for a new asset class [EB/OL]. 2001 [2015-12-22]. http：//www.docin.com/p-765435815.html.

权证券化的交易规模在 1997 年时仅为 4 亿美元，到 2000 年时已经增长至 6 倍多，达到 25 亿美元。接着此类交易在全世界扩展，到 2005 年时全球的交易规模已达 3050 亿美元。由于其迅猛的发展势头，世界知识产权组织把知识产权证券化称作一种"未来融资的新趋势"。

（5）专利的形象性运营。

专利不仅仅是衡量创新能力的重要指标，同时也是影响企业产品质量和产品形象的一个重要因素。企业可以利用其专利技术进行商业宣传以提升企业形象，企业形象是企业成功开拓市场的一个重要因素，而与企业形象相关的商誉更是企业无形资产的一项重要内容。

2012 年 5 月 1 日起实施的《专利标识标注办法》，规定了在标注专利标识时，应当标明下述内容：1）采用中文标明专利权的类别，例如中国发明专利、中国实用新型专利、中国外观设计专利；2）国家知识产权局授予专利权的专利号。除上述内容之外，可以附加其他文字、图形标记，但附加的文字、图形标记及其标注方式不得误导公众。这为专利权人结合自身专利权状况塑造、提升和宣传品牌，提供了法律基础。佳能公司就曾把专利作为广告内容进行宣传，通过宣传其各个技术领域的专利持有量来提升企业形象。

（6）专利的政策性运营。

专利是衡量组织创新能力、区域创新能力和国家创新能力的一个重要指标，政府部门在认定和评价高新技术开发区和高新技术企业等时都会使用到与专利相关的指标。比如由科技部、财政部和国家税务总局分别于 2008 年 4 月和 2008 年 7 月制定并公布的《高新技术企业认定管理办法》和《高新技术企业认定管理工作指引》也将专利作为认定高新技术企业的一个重要指标，同时很多地方政府在认定地方级别的高新技术企业方面也非常关注专利方面的指标。对于企业来讲，通过参与各种级别的高新技术企业的认定，可以享受到多种形式的政策性优惠，包括税收减免、土地等资源使用优惠以及各种财政补贴等，在一定程度上可以减轻企业负担，帮助企业成长，对于刚刚起步的科技型中小企业作用尤为明显。

2. 基于目标导向的分类

袁真富在其 2011 年出版的《专利经营管理》一书中将专利经营管理的目标划分为三个层次，即保护性目标、经济性目标和战略性目标[1]。

从事专利经营管理，首先是期望达到保护性的专利管理目标，即通过专利经营管理保护自己的技术成果，并避免与他人发生侵权争议。简单地讲，就是保障自己利用，防止他人利用，避免侵权利用。

经济性的专利管理目标，顾名思义，就是通过专利经营管理去获

---

[1] 袁真富. 专利经营管理 [M]. 北京：知识产权出版社，2011：17-23.

得实际的或潜在的经济收益。

战略性的专利管理目标，是通过专利经营管理获得长远经济利益、市场领导地位等战略利益，或者借用专利协助企业的战略发展和长远规划。

根据这三种目标导向，我们可以对专利运营有一个更为清晰的认识。无论是组织还是个人，其开展任何行动都有一定的动机和目的，因为人是有意识的人，组织同样也是有意识的组织，不会去做毫无意义的事情。类似的，专利运营也可以划分为保护性专利运营、经济性专利运营和战略性专利运营。

保护性专利运营强调对专利技术和专利产品的保护，包括通过申请专利对技术进行保护，通过提起专利侵权诉讼对产品进行保护等。经济性专利运营强调短期或长期内的直接的和间接的现金流入，比如通过专利许可获得的许可费收入，专利转让的现金收入，专利质押获得的贷款等。战略性专利运营指将专利运营提升到组织的战略层次，并作为组织经营发展战略的组成部分，比如企业通过进行专利布局对其未来的产品和市场进行规划，以保证企业的持续性发展。

在这三种目标中，保护性是专利运营的基础，经济性是专利运营的核心，而战略性是专利运营的较高层次。因为专利运营是在专利获得法律保护的框架下开展的，而战略性专利运营将专利上升到组织战略的层次，但是保护和战略实质上都是为了获得经济效益，这一点在企业类组织中尤为明显。

3. 基于组织类型的分类

参与专利运营的是市场经济中的各类主体，包括以营利为目的的企业、非营利的社团组织、公立科研机构和大学、个人等。不同性质的组织在发展过程中有着不同的利益导向，从而专利运营也呈现出差异化特征。即使是对于同一性质的组织，比如企业，也会因为商业模式的不同而使专利运营呈现差异化，同一个企业在不同的发展阶段也会采取不同的经营发展策略和与之配套的专利运营策略。所以，有必要针对不同的组织类型对专利运营展开研究。本书主要从生产型组织、研发型组织、集中型组织、服务型组织和综合型组织五个方面对其专利运营活动进行论述。这里仅作简单介绍，具体内容在第五章和下编进行详细分析介绍。

生产型组织以产品的生产和销售为主要收入来源，进行专利运营的主要目的是提升产品质量，保护产品和维护产品的市场优势地位。生产型组织在具备一定实力的条件下一般会积极开展研发活动，壮大自身专利实力，并获得持续性的发展。

研发型组织主要包括大学、科研机构和专门从事研发的企业，其中大学和国立科研机构主要从政府财政获得资金支持并以从事基础研究为主，由于大学和国立科研机构自身不从事产品制造，所以其专利运营的核心在于促进专利技术的转移转化。但是也有一些大学和国立科研机构与企业合作成立研究院、研发中心等，这时的专利运营更加倾向于充分利用大学和国立科研机构的研发资源，创造出符合市场需求和利益导向的专利技术成果。对于营利性的研究机构和研发型企业，其从事专利运营的目的性则更加明确，即实现组织经济利益的最大化，通过进行专利运营，一方面建立和巩固自有技术优势，另一方面实现更多的经济性收入。

集中型组织的基本盈利模式是在聚集大量专利的基础上，对专利进行运营来获得收益，这类组织的核心收入来源就是专利运营。其基本的专利运营方式包括对研发活动和专利申请活动进行投资以获得专利权或者专利许可，将自有专利许可给他人使用以获取许可费，通过诉讼威胁向他人索取专利许可费，通过侵权诉讼获得巨额赔偿等。

服务型组织和集中型组织都可以看作是专利运营体系内的中介方，因为他们基本上都不从事研发活动（当然不排除个别情况），他们所体现的作用就像是一个专利的"中转站"，为生产专利的一方和使用专利的一方架构起一座桥梁。不同之处在于，集中型组织参与专利运营过程中的一个重要环节是将专利权或者独家许可权掌握在自身手中，并通过将专利权许可他人使用获利；而服务型组织则不需要掌握专利权，服务型组织通过为专利的供需双方提供一个交易平台来促成双方的交易，包括专利的转让交易和许可交易，其收入来源主要是平台的"入门费"和完成交易的"提成费"。

综合型组织的经营活动涉及产品生产、技术研发、专利集中和专利服务中的至少两个方面，这些组织一般都是大型的跨国企业，业务范围和市场范围较广，专利运营活动也较为复杂。这些企业通过进行专利运营对产品进行保护，构建竞争优势，提升技术实力，通常也会进行专利许可，但是专利许可的目的多数情况下并非是获得许可费，而是出于其他战略性目的。

三、用运营激活和放大专利功能

虽然我国当前专利运营的关注点是提高专利实施率或专利技术转移转化率，但从更广泛的角度看，通过进行专利运营可以实现以下目的。

（一）掌握市场进入权

专利权是一种法律赋予的在一定期限内具有独占性和排他性的权利。其中排他性首先表现在专利法覆盖的行政区域上，即从地理上说，专利权的排他进入区域取决于专利法实施的范围。具体而言，就是在我国大陆有效的专利权，不能到我国大陆之外的地方去行使排他权，这也是专利权的地域主权性特征。这种法律赋予的排他权使得专利权人拥有了优先进入市场的权利和阻止竞争对手进入特定市场的可能。

根据《专利法》的规定，在专利权生效的国家或地区范围内，在未经专利权人许可的情况下任何单位和个人都不得实施其专利，亦即专利权人可以优先实施其专利。而将专利技术应用到产品生产之中便是专利实施的一种主要方式，此时，当某种产品的生产制造环节必须使用到相应的专利时，专利权人就掌握了相应产品市场的优先进入权。

以专利许可为例，专利权人通过进行专利许可能够为自己争取更多的商业机会，同时达到扩展市场的目的，因为在地理意义上，专利许可是跨国公司迅速、高效、低成本海外扩张的主要手段，同时将专利权人的技术优势推到新的产品市场。此外，将专利许可给他人使用，在一定意义上也是在为专利权人的潜在目标市场培养消费者，如果许可的是核心技术专利，还能够促使市场形成对该专利技术的依赖性，从而达到控制市场的目的。

在现实中，专利与市场进入的关系可能较为复杂。仅仅基于一项专利就能进行生产的产品并不多见，这种产品可能只是在医药产品之类的领域存在；更为普遍的现象是，一件产品往往会用到较多专利，可能是几项、数十项、数百项，甚至达到十万项以上。所以说，单独依靠个别专利可能并不必然会带来市场进入权，因为单个专利极有可能遭遇竞争对手现有专利的专利封锁，这时专利组合通常可以发挥更大的作用。一方面，专利组合遭遇专利封锁的可能性会比较小；另一方面，企业可以利用组合专利与外部企业进行谈判，从而获得市场进入权。

（二）融资

在知识经济时代，知识和实物资本、人力资本一样都成了资本的重要形式，知识和土地、劳动等一样都是不可忽视的生产要素，而专利权处于知识资本和知识要素的核心地位，并且已经成为一种重要的投资工具和融资工具。

专利融资即专利的资本化，也就是利用专利换取资本，或将专利直接转换成资本并在资本市场进行运作，专利融资可以为专利技术争取进一步开发和转化为现实生产力所需的金融资本。专利资本化将科技和资本这两项经济发展的重要驱动因素结合在一起。现代企业融资的方式包括债权融资、股权融资和证券化融资，分别对应专利质押贷款、吸引股权投资、专利信托和专利证券化，其中既包括专利作为权利的资本化，也包括专利作为财产的资本化。

专利质押指债务人或者第三人将其专利权移交债权人占有作为债权的担保，当债务人不履行债务时，债权人有权依法以该专利权折价或者以拍卖、变卖该专利权的价款优先受偿。专利质押丰富了企业融资的形式，为企业的经营发展带来更多可供周转的资金，有利于促进专利技术的进一步开发和价值的发挥。

专利技术持有人可以利用其专利吸引外部投资，从而壮大企业规模，为企业的发展注入资金，使企业获得新的机会；或者是通过专利技术吸引投资从而成立新的企业，以相应的专利技术为基础，利用吸引到的资金进行企业运营；此外，专利持有人也可以利用专利出资获得其他企业的股份，从而实现专利价值。

专利信托即以专利为信托财产的信托，指专利权人在一定时期内将专利委托给信托投资公司经营和管理，信托投资公司对受托专利进行包装后，向社会吸引资金。专利证券化指利用专利的未来收益发行证券，将专利权人承担的风险转让给购买证券的投资者，而专利未来的许可费用能够提前实现，同时分散技术创新风险，降低技术创新成本。

专利融资将专利这种知识产权与金融手段相结合，使专利进入资本市场，充分放大了专利价值，对于利用专利制度发展经济具有重要意义。专利的资本化运营可以促成以下目标的实现：

（1）促进专利技术的转化和运用，推动创新型国家建设的步伐。专利融资的直接效果是为专利权人带来了可供周转的资金，利用这部分资金，专利权人一方面可以继续深化专利技术的研究开发，从而完善相应的技术。另一方面虽然技术创新是经济发展的主要驱动力，但是技术创新本身并不等同于经济发展，关键在于创新成果的转移，而通过专利技术融资专利权人可以将专利技术进行产品化，实现技术向现实生产力的转变，从而促进国家科技创新成果的应用和科技资源的优化配置。以专利信托为例，专利信托将分散的专利权集中于信托机构，信托机构利用其资金、管理、信息等方面的优势，为专利转化引入风险投资基金，实现金融资本与知识资本的结合，推动科技资源的合理配置。

（2）将权利人独自持有和运营专利的风险进行转移和分散。无论是专利质押、专利证券化，还是专利信托，在一定程度上都是属于透支专利权未来收益的专利运营行为，并且专利权人需要在专利获利后将收益与银行、券商或者信托公司共享。恰恰是这种专利权人与外部组织共享未来收益的专利运营模式，使得专利的各种潜在风险也均摊给了专利权人与外部组织，降低了专利权人因持有专利和运用专利可能承担的损失。专利权人独自持有专利或者自行进行专利技术转化，除去需要面临资金匮乏的问题外，还有来自信息不对称和政策法规方面的风险，而专利资本化使专利转化由个人行为转变为机构职能行为或社会行为，同时将专利权人的风险转移给组织和社会，而专利权人对于未来风险的低估则会进一步激励其研发行为和专利商业化行为。

（3）激发企业和研发人员的创新动力。专利资本化在为专利权人带来融资的同时，也带来了对相应专利技术进行应用的风险，这可以激励企业更为主动地去对技术进行改造。同时，特定专利技术的资本化通常也能够为发明人带来物质和精神上的收入，从而激励研发人员不断创新。

（4）为创新创业构建多层次的资本市场体系。专利的资本化运营将现代资本的运作方式与专利运营结合，为专利融资提供了多种形式，完善和丰富了资本市场的建设。而且专利融资可以吸收社会闲散资金，为资金匮乏的企业提供丰富的融资渠道。此外，对于特定形式的专利资本化，比如专利出资，可以使出资企业不用支付专利费，而能集中资金用于专利技术的实施，在实现风险共担的同时也降低了企业的技术引进费用。

（5）优化企业资产结构，但不影响专利权的权属。专利资本化运营将企业拥有的流动性较差但能产生稳定的未来现金流收益的专利技术转换为流动性强的现金，优化企业的资本结构，但初始专利权人的核心和重要技术专利权不会因此而丧失。

（三）创造现金流

现金流是企业生存的基本要求，可以保证企业健康、稳定的发展，有利于提高企业的竞争力。财务管理和会计学中的现金流概念指的是一定时期内特定的经济单位在经济活动中为达到特定目的而发生的现金流入和流出的数量，现金流的类别包括经营活动的现金流、投资活动现金流和筹资活动现金流。

对于多数企业来讲，参考会计学中的概念，可以将专利运营创造的现金流分为专利投资活动现金流、专利筹资活动现金流和专利经营活动现金流。专利作为企业无形资产的重要组成部分，企业通过专利出资入股获得收益所取得现金流入是投资活动所产生的现金流。企业利用专利质押、专利证券化等形式进行融资所取得的现金流入属于筹资活动的现金流入。除去专利投资和专利融资之外，企业通过进行专利许可、专利转让以及取得诉讼赔偿等获得的现金流入都是专利经营活动现金流。

袁晓东将专利权区分为以使用价值为客体的使用权和以交换价值（或资本价值）为客体的价值权，对使用权的行使产生专利许可，对价值权的行使产生专利质押，而无论是使用权还是价值权的行使，都会使知识产权转换为债权，也就意味着现金流的产生。[①]

专利许可是专利创造现金流的一个主要途径，实际上许可也是专利运营的主要手段，创造现金流只是其中的一个作用，高通公司在 2011 财年、2012 财年和 2013 财年的专利许可费分别占到了总收益的 36%、33% 和30%。对于专利运营公司，其主要的收入来源就是专利许可费，他们通过大量收购专利或者进行专利前期的研发投资来获得专利权，抑或是获得专利的独占许可，之后将自身持有的专利或者获得独占许可的专利许可给他人，以获得许可费。

---

① 袁晓东. 专利信托研究 [M]. 北京：知识产权出版社，2010：161.

（四）保护产品

专利是企业对产品进行保护的重要并且有效的手段，尤其是对于高技术含量的产品。专利可以用来保护进入市场的新产品或者是进行战略性防御，比如阻碍竞争对手使用自有发明，或者是作为他人专利的外围专利以获得特定产品的市场进入权①。通过申请专利来保护产品，一方面可以有效保护发明创造成果，确保自己对专利技术及对应产品的独占性，通过独占市场来获取最大化利益。另一方面可以在市场竞争中取得主动地位，防止对手抢先申请相同专利，从而确保自身产品的市场地位。专利诉讼是企业对产品进行保护的常用策略，企业通过选择合适的起诉地、起诉时机和起诉对象，不但可以对其产品进行有效保护，往往还能够达到限制竞争对手的目的。

降血脂药"立普妥"曾是美国辉瑞公司旗下的头号畅销药物，一度占据公司销售额的15%，自1997年上市以来销售额超过1000亿美元，是全球制药业的一颗超级巨星和全球最成功的畅销专利药物，2011年11月30日"立普妥"的专利到期，而辉瑞公司当年第四季度的利润就下降了50%。20世纪80年代，英国制药公司葛兰素的特效专利胃药雷尼替丁每年为其带来10亿英镑的收入，但1997年7月其在美国的专利到期后，不到半年时间其全球销售额急降33%②。辉瑞公司的另一著名药物"万艾可"的专利也在2014年到期，当年的"万艾可"全球销量仅下降10%，销售额从前一年的18.8亿美元降至16.6亿美元，而2014年"万艾可"在中国内地的销量甚至激增47%，可见专利失效并没有在短期内给辉瑞公司的产品销售带来巨大危机，但是可以预见的是这一情况不会持久，因为"万艾可"正在全球范围内遭到仿制药物的冲击。这一现象被称为"专利悬崖"，即专利到期后，所对应的专利产品被大量仿制，而原专利产品的拥有方的销售量和销售额都会有大幅下跌，这种现象在制药领域尤为突出。

知识框9 "万艾可"专利垄断市场

万艾可（"伟哥"）是辉瑞公司1998年3月27日投放到市场的产品，在全球多个国家销售，并在美国、日本、欧洲等大多数国家及地区获得了不同形式的专利保护。中国在2001年12月加入世界贸易组织WTO的协议中承诺，根据TRIPS协议对知识产权给予保护，万艾可被认为是中国对遵守知识产权国际标准承诺的试金石。

1994年5月13日，辉瑞公司向中国国家知识产权局申请万艾可的用途专利。

---

① Svensson，R. Commercialization of patents and external financing during the R&D phase [J]. Research Policy，2007，36 (7)：1052-1069.
② 袁真富. 警惕"专利悬崖"下的利润深渊 [N]. 中国知识产权报，2012-06-01.

2001年9月19日，国家知识产权局授予万艾可发明专利权（中国申请号为94192386）。同年，12家国内制药企业组成的"伟哥联盟"联合向国家知识产权局专利复审委员会提出对辉瑞万艾可应用专利的无效宣告请求。

2002年9月3日，国家知识产权局专利复审委员会开始对该项专利进行审理。

2004年7月5日，国家知识产权局专利复审委员会以"专利说明书公开不充分"为由，对辉瑞万艾可做出宣告专利无效的决定。

2004年7月7日，辉瑞在给媒体发表的简短声明称"深表失望"，并将就此进行上诉。

2004年9月28日，辉瑞将国家知识产权局专利复审委员会告上法庭。

2004年10月28日，北京市第一中级人民法院正式受理了辉瑞告国家知识产权局专利复审委员会专利无效行政诉讼案。

2005年3月31日，北京市第一中级人民法院知识产权庭首次开庭审理此案。

2006年6月2日，北京市第一中级人民法院做出一审裁决，对原告辉瑞公司所提"国家知识产权局专利复审委员会收回专利无效决定"的诉讼请求予以支持。

2006年6月17日，由国内12家制药企业组成的"伟哥联盟"向北京市高院提起上诉。

2007年10月27日，北京市高级人民法院做出终审判决，维持了北京市第一中级人民法院的审判，撤销了国家知识产权局专利复审委员会做出的"伟哥"专利无效的决定。

至此，持续多年的"伟哥"专利无效案落下了帷幕，而辉瑞公司可以说仅仅凭借这一项专利就赚得盆满钵满。

目前我国生产的西药中仿制药达到95%，核心制药技术和专利的缺乏是我国企业不具备国际竞争力的主要根源。辉瑞、阿斯利康、默克等国际制药巨头每年都在耗费巨额资金研发创新药物，抢夺专利权。辉瑞还不惜成本通过并购获得专利，1999年年底辉瑞以900亿美元收购华纳-兰伯特公司（Warner-Lambert），得到其抗胆固醇药物立普妥（Lipitor）的专利，立普妥每年的全球销售额已经达到了一百多亿美元，占辉瑞总销售额的20%以上。

（五）构筑竞争优势

企业资源基础理论认为，企业资源是有限的、异质的、极易流动的，获得资源必须付出相应的代价，企业在资源和能力上的差异造成了他们在业绩上的差异。因此，竞争优势就是能够使企业在市场中更有效地参与竞争的资源和能力，尤其是有价值的、稀缺的、难以模仿的、不可替代的资源和能力。而专利恰恰就是这样的一种资源和能力，专利制度赋予了专利权人对于专利技术在一定期限内的排他性独占权，从而确立了专利权人对专利技术的支配权，以及基于此专利技术的产品市场的重要地位，专利权人甚至可以利用专利达到排除竞争对手和获得垄断地位的目的。

实用性、新颖性和创造性是申请专利的技术方案能够获得授权的基本条件，基于此专利能够在改进生产工艺、提高生产效率和提升产品质量等方面发挥重要价值，新颖性和创造性则决定了专利具有稀缺性，而法律赋予专利的独占性和排他性则进一步强化了这种稀缺性。专利技术虽然可能被模仿和替代，但是模仿常常会面临专利侵权的风险，而侵权者一旦被诉讼并且败诉则会面临巨额的侵权赔偿金，而替代性技术的研发则会耗费大量的研发资源，其成本可能还高于寻求专利许可的许可费支出。

专利正日益发展成为新型的商业竞争工具，成为高科技公司的核心竞争力，为其带来无可比拟的竞争优势。科技型企业的产品往往具有较强的专利依赖性，而专利是保证产品不被抄袭的重要工具，从而也是企业维持市场地位的重要工具。

专利已经成为企业发展的重要战略性资源，专利权的独占性和排他性使专利权人拥有了法律赋予的垄断地位。对于企业来讲，若是生产的产品应用到了拥有专利权或者专利使用权的技术，则相当于设立了一层无形的壁垒，其他企业想要生产相同产品或者使用到相同技术的产品，必须要获得该企业的专利许可，这种基于专利的市场准入门槛无疑带给专利权人不可替代的竞争优势。

关于通过专利运营构建竞争优势的机制，可以从不同的角度进行解释。首先，在长期时间内有关专利的决策可以帮助企业构建位势[1]，成为企业长期动态能力的重要来源，而且专利竞争优势的有限性迫使企业必须通过不断的技术创新与升级专利才能获得持续的竞争优势[2]，专利运营能力的提升可以使企业在给定的路径依赖和市场位势条件下不断获得竞争优势[3]。同时，专利具有隔离机制（Isolating Mechanisms）[4][5]，专利决策应当上升到战略决策[6]，通过专利运营可以有效防止竞争对手模仿，帮助企业建立专有市场优势、提升财务业绩和增强整体竞争力[7]。此外，专利组合的运用还会

[1] Hall B H, Ziedonis R H. The patent paradox revisited: an empirical study of patenting in the US semiconductor industry, 1979～1995 [J]. RAND Journal of Economics, 2001, 32 (1): 101-128.

[2] 杨中楷. 专利计量与专利制度 [M]. 大连: 大连理工大学出版社, 2008.

[3] 朱国军, 纪延光. 企业专利运营能力演化的行为解析 [J]. 科技管理研究, 2010, 30 (10): 151-153.

[4] Lippman S A, Rumelt R P. Uncertain imitability: An analysis of interfirm differences in efficiency under competition [J]. The Bell Journal of Economics, 1982, 13 (2): 418-438.

[5] Somaya D. Theoretical perspectives on patent strategy [J]. Strategic Management Journal, 2002, 24 (1): 17-38.

[6] Chinying Lang J. Management of intellectual property rights: Strategic patenting [J]. Journal of Intellectual Capital, 2001, 2 (1): 8-26.

[7] Rivette K G, Kline D. Discovering hidden value in intellectual property [J]. Harvard Business Review, 2000, 78 (1): 54-66.

带来规模优势和多样化优势，通过组合专利形成的超级专利可带来规模优势，通过单个专利的差异带来的多样化可有效降低创新的不确定性，使其具备不确定性的保险能力[①]。

知识框 10　专利丛林现象

专利丛林现象是指相互交织在一起的专利权组成了一个稠密的网络，任何一项专利技术的应用或者相关新产品的推出，都必须获得大量专利权人的许可，就好像是穿过丛林一样。专利丛林是随着全球专利数量的骤增，专利分布结构从离散型向累积型转变的结果。在离散型专利分布结构下，一种产品一般对应一项或者几项专利，专利由一家或者少数几家企业持有，非专利持有人要生产相应的产品只需要获得持有专利的一家或者少数几家企业的许可。但是在累积型专利分布结构下，一件产品可能会集成多个领域的多项专利，而且这些专利分布在世界各地的众多专利持有人手中，这时无论是持有部分专利的一方还是完全不持有专利的一方想要生产相应的产品都需要获得众多专利权人的许可。发生专利丛林现象最严重的领域就是信息和通信技术产业领域，尤其是通信设备、集成电路等领域。

（资料来源：毛金生，等. 专利运营实务［M］. 北京：知识产权出版社，2013：7-8.）

知识框 11　专利数量是基础，专利运营是关键

专利数量的多寡是衡量一个企业创新能力的重要尺度，同时较多的专利也能为企业带来巨大收益。在拥有专利的数量上，没有哪家公司能望国际商业机器公司（IBM）之项背。从 1992 年到 2010 年的整整 18 年里，IBM 在美国获得的专利一直超过任何其他专利申请机构，其仅在 2009 年即获得了 4914 件专利，达到前所未有的水平。目前，IBM 在全球获得的专利已高达 4 万余件。大量的专利归因于 IBM 的创新能力与创新活力，同样，大量的专利也给 IBM 带来巨大的收益。据权威统计，在每件专利带来的利润排行榜中，IBM 每件专利所带来的利润高达 270 万美元。

专利数量积累的背后应是注重专利质量的提升和商业价值的运营。据美国哈佛法学院资深副研究员维韦克·瓦德瓦撰文称，西方大多数专利均没有任何价值，提交专利申请只是量的积累，中国的情况也是如此。可见，如果盲目地进行专利数量累计，不将专利转化为效益，那么专利申请费用、维持费用以及管理费用将给企业带来巨大的成本，专利拥有量越多则成本投入越高，所以企业应该充分挖掘专利的价值。辉瑞制药公司单凭一组专利就生产出了用于降低胆固醇的药品"立普妥"，2010 年"立普妥"的销售额估计达到 110 亿美元，占辉瑞公司全年收入的 1/4。

专利的数量只是在一定程度上反映了企业技术创新能力的强弱，而专

---

① 刘林青，谭力文. 专利竞争优势的理论探源［J］. 中国工业经济，2005（11）：89-94.

利的有效运营才决定了企业的市场竞争力。根据国外经验，与其他有形财产相比，专利运营具有运营主体多样、需要国际法律支撑、交易后的后续管理要求更高、不正当运营的危害较大的特性。此外，专利运营还具有运营客体时间限制性强、客体价值不稳定、运营空间受限、形态及群集组合较为灵活和以侵权诉讼为运营方式的特征。所以，要有效地进行专利运营，必须以专利数量和质量为前置条件，以专利定价和市场运作作为运营效率关键，以人才配置和产业氛围作为重要保障，以系统构建和制度配套为专利运营铺平道路。

（资料来源：谢小勇. 专利数量是基础，专利运营是关键［N］. 中国知识产权报，2011-09-09. 有删改。）

（六）塑造商业生态体系

专利正在日益成为商业伙伴甚至竞争对手之间的合作纽带，从而开启一种全新的专利化生存方式，同时这种纽带关系也可以帮助企业塑造一种有利于企业发展的产业内部的生态体系。专利的使用能够扩展以此为基础的相关业务领域，这一点对于新兴产业尤为明显，因为新兴产业往往市场标准不完善而且市场竞争异常激烈，掌握专利优势的企业通过推动专利的使用，吸引产业链上更多企业的参与，从而实现自身业务在特定领域或行业的产业链布局和融入[①]，这样就能够使市场在更短的时间内发展壮大起来，进而产生一个新的商业生态体系。

需求决定市场，只有满足客户需求的专利才能成功实现交易。对于专利运营而言，专利的技术评价非常重要，实现专利技术与购买者需求匹配同样重要。要降低专利技术的搜索成本，让技术购买者更容易、更放心地接受待出售的专利，就需要具备一个完善的商业开发网络。一个典型的实例是苹果手机界面功能模块布局，这是一个技术含量不高的外观设计专利，其技术价值自然较低，但由于苹果公司商业推广，数亿手机用户已经习惯了这种操作界面，所以这个专利事实上的商业价值非常巨大。

知识框 12　特斯拉专利开放

在很多科技型企业都因专利侵权而大打出手的同时，电动汽车领域的领头羊特斯拉却宣布向所有人开放其专利技术，并承诺不会起诉任何善意使用其技术的人。特斯拉在与电动汽车相关的电池、电子设备和软件领域具有很强的实力，拥有 160 余项美国专利，但是在 2014 年 6 月，特斯拉的 CEO 伊隆·马斯克宣布开放所有专利。那么对于一家科技领先并极具发展前景的企业来说，为什么要选择开放专利呢？

[①] 李俊慧. 松下、丰田、特斯拉等巨头免费开放专利的"小九九"［EB/OL］.（2015-04-01）［2015-04-05］. http://www.tmtpost.com/220273.html.

马斯克给出了这样的解释："领先的技术并不需要专利的限制，与其像守财奴一般护着自己一些小小的成就，还不如敞开胸怀来吸引更加优秀的人才。"然而事实并非如此简单，而且从企业的性质来看，每一项决策都应该是以企业的利润最大化为目的，特斯拉的这项专利开放决策也必然不会例外。

从汽车市场整体环境来看，目前电动车所占份额还比较低，可能连 1% 都不到；而从电动汽车市场来看，还处在一个技术不断完善、市场不断发展壮大的阶段，行业内部也没有形成统一的国际标准。正是在这样的背景下，特斯拉选择了公开专利，因为特斯拉推崇使用小型电池组以及建设超级充电站来为电动车充电，但是这种做法和标准并不是行业主流，从而导致特斯拉因充电网络推进困难而影响产品推广。2003 年成立的特斯拉，是全球最早专门研究、生产电动汽车的公司；三年后，特斯拉亮相第一款电动车产品时，很多国家都还没有开始制定电动汽车标准，更没有充电设施标准；2009 年，特斯拉 Model S 发布，此时特斯拉建立了较为完整的产品技术体系和充电技术体系；2012 年 Model S 在美国上市后，特斯拉依照自己的充电技术标准，开始大规模建设超级充电站。特斯拉的超级充电标准在美国、欧洲、中国都不一样，这是其发展的最大难题。为了不使其十余年的研发成果因标准不同而付诸东流，特斯拉选择了专利开放，以此吸引更多企业使用其专利技术从而将其拉入特斯拉的阵营，从而建立起以特斯拉为基础的行业技术标准，增强与其他平台的兼容性，打造通用而快速的发展平台。

当然，企业的性质是追求利益的最大化，特斯拉必然也不会例外，那么其专利开放行为也不可能是单纯为了方便他人，这一举动更多的是一种战略意义的考量。早在特斯拉开放专利之前，IBM 在 2005 年也曾开放其部分专利，当时 IBM 宣布向业界开放 500 多件软件专利权，人们可以使用这些专利获得发展，并创新开发出新的东西。另外一个专利技术开放使用的典型是 Google 的 Android 开源，Google 通过开放 Android 系统打造了一个有利于自身发展壮大的商业生态系统。丰田汽车在 2015 年的 CES 展上宣布，其所拥有的 5600 多项燃料电池以及相关专利，都可以免交授权费用自由使用。在 2015 年 3 月于美国加州圣何塞的嵌入式 Linux 峰会上，松下也表示开放约 50 件物联网相关专利。这种专利开放模式的精髓就是，通过开放获得市场和客户认同，达到一定的市场占有率后，再攫取利润。

（资料来源：周开平. 马斯克不是"活雷锋"：特斯拉开放专利的三重利益考量 [N]. 21 世纪经济报道，2014-06-18. 有删改。）

四、专利运营的基本规律

（一）数量规模规律

随着市场经济的发展，生产的分工不断细化，服务业不断发展壮大，市场的竞争也日趋激烈，科学技术愈发成为企业获得持续性发展的核心要素之一，而专利则是对科学技术成果的制度性保护，可以为企业带来更加深刻的竞争优势。20 世纪 80 年代美国提出并实施亲专利（pro-patent）政策以来（21 世纪初演变为亲知识产权政策，pro-intellectual property），专利对企业经营发展的战略作用和意义越来越大，已经成为一种重要的战略资源。对专利的重视，产生了大量的专利申请和授权，这些专利活动及其产出的存在，是专利运营的基础。

数量规模效应是指一定数量的专利是开展专利运营的必要条件，而且可运营的专利越多，取得成功的概率越大。专利运营的基本规律是数量布局、质量取胜，没有数量作为基础，专利运营无从谈起。日本在 2002 年提出国家知识产权战略后，按部就班地在大学内部设立知识产权本部，在大学外部设立技术转移机构（Technology License Organization，TLO）。最开始的设计是一个 TLO 对应一个或几个大学的知识产权本部，共同开展技术转移工作。经过几年的实践，发现这样的安排无法让 TLO 获得足够多的专利用以运营，使得不少 TLO 陷入经营困境。从 2008 年起，日本开始以地域为基础推动成立超级 TLO，让一个或少数几个 TLO 对应本地区全部大学的技术转移工作，以求帮助 TLO 获得足够多数量的专利来提高技术转移的成功率。另外一个让人痛心的例子是美国知识产权交易所（Intellectual Property Exchange International Inc.，IPXI）[①]，2009 年成立的 IPXI 曾经引起广泛的关注，甚至美国司法部都对其业务和产品表示了极大的兴趣。但是 2015 年 3 月 27 日 IPXI 发布了关闭公司的消息，理由是得不到足够数量的专利许可，公司业务难以为继。

同时，也应该注意到，专利运营不是简单的专利数量的问题，甚至可以说在专利运营领域，专利的质量比数量更重要。数量的积累是一种手段而非目的，专利质量的优劣是决定专利能够发挥多大价值和带来多少效益的重要影响因素。在我国专利数量呈现爆炸式增长的情况下，专利质量成为很多人关心和讨论的话题，因为量的增长并不代表质的增长。专利数量的堆积绝对不等同于对专利制度最有效率的利用，并且我国的专利申请中有一部分是在政策推动下产生的，而且是很大一部分，政府的资助可能会导致低质量甚至毫无价值的专利申请，这样的专利能够在市场经济中发挥多大作用也还有待验证。中国欧盟商会的一份报告《创新迷途：中国的专利政策与实践如何阻碍了创新的脚步》（*Dulling the Cutting Edge：How Patent-Related Policies and Practices Hamper Innovation in China*）中提到，虽然中国的专利呈现出爆炸式增长，相应的创新也有所提高，但是专利质量却没有相应的提高，而且随着我国专利申请量的进一步增加，专利

---

① 见本书下编第九章有关于 IPXI 的详细分析（笔者注）。

数量和专利质量之间的差距还会进一步扩大[①]，这是一个令人担忧的问题，因为专利的质量才是真正决定专利发挥多大价值的内在因素。

（二）能人黏着规律

能人黏着效应是指专利运营业务依赖于关键人物，关键人物的移动对专利运营的效果有至关重要的影响。所有在专利运营方面做出成功案例的企业或机构，都有一个或几个能力出众的人物。比如佳能的丸岛仪一、IBM 和微软的费尔普斯（Marshall Phelps），高智发明（Intellectual Ventures）的纳森·梅尔沃德（Nathan Myhrvold）、盛知华的纵刚等。

IPXI 的公司总裁兼首席执行官 Pannekoek 先生于 2009 年 11 月加入该公司，Pannekoek 是荷兰人，毕业于美国西北大学凯洛格商学院，获管理硕士学位，拥有企业国际管理、企业并购、期货交易、基金运营等多个领域的专业知识和管理经验。1982 年，他开始担任荷兰商会的高级经理。1991～1994 年，担任 Quantum Financial Services 的国际市场部总监。1994～2000 年担任樱花黛儿雪公司（一家全球金融衍生品中介公司）执行委员会主席并担任管理委员会成员，带领公司从一家附属银行的中介转变成一流的金融机构，并最终被荷兰银行收购，Pannekoek 也成了荷兰银行的高级副总裁。2002～2005 年，他开始担任芝加哥气候交易所的总裁兼首席运营官，在一年时间内奠定了交易所的架构和运营模式，并最终发展成世界上首个致力于减少和交易温室气体排放量的跨国、跨部门的交易市场。此外，加入 IPXI 之前，Pannekoek 在圣母大学门多萨商学院担任教席教授，为 MBA 学生和本科生提供创业和国际管理课程教学，同时还是Future of Chesterton 基金会的联合创始人之一，是 Porter Country Community 基金会董事[②]。2011 年 12 月 14 日，IPXI 宣布首届董事会成员任命，IPXI 董事会成员包括微软知识产权政策与战略前任企业副总裁、IBM 知识产权许可前任副总裁 Marshall Phelps，飞利浦执行副总裁兼首席知识产权官 Ruud Peters，CBOE 执行副总裁 Richard G. Dufour，以及 Ocean Tomo 高管 James E. Malackowski。正如公司总裁 Pannekoek 说："我们找到了合适的战略性投资以及董事会成员。我们的董事会成员均为知识产权领域首屈一指的思想领袖。"

（三）资金密集规律

专利运营的数量规模效应和能人黏着效应决定了专利运营也必然具有资金规模效应。首先，可供运营的专利的数量累积必须要以大量的资金投入为代价，对专利技术的投资、专利的申请费用（各种手续费和可能发生

---

① Prud homme D. Dulling the Cutting Edge：How Patent-Related Policies and Practices Hamper Innovation in China. European Chamber，MPRA Paper No. 43299，2012.

② 聂士海. IPXI：全球首家知识产权金融交易所［J］. 中国知识产权，2012（70）：51-55.

的代理费）、收购专利的费用和专利年费等都需要消耗和占用大笔的资金，而在发生诉讼情况下产生的律师费、专利评估费等各项支出也是一笔大额资金。此外，对于专利运营所需"能人"的吸引也需要依赖充足的资金。可以说，组织投入专利运营的资金越多，所聚集的专利就越多，而且也更能吸引专利运营人才，专利运营的数量规模效应和能人黏着效应才更加明显，这一点对于专利运营机构尤为明显。

近几年，很多国家的政府通过设立基金来促进创新和技术的进步，如美国、法国、韩国、日本、意大利等都设立了专利基金或者是旨在促进专利运用的创新基金、技术基金等。此外，在企业方面，也出现了多种形式的专利基金，比如高智发明的三支基金，由我国智谷公司管理的睿创专利运营基金等。可以发现，无论是从政府推动的角度，还是市场拉动的角度，专利运营基金的出现都成了一种世界范围内的趋势。

（四）产业特化规律

专利具有较强的行业属性，当前专利运营比较活跃的行业是专利申请数量较多的电子信息领域、互联网领域、移动通信领域等。首先，不同技术领域的研发活动活跃程度不同，从而导致不同技术领域的专利申请数量也有较大差异，而专利是专利运营的基础，这也就使得不同技术领域的专利运营有所差别。

此外，不同的产品或行业的技术集成程度不同，从而对专利的需求也不尽相同，比如我们今天所使用的一部智能手机可能覆盖了 25 万项专利[①]，而我们所食用的一片感冒药可能仅仅涉及一项药物合成或者材料配比的专利。最近几年，学术界、产业界和政界对"知识产权（专利）产业"进行了较多的讨论，2003 年 WIPO 在《版权产业的经济贡献调研指南》（*The Economic Performance of Copyright-Based Industries*）报告中对版权产业进行了基本的界定；2005 年美国经济学家联盟的首席经济学家 Stephen E. Siwek 在《增长的引擎：美国知识产权产业的经济贡献》（*Engines of growth：Economic contributions of the U. S. intellectual property industries*）报告中首次提出了"知识产权产业"的概念并量化了美国的知识产权产业对经济的贡献；2012 年 4 月美国商务部联合专利商标局对外发布了《知识产权和美国经济：聚焦产业》（*Intellectual property and the U. S. economy：Industries in focus*），进一步从实证角度说明知识产权与美国经济的关系；2013 年 9 月，欧盟内部市场协调局（OHIM）和欧洲专利局（EPO）共同发布《知识产权密集型产业：对欧盟经济发展和就业的贡献》

---

① RPX Corp. ，Registration Statement （Form S-1），59 （Sept. 2，2011），http：//www. sec. gov/Archives/edgar/data/1509432/000119312511240287/0001193125-11-240287-index. htm （"Basedonourresearch，webelievethereraremorethan250，000activepatentsrelevanttotoday'ssmartphones..."）（最终访问：2015-05-20）.

(*Intellectual property rights intensive industries: contribution to economic performance and employment in the European Union*)。虽然各方对所谓的"专利产业"进行了不同的概念界定，但是有一个不可否认的共通点就是专利对这些产业的发展起到关键性的作用，而对其他非"专利产业"可能起不到那么重要的作用。

我国对于"知识产权产业"的提法最早出现在 1999 年的全国技术创新大会上，当时的提法是"以自主知识产权产业为发展重点"和"加速自主知识产权产业化进程"，李顺德（2007）对"知识产权产业"的概念进行了基本的界定[①]，本书作者从知识产权产业的特点、分类、经济贡献、战略意义[②③]等角度对知识产权产业进行了说明。

（五）法律依存规律

21 世纪初，专利运营的代表性机构美国高智发明在美国快速崛起，引起全世界的关注。日本知识产权研究所受日本特许厅（JPO）委托，研究高智发明的业务在日本展开的可能性，得到的基本结论是高智发明的业务和具体法律环境有直接关系，美国亲专利的法律环境是高智发明的业务得以快速增长的基础性原因，日本不存在类似的法律环境，高智发明很难在日本开展和美国同样的业务。实际上，高智发明在每个国家的业务内容和业务模式都有所不同，每进入一个国家，都会针对该国的法律政策环境来选择对自己最为有利的进入策略和经营模式。

专利运营的一个最为基础的条件就是专利制度和专利法，没有建立专利制度的国家或者地区是无从谈起专利运营的，因为专利法是国内法，其他国家的专利技术在这些地区得不到有效的保护。在建立专利制度和实施专利法的基础上，法律本身对于专利的保护强度和实际执法过程中对专利的保护强度也会对专利运营产生影响，保护强度会对专利运营主体对专利运营方式和策略的选择发挥作用。此外，国家的产业环境也会对专利运营的发生有所影响，比如中国、日本和韩国都是世界上的制造业大国，有众多的制造企业从事产品生产活动，与产品生产密切相关的专利技术许可就比较频繁。

① 李顺德. 知识产权贸易与知识产权产业 [J]. 对外经贸实务，2007（11）：4-8.
② 刘海波，李黎明. 知识产权产业初论 [J]. 科学决策，2009（2）：39-50.
③ 李黎明，刘海波. 浅谈知识产权产业的战略意义 [J]. 科技促进发展，2012（7）：49-54.

第二章　专利运营体系

一、专利运营的系统观

一般系统论认为系统是由两个以上可以相互区别的要素构成的集合体，各个要素之间存在着一定的联系和相互作用，形成特定的整体结构和适应环境的特定功能，一个系统从属于更大的系统[①]。

系统管理理论的观点认为组织是一个由众多子系统构成的整体，包括目标与价值子系统、技术子系统、社会心理子系统、组织结构子系统、管理子系统等。各个子系统既相互独立，又相互作用，从而构成组织整体。每一个系统都包含多种要素，比如人、设备、资金等，从而作为系统的组织要想获得成长和发展，就必然受到系统内各要素的影响。同时，组织存在于社会之中，作为系统具有半开放性，而社会是一个更为庞大和复杂的系统，从而组织的发展不仅受到组织内部要素的约束，还会受到外部条件的影响。

组织是人们建立起来的相互联系着的并共同运营的要素（子系统）所构成的系统，并且任何子系统的变化均会影响其他系统的变化。系统观点的专利运营将各个独立的要素结合为一个整体系统，从系统的角度考察专利运营，可以使组织不会因为过度关注于专利运营的某个方面或者某个要素而忽视了专利运营的总体目标和组织的目标，也不至于忽略组织在更大的系统中的地位和作用。

从系统的角度理解专利运营，我们虽然不能清晰界定这个系统的边界是什么，但是却可能概括出这个系统运营的一些关键的要素，这些要素之间相互关联，而且每一种要素都是一个更小的系统。李黎明、刘海波（2014）通过案例分析的手段概括出知识产权运营的关键要素，并归结出了包括技术评价网络、商业开发网络、专利布局、政府支持、资源获取能力、业务领域和运营模式在内的7大要素[②]。从专利运营的系统内部来看，关键的要素包括人、专利、资金、管理、经营模式等。人涉及管理人员、技术人员、营销人员、投资人员、谈判人员、法务人员等，是构成参与专利运

① 邹珊刚，黄麟维，李继宗，等. 系统科学 [M]. 上海：上海人民出版社，1987：50.
② 李黎明，刘海波. 知识产权运营关键要素分析 [J]. 科技进步与对策，2014（10）：1-9.

营获得的组织的个体；专利是专利运营的基本对象，处于专利运营系统的核心地位；资金是维持整个专利运营体系运行的有效保障；管理则决定了专利运营是否更加有效率；而经营模式和专利运营模式的选择是体系运转的一个外在呈现。

二、专利运营的资源

从系统的角度理解专利运营时，系统的运行必然涉及系统内部的诸多要素，也就是专利运营所需要的资源。这里的资源主要强调人力、专利和资金三个方面，这也是专利运营体系中最基础和最关键的要素。

北京知识产权运营管理公司（简称北知公司）得益于中关村发展集团的支持，既能利用中关村发展集团在美国的业务平台和孵化器引进国外大学的优质专利，又能借助中关村发展集团的国内平台加速专利技术落地。北京智谷科技服务公司（简称智谷）开展专利运营最大优势在于两位创始人在技术和市场的经验积累，一位擅长技术创新，一位擅长商业模式创新。

关于技术积累和市场经验另一个实例是美国加州一家专门从事专利运营的小公司 Logic Patents，公司创始人郑钰博士是美国硅谷专利事务所的创始合伙人，从事专利代理接近二十年，并成功帮助过数十家高科技公司从自身的专利中赢利，因此，郑钰博士对技术评估和专利的市场应用有独特的见解。与其他专利运营机构最大的不同是，Logic Patents 着重关注那些企业、机构、个人不要的专利以及在申请过程想放弃的专利申请，并将这些专利培育成攻击大公司的武器。对于高智发明而言，其资源获取能力非常强大，这得益于强大的财团支持、发明家网络和商业并购团队。

（一）人力资源

专利运营涉及较多内外部因素，包括专利申请、专利信息检索及分析、专利投融资、专利转让、专利许可、专利诉讼、专利法律环境分析、专利政策环境分析、专利商业环境分析、专利技术环境分析等多项内容。这些活动的完成都需要依赖于专业化人员，人力资源是专利运营能否成功的一个重要保障条件，专利运营的人才涵盖经济、法律、政策、管理、投资以及技术分析等领域，业务范围包括前述提到的专利申请、专利信息检索及分析、专利转让和许可等多个方面。在专利运营的实践中，人力资源网络主要涉及以下几方面的人才。

（1）富有创新精神的研发人员或科技专家。通过进行专利运营可以充分发挥专利的价值，包括其商业价值和社会价值。同时，专利运营活动的开展也需要依赖于具备一定内在价值的专利技术，而专利技术的开发则依赖于组织内部的研发人员，比如当企业进行产品研发和生产时有个别技术方案已经被他人申请专利，那么为配合企业经营发展战略可能需要进行替代性技术的开发，而当企业从外部引入新的专利技术之时，也需要依赖研发人员对其进行消化吸收从而转变为内部技术。当然，进行专利运营的组织汇聚大量的研发人员和科技专家也是不现实的，参与专利运营的组织可以通过与拥有资深科技专家的组织建立联系，在有需求的时候对科技专家进行咨询来达到目的。

（2）专利代理或专业化专利申请人员。专利的说明书、权利要求书、说明书摘要和说明书附图是专利技术能否获得法律授权的关键，因为专利审查员在审查过程中决定特定技术方案是否具备授予专利权条件的主要依据就是申请人提交的文字和图片申请文件；而且这些文件对于授权后专利的运营也极为关键，尤其是权利要求书，因为权利要求书中的权利要求决定了法律对申请专利的技术方案中的哪些内容进行保护，这是判断是否侵权的关键。所以申请专利的相关文档的撰写对于专利运营活动的开展有重要影响，从而专利代理人或者专业化的专利申请人员发挥重要作用。

（3）与专利相关的法律人员。专利运营始终与法律脱离不开关系，因为专利本身就是作为一种权利而存在的，这也是很多企业将专利管理部门设立在法务部门之下的一个重要原因。从小的方面看，《专利法》是与专利关系最为直接和密切的法律，是专利运营的法律基础和制度保障，无论是开展何种形式的与专利相关的活动都要对《专利法》乃至与专利有关的国际公约有深入的了解；从大的方面看，由于专利运营的形式多种多样，会涉及不同的利益关系和法律关系，实际中会受到《合同法》《科技成果转化法》《公司法》《反垄断法》《反不正当竞争法》等诸多法律的影响和制约。此外，专利侵权和专利维权是专利运营活动中经常遭遇的两个问题，而无论是应对自身的侵权危机还是维护自身权利不被侵犯，都要依赖于熟知专利法和其他相关法的专业法律人士。

（4）专利信息检索及分析人员。由于专利信息包括专利文献、法律、政策、商业、经济、科技、人才等方面的信息，所以专利信息的检索和分析也涉及这些内容，也可以看出专利信息检索及分析人员对于人才复合性的要求是最高的。事实上，专利信息的检索及分析在整个专利运营体系中处于核心地位，对其他各项专利运营活动起到重要的支撑作用。比如基于对专利文献、科技发展和商业前景的分析，为研发人员开展研究开发活动和专利申请人员的申请文案撰写提出建议，从而创造出有利于企业经营发展和获得竞争优势的专利技术；基于对竞争对手的专利行为和商业行为的分析，可以为法务人员参与诉讼提出建议；其他的包括专利投资、专利谈判、专利价值评估等也都需要得到专利信息检索和分析的支撑。

（5）金融与投资专业人员。专利运营的高风险导致其对金融资本和金融工具的创新比较依赖，如何保证资金投入强度和风险可控程度，需要金融与投资方面的专业人员参与。

（6）价值评估与谈判专家。专利的非物质性特征决定了对其价值的认识只有通过评估才能得以固定，所以在专利转让、专利收购、专利资本化等专利运营活动中都需要专业化的资产评估人员对专利价值进行评估。但是，要获得买卖双方都认为可靠的价格形成信息非常困难，加之技术买方和卖方关注的焦点和立场往往存在差异，各方对专利价值认识也会存在争议。因此，优秀的谈判专家是降低专利交易成本的重要力量。

（7）关注专利运营的优秀领导者。专利运营涉及的业务活动范围较广，涉及的知识人才多种多样，要实现专利运营的成功，领导者的推动、统筹和协调至关重要。一个优秀领导者能够通过预见未来产业和市场发展的潜在需求，购买一些现阶段需求量低，但是在未来有广阔前景的专利技术。事实上，很多专利运营项目失败的一个重要因素就是人员沟通不畅，内部损耗成本过高。而国际上成功的例子往往与企业高层管理人员在专利运营的智慧和胆识极为相关。

事实上，上述提及的各类专利运营的人才并不是严格区分的，相互之间存在较大的交叉与重合，比如在研发团队中可能有专门人员同时负责研究开发、专利申请文档撰写和关注科技发展动态，而且懂技术、懂专利、懂法律、懂市场的复合型人才往往才是最有价值的人才。

从成功的例子来看，高智发明有近千名雇员，其专家团队中 1/3 为科学家、发明家或技术专家，1/3 为法律专家，最后 1/3 为经济专家。RPX 的团队包括在专利市场各方面拥有丰富经验的专家，而 ICAP Patent Brokerage 也拥有众多经验丰富的专利货币化专业人士。马普学会嘉兴创新公司有员工 36 人，职员分 5 种专业类型，分别是不同学科领域的科学家、经济事务专家、法律事务专家、专利事务专家以及财务、信息、行政管理等事务人员，公司有专门负责知识产权组合管理的副总经理，而且有专门的专利与许可管理团队。索尼公司美国子公司的资深副总裁 Mitomo，长期驻守纽约，分管索尼公司美国业务，深受美国知识产权文化和实践影响，敏锐地察觉 Intertrust 的 DRM 安全技术的重大价值，最后说服董事会投入巨资和 Philips 共同购入该企业（价值 4.53 亿多美元），获得其专利，让索尼公司在相关领域内长期保持优势，并且有效地抵御了竞争者。

（二）专利资源

专利运营的客体是专利权和专利申请权，以及基于专利权和专利申请权的权利、技术和信息。可以说，专利运营体系内部最重要的两项资源就是人力资源和可用以运营的专利。

1. 自创

自创专利也可以称为自主研发，是专利的原始取得方式。自创专利主要指组织通过自主创新行为申请并获取专利，即通过自身的科研部门与科技人员开展特定技术领域的研究，在研究完成后对取得的技术创新进行专利申请从而获得专利的过程。自主创新过程中需要高素质的科技人才,先进的实验设备和长时间的资金投入,自创专利的组织类型主要是企业、高校和科研院所。高校和科研院所往往能够得到大量国家科研经费的支持,所以有较大的专利产出量。从企业来看,自主创新行为主要集中在大型企业,中小企业由于技术人员和资金限制等方面的原因导致科研实力远不如大型企业,但是中小企业具有灵活经营的特点,而且中小企业在我国企业中占极大比重,也是我国自主创新的重要支柱。

对于企业类组织,创新是其不断发展壮大和获取竞争优势的内在动力,而创新成果的权利化则为企业利用创新成果参与市场竞争提供了一层权利屏障。同时企业通过自主研发获取专利,能够从根本上增强企业的研发实力。企业进行自主研发一般具有较强的针对性,通过在前期进行消费者和市场需求调查、专利信息检索和分析、竞争对手分析等来确定精准的研发方向,这样获得的专利通常更加符合企业的经营需求从而能够给其创造利润。

2. 引入

在参与经济活动的各类主体中,从外部引入专利这一行为主要是针对企业而言的,因为企业在生产销售产品的过程中常常会不可避免地用到其他单位或者个人已经申请专利的技术,从而不得不引入专利技术。通过从外部引入获取专利权或专利申请权的途径主要包括受让、受赠和购买。受让是指通过合同或者继承而依法取得专利权或者专利申请权,受赠即无偿接受他人赠予的专利权或者专利申请权。在实际经济活动中,发生较多的还是通过专利购买来引入专利。

企业根据其经营活动或者战略目标的需求,经常会做出专利购买的决策。专利收购可以区分为直接购买专利,以购买专利为目的的企业并购和附带购买专利的企业并购。直接购买专利的对象以高校与科研院所居多,因为高校和科研院所作为创新主体在技术创新方面有明显的优势,而且在技术研发过程中可以得到有力的财政支持以保证研发的正常进行,但是自身产业化能力不足,因而也需要依赖企业对专利技术进行转移转化。从外部引入专利是企业在短时间内增加专利储备的最为直接的方式,是企业有效提升技术实力实现跨越式发展和涉足新领域的重要途径。比如,我国的联想公司在 2004 年 12 月以 17.5 亿美元收购 IBM 的 PC 业务,同时获得 IBM 的 2000 余项专利,来弥补自身专利技术不足的缺陷。2011 年 8 月谷歌以 125 亿美元收购摩托罗拉移动,收购内容包括摩托罗拉当时拥有的 1.7 万项专利和处于审批程序的 7500 项专利申请,借此谷歌增强了自身在 Android 方面的专利储备,从而能够更好地构建 Android 系统的商业生态体系。苹果公司在 2013 财年完成 15 项战略收购,在 2014 财年收购企业的数量也达到了 20 家,其中很多并购都是以专利技术引进为目的的,典型的被收购企业包括应用程序开发商 Siri 公司,软件制作商 Emagic 公司、Nothing

Real公司、Proximity 公司等，以及地图供应商 Placebase 公司、Poly9 公司、C3 公司，此外苹果公司还曾参与购买北电网络（NORTEL）和柯达的相关专利。

随着以高智发明为代表的众多专业化的专利运营机构的出现，以专利许可为目的的专利收购日益增多。这些专利运营机构大量收购专利权、专利申请权，甚至是投资技术研发活动，从而达到囤积专利的目的，进而将其掌握的专利许可给需求者获取许可费用。

知识框 13　HTC 专利诉讼反击

除去用于产品生产这一目的，企业引入专利的一个新目的是应对专利诉讼。2010 年 3 月，苹果公司向美国国际贸易委员会（ITC）起诉，称HTC 侵犯了 iPhone 的四项专利权，要求禁止 HTC 智能手机在美国销售。而作为回击，HTC 凭借从谷歌"转让"出的专利及通过购买美国 S3 Graphics 公司而获取的专利以反诉苹果公司侵权。经过 HTC 长达两年的不懈努力，HTC 与苹果公司于 2012 年 11 月在美国宣布达成和解。按照双方的和解协议，两家公司撤销所有专利诉讼并签订为期十年的专利交叉授权协议，授权范围包括双方目前及未来所持专利。至此，苹果公司与 HTC 的专利诉讼告一段落。

3. 储备

专利储备是中国企业扩展国外市场所必需的护身符，是创新型企业吸引投资和保护其利益提供有效的载体。对于企业来讲，专利储备是一项战略性的工作，需要公司高层的重视和支持。韩国三星公司在 2006 年至 2009 年间，投入数亿美元购入专利，弥补其专利组合的不足，使其在专利战中处于有利位置，进行专利储备虽然投入巨大，但是对于应对诉讼和开拓市场有很大帮助。

这里的储备性专利强调暂时不会用到但是却仍然会继续持有的专利。专利储备越多，越有利于未来的专利进攻和专利防守战略，同时也是应对专利诉讼的有力保障。适当的专利储备是我国企业编织专利保护网、避免高额诉讼费和专利侵权赔偿的一个比较现实的方法。

（1）有计划的储备具有潜在市场前景的技术，进行市场战略部署，提前抢占未来市场。企业申请或购买专利，并不都是因为急于将相应的专利技术应用于产品生产中，本书前面提到专利运营可以带来市场进入权，而专利权的垄断性使得拥有专利就意味着拥有一个排他性的技术产品市场。企业通过进行专利储备可以有效保障其未来的可持续性发展，不会因为产品出现断层而被市场淘汰，企业储备的专利技术越丰富，其潜在的未来竞争优势就越强。IBM 就是在专利技术储备方面取得巨大成功的一家大型跨国企业，结合其经营发展战略和未来市场目标，IBM 提前对未来技术进行研发并适当申请专利作为储备，每当面临产品和技术的更新换代之时，就将其先前储备的包括专利技术在内的研发成果推向市场，以此来维持企业的持续性发展和市场地位不被撼动。

（2）通过储备专利进行专利布局，应对竞争对手的攻击，增加企业的谈判筹码，抵御企业在未来可能遭遇的风险，主要是指专利侵权诉讼方面的风险。随着专利竞争的加剧，专利诉讼成为企业占领市场和打击对手的常用方式，通过进行有效的专利储备，可以使企业在遭遇专利诉讼时，及时进行反击。无疑，这种防御性的专利储备会耗费企业大量的时间和资金，英特尔公司曾哀叹现行专利体制迫使其耗用大量的研究预算来储备专利，而这些专利只是在受到其他专利拥有者威胁时，才拿来与对方交换使用专利权。思科公司的 Robert Barr 也谈道："我们花在专利申请、调查、权利维持、诉讼和许可的时间和资金，比花在产品创新的研发上的时间和资金还要更多。但我们每年申请上百件专利的目的，与促进和保护创新没有什么关系。"除去应对专利诉讼风险之外，企业通过储备专利进行布局，可以对竞争对手形成围追堵截之势，在未来的产品更新换代、技术升级、产业变革中继续保持和提升企业的市场竞争力或谋求在某些领域取得专利控制地位。即使在企业并不掌握基础专利与核心专利的情况下，也能够通过外围专利进行谈判，获得基础专利与核心专利的许可，从而获得市场进入权限。

对于高校和科研机构来讲，一般不会进行大量的专利储备。一方面，高校和科研机构没有上述两个方面的专利储备动机；另一方面，储备专利需要占用大量的资金和其他资源，往往是高校和科研机构不愿意承担的。通过对申请（专利权）人的检索可以发现，在我国申请专利数量较多的高校之中浙江大学申请的专利数量为 28890 项，其中无效专利数量为 14049 项，占到总数的一半左右；而我国申请专利数量较多的研究所中国科学院大连物理化学研究所共计申请专利 4039 项，其中失效专利数量为 1615 项[①]。

知识框 14　中兴通讯的专利储备

高技术产业领域专利战频繁，知识产权成为企业争夺市场的利器。在以拼技术为"游戏规则"的通信业，知识产权的储备已成为通往全球化市场的"门票"。作为国内最早一批"走出去"的高科技企业，海外专利竞争的残酷性深深地激发了中兴通讯大力发展布局专利的决心。从 2013 年 12 月到 2014 年 3 月，中兴通讯在连续 3 起"337 调查"中获得终裁胜诉。自 1985 年中兴通讯的前身深圳市中兴半导体有限公司成立以来，就不断在自主创新、技术积累和专利储备方面做出努力，耗费数百亿资金投入研发以获得持续创新，建立了丰富的专利储备，在面对包括美国"337 调查"以及

---

① 数据来源：Innojoy 专利检索分析系统. http：//new. innojoy. com：8088/search/index. html，检索日期 2015-05-13.

竞争对手在全球发起的诸多专利战中发挥了关键作用。

中兴将知识产权风险控制嵌入包括生产、销售、研发等各个阶段的经营业务流程，使其在进入国际市场之时，能够妥善解决遇到的各种困难。知识产权战略是中兴最核心的战略，知识产权资产是中兴通讯最核心的资产。这样的战略选择，让中兴通讯投入巨大。中兴通讯每年坚持将10%的收入投入研发，即使在金融危机期间也不减投入，近5年研发投入累计已超过400亿元，是中国拥有研发人员最多的上市公司。

据WIPO（世界知识产权组织）2014年3月发布的报告显示，2013年中兴通讯凭借2309件专利位居全球PCT专利申请量第二，2011～2012年中兴通讯蝉联全球PCT专利申请量第一，另外中兴通讯的年报显示其截至2014年12月31日已经有专利资产超过6万项，授权专利超过1.7万项。多年的知识产权积累和技术创新，让中兴通讯牢牢把握了全球通信行业的技术话语权。截至目前，中兴通讯已成为70多个国际标准化组织和论坛的成员。有30多名专家在全球各大国际标准化组织中担任主席和报告人等重要职务，累计向国际标准化组织提交文稿25000多篇，取得了180多个国际标准编辑者（Editor）席位和起草权。如今，中兴通讯在操作系统、数据库、终端、应用、安全防护及芯片等方面，都有着巨大技术储备。在以庞大的知识产权资产族群支撑基础上，中兴通讯已经与高通、西门子、爱立信、微软、杜比等业界主要专利持有者达成了广泛共识与合作，并签署全球知识产权许可协议。

在参与国际化的过程中，中国企业经常遇到竞争对手所提起的专利诉讼，严重影响企业正常的运营和技术研发工作，即便最终因双方和解或者以对方败诉而结案也往往得不偿失。因为涉及专利侵权的诉讼一般持续时间较长，其审理程序严苛且烦琐，因此应诉所付出的精力、金钱、时间成本会很大。而提前进行有效的专利储备，则能对这类危机进行有效预防和及时应对。

在长期的知识产权战略中，眼下的高转化率未必就一定能在市场中占据绝对优势。虽说较高专利转化率能让专利申请人从中得到极大经济效益，也难以保证自己的技术不被侵权。在较高的专利转化率的大背景下，专利申请人所收到的效益往往只是眼前的，在美国等发达国家的知识产权战略中，专利获得授权后，企业并不会一股脑地全部转化应用，他们通常会将获得的多项专利进行分段使用，其中的1/3转化为产品，有1/3起到过渡、衔接作用，剩余的1/3则作为战略储备。中国企业要想长远发展并在知识产权维权方面占据主动，就需要不断弥补专利方面的差距，专心去做具有广大市场空间和长久生命力的专利储备，改变守株待兔或急功近利式的申请专利然后再维权的做法。

中国在知识产权方面任重而道远，在很多重要技术领域难以取得重大突破而受制于人。通过多年的知识产权积累，中兴通讯的市场地位及市场影响力已经发生了巨大的变化，在操作系统、数据库、终端、应用、安全防护，甚至基础级的芯片等方面都有着巨大技术储备。郭小明说："随着中兴通讯国际业务比重越来越大，以及全球知识产权竞争环境的日趋复杂化，未来在立足于自主创新的基础上，将进一步探索多元化的合作创新模式。"

（资料来源：吴学安. 增加专利储备掌握维权主动权［N］. 中国知识产权报，2014-07-02；刘燕. 专利储备成中兴通讯制胜利器［N］. 科技日报，2014-04-26. 有删改。）

知识框 15　小米在印度遭遇禁售

2014 年 12 月 11 日，印度德里高等法院裁定小米侵犯爱立信专利，并下发禁令要求小米暂时不得销售、推广、制造或进口涉嫌侵犯爱立信标准核心专利（SEP）的相关产品，原因是爱立信印度子公司以小米公司实施其专利技术而拒绝缴纳许可费为由告上法庭。据称，爱立信 2014 年 7 月曾要求小米为所持有的专利支付费用，但小米并未回复，而事实上，小米公司也是在 2014 年 7 月才正式进军印度市场开始发售产品，计划将印度开发为其在中国之外的第二市场。

在小米刚刚迈出国际步伐几个月后，就遭遇禁售这一沉重打击，一个重要的原因就是小米作为手机生产厂商的"新贵"缺乏足够的专利储备，从而在参与国际竞争中没能具备足够的谈判实力。事实上，包括华为、中兴、酷派等在内的中国手机厂商，以及三星这样的大型跨国企业，都需要向爱立信等通信行业的专利巨头交纳专利使用费，这已经成为企业参与国际竞争的基本规则，小米当然也不能得到豁免，但是却可以通过提高专利储备尽可能使自己免于危机。

根据国家知识产权网站"专利检索与服务系统"公布的数据，截至 2015 年 5 月 13 日，小米公司共计申请中国专利 2373 项，但是其中有效专利仅为 263 项，而且专利申请主要是从 2011 年才开始，可见其已经对专利申请充分重视，但是专利技术的累计也需要一个循序渐进的过程。2014 年联想收购摩托罗拉移动，很大程度上就是为了绕开专利辖制。如果专利储备不充分，手机厂商大约要拿出每部手机价款的 20% 作为专利许可成本，而且这一比例甚至会高达 30%，导致国产手机厂商的价格优势荡然无存，进而国产手机跻身海外市场也愈发困难。

4. 外部专利

除去通过自主研发、受让、受赠以及购买等方式获得专利申请权或者专利权外，通过许可获得的专利使用权也是可以运营的专利权，尤其是许可方式中的独占许可，因为独占许可的被许可方相对于普通许可的被许可方拥有更多的权利，《专利审查指南》将独占许可的被许可人视为专利权的利益相关人。

没有经过转让或许可的外部专利也是可以用于专利运营的，这主要是指对于专利文献所包含的专利信息的运用。WIPO 的统计认为世界上 90％～95％的发明能够在专利文献中查到，并且很多发明只能在专利文献中查到，善于利用专利信息可以缩短 60％的研发时间和节省至少 40％的研发经费。可见专利文献中的专利信息是一笔宝贵的财富，对专利信息进行运营无论是对于组织还是国家，都具有战略性意义[①]。

同时，还有一部分特殊的专利，就是已经失效的专利，也是可以被用于专利运营的。根据国家知识产权局专利检索与服务系统的数据，截至 2015 年 5 月 1 日，可以检索到 114731241 项专利申请数据，其中有效专利仅为 11063017 项，有效专利数量尚不足 10％，公开文献和授权公告文献为 13879978 项，可见其他届满失效、被无效、驳回、撤回和撤销等无效的专利应该也占到很大比重。专利之所以失效是由于种种原因丧失了专利法的保护，包括届满失效、专利权人提前终止专利权、专利申请人撤回申请或者视为撤回申请、专利申请被驳回、专利权被撤销或者无效。但是失去或者未得到专利法保护并不代表专利技术已经一文不值，其凝结的发明创造点并不会自行消失，所以这些技术成果同样也具备一定的应用前景，而且社会上任何单位和个人都可以无偿使用这些技术。有说法认为"失效专利技术是一座等待开发的金山"。失效专利主要有两个方面的用途，其一是直接将相应的技术方案拿来使用，其二是可以在失效专利技术的基础上进行改进和二次技术创新。我国建立专利制度三十余年来，随着专利申请量的急剧增加，失效专利的数量也在不断增加，对于失效专利进行充分、合理的运用是企业提高竞争力，尤其是科技实力的一条捷径。

（三）资金资源

资金是专利运营的基础，贯穿整个专利运营活动，是专利运营能够顺利开展的重要条件[②]，在进行专利申请或购买、获得专利许可、专利信息检索分析、应对专利侵权诉讼等各个环节都需要大量的资金。以高智发明公司为例，其成立、运行和营利都伴随着大量的财力支持，资金来源包括传统的金融领域投资基金、实体性企业（尤其是高科技企业）私募基金以及个人投资者，公司由 60 位投资人投资 50 亿美元建成，投资人包括比尔·盖茨、杜邦和惠普家族基金，斯坦福等大学基金，以及亚马逊、苹果、思科、eBay、Google、索尼和微软等企业。

1. 专利运营对资金的要求

规模化的资金是专利运营能够正常进行的基本前提，专利运营是一项系统工程[③]，从专利技术的开发、专利权的获取、专利的实施到专利的投融

---

① 王玉民，马维野. 专利商用化的策略与运用［M］. 北京：科学出版社，2007：144-146.

② 刘红光，孙惠娟，刘桂锋，等. 国外专利运营模式的实证研究［J］. 图书情报研究，2014，7（2）：39-45.

③ 郑伦幸，牛勇. 江苏省专利运营发展的现实困境与行政对策［J］. 南京理工大学学报（社会科学版），2013，26（4）：58-64.

资等专利运营的方方面面，都需要大量的资金支持。比如，支持美国高智发明公司运转的就是最初的 50 亿美元资本总量，目前筹集的资金已经达到 60 亿美元，而且还在寻求新的投资①；支撑德国巴伐利亚专利联盟有限公司的资金包括德国政府每两年向其提供 800 万欧元的专项支持经费以及巴州化工联合会、金属和电子雇主联合会等协会的资金投入；我国智谷公司最开始的投资人包括小米、金山、顺为等，从 2014 年 4 月开始得到了中国第一支专注于专利运营和技术转移的基金——睿创专利运营基金的支持，而基金的来源包括以北京中关村管委会和海淀区政府为代表的政府部门和以金山、小米、TCL 为代表的企业。

2. 专利运营的资金筹集方式

资金对于专利运营具有不可或缺性，组织在进行专利运营的过程中必然涉及大量的资金周转，从而需要有一定的资金来源作为保障。组织进行专利运营的资金来源主要包括两个方面，其一是组织将自身经营活动的收益用于专利运营，其二是组织通过各种形式和各种渠道从外部获得融资。

对于第一种资金筹集方式，主要是针对具有盈利能力的组织而言的，资金类型主要是自留资金和留存收益。比如企业在具备一定规模和积累一定资金实力之后，将可供企业周转的资金用来收购批量化的专利，从而达到快速弥补自身专利储备不足的缺陷。

第二种筹集资金的方式从内容上来看更加丰富。从资金来源上看，包括企业单位、政府财政、事业单位以及个人储蓄。其中，从企业筹资是最为复杂和形式多样的一种类型，包括向银行类金融机构进行贷款，利用自有专利技术吸引风险投资，或者是吸引企业及企业财团的注资。对于有资质的企业，也可以通过发行股票、债券进行融资，或者利用商业信用、租赁等方式筹集资金。

三、专利运营的业务流程

有关业务流程的讨论较多关注于企业的生产管理领域，最早可以追溯到泰勒的科学管理制，之后的研究较多集中于"业务流程再造"领域，并且"业务流程再造""业务流程改进"和"业务流程优化"等概念到现在也一直被广泛运用。业务流程指组织为完成某一特定目标或任务的一系列逻辑相关的作业的有序集合②，通过提升生产产品和提供服务的流程，组织可以实现持续性的改进。从生产的角度来看，业务流程的基本要素是作业。显然，专利运营并非普通的生产活动，但是业务流程的思想已经被推广到了各行各业，从而我们仍然可以从业务流程的角度来对专利运营进行理解

---

① 高智公司网站. About us [EB/OL]. [2015-04-07]. http：//www. Intellectual Ventures. com/about.
② 张欣怡. 基于业务流程管理的营运资金管理研究 [D]. 青岛：中国海洋大学，2010.

和分析。

从实践的角度看，专利运营并没有统一的业务模式和业务流程，每一个进行专利运营的组织都有其独到之处。不同的组织类型和不同的产业领域都会导致不同的专利运营形式，即使是业务领域完全相同的同类组织也会因组织的特点而有不同的专利运营形式。之所以进行专利运营的业务流程分析，主要是为了挖掘专利运营过程中的一些核心要素，并为进行专利运营的组织提供参考。

业务流程具有目标性、动态性和层次性的特点。专利运营业务流程的目标是实现价值增值或者创造价值，包括实现专利的自身价值，利用专利辅助实现组织价值以及实现潜在的价值。动态性是指专利运营过程中的各个不同环节的活动需要按照一定的时序开展。层次性是指专利运营业务流程中的具体活动也可以是一个流程，就好比专利运营系统观之下的子系统，而且层次之间是相互关联和作用的。

专利运营业务流程涉及三个关键性的内容，即组织、专利、运营活动。组织是专利运营的客观基础和广义的承担者，专利是专利运营的对象，而专利运营活动是对各种形式的专利运营的总称，三种要素的互动共同构成了专利运营的业务流程，其目的就是为组织谋求利益或者实现价值增值。而且专利运营业务流程的差异也主要来自这三种要素的差异，比如组织差异化可以体现在组织的类型（营利性企业、公益性企业、事业单位等）、业务领域、规模大小等方面，专利的差异化包括专利的类型差异、地域保护差异、技术成熟度差异等，专利运营活动的差异体现在专利申请行为、专利许可方式、专利投融资等方面。

可以从专利生命周期的角度对专利运营的业务流程进行了解，因为专利是专利运营的客体和基础，专利运营伴随专利的整个生命周期，但是却又不限于专利生命周期范围内。专利的生命周期不同于技术的生命周期，因为专利存在失效和无效的可能，但是技术却会永远存续，而且专利通常是对技术生命周期进行观测的一个手段。专利的生命周期一般包括以下几个阶段：现实对技术提出需求，研发活动，专利申请，专利维护，专利实施，专利诉讼，专利失效。专利生命周期的每一个阶段都伴随着专利运营活动，甚至其中一些阶段的完成自身就是专利运营的一种形式。而且从系统的观点看，其中每一个阶段都可以看作一个系统并划分为更为具体的子系统，比如专利实施就有如下的基本过程：基于专利技术的产品创意或概念化阶段，可行性论证阶段，相关专利产品的试验开发，专利产品的批量生产，专利产品的营销[①]。

对于企业类组织来讲，可以从企业生命周期的角度初步了解专利运营，企业生命周期一般包括初创期、成长期、成熟期和衰退期。初创期的企业

---

① 王玉民，马维野. 专利商用化的策略与运用 [M]. 北京：科学出版社，2007：126-129.

一般规模较小，经营活动单一，但是一些科技型初创企业在成立之初就拥有一定的专利技术，具有较强成长性。成长期的企业经营范围不断扩大，组织规模也不断扩张，企业内部开始产生大量现金流，而且外部融资条件好转，企业开始引入专业的技术研发人员，此时，企业为了快速占领市场和提前规划未来产品布局和市场布局，可能会申请大量专利进行初步的专利布局①。成熟期的企业一般达到较大的经营规模，成长性下降，但是已经在市场上取得了一定的产业地位，企业自身具备较强的财力和人力，开始形成专业化的专利技术研发队伍，自身地位也得到稳固。衰退期的企业具有明显的经营活动多元化特征，成长机会退化，管理层及专利技术研发队伍的灵活性下降，但是企业此时还拥有充裕的资金，还会通过专利技术的研发来寻求新的成长机会②。

四、专利运营的风险防控

风险理论认为风险与事物的不确定性密切相关，风险的根源就是未来事物的不确定性，不确定性意味着未来发展可能是好的方向，也可能是坏的方向，而风险就是可能会导致成本、费用增加或者导致损失的不确定性发展方向。对于专利运营，其风险主要来自专利的不确定性、专利运营自身和专利运营导致的不确定性以及外部环境的不确定性，也可以将这三个方面的风险看作是微观层面、中观层面和宏观层面的风险。其中，微观和中观层面的风险属于组织内部及组织之间的风险，宏观层面的风险属于组织外部的国家层面和国际层面的风险。风险的存在会导致组织通过专利运营来获取利益的目的可能难以实现，因此需要对风险进行防控。

(一) 风险种类

1. 微观层面风险——专利

专利是专利运营业务流程的关键要素之一，专利自身的不确定性会为专利运营带来未知的风险。专利的不确定性主要来自以下几个方面：专利技术被绕开，专利技术被封锁，专利技术被标准排斥，专利权的权利要求不当以及专利技术、专利保护期限等方面。

专利技术被绕开说明出现了替代性的技术，替代技术的出现使得原有专利技术的垄断地位被打破，垄断优势丧失或者被削弱。这种情况下，专利运营就出现了困难，因为可以有不同的技术方案提供给需要解决的问题，专利作为能够带来竞争优势的资源要素，其"稀缺性"程度降低，而"不

---

① 唐恒，李绍飞，朱宇. 不同生命周期阶段的企业专利质量影响因素——基于江苏省战略性新兴产业企业的实证分析 [J]. 技术经济，2014，33 (9)：10-16.
② 李云鹤，李湛，唐松莲. 企业生命周期、公司治理与公司资本配置 [J]. 南开管理评论，2011，14 (3)：110-121.

可替代性"已经不复存在。

专利技术被封锁是指基础专利（或核心专利）被外围专利封锁。外围专利是相对于基础专利（或核心专利）而言的，其研究改进也是基于核心专利来进行的。通过大量申请围绕核心专利的改进专利，对其形成包围之势，这样一来，虽然外围专利的拥有者仍然不能未经许可直接使用他人的核心专利，但是同时基础专利与核心专利在实施之时也会受到外围专利的限制，从而迫使核心专利拥有者与外围专利拥有者形成交叉许可，双方互相使用对方的专利。如此一来，原有专利技术的拥有人相当于把自己独有的垄断市场切割出一部分拱手让与他人。

专利技术被标准排斥出现在当前专利技术标准化的大潮流和大趋势下，而且这一趋势在将来也将一直持续，目前专利标准化与标准产业化是学术界和实务界都广为讨论的一个话题。专利技术标准化本身就是专利运营的一种重要形式，有利于巩固专利的垄断优势和促使专利价值的实现。但是当存在两种可替代的专利技术时，一旦其中一种专利技术被纳入到标准之中，那么另外一种专利技术则会被标准排斥。标准一般都是由具有较强国际话语权的组织掌控，并且极易得到认可和推广，被标准排斥的专利技术往往会因为缺乏抗衡力量而被淘汰。

专利权的权利要求不当指专利权权利要求书中的权利要求项存在过大、过小或者语言表述不当的问题。权利要求数范围过大会降低专利的新颖性，从而增加专利权被无效的风险。权利要求范围过小则会使技术成果难以得到充分保护，失去专利申请的意义。而权利要求书的语言描述对于专利运营同样至关重要，因为法律对专利权的保护仅限于文本化的语言，语言描述不当可能会给专利运营带来致命危机。

专利技术是专利运营得以实现的内在动因，因为专利权就是法律对于特定技术方案的保护，而专利运营的很大一部分就是在法律框架下对于权利化的技术方案的运营（当然专利运营不止于此）。若是技术方案本身存在问题，比如技术不完整或不成熟、技术的市场应用性差等，则会从根源上制约专利运营活动的开展，使专利运营的利益导向受到影响；而如果技术方案的"实用性、新颖性、创造性"存在问题，还可能会导致专利失去法律的保护。专利技术不完整主要有两个方面的原因，一是申请专利的技术自身不完善，二是申请人在专利申请过程中因故意或疏忽而造成的权利要求项不完善；而专利技术不成熟和技术的市场应用性差则会影响市场对技术或技术产品的接受；此外，技术的使用领域特征也会对专利运用产生干扰。

专利保护期限风险是因为法律对于专利的保护仅限于特定期限，超过法律规定的期限后专利权会自行灭失，而专利技术也成为社会共有技术。

2. 中观层面风险——专利运营

中观层面的风险主要是指组织在进行专利运营活动过程中所产生的

风险，包括组织内部管理的风险、专利运营的风险以及来自外部组织的风险。

（1）管理风险。

管理指的是通过一系列的活动或者过程，利用组织资源，来有效率地达成组织的特定任务或者目标。管理风险指的是因组织管理不善而导致的风险，根据管理的"活动或者过程"以及"任务或者目标"，管理风险包括人力资源管理风险、财务管理风险、知识管理风险、合同管理风险、营销管理风险等多个方面。当然上述风险都会对专利运营造成影响，不过这里只对组织管理中与专利运营相关活动的风险进行讨论。

① 相关法律程序缺失。

组织可以通过自主研发或者购买等途径来获得专利权及专利申请权，也可以通过许可获得专利使用权。无论是通过何种途径获取相应的权利，都需要执行一系列的法律程序来保证获取权利的有效性。比如，通过自主研发申请专利需要经过提出专利申请、专利局受理、缴纳申请费、初审、提出实审申请、实审等环节；通过受让获取专利需要签订转让合同，准备相应材料并经过专利局审核才能生效，而且还要缴纳相应手续费；通过许可获得的专利使用权同样需要到专利局进行备案。此外，在获取专利后还需要按时缴纳专利维持年费，我国《专利法》（2008修正）第四十四条规定"没有按照规定缴纳年费的，专利权在期限届满前终止"。

在获取专利权之外，组织在进行专利运营的过程中，所开展的包括转让、出资、质押、许可、评估等在内的活动，同样也会涉及缴纳相应费用和履行相应法定程序的内容，包括签订不同类别的合同、经过不同部门的审核批准、在相应部门登记备案等，任何一个坏节出现问题都有可能造成不稳定因素，给专利运营带来风险。

② 专利技术流失。

组织内部管理不当可能会带来专利技术流失，使专利运营活动面临风险。可能导致专利技术流失的第一个因素是人员的流动，专利运营涉及科技创新人才、经济管理人才、市场营销人才、法律人才等多层次的人员，从而人力资源管理是组织进行专利运营的一个重要方面。虽然社会上合理的人才流动有利于更为有效的资源配置，但是对于专利运营来讲，人力资源，尤其是掌握关键技术信息的科技创新人才的流动会给专利运营带来未知性，极有可能使原本由组织所有的专利技术或者拟申请专利的技术外泄。另外一个可能导致专利技术流失的管理因素是组织内部的档案管理和安全管理，组织内部的计算机和实验仪器等设备以及包括实验记录在内的文字性档案，都有可能涉及核心技术，一旦管理不当就有可能导致专利技术的流失，比如，在核心技术未申请专利之前被个人拿去发表论文、参加学术会议或申报奖项都会导致核心技术提前公开，带来专利运营的风险。

③ 专利权权属。

因专利权的权属问题而发生的纠纷是专利运营经常遭遇的问题,专利权权属问题的发生在很大程度上是由于组织管理不善造成的。在进行合作研发过程中,因约定不明确可能会导致专利权属纠纷;在专利转让协议中,受让方因没有进行完备的前期调查而遗漏掉专利拥有人已将专利许可给他人的事实。这些都属于管理上的重大失误,给专利运营带来严重阻碍,导致专利运营状态的不稳定,引发一系列的后续法律纠纷问题。

(2) 运营风险。

运营风险主要是指,在不同形式的专利运营活动中,由于涉及不同形式的主体和要素,不同专利运营形式的风险也有所差别。

① 专利产品化。

一般专利技术的产品化都需要在原有专利的基础上经过再度的研发、实验等环节才能实现,而在进行这种再度研发的过程中,必然要面临研发失败的风险,因为在企业有限的人力、设备和财力的约束下,能够投入到产品化中的资源不一定能够保证产品化这一环节的完成。更为严重的是,如果作为产品化的基础的专利技术自身存在问题,那么不但产品化会失败,还会导致大量投入资源的浪费。当然,专利产品化的风险来源还有很多其他方面,比如管理风险、政策风险、市场风险、科学技术风险等。

② 专利许可。

专利权人有权将其专利许可给他人实施,即通过签订实施许可合同,许可他人实施其专利并收取专利使用费,专利权实施许可实际上是对专利使用权的转让,一般认为专利许可的类型包括普通许可、分许可、交叉许可、排他许可和独占许可。专利许可是专利实施的一个主要方式,也是专利运营的主要方式。专利许可固然能够推广许可人的技术和为许可人带来收益,但是同样也存在一些弊端。

专利权的许可,尤其是独占许可,往往意味着树立和培养了强劲的竞争对手,使得产品的市场份额可能会被瓜分。若是专利许可导致产品生产过剩和滞销,还会降低专利拥有人的获利水平[①]。具体来看,专利权人将专利许可给他人实施存在如下几方面的风险:首先,许可人可能会因此丧失在该领域对专利权的控制,为自己制造了竞争对手,降低甚至失去自身的竞争优势。第一,被许可人获得生产专利产品的许可时,也得到了对产品制造过程和产品质量等细节的控制权;第二,被许可人获得销售和发行专利产品的许可时,也得到了对市场推广、销售渠道以及产品价格的控制权;第三,被许可人可以对专利技术进行后续研发和改进,从而提高被许可人的技术优势。其次,许可人因缺少与市场和顾客的直接接触而导致的风险。将专利许可给他人实施,所带来的市场份额的降低通常还会造成一些间接

---

① 夏轶群. 企业技术专利商业化经营策略研究 [D]. 上海:上海交通大学,2009.

的影响，因为市场份额的降低意味着许可人与市场进行直接接触的机会也减少了。第一，缺乏与最终顾客的联系会减少许可人对于有价值的信息、经验和创意的获取；第二，市场参与的减少会使许可人失去扩展其商业和改进产品的机会；第三，由专利带来的公众认知的好处和声誉的提升可能会被归于被许可人，而被许可人则会利用与市场和顾客的直接接触来提升自身品牌影响力；第四，被许可的专利技术也有可能未经允许而被使用或披露，而且被许可人可能经营与许可协议中的对象类似的产品或服务，给许可人监督被许可对象的使用及发现未经允许的使用带来困难[①]。最后，在专利许可的付费方面，专利持有人将其专利许可给他人使用时，所选择的支付方式包括一次性支付、入门费加提成支付和提成支付，若是支付方式选择不当可能导致难以实现专利价值的最大化，甚至难以收到相应费用。同时，专利的许可会使专利持有人在收益上对他人产生依赖，而一旦被许可人陷于败绩，则许可人的收入也会受到冲击，当然如果是非独占许可，那么这种依赖程度会大大降低。

上述分析主要是从专利许可的许可方角度进行分析，若是组织作为专利许可的被许可方，同样也会面临特定的风险。作为被许可方，由于信息不对称，可能会发生逆向选择和道德风险问题。由于许可方故意隐瞒专利的法律状态、权属状态和许可状态等方面内容，从而影响专利的实施，比如许可方的专利为共有专利但却私下将专利进行许可，或者是参与制定协议的人并没有资格代表专利权人。专利许可协议是对专利许可双方权利义务关系进行约束的合同，若是专利许可协议约定不详，也会给专利实施带来严重隐患。此外，被许可人若是一味通过寻求许可来完成产品的生产，在一定程度上会降低自身的创新能力和研发水平。

③ 专利转让。

专利转让在一定程度上与专利许可存在相似之处，专利许可是出让专利的使用权，而专利转让则是出让完整的专利权，专利权主体发生变更。从而专利转让的风险也比较类似于专利许可的风险，比如进行专利转让相当于给自己树立了一个强劲的竞争对手，失去原有的垄断市场。

专利权的转让可能通过买卖、交换、赠予和继承等方式完成，从受让方的角度来看，其可能面临的风险主要包括以下方面：受让获得的专利技术存在法律瑕疵，由于信息不对称，受让方对专利信息、专利技术信息、专利技术市场应用信息和专利权人的信息缺乏了解，专利权人的欺瞒行为可能会使受让人蒙受风险，比如夸大专利技术的市场应用前景、隐瞒专利的诉讼纠纷等。

④ 专利出资。

专利出资存在的主要风险是专利价值评估的风险，因为专利价值受到

---

① Dratler，Jr J. 知识产权许可（上）[M]. 王春燕，等，译. 北京：清华大学出版社，2003：24-30.

包括法律因素（权利类型、保护范围、法律状态、保护期限和地域等），技术因素（成熟度、创造性、可替代性等）和经济因素（市场、财务、人力、管理等）等因素的综合影响，而专利权价值的高估或低估都会给企业带来不利影响。《公司法》第二十七条规定："对作为出资的非货币财产应当评估作价，核实财产，不得高估或者低估作价。法律、行政法规对评估作价有规定的，从其规定。"而《公司法》第九十三条规定："股份有限公司成立后，发现作为设立公司出资的非货币财产的实际价额显著低于公司章程所定价额的，应当由交付该出资的发起人补足其差额；其他发起人承担连带责任。"

利用专利出资，专利持有人即出资人，出资人需要承担企业经营的风险。首先，用于出资的专利的可实施性和市场前景是专利出资的一个重要风险来源，只有能够实施和易于实施的专利技术在转化为生产力后才能够为公司和出资人带来利益，如果专利的可实施性较差，市场前景不佳，将会为公司的资本运营造成困难，使得资金周转缓慢，利润率降低。其次，利用专利出资，对合作企业的选择也存在一定风险，因为合作企业的营运能力、资本能力等都对于专利技术的实施有较大影响。此外，法律政策风险、市场风险和科学技术风险也是专利出资的重要风险来源。

⑤ 专利质押。

专利质押是融资的一种形式，所以融资人（专利权人）在利用专利质押获取融资时需要面临一定的融资风险。融资风险指企业因借用资金而产生的丧失偿债能力的可能性和企业利润（股东收益）的可变性，实际上是企业负债经营的风险。在负债经营的情况下，企业因担负较多债务而使丧失偿债能力的概率增大，提高了企业以后的融资成本[①]。

在专利质押这一专利运营活动中，承担风险较多的其实是质权人（即专利质押的债权人），因为质权人在运作质押物（专利权）的过程中也存在风险，而且质权人相对于出质人来说，掌握有关于质物的较少的信息，不能准确定位专利权的价值。风险来源包括出质人对有关信息的隐瞒和潜在的风险，出质人可能选择隐瞒的信息包括专利涉及的侵权纠纷和权属纠纷，共有专利权人信息，甚至重复质押信息。

⑥ 专利信托。

除去本部分所述的其他各类微观、中观和宏观风险，单独从专利信托这一融资活动来看，风险承担方主要是信托公司，主要有信用风险和操作风险。在信用风险方面，专利信托投资项目公司的财务、资产、业务等发生任何不利变化，或投资项目关于其财务、资产、业务等的陈述或说明存在虚假、误导或遗漏，都会使信托受到影响；在操作风险方面，由于专利权管理人或推广人的经验、技能等因素的限制，产生的人为错误、技术缺

---

① 苑泽明. 知识产权融资的风险、估价与对策［M］. 大连：东北财经大学出版社，2010：148.

陷或不利的外部事件等因素使信托计划的收益受到影响①。

⑦ 专利证券化。

专利资产证券化具备严谨和完整的运作流程，风险来源主要是微观风险，中观层面的管理风险和外部风险，以及宏观风险。从专利自身来看，风险种类包括专利权无效、专利涉诉、专利权瑕疵等；从外部环境来看，风险类型包括替代性技术和更为先进性技术的出现、专利产品推广困难等。

（3）外部风险。

这里的外部风险主要是指来自组织层面的外部风险，对于企业类组织，主要是来自于同行业竞争对手的风险。

① 专利无效。

我国《专利法》（2008 修正）第四十五条规定"自国务院专利行政部门公告授予专利权之日起，任何单位或者个人认为该专利权的授予不符合本法有关规定的，可以请求专利复审委员会宣告该专利权无效"。这一规定的初衷本是作为专利审查制度的补救措施，因为专利的审查由专利审查员完成，而作为人的专利审查员在审查专利的过程中并不能总是将所有因素都考虑在内。但是随着市场竞争的加剧和专利功能的放大，请求专利权无效已经成为企业竞争和抢占市场的工具和手段。

专利权若是被无效掉，将使专利技术丧失法律的保护而成为社会共有技术，这时的专利运营将不再有意义。此外，即使是在一项专利各个方面都相当完美而且坚不可摧的情况下，专利也存在被请求无效的可能，这是因为请求专利无效已经成为企业之间进行竞争的一项工具。当然，请求专利无效并不必然会获得成功，使授权专利被无效，但是同样也会给专利持有人带来声誉方面的影响，给持有专利的组织带来经营发展方面的风险，这对于正在准备上市的企业往往会造成沉重打击。

② 专利诉讼。

专利诉讼的风险包括两个方面，即组织主动发起专利诉讼的风险和组织被诉讼专利侵权的风险。由于专利诉讼往往要占用较多人力和财力，并且诉讼周期较长，具有较强的目的性，参与专利诉讼的组织多为营利性企业。无论是主动提起专利诉讼还是被起诉，组织必然要面临的一项风险就是败诉，以及因败诉而导致的巨额赔款和声誉受损，以及因为参与诉讼而导致的商业机会的丧失，最为严重的后果就是企业产品退出特定市场。

③ 联合抵制。

若是组织的专利运营活动太过突出，或者其专利运营让较多其他组织感到威胁，则该组织很可能会遭遇来自众多外部组织的联合抵制。比如，在 2005 年，包括诺基亚、爱立信、德州仪器、松下、日本电器和博通在内的六家公司联合起诉高通，称高通在 WCDMA 技术授权方面存在不正当竞

---

① 张晓云，冯涛. 专利信托融资模式探析［J］. 金融理论与实践，2012（7）：85-87.

争行为，原因是高通掌握大量的 3G 移动技术基本专利，并且通过专利运营赚取大量利润，侵犯了其他企业的利益。

3. 宏观层面风险——外部风险

宏观层面的风险指的是专利运营的外部宏观环境变动所导致的风险，主要来自法律、政策、市场和科学技术等方面。

（1）法律、政策风险。

专利运营的基础条件是专利制度和其他相关法律、法规和政策。专利作为一项权利是由法律赋予的，而法律方面的因素是专利运营宏观外部风险的主要来源之一。在专利运营的微观层面和中观层面，都存在相应的法律风险，这里宏观层面的法律风险主要指的是来自宏观法律环境的风险。一般来看，在一个政权稳定的国家，不会出现法律方面的重大波动，法律体系的变迁一般都是渐进式的，而政策虽不具有法律的稳定性但是却有较强的灵活性。专利运营具有较强的产业差异性，专利依赖型的产业必然对专利运营有较高的要求，但是一些传统产业（比如农产品和农产品加工）可能涉及专利技术较少从而专利运营活动也比较有限。政策在产业发展过程中发挥着异常重要的作用，甚至有一些产业完全是在政策扶持之下才能得以生存和发展。一旦政府政策发生倾斜，政策依赖性的产业必然也面临产业内部的重大调整，随之与产业相关的专利和专利运营也面临调整。此外，政府认为专利运营对市场秩序造成干扰时，会出台相关政策进行规制，这主要是由于专利具有独占性和排他性，而企业在进行专利运营的过程中利用这种独占性和排他性获得了市场垄断地位，并对市场公平竞争造成干扰，尤其是在近年来标准必要专利大量出现的背景下。2009 年，在高智发明大肆向韩国大学购买专利以进行专利运营的背景下，韩国政府公布了《防止专利权滥用大纲》；2013 年 6 月 4 日，美国白宫宣布了旨在规范 NPE 的 7 项立法建议和 5 项行政措施；2015 年 4 月我国国家工商行政管理总局公布了《关于禁止滥用知识产权排除、限制竞争行为的规定》。

（2）市场风险。

在我国经济稳健发展的背景下，宏观层面的市场风险主要包括市场接受时间、市场寿命、市场竞争、市场开发成败和消费者购买力等方面。这些风险主要存在于产品市场，或者是经过产品市场传导的技术市场。当专利技术被应用于产品生产之后，形成的新产品需要经过市场开发和市场推广，在获得客户认可后才能进行营利，同时还要面临来自同行业的市场竞争，而这其中的每一个环节都是高风险的。

（3）科学技术风险。

专利权是一种对技术方案进行保护的权利，这种保护之所以存在意义，在很大程度上是因为被保护的技术方案存在价值，价值的体现包括利用技术方案提高生产效率或者形成新产品。来自宏观层面科学技术的风险会从根本上动摇专利权保护的意义，比如技术的进步和工艺的改进程度已经超过了专利技术，这时专利权所保护技术便成了落后的技术，继续进行专利运营就要面临不被市场接受的风险。

（二）防控措施

专利运营发生在经济规律和市场机制的框架之下，经济规律的一个重要体现就是经济发展的周期性，而市场的一个主要特点就是不确定性，这也决定了专利运营发生风险的不可避免。在专利运营的风险防控方面，需要对风险进行内部和外部的区分，做到风险的内控外防，因为内部风险的可控性会相对高一些，而外部风险往往只能通过预防来降低可能遭受的损失。标准化管理是防控风险的有效措施，通过配备专职人员可以有效做到风险防控，比如在政策风险防控方面，指定专门人员关注相关政府部门的政策信息，定期浏览政府网站，收集相关政策并分析其可能给企业带来的影响，从而企业、大学和科研机构可以通过贯彻实施相应的知识产权管理规范来有效降低风险。

在风险防控方面，组织通过建立有效的风险预警机制可以对可能发生的风险尽早做出安排来降低风险发生的概率，对于已经发生的风险也能够及时采取应对措施。

1. 微观风险防控

在微观层面，专利的权利要求、专利技术、专利领域和专利保护期限属于来自组织内部的风险，专利技术被绕开、被封锁或者被标准排斥属于外部风险。

在内部风险控制方面，主要从获取专利的准备工作和获取专利的流程着手。可用以运营的专利除去外部专利，都是组织拥有专利权、专利申请权或者专利使用权的专利。在取得相应的权利之前，需要进行完备的专利分析，对相关领域的市场现状和市场前景、技术路径和技术前景、当前专利申请情况，在此基础上采取合理的研发决策、专利申请决策和专利引入决策。

在外部风险预防方面，首先，在组织掌握基础专利与核心专利时，要积极开展外围技术的研发并申请外围专利，根据组织的资金情况和研发实力在专利的数量、种类、领域和地域等方面进行专利布局，防止自有的核心专利被封锁；若是外围专利已经被其他组织大量申请，则组织要争取与外围专利的权利人形成合作伙伴关系并获得专利许可。同时，组织要积极参与各项国内外相关标准的制定，推进自有专利技术的标准化，利用标准来放大专利价值。若是已经出现专利技术被绕开或者专利技术被现有标准排斥的危机，组织需要及时采取应对措施，在组织掌握雄厚实力的情况下，可以利用专利能够塑造商业生态体系的功能，主动对市场进行培育，推动自有专利技术的应用，从而与竞争性技术和排斥性标准抗衡，但如果组织实力不足，就需要考虑是否要壮士断腕放弃自有专利技术了。对于贸易壁垄性的国别性技术标准，企业可以通过联合其他企业结成专利联盟来壮大自身力量，从而具备对抗基于专利技术的贸易壁垒的实力。

2. 中观风险防控

（1）管理风险。

管理风险主要是由于组织内部在专利运营活动中的管理不善而导致的风险，所以管理风险的防控主要在于提升组织的管理能力和完善组织的管理体系。前文提到，专利运营涉及包括技术、法律、经济、营销等多方面的人才，人力资源是专利运营的一个关键因素。同样，在管理风险的防控中，人也是一个关键因素，组织通过设定专职的专业人员或者建立专门的部门负责与专利运营相关的活动，可以有效预防专利运营中的管理风险。

具体来看，可以从以下几点着手：①在进行专利申请、专利受让、获得专利许可等相关活动过程中，要严格执行相关法律程序，防止因为法律程序缺失可能造成的专利瑕疵，比如专利许可要到国家知识产权进行备案，专利转让要经过国家知识产权审核；②加强组织内部的保密管理，防止专利技术的流失，尤其是加强对于技术人员和涉及核心技术的软硬件的管理，人员管理可以通过劳动合同中的专利保护条款和竞业条款或者专门的专利保护合同进行约束，同时配合组织内部的奖惩措施，软硬件管理可以通过完善内部专利管理制度完成，比如对文章发表、学术交流等进行审核，对技术图纸、实验数据等进行密级评定；③在合作研发和委托研发中要提前对未来专利权的权属进行约定，在受让专利或者获得专利许可前对专利权属进行调查，清晰界定职务发明与非职务发明，若是专利共同所有要清晰界定双方的权利，借此达到预防专利权权属纠纷的问题。

（2）运营风险。

由于专利运营形式多样，专利运营涉及各种复杂的因素，运营风险也是专利运营活动中最为复杂和最需要防控的风险。从专利运营具体形式的风险防控来看，既有对于各种专利运营形式共性风险的防控，也有针对不同专利运营形式的风险防控。

从共性风险防控来看，很多专利运营活动都是基于专利权开展的，加强对于专利权相关风险的防控可以从源头上降低很多风险发生的可能性。专利运营过程中与专利权相关的风险主要来自专利权的权属、法律状态、保护期限等方面。为有效防控这些风险，可以从以下几点着手：①首先要明确专利权是否已经取得、是否被终止，以及在哪些地域有效；②对于可能形成专利权的技术，要对是否为职务发明、是否为权利共有进行明确的规定，在撰写专利说明书、权利要求书等内容时要结合组织发展规划进行操作，在必要时可以聘请专业律师和专利代理人，在申请专利时要严格执行相关程序；③对于现存的专利权，通过在专利数据库查询相关专利文档明确专利的法律状态、申请（专利权）人、交易登记情况、申请日、授权日、权利要求项等基本信息；④对于需要签订协议的专利运营活动，要在协议中对双方的权利义务进行清晰的界定，尤为重要的一点是对特殊性条款和风险分担的约定；⑤对专利技术的技术路径和市场前景，以及是否存在来自国家的交易限制等进行考察，降低信息不对称可能造成的风险，在必要时要请第三方中介机构进行评估和鉴定。

对于个别专利运营活动中特殊的风险，需要采取有针对性的风险防控措施。以下以专利许可、专利转让、专利出资、专利质押、专利信托、专利资产证券化为例进行说明。

① 专利许可。

对于企业来讲，专利许可相当于给自己建立了一个竞争对手，所以企业进行专利许可首先要对被许可方进行选择，考虑被许可方的企业规模、经营范围、许可费支付能力等因素；同时要选择合适的许可方式，要慎用独占许可，因为独占许可将原有专利权人也排除在了专利适用范围之外；此外，在专利许可协议中，要明确许可的期限、范围和使用方式，约定风险承担责任，同时可以根据企业发展要求适当约定禁止性条款。

从被许可方风险防控的角度来看，除去采取前述共性风险防控措施之外，还要特别注意专利许可协议中的一些特殊性条款，比如有关专利权有效性、专利品质保证、专利技术改进、专利诉讼义务分配等方面的条款[①]。

② 专利转让。

前文提及，专利转让和专利许可存在相似之处，从而两者的风险防控策略也存在相似之处。从出让方来看，要综合考虑受让方的基本情况、受让方式来确定转让策略，并慎重对待转让合同。从受让方来看，在采取共性风险防控措施之外，要考虑专利权人转让专利的动机，还要注意专利转让协议的一些特殊性条款，尤其是转让完成后的专利侵权纠纷责任问题、技术改进成果归属问题和利益分配问题等。

③ 专利出资。

为防控专利出资风险，接受出资的企业首先要对出资专利进行全方位的核实与查证，包括专利的类型、权属、地域、保护期限、法律状态等。由于专利价值评估是专利出资的一个关键环节，为了预防因专利评估而产生的风险，出资双方应当协议聘请具有相应资质的评估机构对专利价值进行科学合理的估值。在出资协议中，要尽可能全面地对各种可能发生的风险进行约定（比如专利权瑕疵），明确缔约过失责任，明确保密义务，适当设定禁止性条款。

对于出资人来说，要综合考虑用哪些专利出资，并在出资前对出资专利进行充分预测和技术分析，从而降低因出资专利难以实施而给出资企业

---

① 冯薇，李天柱，马佳. 生物技术企业接力创新中的专利运营模式——一个多案例研究 [J]. 科学学与科学技术管理，2015，36（3）：132-142.

造成运营困难的风险。同时还要对出资面向的企业进行充分的考察，包括其资源能力、社会形象、市场规模等进行调查以确保专利的实施。

④ 专利质押。

专利质押风险的防控主要依赖于专利质押制度，尤其是专利质押担保体系的完善程度。专利质押涉及包括出质人（专利权人）、质权人（银行等金融机构）、专利行政管理部门、专利评估机构、信用担保机构等多个主体，通过推动各个不同主体之间的联合，将风险分摊，是降低个体风险的有效途径。信用担保是降低专利质押风险的一个重要环节，担保的来源包括政府信用担保、专业保险公司担保、金融机构担保、风险投资基金担保。[1]

⑤ 专利信托。

由于在专利信托融资活动中，承担风险的主要是信托公司，所以这里仅从信托公司的角度来分析风险的防控。价值评估和专利分析是专利信托的核心内容，信托公司对拟投资的专利进行专利分析和价值评估是降低风险的首要任务，这一任务也可以借助于有资质的专利评估机构完成。同时，在具体的专利信托模式中，可以通过引入担保方来分担风险，比如政府担保或其他企业的担保，当然风险的分担要以让渡部分利益为代价。此外，可以通过采取相应措施提高专利项目的营利性，以降低专利权人难以还清债务的风险，具体措施可以是加强对项目公司的监督，包括监督项目进度、资金使用情况等方面[2]。

⑥ 专利资产证券化。

在专利资产证券化风险的防控方面，除去进行完备的专利尽职调查和专利分析之外，还可以从以下几点入手。第一，科学合理搭配资产池中的各项专利，避免只有一项专利的情况，综合权衡各项专利的专利类型、保护期限、保护地域等因素，可以考虑采用上下游专利结合、横向专利结合以及普通专利与标准必要专利结合等方式；通过合同约定控制风险，包括担保义务、责任条款等；建立有效的风险隔离机制和专利保险机制，风险隔离包括资产池与发起人之间的风险隔离和 SPV 自身风险隔离，SPV 的设立是其中一项重要内容，专利保险包括专利诉讼保险和专利执行保险，也是专利资产证券化各项风险的重要举措。[3]

（3）外部风险。

根据前文所述，中观层面的外部风险主要包括专利无效风险、专利诉讼风险和联合抵制风险。对于专利无效和专利侵权诉讼风险的防控，首先，要在专利申请前科学合理地撰写权利要求书，在专利申请过程中严格执行相应程序和缴纳相应费用，在专利收购中对专利权和专利申请权的法律稳

① 夏轶群. 企业技术专利商业化经营策略研究 [D]. 上海：上海交通大学，2009.
② 张晓云，冯涛. 专利信托融资模式探析 [J]. 金融理论与实践，2012（7）：85-87.
③ 靳晓东. 专利资产证券化研究 [M]. 北京：知识产权出版社，2012：74-78.

定性进行调查；其次，要加强自有专利储备，作为与请求专利无效或者提起专利诉讼的企业进行谈判的筹码，因为专利无效请求一般都是由企业竞争对手提起的，个人虽然也有向专利复审委员会请求专利无效的权利但是较少行使，在自有专利储备丰富的情况下，可以据此与对方进行谈判，迫使其撤回专利无效请求①或者专利侵权诉讼请求；最后，当面临风险之时，也可以积极反击，包括向对方拥有专利权的地域请求涉诉专利无效，或者请求与涉诉专利无关但是对对方企业运营有关键作用的专利无效，或者凭借自有专利储备起诉对方专利侵权。对于联合抵制的风险，企业要特别注意在经营过程中适当拉拢同行站在同一战线来壮大自身力量，在外部联合抵制情况已经发生时可以采取各个击破的策略进行应对。

3. 宏观风险防控

（1）法律、政策风险。

通过前文叙述可以发现，政策风险主要来自两个方面，一是产业扶持性政策变动引发市场波动，二是政府认为专利运营干扰市场秩序时会采取行政手段进行干预。对于第一类风险，企业应当在扶持性政策的持续期间努力壮大自身力量，进行专利和技术的储备，壮大和培育市场，降低对于政策的依赖，以减轻对于政策变动所引起的市场波动的敏感度。对于第二类风险，企业需要对其进行专利运营的市场所在地的反垄断法和对知识产权（专利）滥用进行规制的政策有充分的了解，尽量不要触及当地相关法律和政策，并且要在必要的情况下积极配合调查和做出适当的让步。

（2）市场风险。

企业是市场的基本单元，受到复杂市场环境的影响，企业的生存和发展也要依赖于市场这一复杂而庞大的系统，来自市场的风险往往会给企业带来关乎存亡的危机。在市场风险防控方面，首先，企业需要建立一定的内部预警机制，密切关注与专利及专利产品相关的市场信息和市场动态，延长应对风险的反应期间，从而尽早采取措施降低市场风险可能带来的损失；同时，企业要在市场繁荣期间努力壮大自身力量，积攒实力以增强风险应对能力。

（3）科学技术风险。

有效防控科学技术风险的措施在于技术和专利的储备，企业通过精确的市场需求和技术路径调研分析，在具备卓越能力的领导人的带领下，提前对未来技术进行研发并根据实际情况申请专利作为储备。当正在进行运营的专利技术面临淘汰与技术更新风险时，及时推出储备专利技术，从而可以保证企业产品的衔接和整体的持续性发展。

---

① 我国《专利法实施细则（2010修订）》第七十二条规定："专利复审委员会对无效宣告的请求做出决定前，无效宣告请求人可以撤回其请求。专利复审委员会做出决定之前，无效宣告请求人撤回其请求或者其无效宣告请求被视为撤回的，无效宣告请求审查程序终止。但是专利复审委员会认为根据已进行的审查工作能够做出宣告专利权无效或者部分无效的决定的，不终止审查程序。"

第三章　专利运营的环境

专利运营是一个开放的系统活动，必然要受到外部环境的约束。专利运营的操作对象包括专利权、专利申请权、专利技术和专利信息等，其核心还是专利权，而专利权是一种法律赋予的在一定地域和一定期限内对于特定技术解决方案进行保护的权利，而且这一权利的行使也依赖于司法保护和行政保护，从而专利运营在很大程度上受到法律环境和政策环境的影响。专利运营是市场经济的产物，专利运营的业务机会、投资风险等都根源于市场经济规律和机制，专利运营活动也是市场经济活动这一大系统下的一个小系统，小系统的运行必然受到大系统的约束，而专利作为一种权利被纳入到专利运营系统中并与市场经济大系统进行互动，必然要依赖于一定的媒介，也就是专利运营的平台。此外，有效的专利运营依赖于多层次人才，从而人才的培养也是专利运营环境的一个重要方面，同时由于我国专利制度建立时间较短，仅靠专利运营人才的推动还不足以使得专利运营体系有效运转，必要的舆论支撑和相应社会文化环境和建立也起着重要作用。

一、法律环境

在专利制度的运行中，法律所起到的作用是作为专利制度的基础和前提；同样的，在专利运营活动中，法律对于专利的保护也起到基础性和前提性的作用。因为专利制度存在的必要条件就是法律对于专利的保护，而专利运营又是诞生于专利制度之中的。

（一）专利运营对法律环境的要求

法律对专利的保护是专利运营的基础和前提。专利具有多层次的价值属性和功能属性，但是专利首先是一种权利，而且这种权利的形成不是自然形成而是由法律所赋予，专利权人拥有对专利实施、许可、转让或者放弃的权利。失去法律保护的专利将不再是一种权利，而是成为任何单位和个人都可以使用的社会共有技术，专利运营在这时也将演化为技术运营，而且是社会共有技术的经营。无疑技术经营与专利运营存在极大的差别，技术经营强调对技术进行经营的过程性、精细化和权益关系，涉及技术转让、成果转化、技术交易、技术转移等内容①；而专利运营则更为复杂，专利运营既包括作为技术的专利运营，还包括作为权利的专利运营和作为财产的专利运营，以及对于专利信息的运营等内容。

专利运营诞生于特定的法律保护框架之下。专利运营的代表性机构高智发明引起了全世界范围内的关注，日本知识产权研究所通过研究高智发明的业务在日本展开的可能性，认为高智发明的业务和具体法律环境有直接关系，美国的亲专利法律环境是高智发明的业务得以快速增长的基础性原因，日本不存在类似的法律环境，高智发明很难在日本开展和美国同样的业务。事实上，高智发明在每个国家的业务内容和业务模式都有所不同。

有很多学者从保护强度的角度对专利保护开展讨论，并区分了强保护和弱保护，当然强与弱是相对而言的。严格的法律保护能够充分保证专利权人对于权利的行使和不受侵犯，从而在专利运营活动中的各个环节能够有效开展。专利运营活动的开展需要依赖于一个完整的法律体系，而不仅仅是《专利法》这一单独的法律，因为专利运营涉及诸多环节和因素。

（二）我国专利运营法律环境现状

目前，我国已经建立成一套完整的法律体系，从专利运营的角度来看，也具备了较为完善的法律运营环境。具体来看，与专利运营活动相关的法律包括但是并不限于以下几个方面。

（1）企业是支撑市场经济发展的一个关键单元，从组织类型来看，企业也是专利运营活动较为活跃的一类组织。从企业的成立、运转（包括生产、营销、销售等）、增资、上市到企业的破产、并购等各个环节都涉及专利运营，专利出资可能发生在企业的成立和增资环节，专利的申请、许可、转让、诉讼、产品化、投融资等可能发生在企业运转中的各个环节，专利资产的价值评估可能发生在企业成立、上市、破产、并购等环节。从我国立法来看，有对公司的组织和行为进行规范的《公司法》，对合伙企业和个人独资企业进行规范的《合伙企业法》和《个人独资企业法》。

（2）专利运营是一种市场行为，市场行为的发生往往涉及双方甚至多方的利益，利益相关者往往需要签订一定的契约对各自的行为进行约定，明确各自的权利义务。在专利许可、专利转让、专利出资、专利融资、专利评估等活动中，都需要签订相应的合同，合同条款可以对专利运营活动进行有效的约束，在对合同当事人行为进行规范方面我国设立有《合同法》。

（3）专利资产证券化和专利信托是专利融资的重要内容，与此相对应地，我国有规范证券发行和交易行为的《证券法》，对信托行为进行规范的《信托法》以及对保险活动进行规范的《保险法》。

---

① 刘海波. 技术经营的政策环境研究［J］. 中国软科学，2006（12）：27-36.

（4）专利权具备财产权的性质，专利权人享有对专利的独占权、许可权、转让权和放弃权，我国民法中的《物权法》和《继承法》对相应内容进行了规定。

（5）专利技术标准化是专利运营的一个重要内容，能够放大专利的价值，实现专利拥有人的利益导向，在这方面我国有对标准化相关内容进行规范的《标准化法》。

（6）专利权是一种具有独占性和排他性的权利，从这一角度看，专利权的行使给专利权行使人提供了占据市场支配地位的可能性，尤其是标准必要专利的出现，当然专利权的行使并不必然导致市场支配地位。专利权所可能导致的市场支配地位为当事人提供了市场垄断和不正当竞争的可能，在这方面我国有《反不正当竞争法》和《反垄断法》进行约束。

二、政策环境

专利政策是对《专利法》及专利相关法律的有效补充，同时政府利用政策工具可以对市场进行适度的干预以达到矫正的目的。从政策的功能来看，可以将与专利运营相关的政策区分为促进专利申请的政策、促进专利运用的政策和加强专利保护的政策。促进专利申请的政策也称为专利资助政策，包括对专利的申请费和年费等进行减免或者利用财政资金给予补贴。促进专利运用的政策涉及建立各类专利数据库、提供专利交易平台、鼓励专利质押融资以及建立专利促进中心等内容。加强专利保护的政策主要是利用政策工具营造专利保护的良好氛围，包括加强专利行政执法和专利海关保护，以及加强对本国企业的法律援助等。

此外，国家颁布的科技政策、产业政策、人才政策和财税政策等都对专利运营有较大影响。我国国务院的各个部委以及各地方政府都出台了大量的与专利相关的政策以促进专利运营。

（一）专利运营对政策环境的要求

专利运营涉及专利权（申请）人、中介机构、金融机构、服务机构等相关机构的共同参与，各个组织及个人之间必然会存在信息不对称，而且参与者对成本收益分配也容易产生争议，所以专利运营需要政府的参与，通过政府政策的制定和实施来补充市场机制的不足。政策是对法律的落实和补充，对市场机制的矫正，政策支撑是开展专利运营的重要环境。

具体来看，专利权是专利运营操作对象的核心，专利权的获取与维持是专利运营的一个必要前提。专利的申请和维持都需要大量资金的支持，以申请一项我国的发明专利为例，仅仅申请费（900 元）、文件印刷费（50 元）和实质审查费（2500 元）三项基础费用就达到 3450 元人民币，若是产生说明书附加费、权利要求附加费、优先权要求费、复审费、著录事项变更费、延长期限请求费等费用则整体费用会更多；从专利年费来看，在没有费用减免的情况下一项发明专利在第 1～3 年的年费是每年 900 元人民币，之后逐年递增，到 16～20 年变为每年 8000 元人民币[①]；而申请一项 PCT 专利的费用则更为昂贵，仅传送费（500 元）、检索费（2100 元）和国际申请费（1330 瑞郎）三项就超过 10000 元人民币[②]，而且极有可能产生其他额外费用。此外，在目前专利申请专业化的背景下，很多组织在进行专利申请前要聘请咨询公司进行专利分析，而且可能会委托代理机构申请专利，这都将产生大量的费用，给专利申请人带来负担。在我国当前背景下，很多组织，尤其是实力不足的中小企业，专利申请动力不足的很大原因就在于难以承担专利申请费、维持费和必要的中介费。必要的专利申请促进政策，比如费用减免政策、费用资助政策、专利奖励政策等，可以通过降低专利申请的资金负担，鼓励其申请专利，从而为专利运营提供了基础。

专利信息是专利运营操作对象的一个重要内容，而且专利的法律属性、经济属性和技术属性在一定程度上都要依赖于专利信息。在法律角度，法律对专利的保护仅限于专利信息所体现的权利要求项；在经济角度，专利所能体现价值的要点也在于以文字信息形式体现的法律所保护的权利要求项；在技术角度，外界只能通过专利的摘要、说明书、权利要求书中的文字信息和附图的图片信息来对内在的技术进行了解。专利信息自身并不具备传播的功能，而只是传播的对象，专利信息能否有效传播还要依赖于传播媒介的开发以及传播平台的建设。专利信息的传播主要依赖于三方面的媒介，一是开放的专利数据库的建设，二是活跃的专利交易平台的建设，三是其他各类专利信息平台。专利数据库为社会上有需求的单位和个人进行专利检索和专利分析提供了可能，这是各类专利运营活动中防控风险的一个重要环节；专利交易平台的建设可以解决专利供需双方信息不对称的问题，促进专利的流动，而专利在进行流动的过程中自然就产生了专利运营，进而激发专利价值的实现，专利交易平台包括线上和线下两种类型，线上形式主要以各类网站体现，线下形式包括技术展会、技术交易会等；其他各类专利信息平台包括专利法律和执法信息平台、专利商业信息平台、专利政策信息平台等，这些平台的建设对于专利运营的相关决策都有重大辅助作用。无论是专利数据库的建设，还是专利交易平台的建设，都具有公共产品的属性，而公共产品的提供无法完全依赖市场，必然要对政府提出要求。

在促进专利运用的政策方面，专利运营对政策提出的要求主要在专利

---

① 国家知识产权局网站. 专利缴费指南 [EB/OL]. [2015-04-24]. http：//www.sipo.gov.cn/zlsqzn/sqq/zlfy/200804/t20080422_390241.html.

② 国家知识产权局网站. 国家知识产权局专利收费标准一览表 [EB/OL].（2008-04-22）[2015-04-24]. http：//www.sipo.gov.cn/zlsqzn/sqq/zlfy/200804/t20080422_390241.html.

许可、专利投融资、专利服务、专利交易平台、专利人才培养和企业税收等方面。在专利许可方面，促进专利运用的主要是强制许可制度，因为专利强制许可是对专利权的自然垄断性的平衡，可以对故意不实施专利或者拒绝许可的行为进行规制和威慑，从而促进专利技术的广泛应用。在专利投融资方面，由于专利的营利性（专利的未来价值）具有较高的不确定性，给专利的价值评估带来了较大困难，也使金融机构对专利进行投资顾虑颇多，所以需要在政策方面进行适当的推动。在专利服务方面，由于一些组织缺乏专利运营的经验和实力，需要政府通过出台相应政策提供公共性的咨询培训等服务。专利交易平台一方面可以促进专利信息和专利供需信息的传播，另一方面能够促进专利的交易和专利技术的运用，使专利在市场上能够得到流通。前文多次提及专利运营需要多层次多领域的专利人才支撑，在我国建立专利制度的短短三十余年内，仅仅依靠市场的自发力量还不足以满足需求，还需要政府施以一定的政策引导，包括高等教育人才培养和企业人员在职培训等方面。此外，对于企业来讲，进行研发投入、专利申请、专利运营等活动需要消耗和占用大量的企业资金，而通过税收政策对企业税收给予适当减免，可以在一定程度上缓解企业资金周转困难的情况，同时鼓励企业更多从事技术研发和专利运营活动。

由于专利运营消耗和占用大量资金，利用专利筹集资金和为进行专利运营筹集资金都是专利运营的重要内容。培育有利于投融资的环境对政策有很强的依赖性，尤其是在我国金融市场尚不完善的背景下，市场的拉动力量作用不大，所以需要由政府进行推动。

（二）我国专利运营政策环境现状

从政策功能来看，专利运营政策包括促进专利申请的政策、促进专利运用的政策和加强专利保护的政策；从横向来看，专利政策涉及科技政策、产业发展政策、区域发展政策、贸易政策等多个方面；从政策来源看，包括国家政策、部门政策和地方政策；从专利运营的具体内容和基本要素来看，我国目前的专利政策涉及专利申请、专利许可、专利信息平台建设、专利人才培养、专利咨询服务等方面。这里主要考虑国家政策和部门政策，综合考虑政策功能、政策内容以及专利运营的要素和业务流程来对我国专利运营政策的现状进行分析。

大体上可以将专利运营的政策分为表上编3.1所示的五种类型，规划类政策主要强调特定领域发展的总体方针和指导方向，专项政策主要针对特定领域或者特定主体提出具体的发展目标，促进专利申请的政策包括费用减免、财政补贴、专利奖励和专利服务等内容，促进专利运用的政策包括平台建设、人才培养、融资政策和专利服务等内容，加强专利保护政策包括专利执法和专利法律服务等内容。

表上编 3.1　专利运营政策类型

政策类别	政策内容/功能	政策示例
规划类政策	总体性规划	《全国专利事业发展战略（2011～2020年）》（国知发办字〔2010〕126号） 《专利工作"十二五"规划》（国知发规字〔2011〕115号）
专项政策	针对具体对象	《关于实施中小企业知识产权战略推进工程的通知》（国知发管字〔2009〕238号） 《关于知识产权支持小微企业发展的若干意见》（国知发管字〔2014〕57号）
促进专利申请的政策	费用减免	《专利费用减缓办法》（国家知识产权局令第39号）
	财政补贴	《关于专利申请资助工作的指导意见》（国知发管字〔2008〕11号） 《资助向国外申请专利专项资金管理办法》（财建〔2012〕147号）
	专利奖励	《中国专利奖评奖办法》（国知办发管字〔2014〕13号）
	专利服务	《关于促进专利代理行业发展的若干意见》（国知发法字〔2014〕12号） 《专利代理行业发展规划（2009～2015年）》（国家知识产权局发布）
促进专利运用的政策	平台建设	《全国专利信息公共服务体系建设规划》（国家知识产权局发布）
	人才培养	《知识产权人才"十二五"规划（2011～2015）》（国家知识产权局发布）
	融资政策	《关于加强知识产权质押融资与评估管理支持中小企业发展的通知》（财企〔2010〕199号） 《关于商业银行知识产权质押贷款业务的指导意见》（银监发〔2013〕6号）
	专利服务	《关于加强专利分析工作的指导意见》（国知发协字〔2011〕6号） 《国家知识产权局关于实施专利导航试点工程的通知》（国家知识产权局发布） 《全国专利信息公共服务指南》（国家知识产权局制定）
加强专利保护的政策	专利执法	《国务院关于进一步加强知识产权保护工作的决定》（国发〔1994〕38号） 《国务院办公厅关于印发保护知识产权专项行动方案的通知》（国办发〔2004〕67号） 《关于加强专利行政执法工作的决定》（国知发管字〔2011〕74号）
	专利服务	《境外企业知识产权指南（试行）》（商法函〔2014〕61号）

　　从横向政策来看，包括产业发展政策、区域发展政策、科技政策、人才政策、贸易政策、社会保障政策等在内的政策都会对专利运营活动产生影响。产业发展政策对专利运营的重视在战略性新兴产业领域尤为明显，比如《国务院关于加快培育和发展战略性新兴产业的决定》（国发〔2010〕32号）、《国务院关于印发工业转型升级规划（2011～2015年）的通知》（国发〔2011〕47号）、《国务院办公厅转发知识产权局等部门关于加强战略

性新兴产业知识产权工作若干意见的通知》（国办发〔2012〕28 号）等政策
文件中都对企业的专利行为有所强调；企业方面，比如《关于加强中央企
业科技创新工作的意见》（国资发规划〔2011〕80 号）、《关于印发关于支持
中小企业技术创新若干政策的通知》（发改企业〔2007〕2797 号）、《关于加
强中央企业知识产权工作的指导意见》（国资法法规〔2009〕100 号）、《关
于促进企业运用知识产权应对金融危机的若干意见》（国知发管字〔2009〕
173 号）。在区域发展政策方面，比如《东北振兴"十二五"规划》（发改东
北〔2012〕641 号）、《河北沿海地区发展规划》（发改地区〔2011〕2592
号）、《黔中经济区发展规划》（黔府函〔2011〕283 号）、《支持服务西藏和
四省藏区跨越式发展和长治久安的若干意见》（工商办字〔2010〕231 号）
也都极为重视以专利为代表的知识产权在区域发展中的作用。在科技政策
方面，比如，《国家中长期科学和技术发展规划纲要（2006～2020 年）》（国
发〔2005〕44 号）、《国家"十二五"科学和技术发展规划》（国科发计
〔2011〕270 号）、《"十二五"产业技术创新规划》（工业和信息化部 2011 年
11 月 4 日）、《国务院办公厅关于加快发展高技术服务业的指导意见》（国办
发〔2011〕58 号）、《国家科技重大专项知识产权管理暂行规定》（国科发专
〔2010〕264 号）都极为重视专利等知识产权。人才政策方面，比如《全国
海洋人才发展中长期规划纲要（2010～2020 年）》（国海发〔2011〕31 号）、
《国家中长期生物技术人才发展规划（2010～2020）》（国科发社〔2011〕
673 号）和《国家教育事业发展第十二个五年规划》（教发〔2012〕9 号）
等。贸易政策方面，比如《"十二五"利用外资和境外投资规划》（国家发
展和改革委员会 2012 年 7 月 17 日）、《促进战略性新兴产业国际化发展》
（商产发〔2011〕310 号）等。

三、平台环境

（一）专利运营对平台建设的要求

专利是一种重要的战略性资源，有较高的潜在价值。但是静止的专利
权并不会带来价值，不但如此，还会因为逐年递增的专利年费给专利权人
带来资金上的递减。专利产生价值的来源在于专利的流通和运营，而专利
的流通和运营需要借助于一定的平台才能完成。前文提到，专利信息的传
播主要依赖专利数据库、专利交易平台和其他信息平台三个方面的媒介。

专利数据库是专利运营的重要基础，尤其是针对专利信息的专利运营。
我国《专利法》（2008 修正）第二十一条规定"国务院专利行政部门应当完
整、准确、及时发布专利信息，定期出版专利公报"，我国专利局建设有
"专利检索与服务系统"和"专利公布公告"系统，前者提供了 103 个国
家、地区和组织的专利数据，后者对我国专利的实质审查生效、专利权终

止、专利权转移、著录事项变更等事务数据信息进行公告。传播专利信息是专利制度的基本功能之一，实行专利制度的世界各国都需要对专利信息进行公开。除去专利制度规定的用于进行专利信息公开的数据库外，专利运营的专业化和复杂化也对专利专题数据库和商业性专利数据库提出了要求，专利专题数据库主要是针对特定行业领域或者特定技术领域的专利建设的数据库，而商业性专利数据库通常可以为使用者提供多种形式的专利分析功能。

专利交易平台的主要作用是构建专利供给方与专利需求方之间的媒介，通过搭建这样的平台加强专利信息供需双方的沟通，有利于促进专利的流通，尤其是专利许可和专利转让。在专利运营的过程中，一个公开的、健全的交易市场发挥着重要作用，而专利交易平台所起到的就是交易市场的作用，交易市场是知识产权交易的基础。知识产权市场是科技、经济、社会发展的必然产物，通过知识产权市场，可以快捷、便利和有效率的配置资源，从而促进科技创新和经济发展。专利交易平台包括线上交易平台（无形交易场所）和线下交易平台（有形交易场所），随着互联网应用的推广及普及，线上交易平台体现出越来越大的优势，信息传播快捷而方便，是专利交易平台的重要发展方向。专利交易平台的主要功能包括以下三点：一是信息汇聚功能，交易平台为交易双方提供了发布供求信息的平台，大量交易信息汇聚于交易市场，从而增大了供给与需求相匹配的可能性，并为买卖双方提供了洽谈交流的平台，促进了交易活动的开展；二是价格发现功能，专利供求信息的集中和公开降低了信息的不对称程度，使潜在的交易者对交易价格能做出合理的判断，从而使交易价格趋于合理；三是制度规范功能，专利交易平台为专利交易过程中所发生的各种行为提供规范，包括专利交易信息的形成与传递，创造公平、规范的交易环境①。其中最为基础和关键的就是信息汇聚功能，专利持有人可以利用交易平台展示自己研究成果、研究方向和成果转让等信息，专利购买者可以通过平台发出寻求所需相关专利技术的信息，交易平台的建立降低了专利运营中的信息交易成本，加快了合作进程。

专利信息是专利运营的重要基础条件，同时，由于专利运营发生在一个更加宏大的社会体系和市场体系之中，所以要受到很多外部环境因素的影响，尤其是政策、法律和商业信息平台。这时，专利运营就对相应的信息平台提出了要求，政策、法律和商业信息平台能够使进行专利运营的个人或者组织快速便捷地了解自己需要的信息，从而在专利运营过程中做出有效决策。

（二）我国专利运营平台建设情况

我国提供专利运营平台建设的主要有国家知识产权局等政府部门、地

---

① 赵祎. 上海知识产权交易市场建设研究 [D]. 上海：上海交通大学，2007.

方知识产权局或科技厅等地方政府，商业部门，大学和科研机构，行业协会等。但是不同类别的组织所设立的平台具有不同的动机和特点，比如国家知识产权局设立的专利数据库侧重于专利信息的公开，地方政府建立的专利运营相关平台侧重于推动当地产业发展和促进当地企业对于专利的运用，商业部门侧重于营利性，大学和科研机构侧重学术交流和科技成果转移转化，行业协会侧重服务特定行业领域。

1. 专利数据库

（1）知识产权局设立的专利数据库。

国家知识产权局是我国的专利行政管理部门，在专利信息公开方面提供了四个专利数据库：专利检索与服务系统（公众部分）、专利公布公告、中国及多国专利审查信息和中国专利事务信息。

专利检索与服务系统（公众部分）收录了包括中国、美国、日本、韩国、欧洲专利局、世界知识产权组织等 103 个国家、地区和组织的专利数据。专利公布公告主要提供中国专利公布公告信息以及实质审查生效、专利权终止、专利权转移、著录事项变更等事务数据信息。中国及多国专利审查信息系统包括电子申请注册用户查询和公众查询 2 个查询系统，电子申请注册用户查询是专为电子申请注册用户提供的每日更新的注册用户基本信息、费用信息、审查信息（提供图形文件的查阅、下载）、公布公告信息、专利授权证书信息；公众查询系统是为公众（申请人、专利权利人、代理机构等）提供的每周更新的基本信息、审查信息、公布公告信息。专利事务信息查询包括 7 个查询系统：收费信息查询、代理机构查询、专利证书发文信息查询、通知书发文信息查询、退信信息查询、事务性公告查询、年费计算系统，为公众（申请人、专利权人、代理人、代理机构）提供的每周更新的专利公报信息、法律状态信息、事务性公告信息、缴费信息、专利证书发文信息、通知书发文信息、退信信息，以及代理机构备案信息、年费缴纳与减缓信息。

（2）专题专利数据库。

专题专利数据库包括产业数据库、产品数据库及技术数据库。专题数据库具有专业领域专利信息集中、全面、信息挖掘程度高、检索方便等优点，有利于使用者学习、借鉴他人的专利发明，提高科技创新的起点和层次。专利专题数据库是针对特定技术领域、特定产业领域或者特定企业建设的专利数据库，其中收录的专利经过了一定的筛选，信息的集中性较高，可以为有特定需求的客户提供快速检索服务。

专利专题数据库的建设机构包括国家知识产权局、各地方知识产权局（或科技厅）、各个部委相关部门、信息服务机构以及大学、科研院所、企业等，数据库的服务对象以企业和科研机构为主。比如国家知识产权局主办的国家重点产业专利信息服务平台①就提供了包括汽车产业、钢铁产业、电子信息产业、物流产业、纺织产业、装备制造产业、有色金属产业、轻工业产业、石油化工产业和船舶产业在内的十个专题专利数据库，我国目前所建成的各类专题专利数据库已经达到上百个。

（3）执法数据库。

中国知识产权裁判文书网②、人民法院知识产权审判网③和中国裁判文书网④都是最高人民法院网⑤的旗下网站，最高人民法院网是我国最高人民法院的政务网站，子站知识产权审判网主要提供了知识产权司法保护、司法解释、案例等方面的信息；子站中国知识产权裁判文书网提供了包括著作权、商标权、专利权、植物新品种等知识产权在内的裁判文书，同时提供按地区查询裁判文书的功能；中国裁判文书网设有专门的知识产权模块，提供了2万余项民事判决书、民事裁定书和行政裁定书。中国法院网⑥由最高人民法院主管，人民法院报社主办，提供法律咨询、法院信息和案件报道等内容。中国知识产权司法保护网（知产法网）⑦提供了有关知识产权的审判信息、政策解读、案例分析等内容。

2. 专利交易平台

（1）线上交易平台。

深圳市中彩联科技有限公司由中国著名彩电集团 TCL、长虹、康佳、创维、海信、海尔、上海仪电资产集团等九家股东共同投资组建，是一家从事知识产权的高端服务企业，该公司设立了中彩联专利运营平台⑧，为专利转移和专利技术需求提供在线服务。由北京知淘科技有限责任公司创办的知淘网⑨的主要职能就是促进专利的转让和流动。科易网⑩、高航网⑪等网站也提供了专利交易方面的功能。

此外，从 2006 年开始，国家知识产权局开始实施《全国专利技术展示交易平台计划》，很多地方政府都建立了专利技术展示交易中心来促进专利技术的交易，目前已经有数十家得到国家知识产权局认定的展示交易中心分布于全国各地，比如北京、深圳、长沙、青岛等地都成立国家专利技术展示交易中心。

---

① 国家重点产业专利信息服务平台. [2015-04-22]. http：//www.chinaip.com.cn/.
② 中国知识产权裁判文书网. [2015-04-22]. http：//ipr.court.gov.cn/.
③ 人民法院知识产权审判网. [2015-04-22]. http：//www.court.gov.cn/zscq/.
④ 中国裁判文书网. [2015-04-22]. http：//www.court.gov.cn/zgcpwsw/.
⑤ 最高人民法院网. [2015-04-22]. http：//www.court.gov.cn/.
⑥ 中国法院网. [2015-04-22]. http：//www.chinacourt.org/index.shtml.
⑦ 中国知识产权司法保护网. [2015-04-22]. http：//www.chinaiprlaw.cn/.
⑧ 中彩联专利运营平台. [2015-04-22]. http：//www.ctuip.com/index.aspx.
⑨ 知淘网. [2015-04-22]. http：//www.35zj.com/.
⑩ 科易网. [2015-04-22]. http：//www.1633.com/.
⑪ 高航网. [2015-04-22]. http：//www.gaohangip.com/index.html.

（2）线下交易平台。

目前我国为专利交易提供的线下平台种类主要是专利技术交易会和专利拍卖会两种形式。目前我国运营比较好的专利技术交易会包括大连专交会、高交会、广交会和农高会等。

中国国际专利技术与产品交易会（简称大连专交会）由国家知识产权局、中国国际贸易促进委员会和辽宁省人民政府主办，由大连市人民政府承办，从 2002 年至今已经举办多次，并从 2011 年开始同时实现网上交易会。中国国际高新技术成果交易会（简称高交会）由中国商务部、科技部、工信部、国家发改委、教育部、农业部、国家知识产权局、中国科学院、中国工程院等部委和深圳市人民政府共同举办，每年在深圳举行，1999 年至 2015 年已经举办过 16 届。中国进出口商品交易会（广交会）创办于 1957 年春季，每年春秋两季在广州举办，迄今已经举办过 100 多届，是中国目前历史最长、层次最高、规模最大、商品种类最全的综合性国际贸易盛会，不过广交会是以产品交易而非技术交易为主的，但是同样也为技术交易提供了平台。中国杨凌农业高新科技成果博览会（农高会）由科技部等 17 个部委主办，联合国教科文组织等国际组织协办，陕西省人民政府承办，是我国最高级别的农业高新技术博览会。

（3）综合交易平台。

中国技术交易所①主要采用线上线下两种方式促进技术交易，线上交易主要借助中国技术交易所的网站完成，其网站设有"技术交易"和"能力交易"的版块，同时中技所还能够共用中关村技术转移与知识产权服务平台②的后台数据库；在线下方面，中技所已经成功举办了多次专利拍卖活动，取得较好的社会反响。广州博鳌纵横网络科技有限公司建立的汇桔网（中外知识产权网）③开辟了专门的专利技术交易市场，并采用线上线下融合的交易模式。

知识框 16　陕西省知识产权运营中心

2014 年 11 月 5 日，由国家知识产权局专利管理司、陕西省知识产权局、陕西银监局、陕西省中小企业促进局联合举办的知识产权运营暨质押融资对接会在西安举办。对接会上，陕西省知识产权局依托陕西省知识产权运营中心，对西安交通大学、西安工业大学、西北农林科技大学等 5 所陕西省知名高校的 446 项优秀专利项目进行收储，并对部分项目进行了现场推介。

高校研究出来一项成果并申请专利后，由于不愿意承担高额的专利年费而面临专利的失效，这时政府出钱收储过来，将年费缴纳，找合适的机

---

① 中国技术交易所网站. ［2015-04-22］. http：//www.ctex.cn/.
② 中关村技术转移与知识产权服务平台. ［2015-04-22］. http：//www.zgcipex.com/.
③ 汇桔网（中外知识产权网）. ［2015-04-22］. http：//www.wtoip.com/.

会放在省上的知识产权运行平台，再把专利转化运行，可以有效提升专利利用率和发挥专利价值。

陕西省知识产权运营中心于 2014 年年初成立，以专利信息深度加工和专利技术价值分析为基础，以"盘活存量、增值增量"为目标，以"联合共建、汇集资源"为手段，经过"查家底、找需求、选专利、专家评、优组合、搞对接"等环节，打通专利供求链条，并将专利导航产业、导航项目、导航科研等业务有机融入平台应用。中心成立之后不久，通过与陕西云智知识产权运营管理有限公司合作，建立了知识产权运营的网站，提供技术转移和知识产权运营的一站式服务。

事实上，在国家知识产权局的积极推动和引导下，很多地方建立了由政府主导，或者是政府参与、企业操作的知识产权（专利）运营平台。

3. 综合信息平台

综合信息平台涵盖政策信息、法律信息和商业信息等方面的信息，我国专利运营综合信息平台的建设也主要来自四个方面，一是由政府部门直接建立或者推动产生的；二是由学校、科研机构或者公益性机构建立的；三是由企业开发建立的；四是由个人进行运营维护的信息平台。

与专利运营活动关系比较密切的主要有国家和地方知识产权局、科技部门和商务部门，结合我国实际情况，由政府部门直接建立或者推动产生综合信息平台列举如下。国家知识产权战略实施工作部际联席会议办公室主办的国家知识产权战略网[①]，网站内容包括国内外新闻、国家战略、区域战略、行业战略、部委动态等。商务部主办的中国保护知识产权网[②]，旨在为社会各界遵守世界各国知识产权制度与维护自身合法权益提供指导与帮助，网站包含有国内外新闻、知识产权保护信息、政策法规信息及数据、案例等内容。同时商务部还建设了企业知识产权海外维权援助中心[③]在线平台，提供包括海外预警信息、案例追踪报道、国际法律和国际条约在内的信息。知识产权报社主办的中国知识产权咨询网[④]，涵盖新闻、政策法规、案例及评析等内容。工业和信息化部电子知识产权中心创办工业行业知识产权数据资源平台[⑤]，向政府、行业、企业提供知识产权数据检索、统计分析、竞争情报挖掘和知识产权信息管理等服务。上海市知识产权局主办的上海知识产权（专利）公共服务平台[⑥]，提供了政策法规、专利检索、专利运营、专利交易等方面的内容及服务。

第二类由学校、科研机构或者公益性机构建立的信息平台列举如下。

---

① 国家知识产权战略网. ［2015-04-22］. http：//www. nipso. cn/index. asp.
② 中国保护知识产权网. ［2015-04-22］. http：//www. ipr. gov. cn/.
③ 企业知识产权海外维权援助中心网站. ［2015-04-22］. http：//ipr. mofcom. gov. cn/.
④ 中国知识产权咨询网. ［2015-04-22］. http：//www. iprchn. com/.
⑤ 工业行业知识产权数据资源平台. ［2015-04-22］. www. miitip. org.
⑥ 上海知识产权（专利）公共服务平台. ［2015-04-22］. http：//www. shanghaiip. cn/wasWeb/index. jsp.

由中南财经政法大学知识产权研究中心建立的中国知识产权研究网①，内容涵盖各类咨询、案例评介、法律汇编等内容。中国科学院建立的中国科学院知识产权网②，涵盖了相关新闻、数据检索、专利分析、法律法规等内容及功能。江苏省专利信息服务中心建设的江苏省知识产权公共服务平台③，提供包括新闻动态、政策法规、教育培训、专利检索及分析、专利推介等方面的内容及服务。此外还有广东省知识产权研究与发展中心（广东省知识产权维权援助中心）建立的广东省知识产权公共信息综合服务平台④等。其中江苏省专利信息服务中心和广东省知识产权研究与发展中心属于公益性服务机构，是由政府拨款的直属于政府的事业单位，所以这类机构所建立的信息平台也有较强的政府推动因素。

第三类主要是由企业建立的营利性目的比较强的信息平台，比如2007年成立的盘古知识产权网⑤，内容和服务涵盖了政策法规、商业新闻、专利交易市场、论坛等方面。思博网⑥也提供了一个良好的知识产权交流平台。

第四类主要是由在业界具有一定影响力的个人或者对知识产权（专利）具有浓厚兴趣的个人创办的网站。比如中国政法大学冯晓青教授创建的冯晓青知识产权网⑦，华东政法大学徐明博士创建的"老徐工作室"⑧等。

上述四类综合信息平台也可以从平台的营利性角度进行理解。一般由政府直接建立、由政府下属公益性机构建立、由高校建立和由科研机构建立的信息平台为非营利性质的，政府及其下属公益性机构建立的信息平台具有较强的服务性，而高校和科研机构建立的信息平台则具有较强的学术性。而企业类机构建立的相关平台则由较强的营利性，而且与市场的结合度相对更高一些。

4. 一站式平台

专利运营的一站式服务平台可以提供包括专利检索、专利分析，以及与专利相关的商业信息、法律信息、政策信息等内容和服务。一站式的服务平台基本上都是由营利性组织创办的，因为进行信息的搜集整理和平台的搭建一般需要消耗较多成本，而且事实上这类平台目前有较好的市场前景和较大的市场需求。

从我国现有的一站式平台来看，主要列举如下。知识产权出版社有限

① 中国知识产权研究网. ［2015-04-22］. http：//www. iprcn. com/index. aspx.
② 中国科学院知识产权网. ［2015-04-22］. http：//www. casip. ac. cn/.
③ 江苏省知识产权公共服务平台. ［2015-04-22］. http：//www. jsipp. cn/.
④ 广东省知识产权公共信息综合服务平台. ［2015-04-22］. http：//www. gpic. gd. cn/default. aspx.
⑤ 盘古知识产权网. ［2015-04-22］. http：//www. ip1840. com/index. html.
⑥ 思博网. ［2015-04-22］. http：//www. mysipo. com/.
⑦ 冯晓青知识产权网. ［2015-04-22］. http：//www. fengxiaoqingip. com/.
⑧ "老徐工作室". ［2015-04-22］. http：//www. lawxu. com/.

责任公司（由国家知识产权局主管、主办）建立的中国知识产权网[①]、知了网[②]和中外专利数据库服务平台[③]，国家知识产权局专利检索咨询中心建立的中国专利信息网[④]，国家知识产权局的直属事业单位中国专利信息中心[⑤]的网站，国家知识产权局直属单位中国专利技术开发公司建立的中国专利网[⑥]，万方数据股份有限公司建立的知识服务平台[⑦]也提供了专利检索和专利分析服务。北京中美高科知识产权代理有限公司开发的 soopat 平台[⑧]提供了专利检索、专利分析、专利论坛、专利交易等内容和功能。江苏佰腾科技有限公司开发的服务平台[⑨]包括专利检索、专利分析、专利论坛、专利交易（校果网）等内容和功能。索意互动（北京）信息技术有限公司开发的 patentics 专利检索平台[⑩]提供专利检索和分析功能。北京合享新创信息科技有限公司的 incopat 科技创新情报平台[⑪]将中国专利诉讼、转让、许可、质押、复审无效等法律信息与专利文献相关联，并整合了美国的专利诉讼和转让信息。

知识框 17 Yet2 公司专利技术运营

Yet2 公司成立于 1999 年 2 月，由西门子、拜耳、霍尼韦尔、杜邦、宝洁、卡特彼勒等著名企业共同投资 2400 万美元联合建立，总部位于美国马萨诸塞州坎布里奇（又称剑桥）市，是全球首次利用网络平台进行技术交易的先驱，也是世界最大的专利技术交易市场，拥有超过 13 万名注册用户，包括西门子、飞利浦、英国电信、波音、福特、索尼、东芝、壳牌石油等知名企业，技术交易的范围覆盖了大多数行业和研发领域。Yet2 的主要业务是全球技术授权和知识产权咨询服务，盈利来源主要包括信息发布费、交易费和增值服务费，并且自 2009 年 7 月 Yet2 增加了风险投资业务。

会员公司与 Yet2 签署协议同意提供所有的知识产权资产，包括核心和非核心的技术。与其他网上知识产权交易公司相比，Yet2 不仅销售专利技术和产品，而且还提供一些未获专利的最新技术、保密知识和技术诀窍（know-how），调阅这些资料须交纳 500～10 000 美元不等的年会员费。

Yet2 发展了较为成熟的交易模式，如图上编 3.1 所示。技术的拥有者在网上发布某项技术的概要和详细说明，并用研究人员的通用语言说明某

① 中国知识产权网. [2015-04-22]. http：//www.cnipr.com/.
② 知了网. [2015-04-22]. http：//www.izhiliao.com.cn/index.html.
③ 中外专利数据库服务平台. [2015-04-22]. http：//www.southipc.com/cnipr/.
④ 中国专利信息网. [2015-04-22]. http：//www.cnpat.com.cn/.
⑤ 中国专利信息中心. [2015-04-22]. http：//www.cnpat.com.cn/index.aspx.
⑥ 中国专利网. [2015-04-22]. http：//www.cnpatent.com/index.asp.
⑦ 万方数据. [2015-04-22]. http：//www.wanfangdata.com.cn/.
⑧ soopat 平台. [2015-04-22]. http：//www.soopat.com/.
⑨ 佰腾网. [2015-04-22]. http：//so.baiten.cn/.
⑩ patentics 专利检索平台. [2015-04-22]. http：//www.patentics.com/index.jsp.
⑪ incopat 科技创新情报平台. [2015-04-22]. http：//www.incopat.com/.

项发明投入市场的潜在价值。技术的需求者除了通过搜索寻找合适的技术外，还可以匿名发布需求信息。需求者一旦发现所需技术或接到反馈信息，即可要求 Yet2 公司安排与技术拥有者联系，并进行谈判和交易。Yet2 公司保证为交易的技术和买卖双方的身份保密，中介佣金为每笔交易额的 10%，但最高不超过 5 万美元。

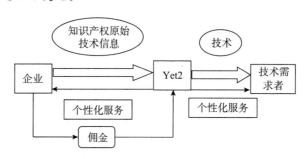

图上编 3.1　Yet2 交易模式

网站的使用者使用姓名和电子邮箱注册为会员，会员通过搜索可以免费得到技术的摘要，但技术摘要不包括公司的名字。只有当会员对某项技术表示出兴趣时，才能得到技术的详细指标、技术所处的发展阶段、专利登记、技术拥有者等信息。买卖双方的交流也是匿名的，直到双方决定进行网下的谈判，Yet2 公司才会对双方进行介绍。

Yet2 公司拥有一支专业的技术经纪人队伍，为技术提供者和需求者提供个性化的服务。对于技术提供者，公司帮助客户识别、选择目标应用领域，起草介绍文档，通过网络以及个人关系推广该项技术，并协助客户进行交易和谈判。对于技术需求者，公司的咨询顾问帮助客户确定技术需求，识别可能的解决方案，并对通讯文档进行保密，公司利用遍布全球的信息网络和专业人士寻找客户需要的技术，然后根据客户的需要初步筛选，将最适合的技术方案交给客户审查。一旦客户发现合适的技术方案，公司将协助客户与技术供给方沟通，达成交易。公司经验丰富的专业人士还为客户提供知识产权资产管理咨询服务，对客户现有的知识产权资产和需求进行分类并确定优先级，协助客户设计收益最大化的技术开发战略。

（资料来源：赵祎. 上海知识产权交易市场建设研究［D］. 上海：上海交通大学，2007.）

四、其他环境

事实上，除去上述提及的法律环境、政策环境和平台建设环境，专利运营还会受到较多其他外部因素的影响，比如文化环境、技术环境、产业环境、金融环境、人才环境、国际环境等，这里只对与专利运营密切相关的人才支撑环境和社会文化环境进行分析。

（一）人才支撑环境

专利运营有很强的能人黏着效应，而且专利运营的顺利开展依赖于不同领域的专业化人才以及复合型人才，从而专利人才的培训支撑环境是专利运营的非常关键的外部环境。专利运营的人才培训支撑环境主要包括两个方面，即大学教育培训和社会培训。

大学是社会创新人才的主要培养基地，在专利教育方面，大学主要提供了三个方面的教育，即知识产权法律教育、经管类学生的专利与技术教育，以及理工农医等各类学生的专利意识教育。知识产权法律教育主要以研究生阶段的民商法知识产权方向为主，目前我国已经有较多高校设立了知识产权学院、知识产权研究中心、知识产权研究所或者知识产权系，并有个别高校在本科阶段设立了专门的"知识产权"专业。经管类学生的专利与技术教育主要是通过开设技术经济学、技术经济合作等方面的课程从经济和管理的角度对经管类学生进行教育。而理工农医类学生的专利意识培养主要是通过选修课、专题讲座、专题报告等方式完成，同时很多学校都针对全校学生开设必修的文献信息检索课程，对于专利信息检索和情报分析有所涉及，由于理工农医类学生进入社会后主要是作为技术性人才，所以在校教育中对于研发意识、专利申请意识、知识产权保护意识和经营意识的培养非常关键。

社会培训主要是提供顺应时代发展和符合企业当前需求的专利人才，专利运营具有关系全局、涉及面广而且工作细分的特点，集技术、经济、法律、管理于一体，涉及专利开发、专利申请和管理、专利保护、专利战略制定、专利情报检索分析、专利法律政策分析等内容，对人才有较高的要求。而大学教育具有教学周期长、教学内容相对固定、课程设置基础化的特点，所以并不能充分满足瞬息万变的市场对于专利运营人才的需求，所以需要针对实际需求开展社会培训。

从专利培训的组织方来看，社会培训主要包括组织内部的培训和政府部门组织的公益性培训，组织内部培训主要是基于组织对于专利运营的需求而开展的培训活动，比如专利运营活动频繁的 ICT 企业和以提供专利咨询、专利分析等服务为主要业务的企业。在公益性培训方面，2007 年，国家知识产权局开始实施"百千万知识产权人才工程""知识产权人才培养基地建设工程"和"知识产权人才信息化工程"，积极利用政府力量推动各级各类人才培养，工信部和财政部自 2010 年开始在国家银河培训工程中开设"中小企业知识产权创造培训班"，为中小企业提供免费培训。实践中，很多企业对于专利人才培训的重要性认识还不够，而且不愿意进行这方面的投入，所以政府在提供专利培训方面仍起到重要作用。

从培训的对象来看，可以将专利培训分为面向大学和科研机构的专利培训、面向一般企业的专利培训、面向专利服务机构的专利培训和面向政府专利管理工作人员的专利培训。大学和科研机构是我国国家创新体系的核心支撑部门,但是大学和科研机构的创新成果,尤其是专利技术的转移转化一直面临诸多困难,通过对大学和科研机构的专利工作人员或科技管理人员进行相应的专利运营培训,可以有效改善专利成果转化难的情况,促进创新成果向生产力的转变。企业方面,从事研发、销售的人员和高层管理人员都需要对专利有所了解,由于专利运营的相关工作专业性强、复杂度高,所以企业需要配备专门的专利管理人员,同时企业的研发人员和决策人员也需要具备一定的专利知识和专利意识,以配合企业知识产权战略的全面落实。通过对企业相应人员开展培训,一方面可以提高决策层对专利的认识从而制定符合企业发展目标的专利决策,另一方面能够提高专利工作人员的业务能力以强化专利在企业经营中的价值。专利服务机构主要包括咨询公司、专利代理机构、律师事务所、各种中介等,通过对这些单位的工作人员进行培训,可以提升其专业化程度,从而为客户提供更优质的服务,完善专利运营的整个社会体系。与专利相关的政府管理工作人员主要包括专利审查人员、专利司法人员、专利执法人员等,这些并不是直接参与专利运营的人才,但是政府行政管理部门的存在和运营是整个专利制度存在和运营的保障,通过对各类工作人员的培训,提升其业务能力可以更好地保证专利运营活动的开展。

(二) 社会文化环境

社会文化环境是影响组织发展,尤其是企业发展的最复杂、最深刻和最重要的因素。社会文化是某一特定人类社会在其长期发展历史过程中形成的,主要由特定的社会结构、风俗习惯、宗教信仰、价值观念、行为规范、生活方式、伦理道德等内容构成。

在知识经济时代,知识产权在经济发展中扮演越发重要的角色,而专利运营是知识产权运营的重要构成部分,也是利用知识产权制度发挥知识产权价值的重要手段。专利运营发生在社会体系之中,必然要受到社会文化环境的影响,一个国家或地区的文化价值观念、公民受教育程度、知识产权意识等社会文化环境都会对专利运营产生影响。高智发明的 CEO 纳森·梅尔沃德(Nathan Myhrvold)在《向发明投资》(*Funding Eureka*)中提到要给予专利应有的尊重,"一个真正的支持发明创造的市场以及一个强大的充满活力的发明资本产业的出现,主要障碍不在资金,而在文化",一些新兴经济体的文化障碍使得已经申请专利的发明及其他无形财产被无视,"即使是在美国,无视专利的现象也深深扎根在某些行业",可见文化因素是影响专利发挥价值的一个非常关键的因素[①]。周延鹏(2015)在其《知识产权全球营销获利圣经》一书中这样写道:"要能立足知识经济时代

---

① Myhrvold, N. Funding Eureka [J]. Harvard Business Review, 2010, 88 (3): 40-50.

并发展知识产权营销，必须真正建立知识产权文化，使知识产权生根并厚植于社会生活、经济活动及法律行为，并创造经济附加价值及经济利润。"①

从"李约瑟之谜"到"钱学森之问"，虽然很多人在不同侧面给出了不同的解释，但是中国的文化背景却是一个时常被提及的因素。我国的传统文化中有重义轻利、中庸、以和为贵、无为而治的文化价值倾向，传统文化鼓励共享甚至是复制成果，而知识产权制度在本质上是通过激励竞争和保护合法垄断来促进创新和社会进步的。可见我国传统文化中的一些观念与知识产权制度的思想理念是存在冲突的，这样的文化背景在一定程度上不利于知识产权制度的运行，甚至于在我国还曾涌现出一场盛行许久的"山寨文化"，对知识产权制度形成很大冲击，专利申请方面的抄袭现象也很严重，有人以个人的名义就申请了数十项专利，但其实都是在原有专利的基础上通过细微的改进或者权利要求项的整合来申请专利的，不仅不具有创新性而且浪费了国家的审查资源。

从公民受教育程度来看，一方面，公民教育关系到知识产权（专利）运营人才的培养和输送，这对于专利运营活动的开展是必要的和关键的，因为专利运营对专业化人才有很强的依赖性。另一方面，公民的受教育程度关系到公民的个人素质、学习能力和对新鲜事物的接受能力，因为相对于国外几百年的知识产权（专利）制度，我国的知识产权（专利）制度才建立仅仅三十余年，这在我国数千年的文化历史长河中绝对可以称得上是新鲜事物，公民对于包括专利在内的知识产权的了解需要一个循序渐进的过程，而公民的受教育水平对这个过程的长短有很大影响。

知识产权（专利）意识是对专利运营有着较为直接影响的一种社会文化因素。知识产权意识包括知识产权创造意识、知识产权运用意识、知识产权保护意识、知识产权管理意识、知识产权战略意识、知识产权文化意识等方面的内容②③，每一种知识产权意识都对知识产权（专利）运营产生重要作用，而且不同方面的意识之间是相互融合与相互促进的。此外，知识产权意识还包括对于知识产权制度的理解、对知识产权内涵的理解和对专利的重视，这些都是借助专利运营实现专利价值的思想前提。

很多人从知识产权文化的角度来讨论文化环境对知识产权（专利）的影响，并且从不同的侧面给出了知识产权文化的界定，但是有一个共同点，就是被纳入到知识产权文化范围内的内容都是会对知识产权产生影响的因素，而且都发生在宏观的社会文化背景之下，即知识产权文化本身就是社会文化的一个构成部分。

韩秀成（2008）提出知识产权文化是在人类社会实践和知识产权活动

① 周延鹏. 知识产权全球营销获利圣经 [M]. 北京：知识产权出版社，2015：34.
② 姜海洋. 企业知识产权战略初探 [J]. 科学管理研究，2011，29（3）：66-70.
③ 何焕峰. 我国社会应培育的知识产权意识 [J]. 法制与社会，2008（34）：216-217.

的基础上产生，并不断丰富和发展起来的精神财富，包括物质财富[①]。马维野（2005）在总结文化的性质和知识产权属性的基础上给出了知识产权文化的定义：知识产权文化是人类在知识产权及相关活动中产生的、影响知识产权事务的精神现象的总和，主要是指人们关于知识产权的认知、态度、价值观和信念，并将知识产权文化分为知识产权意识文化、知识产权制度文化和知识产权环境文化[②]。刘华（2004）等提出知识产权文化的内在结构应该划分为两个层面：一是观念形态的知识产权文化，包括知识产权学说、意识、习惯等；二是制度形态的知识产权文化，包括知识产权法律制度及规范、管理制度及组织机构、设施等方面[③]。孟奇勋（2006）等认为知识产权文化涵盖了包括理论体系、价值准则、观念意识、学术思想、外部环境等在内的十分广泛的内容[④]。

---

① 韩秀成. 知识产权文化与文化软实力 [J]. 中国发明与专利，2008（12）：10-11.
② 马维野. 知识产权文化建设的思考 [J]. 知识产权，2005，15（5）：9-13.
③ 刘华，李文渊. 论知识产权文化在中国的构建 [J]. 知识产权，2004，14（6）：16-20.
④ 孟奇勋，李昌钰. 知识产权文化建设问题探讨 [J]. 知识产权，2006，16（3）：22-25.

第四章　专利运营的国际化

一、组织经营国际化中的专利运营

（一）经济全球化与经营国际化

经济全球化是指世界各国在全球范围内的经济一体化，国际货币基金组织（IMF）指出经济全球化是指跨国商品与服务贸易及资本流动规模和形式的增加，以及技术的广泛迅速传播使世界各国经济的相互依赖性增强，经济合作与发展组织（OECD）认为经济全球化可以被看作一种过程，在这个过程中，经济、市场、技术与通讯形式都越来越具有全球特征，民族性和地方性在弱化。

经济全球化包括生产全球化、技术全球化、贸易全球化和金融自由化等内涵。生产活动全球化是经济全球化最主要的表现形式之一，来源于国际分工的不断深化，生产全球化有利于全球范围内的资源优化配置和各国充分发挥自身的资源禀赋。经济全球化中的一个重要参与主体就是企业，企业通过参与全球化经济实现国际化经营，从而获取国际先进技术和管理经验，并反作用于更深层次的经济全球化，研究与开发的全球化和技术的全球化是生产活动全球化和企业拉动的必然结果。贸易全球化同样也是世界范围内资源配置合理化的必然结果，贸易的对象包括商品、劳务和技术等层次，通过开展国际贸易可以实现参与国各自的利益最大化。而金融自由化又是贸易全球化所催生的必然结果，同时也是世界各国参与全球化经营的必要条件。

经济全球化的基本特征是产品、技术、贸易、资本、资源和信息在世界范围内的自由流动和配置，这也是专利运营的宏观国际背景。在如今世界经济发展全球化、一体化的背景下，世界各国之间的经济联系不断加强，相互依赖程度不断加大，企业类组织要想发展壮大，必须走国际化经营道路，通过占领全球范围内更多的市场份额，来实现企业的自身价值和利益导向。在一定程度上，企业经营的国际化就是企业资产和生产要素跨国界的转移，垄断优势理论认为，从事跨国经营的企业拥有某种特殊的资产，这种资产是其能够在国外市场上克服跨国经营的种种障碍，在竞争中战胜当地企业的原因[①]。

经济全球化是我国企业走向国际化的一个重要拉动因素，同时还有另外一个同样重要的推动因素，就是在新世纪千禧之年党的十五届五中全会上所确立的"走出去"战略，即国际化经营战略。在"走出去"的战略背景下，我国相关政府部门相继出台了一系列政策法规，不断完善我国企业参与国际化进程中的管理、服务和监督，为企业充分利用国内外"两个市场、两种资源"提供保障，不断壮大我国参与国际化经营的主体，提高国际化经营的层次，同时也使经营方式多样化。

在这种双重背景下，我国有越来越多的企业将自身发展放眼海外，积极寻求机遇参与全球市场的角逐，争取在世界经济贸易格局中取得一席之地。据统计，截至 2013 年年底，我国已经有 1.53 万家境内投资者在国（境）外设立 2.54 万家对外直接投资企业，分布在全球 184 个国家（地区）[②]；2013 年我国产品出口额达到 137131.4 亿元人民币，贸易顺差达到 16094 亿元人民币[③]，是世界最大的出口国。这说明我国企业已经不再仅仅满足于国内市场，而是放眼世界不断融入全球化市场。

（二）经营国际化对专利运营的需求

企业的国际化步伐往往不能一帆风顺，除去制度差异和文化差异等因素影响外，还会受到当地企业或者行业协会的抵制，受到当地政府相关部门的密切关注监督，并且可能在产品出口中遭遇各种名目的贸易壁垒，尤其是进入像美国这样典型的成熟市场。专利技术壁垒就是国际化企业在进入当地市场过程中经常遇到的问题，而且往往会给企业造成巨大的困扰甚至是惨痛的代价。

在我国企业进行经营国际化的探索过程中，专利壁垒是一个非常难以克服的市场准入障碍，而专利诉讼更加会将企业置于激烈市场竞争环境下的劣势地位，影响和制约其国际化进程。企业一旦败诉，就要承担巨额的诉讼费用，而且可能给其他竞争对手形成示范效应从而给自己带来更多专利纠纷，最为严重的后果就是企业因诉讼而导致产品被禁售。2011 年爱立信就同时在英国、德国和意大利向中兴提起饱和式的专利诉讼，目的在于阻止中兴进入欧洲市场。2014 年 12 月 11 日，印度德里高等法院下发禁令要求小米暂时不得销售、推广、制造或进口涉嫌侵犯爱立信标准核心专利的产品，原因是爱立信印度子公司以小米公司实施其专利技术而拒绝缴纳

---

① 葛京. 企业国际化过程中的知识转移与组织学习 [J]. 中国软科学，2002（1）：57-59.

② 商务部对外投资和经济合作司网站. 商务部、国家统计局、国家外汇管理局联合发布《2013 年度中国对外直接投资统计公报》[EB/OL]. [2015-05-22]. http://hzs.mofcom.gov.cn/article/date/201409/20140900724426.shtml.

③ 国家统计局网站. 中国统计年鉴 2014 [DB/OL]. [2015-05-20]. http://www.stats.gov.cn/tjsj/ndsj/2014/indexch.htm.

许可费为由告上法庭。

为了更好地实现国际化，企业必须构建自己的竞争优势，而专利作为一种重要的战略性资源，无疑是企业借以构建竞争优势的一个重要选择，对于一些技术强度要求比较高的产业，专利几乎已经成为企业进军全球化市场的必备"门票"，比如信息通信技术产业领域的智能终端产业。时至今日，专利已经成为企业参与国际竞争和争夺市场的必备武器，而专利领域也已经成为跨国企业尤其是技术型企业磨刀霍霍的一个没有硝烟的重要战场，有观点认为中国应该重视专利储备，把专利储备放在和外汇储备、军事储备同样重要的位置。

从实践的角度来看，以国内手机厂商为例，越来越多的企业迈开了国际化的步伐，比如华为、中兴、联想、酷派、小米等，而且这些企业都有较强的专利意识，通过加强研发或者参加联盟提升专利实力，借此向海外市场扩张。其中华为和中兴经过二三十年的技术积累，已经在专利储备方面取得了一定成绩；联想通过收购摩托罗拉移动一次性获得了大约 2000 项专利资源；而酷派也有超过 4000 项的专利技术，海外市场专利技术申请也已超过 500 项；而小米作为后起之秀，也积极申请专利积蓄实力进军国际市场。可见，专利的储备和运用已经成为企业参与国际竞争和牵制竞争对手的重要工具和手段。

知识框 18　中兴通讯国际化专利运营

2013 年 2 月，Vringo Germany GmbH（以下简称 Vringo 德国）对中兴通讯及其全资子公司 ZTE Deutschland GmbH（以下简称中兴德国）向德国曼海姆法院提起专利诉讼，请求判定中兴通讯及中兴德国支持 TSTD 功能的 UMTS 产品侵犯其专利权。2013 年 12 月，德国曼海姆法院作出一审判决，认为中兴通讯及中兴德国专利侵权，并颁发针对支持 TSTD 功能的 UMTS 产品的禁止令。2014 年 1 月，中兴通讯及中兴德国提起上诉，请求驳回 Vringo 德国专利侵权请求，并撤销禁止令。2014 年 10 月，Vringo 德国撤诉。2014 年 12 月，Vringo 德国就该案涉诉专利对中兴通讯及其全资子公司 ZTE Service GmbH（以下简称中兴德国服务）向德国杜赛尔多夫法院提起专利诉讼。

2014 年 2 月，Vringo Infrastructure Inc.（以下简称 Vringo 公司）对中兴通讯及其全资子公司 ZTE Telecom India Private Limited（以下简称中兴印度）向印度德里高院提起专利诉讼，请求判定中兴通讯及中兴印度支持宏微切换算法（Macroto Micro Handover Algorithm）功能的 GSM 产品侵犯其专利权，并向印度德里高院申请临时禁止令。2014 年 2 月，印度德里高院对中兴通讯及中兴印度颁发了针对支持宏微切换算法功能的 GSM 产品的临时禁止令。2014 年 4 月，中兴通讯及中兴印度向印度德里高院申请撤销临时禁止令，2014 年 8 月，印度德里高院撤销了上述临时禁止令。

2014 年 4 月，Vringo 公司对中兴通讯及中兴巴西向巴西里约法院提起专利诉讼，请求判定中兴通讯及中兴巴西支持重定位方法（RNC Relocation）功能的 UMTS 及 LTE 产品侵犯其专利权，并向巴西里约法院申请临时禁止令。2014 年 4 月，巴西里约法院对中兴通讯及中兴巴西颁发了针对支持重定位方法功能的 UMTS 及 LTE 产品的临时禁止令。2014 年 4 月，中兴通讯及中兴巴西向巴西里约法院申请撤销临时禁止令。

2014 年 6 月，Vringo 公司对中兴通讯及中兴通讯全资子公司 ZTE Romania SRL（以下简称中兴罗马尼亚）向罗马尼亚布加勒斯特法院提起专利诉讼，请求判定中兴通讯及中兴罗马尼亚支持电路域回落技术（Circuit Switched Fall Back）的 LTE 产品侵犯其专利权，并向法院申请临时禁止令。2014 年 9 月，布加勒斯特法院对中兴罗马尼亚颁发了针对 LTE 产品的临时禁止令，中兴罗马尼亚向布加勒斯特上诉院提起上诉。2014 年 10 月，布加勒斯特上诉院判决暂停执行临时禁止令。

针对 Vringo 公司涉嫌滥用市场支配地位的行为，中兴通讯于 2014 年 3 月向深圳中院提出反垄断诉讼，深圳中院已受理该诉讼；中兴通讯于 2014 年 4 月向欧盟委员会提起反垄断调查申请。同时，中兴通讯已在中国、德国、印度、巴西、罗马尼亚等国针对 Vringo 公司发起专利的无效诉讼。这是中兴通讯首次在海外申请反垄断调查，传递出国产手机厂商在专利方面逐渐成熟的信号。

近年来，国产手机品牌在"走出去"的道路上困难重重，不仅时常受到各种因素的干扰，在技术方面也常常受制于人。苹果、三星等手机巨头一方面占据着我国国内大部分市场份额，另一方面却利用知识产权壁垒在海外市场给中国手机厂商设置重重障碍。知识产权纠纷是国产手机厂商海外扩张过程中最容易遇到的"拦路虎"，巨额专利许可费让不少国产手机品牌望而却步。国产手机只有加大研发力度，坚持自主创新，不断积累核心技术才能拥有话语权。

从前述可以看出，中兴通讯及其子公司与 Vringo 在全球多个国家范围内展开了一场长久的专利战。Vringo 是一家美国专利运营企业，2012 年 8 月，Vringo 从"衰落"的手机巨头诺基亚公司以 2200 万美元购买了超过 500 项电信基础设施专利。为了使购买的专利尽快变现，Vringo 转型成为以通过发动专利侵权诉讼而生存的公司，而针对中兴通讯的诉讼只是其中的一起。自 2012 年 10 月起，Vringo 连续在英、法、德等国家对中兴通讯发起专利侵权诉讼，指控中兴侵犯其多项专利技术。

根据国家知识产权专利检索系统的数据，可以检索到至今（2015-05-17）中兴通讯及其子公司提交的专利申请 6 万余项。随着目前国际上智能手机领域专利大战愈演愈烈，电信专利已成为各个手机终端厂商不可或缺的有力武器，重视专利也已成为企业提高自身抵御风险能力的不二选择。

（资料来源：曹瑞奇. 增强专利储备为国产手机崛起"提气"［N］. 中国高新技术

产业导报，2014-07-14；中兴通讯股份有限公司 2014 年度报告。注：关于中兴通讯的专
利储备内容，见本书知识框 14。）

二、专利制度区域化要求的专利布局

企业要迈向国际化，必须进行专利布局。从法律的角度看，单项专利
的权利要求是不可能覆盖某一特定技术领域的，即使是基础专利与核心专
利也存在被绕过的风险和可能；从产业应用的角度看，现实中的物质产品
往往包含数项、数十项、数百项甚至更多的专利（当然个别产品——比如
药品——可能是例外）。所以，在存在较高风险的专利运营领域，专利布局
非常重要。而对于专利运营机构，尤其是以专利许可和专利转让为主要业
务的专利运营机构，专利布局就显得更为重要，因为通过进行专利布局可
以形成专利组合，专利组合往往具备较高的价值和客户吸引力，而且可以
节约被许可人的交易成本，比如信息搜寻成本和单项专利的谈判成本。

（一）专利制度区域化的趋势

专利制度具有严格的地域性，不同国家所授予的专利仅在该国法律范
围内生效而不发生域外效力，甚至在同一国家范围内也因存在不同的法律
区域而共存不同的专利制度。专利的地域性给不同法域的经济和技术交易
带来了法律方面的障碍[①]，而区域内的经济发展必然对解决这种障碍提出要
求，从而推动产生专利制度的区域化。

1. 专利制度区域化的三种层次

专利制度区域化可以区分为三种层次，第一种是在同一主权国家范围
内，由于有不同的法律区域，而存在法律趋同化的倾向使国家内部法律制
度充分协调，当然也包括专利制度；第二种是在几个国家之间形成的专利
区域化，这种专利区域化一般是由毗邻国家日益密切的经济来往所推动的，
同时地理位置不衔接但是贸易往来密切的国家之间的专利制度区域化基本
上也属于这一层次；第三种是专利制度区域化或可称为专利制度的国际化
或全球化，主要依靠国际性的专利公约来维系。

（1）主权国家范围内的专利区域化。

从我国大的范围来看，我国的大陆地区、香港、澳门和台湾实行不同
的专利制度，尤其是大陆和台湾都有自己独立的专利制度，可以说在我国
"一国两制"的基本国策下有四种专利制度共存，而且每个区域的专利制度
都有不同的沿革，这使得我国国土区域范围内的专利保护缺乏稳定性，同
时也增加了专利运营的成本。随着我国香港和澳门的回归，我国领土必将

---

① 文家春. 专利制度的区域性协调与统一——从欧洲经验看中国未来的选择 [J]. 科技管理研究，2005
（4）：116-119.

最终完成统一，而且目前我国海峡两岸经济科技来往日益频繁，这也对我国国土范围内的专利制度协调提出了要求。

（2）邻近国或贸易国的专利区域化。

跨国家主体的专利制度区域化以欧洲国家为典型代表，而且欧洲范围内还有当今世界上发展最为深入的政治经济共同体——欧洲联盟。《欧洲专利公约》是欧洲专利制度的基础，该公约由德国、法国、英国、荷兰、比利时和瑞士六国于 1973 年 10 月 5 日在慕尼黑外交会议上签订，目前已经有 34 个签约国和 4 个延伸国，并且在公约基础上建立了欧洲专利局（European Patent Office，简称 EPO），为欧洲专利申请提供极大便利。在欧洲共同体时期，曾签订《共同体专利公约》（1975 年），欧盟成立后，共同体专利被欧洲单一专利（Unitary Patent）取代；2011 年 4 月，欧盟委员会出台立法建议，在欧盟 25 国设立单一的泛欧专利权体系，并向欧洲理事会和欧洲议会提交了关于欧盟单一专利的法令提案；2012 年 12 月 11 日欧盟单一专利计划获欧洲议会批准；为配合单一专利制度的运行，2013 年 2 月 19 日在欧盟竞争理事会会议上，欧盟中的 24 个成员国就建立统一专利法院（Unified Patent Court，简称 UPC）签署协议。

欧亚专利公约（EAPC）于 1996 年 1 月 1 日生效，主要成员国都是前苏联国家，包括俄罗斯、塔吉克斯坦、亚美尼亚等。欧亚专利公约是一项地区性公约，其独特性在于它不是国家专利，而是在所有成员国都有效的、单一的、统一的专利，并且申请、审查、授权和公开都使用一种语言。侵权和专利有效性的争端由各成员国法院来解决，法院判决只在该国有效。欧亚专利公约从体制上根本解决了建立地区范围内的统一专利的问题，即在条约成员各国，统一受理、使用统一文字、统一授权、统一有效的专利制度。

此外，欧洲的丹麦、芬兰、瑞典和挪威与 1965 年颁布《北欧四国外观设计法》，对外观设计法进行协调。在欧洲之外，还有《非洲—马尔加什工业产权协定》（1962 年），该协定于 1976 年改名为《非洲知识产权组织》，以后又于 1977 年对协定进行了修改，通过了保护知识产权的《班吉协定》，成为非洲知识产权组织成员国范围内的法律文件。

（3）专利制度全球化。

从更大的国际范围来看，随着经济全球化进程的不断加快，专利保护的标准不断提升，各国之间以及区域组织之间也不断协调其专利制度。经济全球化必然会导致法律全球化，知识产权法律全球化是全球化的一个必然趋势和客观规律。发达国家一直致力于建立一个全球统一的专利制度，从而简化专利申请程序，降低专利申请费用，使发明人和专利权人在全球范围内能够更加方便快捷地获得专利权保护。1997 年，欧洲专利局、美国专利局和日本专利局达成京都备忘录，并构筑"国际专利"的新框架，认为工业及贸易的全球化"需要建立一个全球性专利审批制度"，从而有利于

"专利费用的降低，专利授权质量的改进，专利信息的传播和审批程序的缩短"。三方专利局采取以下三项行动：建立三方专利网络，三方联合开发数据网络，用于专利管理和技术数据的变换；建立三方协作检索和审查制，三方对向三个专利局提交的申请检索进行协作，在审查中更多的使用各方的检索结果以提高审查效率；建立三方网站，促进专利信息在互联网络上传播。

周延鹏在其《知识产权全球营销获利圣经》一书中写道："各国（地区）的知识产权制度，自 WTO 乌拉圭回合谈判起，与贸易及投资相关的知识产权协定已在统一当中，影响所及，各国知识产权保护的实体法律要件，逐渐仅余认定程度的差异，如新颖性尚有绝对新颖性及相对新颖性之别，至于权利保护期限则亦越趋于一致……总之，世界各国或各地区知识产权的权利内容及限制，在全球经济与 WTO 协定的促成下，将逐渐趋于一致，这也是知识产权发展到 21 世纪至今的可贵之处。"① 包括专利制度在内的知识产权制度的一体化已经成为一种国际潮流，同时也是世界各个国家自身发展的需要②。

但是由于世界各个国家和地区经济发展的极度不平衡，其所能提供的专利保护水平也不同，想要实现专利制度的统一还有很长的路要走。不过，作为对世界各国专利制度的协调，很多国家都加入了一些国际公约，目前世界上与专利有关的主要国际公约包括世界最早缔结的有关知识产权的《保护工业产权巴黎公约》(*Paris Convention for The Protection of Industrial Property*)、世界贸易组织 (World Trade Organization，简称 WTO)《与贸易有关的知识产权协议》(*Agreement on Trade-Related Aspects of Intellectual Property Rights*，简称 TRIPS) 以及涉及国际专利申请的《专利合作条约》(*Patent Cooperation Treaty*)。而对于中国来说，随着改革开放的不断深化，作为发展中大国在国际经济框架中发挥着越来越重要的作用，与世界各国经济科技交往频繁，也必然要参与到区域专利制度乃至国际专利制度的协调过程中。

2. 专利制度区域化的效果

专利制度区域化的最终效果是在区域内建立一致的专利制度，终极的专利制度区域化达到的效果包括专利法的一致、专利审查程序和审查标准的一致、专利法律效力在区域内的通行、专利申请语言的一致等。这样的效果可以极大节省专利申请人所花费的申请费用，同时在区域范围内也节约了行政资源，因为申请人只需要申请一次专利即可获得区域范围内的专利权。

但是这一效果的实现并不能一蹴而就，而是要经历缓慢的循序渐进的过程。在这个过程之中，区域内专利的授权标准、权利效力和保护范围都

① 周延鹏. 知识产权全球营销获利圣经 [M]. 北京：知识产权出版社，2015：63-64.
② 盛世豪，袁涌波. 基于知识产权的国际竞争模式研究 [J]. 中国软科学，2008 (1)：14-25.

会呈现出趋同化。第一个是专利授权标准的趋同化，即区域内不同法域专利审查机构在审查专利过程中对技术方案的实用性、新颖性和创造性的认知会倾向于一致，从而增加任一法域所授予的专利权对于其他法域专利制度的适用性。第二个是专利权利效力的趋同化，即不同法域所授权专利的权利效力会倾向于一致，包括权利的保护期限和地域。第三个是专利保护范围的趋同化，包括区域内专利保护力度的趋同化，这使专利权人在实施专利的过程中可以采取统一决策，而无须考虑不同地域会发生不同专利保护程度的问题。

专利制度的区域化是发达国家极力推进的一项内容，因为发达国家有较强的科技实力，掌握世界先进的技术，在区域化的专利制度框架下，可以为本国企业的专利申请节约大笔费用，更好地促进本国企业的专利运营。而发展中国家则不太情愿参与这样的制度安排，一方面，发展中国家的国际话语权比较差，在参与制定国际规制的过程中往往难以实现对自己有利的规制设计，只能被迫听从发达国家的安排；另一方面，发展中国家科技实力一般比较落后，一旦与发达国家共享同样的专利制度，会引致发达国家企业在本国大量申请专利进行布局，不利于本国经济的发展。

（二）专利制度区域化对专利布局的要求

专利制度区域化使区域内部专利制度倾向于一致化，这对企业进行国际化经营和专利布局提出了新的要求。

通常来看，根据专利布局的目的，可以将专利布局分为三种类型：防御性专利布局、进攻性专利布局和储备性专利布局。防御性专利布局是企业为自身的产品或技术架构完整的专利保护网，围绕产品或技术的结构、原料、零部件、制造工艺、功能、应用等多个方面进行核心专利的布局规划，并从技术改进方向、主要应用扩展以及配套支撑技术、上下游、产业链以及衔接等方面建立外围专利保护体系。进攻性专利布局是为了消除竞争对手在产品和技术上对企业的威胁而进行的有效的专利布局策略，比如根据竞争对手的核心专利申请外围专利、改进性专利以及上下游专利等形成围追堵截之势，借此获得与竞争对手谈判获得交叉许可的筹码。储备性专利布局是为了在未来的产品更新换代、技术升级、产业变革中继续保持和提升企业的市场竞争力，或者谋求在某些领域取得专利控制地位而提前申请专利。

专利制度的区域化使专利经过一次授权就能够获得区域范围内的保护（当然这是专利区域化的较高层次），这为专利权人在更大范围内获得专利权提供了便利并降低了成本。同时这也为企业进行专利布局提出了新的要求，企业最初只需要针对其所在法域或者拟进入市场所在地的法域来进行专利布局，但是专利制度的区域化在放大专利保护范围的同时，也大大增加了可能对企业造成威胁的来自竞争对手的专利数量，因为特定企业所在地之外的专利申请的保护范围可能会延伸至本地，所以企业需要进行更加完备的专利布局来进行应对。

三、在国际化中追求最大收益

企业之所以参与国际化主要有三个方面的动因。第一个是资源或者生产要素的驱动，比如劳动力资源，我国改革开放后吸引了大量国外投资，以及近年来发达国家将生产基地向印度和东南亚国家的转移，在很大程度上都是受到劳动力资源的吸引。第二个是市场驱动，在国内竞争激烈和市场饱和的情况下，通过参与国际化占领国际市场可以有效维持企业的成长性；即使是在国内市场未饱和的情况下，企业也可以通过国际化经营获取更多收益，在国内市场萎靡时可以通过国际市场收益来弥补国内亏损，而在国内市场兴旺时则可以有更多的资金支持企业迈开国际化的步伐。第三个是技术创新驱动，对于企业科技含量比较高的产业，只有掌握先进技术的企业才能够站在产业链的顶端获取更多的收益，所以就有一些技术储备不足但是积蓄了一定资本的企业，通过参与国际化来寻求自身的技术创新，比如在海外设立合资公司、建立研发中心，或者是收购海外企业等。

然而无论是何种动因的国际化，企业的最终目的都是为了获取更多收益。垄断优势理论认为企业跨国经营是利用既有的垄断优势获取更大收益的必然选择，企业通过在海外市场复制既有的垄断优势来获得更大的整体收益。

国际化是一个不断演进的过程，由不同的阶段组成。Johanson 和 Wiedersheim-Paul（1975）通过对四个案例的研究，提出了国际化要经历的四个阶段：偶然的非经常性出口、借助独立代理商的系统性出口、在海外建立自己的销售分支机构、在海外拥有生产实体并从事海外生产[①]。Robinson，R. D.（1989）将企业国际化过程分为六个阶段：起步阶段（国内企业）、出口阶段（出口型企业）、国际经营阶段（国际企业）、多国（经营）阶段（多国企业）、跨国经营阶段（跨国企业）和超国界阶段（超国界企业）[②]。战略管理研究学者 Ansoff H. I. 根据西方跨国企业国际化实践经验，就企业国际化战略推进的进程提出了三阶段论，即出口阶段、国际阶段、跨国经营阶段。Cavusgil 把企业的国际化经营过程划分为五个阶段：国内营销阶段，产品主要在国内销售；前出口阶段，企业寻求信息并评估潜在出口市场；试验性的卷入阶段，获得出口经验，企业开始向邻近的国家出口；积极投入阶段，以直接出口方式向其他国家出口更多产品；国际战略阶段，开始从事各种直接投资活动。

① Johanson，J.，Wiedersheim-Paul F. The Internationalization of the Firm-four Swedish Cases Studies［J］. Journal of Management Studies，2007，12（3）：305-323.
② Robinson，R D. 企业国际化导论［M］. 马春光，等，译. 北京：对外经济贸易大学出版社，1989.

在参与国际化经营的过程中企业也为自身创造了更多的机遇。①实现规模收益和多元化，虽然国际化企业一般都会针对不同的海外市场采取适当的差异化策略，但是企业所提供的产品或服务，乃至企业的商业模式是基本上不会改变的，这就为企业获取规模收益创造了机会；同时，多元化的市场也使企业可能遭遇的市场波动和经济周期的风险得到分散。②降低企业成本，不同的区域往往具备各自不同的资源禀赋和区位优势，通过进行合理的选择，可以为企业带来更低的成本。③从技术溢出中获益，国际化使企业有了更为广阔的经营环境，企业可以获取更多外部信息，通过学习模仿增强自身技术实力。

四、专利运营国际化的成本与风险

专利运营的国际化即组织为配合其自身发展战略，而将本土范围内的专利运营扩展到国际范围内。专利运营国际化是组织国际化战略的重要组成部分，为企业带来了获取更多收益的机会，但是同时也大大增加了企业所要付出的成本，并增加了企业经营的不稳定性从而增加企业可能遭遇的风险。

（一）专利运营国际化的成本

前文提到，人力资源、可用以运营的专利和资金是专利运营的基本要素，在专利运营的国际化中最主要的两项成本就是人力成本与资金成本。

专利运营是一个复杂的体系，涉及诸多要素。从专利运营的具体内容来看，专利技术的开发需要有研究人员支撑，专利的申请需要有专业化的专利申请人员，应对专利侵权诉讼需要有熟知知识产权的律师，进行专利的转让、许可以及投融资需要有专业的专利评估人员。在专利运营的业务流程中，几乎时时刻刻都需要有各种专业化人员的参与。虽然在当今专业分工不断细化的背景下，专利运营涉及的一些工作可以通过进行外包委托第三方完成，比如专利申请可以委托专利代理机构完成，专利评估要委托资产评估机构完成。但是整体上看，组织要顺利开展专利运营活动，必须要有专门的具有战略眼光的人才负责工作的统筹，同时负责与内部其他部门和外部组织的沟通协调，比如确定何时申请专利、如何选择专利被许可方等。

在国外进行专利运营，首要的就是获取专利权或者通过许可获得专利实施权。获取专利的两种主要方式包括通过自主研发申请专利和从外部购买专利，无论是哪种形式都会占用大量资金，而且在获得专利权后还要承担逐年递增的巨额专利年费。此外，就企业来讲，在国际化过程中经常会遇到各种形式的阻碍，比如专利侵权诉讼和以美国337调查为代表的行政调查。专利侵权诉讼和不公平竞争调查往往周期比较长，长时间消耗企业精力，而且在举证过程中会发生大量的调查费用，给企业带来沉重负担。

（二）专利运营国际化的风险

机遇与风险共存，企业开展国际化专利运营固然可以增加企业获取更多收益的机会，但是同时也为其带来更多潜在风险。

第一个方面的风险主要体现在专利运营国际化增加了企业内部知识和技术泄露的风险，Sanna-Randaccio 认为国际化增加了企业将专有技术泄露给竞争对手的可能性，当东道国市场的知识库非常有限时，知识泄露的成本将超过知识溢出的回报①。企业参与全球化专利运营，不可避免地要将其拥有的专利呈现出来，而经验丰富的竞争对手可以通过公开的专利信息对本企业的技术机密和研发路径等进行窥探。

第二个方面的风险主要是诉讼风险，企业参与国际竞争和进行国际化专利运营必然会给所进入市场的当地企业造成威胁，而具备专利优势的当地企业极有可能通过发起专利侵权诉讼为外来企业设置市场进入障碍。而且我国专利制度建立仅仅三十余年，尚未在全国范围内形成良好的专利文化氛围，加之一些企业起步较晚，专利储备不足，在国际化进程中遭遇专利诉讼可能会应对乏力。比如，2003 年 1 月思科公司起诉华为专利侵权，2014 年 12 月爱立信在印度起诉小米专利侵权，都是以阻碍对方进入相应市场为目的。

第三个方面的风险主要是罚款和产品禁售，这主要是专利侵权诉讼失败所导致的后果。因专利侵权而形成的罚款往往是巨额的，比如 2013 年 11 月美国硅谷法院裁定三星电子 13 款产品侵犯美国苹果公司多项产品专利，须赔偿 2.9 亿美元，连同 2012 年裁定三星 26 款手机侵犯苹果专利罚款，二星共要向苹果赔偿 9.3 亿美元。但是其实赔款并不是最为恶劣的诉讼后果，禁售可能会给企业带来更大的危机，因为禁售断绝了企业的特定产品在该地域获益的可能，比如 2014 年 12 月 8 日，印度德里高级法院判决小米应暂停在印度的全部销售。在诉讼判赔之外，还有一种可能导致专利运营国际化受到罚款的来源，就是各国的反垄断部门基于反垄断调查对企业开出的罚单，因为专利具备天生的独占排他性，尤其是标准必要专利极有可能带给企业市场支配地位，企业如果滥用这种市场支配地位就可能会引起当地反垄断部门的注意。比如我国发改委在 2015 年 2 月 10 日对高通开出了 60.88 亿元人民币的滥用市场支配地位的罚单，此前的 2009 年韩国公平贸易委员会也曾向高通开出了 2.087 亿美元的高额罚单。

知识框 19 专利运营与企业命运

USB 闪存盘（下称"U 盘"）作为中国计算机存储领域的原创性发明，

---

① Sanna-Randaccio, F., Veugelers, R. Multinational knowledge spillovers with decentralized R&D: a game-theoretic approach [J]. Journal of International Business Studies, 2007, 38 (1): 47-63.

引发了一场"闪存革命",使移动存储进入了一个崭新的时代。U 盘的发明与一家中国企业的命运密切关联,这家企业便是深圳市朗科科技股份有限公司(下称"朗科科技")。朗科科技成立于 1999 年 5 月,于 2010 年 1 月 8 日在深圳创业板发行上市,拥有内存应用及移动存储领域内的原创性技术及专利,从事内存应用及移动存储产品的研发、生产、销售及相关技术的专利运营。

朗科科技的主营业务集中在专利运营和产品运营两个方面。在专利运营上,通过研发创新获得前沿性技术,为自主研发获得的技术和产品提交专利申请,建立"专利池",通过全球专利诉讼、专利海关保护和协商谈判等方式获取专利授权许可收入。比如,朗科科技成功地通过对华旗资讯、索尼和美国 PNY 公司等一系列专利诉讼确保了自身的权益,并与东芝、金士顿、美国 PNY 等企业签订了专利授权许可协议,实现专利直接盈利。产品运营方面,公司将技术商品化建立自有品牌,通过产品开发、营销网络管理来获取收入。比如,朗科科技创立了"netac""优盘"等知名品牌,并在闪存应用及移动存储市场中占有一席之地。

根据朗科科技 2014 年年度报告,截至 2014 年 12 月 31 日,朗科科技在中国、美国、欧洲、日本、韩国等全球多个国家和地区拥有专利及专利申请总量 304 项,拥有已授权专利 242 项,其中已授权发明专利 227 项。朗科科技所申请的专利主要集中在境内,且在其他国家和地区的专利申请大多为中国专利申请的同族,但是朗科科技所申请的专利多数为发明专利,从而其拥有专利含金量较高。朗科科技的中国专利申请最早可追溯至 1999 年,由公司创始人邓国顺、成晓华提交的申请号 99117225.6、发明名称为"用于数据处理系统的快闪电子式外存储方法及其装置"的发明专利申请。该申请是 U 盘技术领域的基础性发明申请,于 2002 年在中国获得发明专利权,专利号为"ZL99117225.6"(以下简称"225 号专利")。它与 2000 年提交申请、2004 年获得授权的专利号为"ZL00114081.7"、发明名称为"全电子式快闪外存储方法及装置"(以下简称"081 号专利")是朗科科技最早也是最核心的专利,其同族专利申请分别在美国、欧洲和日本提交,并在美国和日本获得授权,具有全球范围内的影响力。"225 号专利""081 号专利"与之后的一系列专利共同构成了朗科科技的专利池,为朗科科技的专利和产品运营提供了基础和保障,是朗科科技的"生命线"。

从历年专利申请的情况来看,朗科科技提交中国专利申请比较活跃的时期在 2003 年至 2006 年以及 2008 年,究其原因有三:一是朗科科技自 2002 年起发起了一系列专利侵权诉讼(包括 2002 年诉华旗资讯、宏碁讯息等,2004 年诉索尼电子,2006 年在美国诉 PNY,以及授权台湾福尔科技公司在台湾进行的一系列诉讼案件),为了稳固这种专利运营模式,该公司在其主营业务领域内按一定布局不断地申请专利,形成交叉保护的专利池,且不断地扩充专利池的容量;二是朗科科技需要通过不断扩容的专利池为其产品运营保驾护航；三是 2009 年之前朗科科技为筹备登陆创业板而积累专利砝码。从朗科科技的专利申请的领域来看，其发明和实用新型专利申请集中在其核心产品"U 盘"的技术领域，这在某种程度上反映出朗科科技专注于闪存应用及移动存储相关技术的研发，而没有多元化地发展其他领域的技术。

尽管朗科科技掌握了"U 盘"的核心技术和专利池，但其专利运营和产品运营之路也并非一帆风顺。总的来说，企业的发展仍面临着以下专利和市场风险：①专利被无效和专利失效的风险。自从朗科科技 2002 年启动一系列专利侵权诉讼后，它的竞争对手们就没有停止过无效其核心专利的努力。朗科科技的基础性发明专利"225 号专利"自 2002 年授权以来，已先后经历了 7 次被不同主体要求宣告其无效的请求，但国家知识产权局专利复审委员会均维持其专利权有效，此后历经司法程序依然有效。此外，朗科科技在台湾地区、美国等都遭遇到了竞争对手的专利无效请求。尽管目前来看朗科科技保住了最为关键的几项基础性专利权，但其竞争对手们无效其专利的努力也并非徒劳无功。2010 年年底，经北京市高级人民法院的终审判决认定，朗科科技所拥有的 ZL02134847.2 号专利"数据交换及存储方法与装置"不具备创造性，被宣告无效。专利被无效将对朗科科技未来持续获得专利授权许可收入带来不利影响，从而给其专利运营带来更多的不确定性。此外，朗科科技的基础性专利申请的时间主要集中在 1999 年至 2001 年，比如"225 专利"于 1999 年提交申请、"081 号专利"于 2000年提交申请。由于发明专利的保护期限为 20 年，这些基础性专利将在未来的 4～6 年后失效，届时"U 盘"技术进入公有领域，若在这一段时期内朗科科技不能进行技术的再创新或商业模式的转型，那么目前所坚持的专利运营将失去基础、产品运营将失去专利的保护，企业的生存将面临巨大的危机。②技术进入成熟期和市场进入饱和期的风险。根据技术生命周期理论，一项技术的发展通常经过萌芽期、成长期、成熟期和衰退期四个阶段。从目前来看，"U 盘"技术已经进入成熟期，这就意味着对该技术的再创新已经面临一定瓶颈，这可以从 2009 年以后朗科科技在该技术领域专利申请数量的逐渐减少上得到些许印证。而技术进入成熟期后，在另一方面又意味着市场竞争者更易于掌握该技术，从而市场内将涌入更多的模仿者和生产商，供需的平衡进一步被打破。市场进入饱和期后，将导致由新技术带来的新兴市场的高利润不复存在。"U 盘"产品市场价格的总体降低也将进一步压缩朗科科技专利运营和产品运营的收入和利润空间。③持续创新能力不足的风险。企业的活力在于其持续不断的创新能力。随着"U 盘"技术进入成熟期，朗科科技在新技术的研发上面临着艰难的选择。朗科科技的研发团队在规模上并不突出，且研发力量趋于集中，若干核心研发人员对研发进程起着关键性作用，企业存在持续创新能力不足的风险。

对于很多高速发展的中国高科技企业来说，如果能通过掌握核心技术从而在专利授权上获取丰厚收益，自然是求之不得。在业界，朗科科技作为 A 股上市公司中唯一坚持"专利运营"的高新技术企业，其勇气令人敬佩，2014 年朗科科技的专利运营业务实现专利授权许可收入 1500.98 万元，较上年同期增长 8.97%，占到当年总营业收入的 8.7%。在建设创新型国家的当下，朗科科技能够将企业的命运与专利技术牢牢结合在一起，这本身就是中国企业在经济转型期的突破和创新。

（资料来源：周围. 从朗科科技看专利运营与企业命运 [N]. 中国知识产权报，2012-07-25. 有删改。）

第五章　作为组织战略的专利运营

在全球化背景下，包括美国、英国、日本、韩国等在内的很多国家都建立了国家层面的知识产权战略，其中日本政府于 2002 年 7 月发布《知识产权战略大纲》，韩国政府于 2009 年 3 月制定《知识产权的战略与愿景》。我国政府于 2008 年 6 月发布《国家知识产权战略纲要》，确定实施国家层面的知识产权战略，以全面提升我国的知识产权创造、运用、保护和管理水平。

对于组织来讲，组织的发展同样也需要得到知识产权战略的支撑，这有助于组织建立和维持自身的竞争优势。而专利运营便是实施知识产权战略的一个重要部分，并且专利运营作为一种战略需要被渗透到组织经营的各个环节。组织开展专利运营需要与组织的战略目标保持一致，组织发展的战略目标一般包括短期目标、中期目标和长期目标，从而组织需要针对不同的阶段性目标选择合理的专利运营策略和方式。作为组织战略的专利运营的决策需要由组织的最高决策层参与，因为专利运营关系到组织竞争优势的构建，对于企业类组织，更是与其市场进入、投融资和构建商业生态环境等关乎企业发展的内容密切相关，而仅仅靠技术或法律等方面的中层管理人员难以从全局性角度做出决策。

组织进行专利运营的目的是谋求更大的自身利益。在市场经济环境中，经济利益就是最基本的利益，而企业类组织是市场经济运行的核心主体，所以进行专利运营的组织主体主要是企业。但是，专利运营的主体却不限于企业，大学、国立科研机构、公益组织都可以成为专利运营的主体，这些组织所谋求的更多的是社会利益而非自身经济利益，因为专利运营可以激励创新和促进技术进步从而提高社会整体福利水平。

这里主要选取五种类型的组织介绍其专利运营，分别称为生产型组织、研发型组织、集中型组织、服务型组织、综合型组织，如表上编 5.1 所示。

表上编 5.1　五种类型组织专利运营对比

定位	生产型	研发型	集中型	服务型	综合型
研发	积极	主业	选择性积极	消极	积极
许可	消极	主业	积极	积极	选择性积极
生产	积极	消极	消极	选择性积极	选择性积极
特点	三位一体	研发定向	资金丰厚	业务创新	综合实力

生产型组织的专利运营对研发和生产是积极的，对许可是消极的。这种模式把专利看作企业做强做大的工具，强调专利运营不能脱离企业自身的生产、销售等活动。生产型组织专利运营模式的典型代表如佳能株式会社和富士康科技集团。

研发型组织的专利运营以研发和许可为其主业，而对生产则是消极的。这种模式以研发为基础，以专利许可为手段，以技术转移为实质，占据创新价值链上游，在开放创新时代迅速崛起。研发型组织专利运营模式的典型代表如美国国立卫生研究院和德国弗劳恩霍夫协会。

集中型组织的专利运营对许可是积极的，对研发是选择性积极的，对生产是消极的。这种模式把专利看成是投资品，直接使用专利来集资、融资和赚钱。集中型组织专利运营模式的典型代表如高智发明（Intellectual Ventures）和 RPX 公司（Rational Patent Exchange）。

服务型组织的专利运营对研发和生产是消极的，对许可是积极的。这种模式适用于经营型的专利服务业，利用市场机制、为专利经济价值的实现提供服务，主要开展专利技术投资、专利技术转移服务等。服务型组织专利运营模式的典型代表如英国技术集团和芝加哥国际知识产权交易所。

综合型组织的专利运营对研发是积极的，对许可和生产是选择性积极的，既用专利把自己做强做大，还用专利直接赚钱。这类组织有强大的专利组合，业务包括研发、生产、销售产品和对外许可专利，有着开放的经营理念和明确的专利判断标准。综合型组织专利运营模式的典型代表如IBM 和华为技术有限公司。

一、生产型组织的专利运营

（一）生产型组织

生产型组织是以营利为目的，运用各种生产要素（土地、劳动、资本、技术和企业家才能等）从事工业生产活动或提供工业性劳务的经济组织。生产型组织可以简单理解为以产品或中间产品的生产和销售为主要业务的组织，但是随着组织经营模式的多元化，显然这样的界定并不能完整的对生产型组织的边界进行界定，比如一些传统的生产型组织在发展过程中逐渐将其产品生产活动进行外包，而组织自身主要进行产品设计、品牌经营和少数产品的生产加工，甚至完全摆脱产品加工的业务。这也说明组织类型的边界正在不断模糊化，不过这里我们不在概念方面深究，仅列举几家公司作为生产型组织的代表：佳能、三星电子、富士康（鸿海科技）、联想和福田汽车。

生产为人们提供了日常生活所需的各种产品，马克思认为生产是指以一定生产关系联系起来的人们利用劳动资料，改变劳动对象，以适合人们需要的过程。生产型组织的一个重要特点是组织内部拥有操作工人，而且生产环节的专业化程度高，生产工序有较强的重复性。生产型组织获得成功的一个关键就是生产出不同的产品，差异化就是其核心竞争力所在。在核心竞争力的培养过程中，研发投入和技术创新是关键环节，普拉哈拉德（Prahalad）和哈默尔（Hamel）曾指出核心竞争力是在组织内部经过整合了的知识和技能，尤其是关于怎么协调多种生产技能和整合不同技术的知识和技能，维那·艾丽（Verna Alle）在《知识的进化》（*The Knowledge Evolution*）一书中指出竞争力就是快速向市场提供新产品或增强竞争力而调整知识。

（二）生产型组织对专利运营的需求

生产型组织发展壮大的重点在于提升自身制造能力和品牌价值，在国际分工和产业链中取得有利地位。而这一目标的达成对产品的生产工艺和技术先进程度有很强依赖性。

对生产型组织来说，专利运营具有重要的意义，佳能知识产权之父丸岛仪一认为知识产权经营是创造知识产权，并灵活运用所创造的知识产权把组织所从事的事业做强、做大的经营手法。同时，专利运营也具有极大的复杂性。如果组织要从专利运营中获取最大的收益，那在许可方式、许可证的有效范围、改进技术的再转化和回授、侵权纠纷的处理、技术保证和验收、专利使用费的确定等方面都要进行仔细的斟酌和研究。

产品是联系生产型组织与其客户的桥梁，生产型组织在市场经济中立足的关键在于其产品的竞争力，美国竞争能力总统委员会将产品竞争力定义为生产的产品或提供的服务符合国际市场要求的程度。传统观点认为构成产品竞争力的两个核心因素是质量和价格，但是随着市场竞争的层次化和多元化，产品竞争力有了更多的来源要素，除去价格和质量外，还有服务、品种、营销、顾客、品牌、技术手段、技术标准等内容，而且这些要素发挥着越来越重要的作用。其中技术手段和技术标准是组织构建竞争优势和参与国际化的两项关键内容，技术手段包括产品生产手段、生产工艺以及经营技术等，对于价格、质量等其他要素有重要影响，而技术标准是推广组织技术和获取话语权的有效手段。专利是对技术方案的权利化，这种权利化使组织的技术和产品得到了更加完美的保护，而专利技术的标准化则充分放大了专利价值。专利运营可以提升生产型组织的产品竞争力，而产品竞争力的提升可以帮助组织构建竞争优势。

（三）我国生产型组织进行专利运营的问题

随着我国经济快速稳健的发展，大量的跨国企业纷纷开发我国市场，并把我国作为产品生产销售的主要市场。同时，国外企业利用专利技术抢占我国市场、围堵我国本土企业。在积极应对国外企业竞争过程中，我国生产型企业虽然对专利等知识产权重视程度有所提高，但并未做到将专利技术作为企业制定战略和盈利的依据。我国企业专利运营出现的问题，经归纳主要有以下几个方面：

（1）企业专利价值评估意识不强，资产管理能力薄弱。企业所拥有的专利在数量和质量上都有待提高。对于创新型企业而言，拥有专利不是最终目的，而是通过专利的高效利用来创造和获取价值①。企业对专利进行管理以及保护的最终目的是为了创造效益，而效益的体现不仅是企业自身的产业化价值的体现，更是企业在专利运营市场中投融资价值的实现。

专利价值评估是专利价值实现的前提条件，而现阶段许多企业尚未意识到对专利技术从多个维度进行价值评估的重要价值，并将其作为重要的无形资产予以管理和运用。截至 2010 年，只有不足 50% 的企业实现了对发明成果进行内部评估，而将其转化为专利申请的管理流程的企业比率则更低。

（2）企业维护及管理专利多依赖专利服务机构，内部管理提升重视程度不够。鉴于企业专利工作跨部门特性，管理机构涉及多个部门，虽然基本实现了归口管理，但是人员以兼职为主，对外部中介服务机构依赖较大，内部管理体系建设重视程度因具体情况存在差异，特别是存在以从中介服务机构购买服务代替内部管理的误区，较少考虑基于企业的管理基础和发展阶段需要，以自身管理体系建设为主，结合中介服务机构的专业支持强化专利管理与保护工作。

（3）企业缺乏专利管理整体布局，专利风险防范能力需要进一步加强。企业专利布局与企业整体战略融合程度较低，大多数企业只是孤立地看待专利价值，局部地应付一些可能出现的侵权行为，因为专利重要而关注专利运营，但具体如何才能将专利布局更好地融入企业自主创新活动中去，从战略高度系统地审视专利管理，缺少全局高度的思考，整体性法律风险防范能力不足。

（4）企业专利运营的内在引导机制不足，实施后价值管理手段欠缺。近年来，我国企业专利授权量逐年大幅递增，但引导专利许可转化实施的内在机制缺乏或者不能有效发挥作用，在专利购买或专利许可后如何进行价值管理欠缺有效的手段。

由于无形资产评估的不确定性，专利的运营以及运营前的评估管理手段缺乏，无法对本企业拥有的专利价值进行评估，也不能在对外投融资等环节客观地了解、掌握本企业的专利价值。

（5）企业专利运营及管理布局与其他战略的相互匹配度低，战略实施不充分。企业专利运营及管理本身应当与企业运营战略、发展战略相一致，但是由于目前我国许多企业的专利运营处于起步阶段，系统性规划水平总

---

① 斯科特·W. 文特雷拉. 积极思考的力量［M］. 汤立群，译. 北京：中信出版社，2002.

体不高，专利运营及管理布局与其他战略的匹配度不高，从而影响了企业战略实施的效果。有些是由于一些企业制定专利实施战略以后，并没有采取相应的战略落地办法或是实现步骤安排，最后导致企业专利购买及许可的规划束之高阁。

（6）企业专利运营管理领军人才缺乏，专业化人员队伍培训不足。我国企业专利工作者以兼职为主，专业化培训相对较少，管理人员与工程技术人员知识与技能培训不足，亟须纳入常规化培训管理。尤其是专利运营领域领军人才的培养没有得到高度的重视，专业化人才队伍的建设与培养缺少标准与能力素质要求。专利运营专业资质较少，在一定程度上没有与职务及职业发展通道挂钩，能够实现持证上岗的企业占比较低，反映了企业专利运营管理人员队伍的专业性和专职性还有较大的完善空间。

二、研发型组织的专利运营

最为典型的研发型组织当属研发机构，包括公益性研发机构和营利性研发机构。大学建立的初始目的是作为教育机构为社会培养人才，但是大学一般拥有先进的设备和大量高端人才，并且很多大学都建立有研究院、研究所、研究中心等，所以大学在一定程度上也可以算作研发型组织。从而这里的研发型组织主要是指科研机构和大学，典型代表包括：美国国立卫生研究院、中科院大连化物所、德国弗劳恩霍夫协会、日本名古屋大学、英国牛津大学。

研发型组织以研发为基础，以知识产权许可为手段，以技术转移为实质，占据创新价值链上游，获取经营利益。当然在市场经济背景下随着企业分工的不断细化，有一些研发型企业也属于研发型组织，典型的是各种专业化的软件制造商和方案提供商。

（一）研发型组织

1. 大学

高等学校作为知识资源和创新人才的密集区，是科技第一生产力和人才第一资源的结合点，在创新体系链条中发挥着独特的重要作用。尤其是在我国，高等学校在国家创新体系中居于重要地位，但整体创新能力与发达国家相比、与我国经济社会发展的需求相比还有很大差距。与企业、科研机构等各种创新力量的结合不够紧密，研究与应用脱节、大量成果束之高阁等现象大量存在，极大地制约了整体创新能力的提高和经济社会发展。因此要充分发挥大学自身优势，联合各种创新力量，集中各类创新资源，大力推进协同创新，有效推进专利技术的转化和应用。

2. 国立研发机构

国立研发机构是由国家建立并资助的各类科研机构，其体现国家意志，有组织、规模化地开展科研活动，是国家创新体系的重要组成部分。国立科研机构包括国家大型综合性科研机构（如中国科学院、法国国家科研中心、德国马普学会、俄罗斯科学院等）和部门所属专业性科研机构（如美国能源部所属国家实验室、美国国立卫生研究院等）。其中，有一些国立科研机构是中央和地方政府联合建立的，有一些是委托大学或企业管理的。从科研活动的类型看，有的国立科研机构主要聚焦在基础前沿领域，如德国马普学会；有的聚焦在产业技术研发领域，如德国弗劳恩霍夫协会；有的聚焦在战略高技术领域，如美国国家航空航天局等[1]。

（二）研发型组织对专利运营的需求

1. 大学的专利运营

大学是国家创新体系的重要支撑，大学的科技成果和专利产出也是国家创新成果的重要内容，大学的专利技术转化和运用是其支撑创新型国家建设的重要着力点，也是大学能够对经济社会发展做出贡献的着力点。但是大学专利的运用存在诸多困境，甚至专利的维持也已经成为一个问题，我国专利申请排名靠前的几所大学所申请专利中有一半甚至一半以上的失效专利。大学作为申请人的专利具有生命周期短的特点，而且大量专利被闲置，从而专利价值难以得到体现，造成了专利资源的浪费，甚至间接造成了大学所投入的科技资源和专利审查部门专利审查资源的浪费。因此，大学对于专利运营有着更为迫切的需求，大学亟须通过对专利进行运营来盘活专利资源，激发专利价值。

大学专利技术运营的开展，往往是结合专利合同许可、校企合作等共同合作研发进行的。大学成立的技术转移机构承担着专利运营的职能，此外，大学技术转移机构所承担专利运营的模式也因大学的各自特色而出现了多样化的转移模式，并在实践中不断创新和完善。众多学者针对我国高等院校技术许可和转移模式分别从相同的或不同的角度做出了划分，张平和黄贤涛[2]在较为系统分析了现有技术许可转移模式的基础上，总结了目前大学专利运营普遍采用的 6 类模式：①直接将专利技术许可给企业；②大学技术转移机构进行专利技术转化（包括：技术转移办公室模式、技术转移中心模式、技术转移公司模式）；③与地方政府成立合作机构进行专利技术许可转化（包括：产学研合作办公室模式、研究院模式、产学研基地模式）；④与企业联合成立合作机构进行专利技术许可转化（包括：校企联合研发机构模式、校企合作委员会模式）；⑤通过大学科技园进行专利运营转化；⑥通过国家工程中心进行专利技术许可转化等。

2. 国立研发机构的专利运营

当今世界，国立研发机构与大学、企业研发机构共同构成推动科技发

---

① 白春礼. 世界主要国立科研机构概况 [M]. 北京：科学出版社，2013.
② 张平，黄贤涛. 高校专利技术转化模式研究 [J]. 中国高校科技，2011 (7)：13-15.

展的"三驾马车"。三者通过知识的循环流转相互作用,处于创新价值链的不同位置,形成了有序的分工和相互协作。其中,企业以技术创新和知识应用为主,同时进行知识传播。大学以知识传递和高素质人才培养为主,同时进行知识创新和知识转移,侧重于进行自由而灵活的科学探索。国立研发机构关系着国家的长远发展和战略全局,在国家经济社会发展、国家安全和公众健康等方面的研究工作中发挥着重要作用,往往是一个国家科学技术发展最高水平的代表和一个国家综合国力的集中体现,国立研发机构的专利运营更加偏重于基础性的科技成果。学科基础性的专利技术往往是推动技术革新、社会进步的主要推动力,因此国立研发机构的专利运营作用尤为重要。

国立科研机构是国家创新体系的主要组成部分,主要从事基础性研究,其从事科研工作的目的是社会利益的最大化,主要由国家经费进行资助,在一定程度上体现了国家的经济和政治利益。国立科研机构的专利技术转移同样也面临诸多困难。首先,科研机构的成员组成大部分为科学家,而科学家通常没有精力也不愿意直接从事专利技术的转移转化工作,当科研机构过多从事专利技术运用相关工作时,可能就会使科研机构的研发行为利益导向性太强,从而偏离其为社会利益最大化服务的宗旨。其次,科研机构若是直接以专利出资建立企业,则这些企业就具有了天然的专利优势,会挤占市场中其他企业的机会。但是科研机构所产出的专利也不应该被闲置,所以科研机构也需要选择合理的专利运营方式来发挥专利价值。

(三)我国研发型组织进行专利运营的问题

虽然近午来大学及国立科研机构在专利运营和技术运用方面取得了一定的成绩,但是与经济社会发展的需求相比,与社会公众的期待相比,我国大学及国立科研机构的专利运营工作还存在着许多问题。除了国家相关政策的协调性、企业技术承接意愿和能力、技术转移中介服务水平、专利运营法治环境等外部因素影响,就大学和科研机构自身来讲,存在的问题归纳起来有如下几个方面:

(1)专利技术质量不高,许可缺乏市场化价值。经过多年的宣传、引导和推动,目前我国大学及科研机构申请专利等知识产权创造意识得到了普遍提高,专利申请和授权数量实现了较大增长。但是专利质量和水平并没有随着数量增长而提高,大量专利运营缺乏市场价值应用。影响专利质量的因素是多方面的,首先,科研工作相较于企业和部分研究机构,更偏重于基础和理论研究,虽然有些成果申请了专利,但成果本身并不具有直接应用价值;其次,在国家科技计划等由财政支持的研究项目中往往要求承担方产生一定数量的专利等知识产权作为研发成果,部分研究者为完成项目要求,通过改头换面重复申请、完整技术拆分申请等方式"制造"专利,也影响了专利质量和水平;最后,部分科研人员重视技术的研发,而在申请专利过程中忽视专利文件的撰写质量，造成部分优秀成果因权利要求不当等原因对此后的技术转移造成障碍。此外，部分大学和科研机构将专利数量作为职称考评和研究生毕业的条件之一，客观上也造成了部分低质量专利的产生。

（2）评价机制单一，损伤专利运营积极性。现代大学和科研机构承担着多种社会职能，专利运营是其科研职能的进一步延伸，是服务社会职能的重要组成部分。就科研职能本身而言，又存在基础研究、应用研究等不同的层面。大学和科研机构的各项社会职能是由其组成人员来实际履行的，实践中大量教师和科研人员同时承担着教学、科研、技术转移等职能。从理性的角度出发，在各项职能之间专利运营对自身有较强的吸引力时才会愿意投入较多精力。专利运营工作离开了技术发明团队的支持与合作是很难开展的，因此，科研人员对专利运营的态度以及为之投入的精力在很大程度上决定了知识产权转化和应用的实际成效，而作为雇主和管理者的大学和科研机构对科研人员工作成效的评判将直接影响后者对专利运营的态度。

在目前我国大学和科研机构的职称评价体系中，一个突出的问题是过于偏重学术论文，对科研成果的产业化成效考虑较少。对学术机构而言，高质量的学术论文固然是十分重要的。优秀的学术论文是评价理论创新的重要指标，且论文评价机制比较成熟，易于操作，故此盛行于科研评价体系之中。但是，面对多元化的社会职能，以学术论文为导向的一元化的评价机制并不能完全适应科研实际，影响了一部分科研人员参与专利技术许可工作的积极性。

（3）专利运营中介服务机构职能定位不清、运行机制不顺。技术许可是一项复杂的系统工程，涉及大学和科研机构内外方方面面的多种主体，需要商务、金融、法律等多方面的专业服务。除了技术研究团队的参与之外，专业的专利运营中介服务是十分重要的环节。目前我国大学和科研机构普遍建立了各种形式的技术转移办公室，负责专利运营和科技成果转化推广工作。技术转移机构的设立推动了专利运营工作的开展，但是在实践中也显露出一些问题，制约了知识产权许可和应用成效。

大学和科研机构技术转移机构应当承担起主动推进技术转移工作的使命，但是实践中许多技术转移机构仅仅停留在行政管理的位置，只能履行审核盖章职能，既不能有效地将科技成果推向市场，也不能根据市场需求挖掘技术资源，无力提供更专业的服务，无法承担主动连接技术供求双方的使命。其原因也是多方面的：首先，缺乏专业人才，合格的技术经纪人需要技术、商务等多方面的背景和经历；其次，缺乏运营意识，市场经济条件下技术转移的本质是一种运营活动，但目前的技术许可机构主要是按照机关的理念和规则行事；最后，缺乏激励机制，这直接决定了能否引进优秀的人才以及现有从业人员的工作积极性。

（4）技术供求双方合作零散，缺乏长期稳定合作机制。经过多年发展，我国大学和科研机构在专利运营方面探索出了不同的模式，对推动专利运营工作产生了积极的成效。但从整体上而言，大部分技术成果还要靠技术开发人自行联系推广，技术转移机构的服务也多数停留在简单的项目介绍层面。在我国目前的现实条件下，研发人员自行推广以及技术转移机构项目推介是大学和科研机构专利运营的一种重要形式，但是由于专利运营活动固有的风险性，技术供求双方彼此需要充分的了解和信任，临时性、偶发性的推介与接洽将面临很高的沟通成本和谈判周期，影响专利运营进程。

知识框 20   南京理工大学专利运营

在南京理工大学，有一个专业化的机构——国家技术转移示范机构（技术转移中心）。"这个机构是专门为科技人员提供专利运营全过程服务的专业化载体，以南京理工技术转移中心有限公司作为市场化运营主体，是江苏省高校第一家以市场化手段进行专利运营的机构，代表学校从事技术转移、成果推广、企业孵化、基金管理、技术股权资本运作等。"技术转移中心总经理王小绪说道。

技术转移中心自成立以来积极探索通过市场机制进行技术成果的推广应用，已在南京、无锡、苏州、泰州、宿迁、连云港、深圳等地建立了一批分支机构，将学校产生的最新科技成果及时面向市场推广，形成了完善的专利运营服务网络体系；拥有一支由 39 人组成的专业技术团队，其中包括校内经验丰富的科技管理人员 10 人，由海归博士组成的技术经纪人 10 人，市场化招聘的专职专利代理人、经纪人 19 人；团队拥有研究生以上学历人员 29 人，具有专利代理人、律师、技术经纪人等相关从业资格人员 20 人；人员团队涵盖机械、化工、生物、材料、信息、物流、法律、外语等多个领域。

技术转移中心围绕南京理工大学的特色学科，通过专利情报分析，确定若干个学科方向为核心优势领域，建立跟踪和技术主题监控机制，发挥专利情报对科研的指导性，总体保障学校该技术领域的技术制高点；从专利的角度去开展技术领域的专利储备、组合、整体运营。同时成立学校专利运营专项基金，培育优秀的专利项目，目前已经有数十个项目获得基金扶持，有望尽快得到产业化推广实施。

2014 年，南京理工大学结合学科优势与特色，选取机器人技术、石墨烯新材料技术两个技术群，通过专利总体布局分析，组建了联合运营群组，制定了运营规划，建立了高层次的转移转化载体；通过专业情报分析确定了国内的重点合作企业，经过经纪人的专业运作与行业领军企业确定了运营方案，打造领域领跑者，涌现出一批成功的专利运营案例。其中，胶原蛋白是生物科技产业最具关键性的原材料之一，在医学材料、化妆品、食品工业等均有着广泛应用。南京理工大学杨树林教授团队通过承担国家

"863"计划及江苏省科技支撑项目，经过十余年的研发，攻克了人造胶原蛋白关键技术，拥有"一种重组人源胶原蛋白及其制备方法"和"类人胶原蛋白基因、其不同重复数的同向串联基因、含有串联基因的重组质粒及制备方法"2件发明专利。为推进人造胶原蛋白专利的产业化实施，技术转移中心经广泛市场调研，完善实施方案策划，开展技术推介、合作谈判、合同签订等全过程服务，与国内发酵技术领军企业——江山制药集团有限公司达成共识，共同注册成立新公司开展该项目产业化工作。公司注册资金3600万元，学校以专利评估1200万元占股33.3%，同时获得技术转让费1200万元。该项目产品是化妆品、医疗卫生的基本原材料，技术实施必将推动相关行业的进步。

"技术转移中心竭力建设成为专利运营和专利全面服务的公共服务平台，竭诚为各级政府、企业和科研院所的服务，为行业与区域经济做出更大的贡献，为建设美好江苏贡献一分力量。"对于未来，王小绪有着美好的憧憬。

（资料来源：李群，黄红健. 南京理工大学：加强专利运营抢占行业高点［N］. 中国知识产权报，2014-11-26.）

三、集中型组织的专利运营

专利作为一种战略性资源，无论是对于国家整体还是对于组织个体，都显得异常重要。随着专利的经济价值的不断凸显，市场上出现了一类专门以专利运营为收入来源的组织，他们通过融资直接收购专利权或者专利申请权，抑或通过对研发行为进行投资来获得专利技术，在将众多专利集中聚合于组织内部后，通过对专利进行各种形式的运营来获利。

（一）集中型组织

这里所说的集中型组织事实上就是专利运营机构，该组织机构涉及专利的方方面面的运营，包括提供专利代理、专利诉讼、专利许可、专利转让、专利质押和其他服务等内容。把专利当作商品进行经营是集中型组织运营模式的基础思想。不但可以推动研究机构和高校对专利的开发转让和利用，为科研活动提供资金支持，提高科技创新热情，同时给专利市场增添了活力，让院校、个体发明人意识到自己申请的专利不只是具有法律效力的一纸文件，更可以带来切实的商业价值。

专利运营机构有如下几类特点：①通过融资建立基金，或者虽然没有成立基金但是也获得了来自大财团的资金支持，用于购买专利和进行委托研发，以获得完整专利权或者独占许可为主。②在人员组成上以专利分析人员、市场分析人员和法律顾问为主，基本上不需要自己的研发人员，但是也有个别集中型组织会进行适当研发。③通过市场分析寻找发明方向，以填补大企业的专利空白、市场竞争较为激烈的产业为发明投资领域。
④以市场活跃的新兴企业、担心专利诉讼的中小企业和最终用户为许可与
诉讼对象，通过"专利基金"进行专利组合、并购、代理和信托等经营活
动。⑤帮助企业化解专利纠纷，参与和解并进行收费，同时利用分析软件
和分析报告为客户提供专利信息、风险预警、市场拓展等法律服务。集中
型组织的代表包括 Acacia Research Corporation（简称 Acacia Research）、
企业安全联盟（Allied Security Trust，AST）、合理专利交易公司（Ra-
tional Patent Exchange，RPX）、高智发明管理公司（Intellectual Ventures
Management，LLC，IV）、北京智谷睿拓技术服务有限公司、北京知识产
权运营管理有限公司。

　　在 2007 年的赛多纳会议（The Sedona Conference）上，知财资本有限
公司（PCT Capital LLC）首席执行官雷蒙德·米理恩（Raymond Millien）
和拐点策略（Inflexion Point Strategy LLC）创始人兼董事总经理罗恩·劳
丽（Ron Laurie）总结了 13 种已经存在的知识产权商业模式和 4 种正在形
成的知识产权商业模式（见表上编 5.2）①。在此基础上，雷蒙德·米理恩
于 2013 年再次对知识产权的商业模式进行了总结，并增加了两种模式：私
掠者（Privateers）和知识产权担保人（IP Insurance Carriers）②。此外，
Lucia Karina Alvarado（2010）也总结了 12 种专利交易模式，基本上与米
里恩的研究类似。③

表上编 5.2　知识产权商业模式

商业模式	介　绍	代表公司
专利授权和实施公司	首先获取多个专利组合，通过诉讼手段来对目标公司进行侵权诉讼，从而获取巨额的诉讼赔偿以及授权许可费用	Acacia Research, Lemelson Foundation, Patriot Scientific
专利收购基金	以 PE 形式运作的经营实体，以大型的科技公司或者投资者（包括机构投资者和个人）作为 LP，基金融资后许诺以特定专利作为营运基础，通过授权行为和各种专利套利策略为投资者回报超过平均 ROI 的报酬率	Coller IP Capital, Intellectual Ventures
IP/技术研发公司	公司涉及 R&D 研发的经营活动层面，并产生实际的专利（IP）。但是发展出来的 IP 不是用来制造与生产，而是进行专利授权，并且为被授权者将该技术导入到相关产品和提供相关的咨询服务，某种程度上是专利技术发明者和进行技术商业化者间的桥梁	AmberWave, InterDigital, MOSAID, Qualcomm, Rambus, Tessera

① Millien R，Laurie R. A summary of established & emerging IP business models［C］. Proceedings of the Se-
dona Conference，Sedona，AZ. 2007：1-16.
② Millien R. Landscape 2013：Who are the players in the IP marketplace?［EB/OL］.［2015-05-04］.
http：//www.ipwatchdog.com/2013/01/23/ip-landscape/id=33356/.
③ Alvarado L K. The patent transactions market-established and emerging business models［D］. Goteborg，
Chalmers University of Technology，2010.

商业模式	介　　绍	代表公司
专利授权经纪人	这类公司主要负责帮助专利持有者寻找授权对象，被称为"专利顾问（IP Advisory）"	General Patent Corp，IP Value，ThinkFire
诉讼投资公司	这是介于专利收购基金（IP Acquisition Funds）和 PLEC 的运作实体。一方面像专利收购基金一样从大型机构投资者那边融资，以一般合伙人的方式进行运作，另一方面则向 PLEC 一样通过专利主张来获得财务上的收益	Altitude Capital，IP Finance，Rembrandt IP Mgmt，NW Patent Funding
专利经纪人	帮助专利持有人找到买家而非授权者，既可以为买方服务，也可以为卖方服务。针对卖方，经常协助科技公司获得具有战略意义或者具备防范性质的专利组合，以应对竞争者	Iceberg，Inflexion Point，Epicenter，Ocean Tomo，IP Group，Pluritas，Think Fire
专利并购顾问	主要是传统的投资银行的模式，为科技公司的并购交易提供咨询建议，以交易金额的固定比例作为佣金。提供的服务包括专利的尽职调查（Due Diligence），专利资产整合的咨询以及并购中专利的交易结构设置	Blueprint Ventures，Inflexion Point，Pluritas，Renl Capital Analytics
IP 拍卖平台	包括不同的交易形式和结构，收入来源包括上架费、报名费、佣金提成等	Patent Auction. com，IP Auctions. com，IP Auctions. com，IP Auctions GmbH，ICAP
在线 IP/技术交易所	类似 B2B 网站的商业模式，为专利及其他知识产权资产提供网络平台，也可以理解为知识产权的在线分类。在这种模式下，专利持有人/出售方被要求提供专利登记费用，在交易或许可成功后还要抽取提成。此外，也有一些平台是公共的（免费），还有一些实行会员制需要进行注册	Inno Centive，Nine Sigma，Novience，Open-IP. ovg，Tynax，Yet2. com
IP 支持融资	为专利持有者提供金融服务，一般是直接或者中介的角色，以贷款的形式提供，充当借款者和借款机构（如：银行）之间的桥梁	IPEG Consultancy BV，Paradox Capital
权利金证券化公司	协助或者提供资金给专利持有者，将专利资产证券化进行融资	AlseT IP，Global Franchise Group
专利分析软件和服务	提供专利搜索和分析的软件工具，帮助专利持有者、律师、投资者以及其他人可以在专利市场对特定专利或者专利组合有更加全面的了解，主要从软件的销售和顾问费中盈利	1790 Analytics，IP Checkups，Pantros IP，Scottish Enterprise，The Patent Board

商业模式	介　绍	代表公司
大学技术转移中介	作为知识产权研发公司（IP Development Companies）、专利收购基金（IP Acquisition Funds）、授权经纪人（Licensing Agents）或许可经纪人（Patent Brokers）进行运营，但是业务开展主要针对大学进行	Texelerate，Innovaro
IP 交易/贸易平台	交易平台包括实体（线下）平台和虚拟（线上）平台两种，主要目的在于提高知识产权资产的流动性，为知识产权的出售者和购买者提供一个执行交易的平台	American Express IP Zone, Gathering 2.0, IPXI
防御性专利联盟	这一分类包括不同类型的防御性实体，其中一种以为了应对 PLEC 和专利收购基金，通过有选择性的获取专利组合来进行防御，一般专注于某一特定技术领域或产业部门，在这种模式下多家公司通过集中财力和资源创造一个独立实体来收购潜在的"问题"专利，并将这些专利许可给愿意支付费用给独立实体进行专利收购的企业。一种类型是由企业财团进行专利的捕放，即通过拍卖、代理或直接销售来购买专利，并将专利许可给成员，对于不需要的专利则再次出售。还有一种类型是，企业投资集团通过集资购买一些积极主张专利的大型公司可能感兴趣的专利，当联盟成员遭到这些大型公司诉讼时，就用之前储备的专利进行反击	Allied Security Trust，Constellation Capital，RPX，Open Invention Network
技术/IP 投资公司	这一商业模式比较类似专注于知识产权领域的风险投资（VC）和私募股权（PE），或者是大型科技公司成立的目的在于进行技术商业化和知识产权货币化的合资企业，盈利主要来自投资回报率（ROI），公开募股（IPO）	Altitude Capital，Blueprint Ventures，Inflexion Point，New Venture Partners，Real Capital
基于专利的公共股指	这一模式是上述分析软件和服务的深化，当一个公开交易的公司有 80％的价值来源于无形资产时，对这些无形资产进行评估的工具将成为一种新的盈利来源，具体收益来源包括出售股票研究成果，将其指数授权给上市交易基金（ETF）和公共基金等	Ocean Tomo，Patent Board
私掠者	运营公司将部分专利权转让给专利授权和实施公司（PLEC）来获得额外收益，其实是将企业的专利货币化功能外包给运营公司。这种模式不但能节约大量成本，运营公司还能使自己免于交叉许可、反诉、反竞争条约等	Acacia w/Renesas，Acacia w/Access Co. Ltd.

续表

商业模式	介　　绍	代表公司
IP 保险公司	目前保险公司主要提供三种形式的保险：①为专利权导致的直接损失提供保险；②为公司不当使用他人知识产权而受到的指控提供保险；③当被保险人的知识产权被不当使用时，为其主动出击提供保险	AIG，Hiscox，IPISC，Kiln，The Hartford

注：中英文对应，

专利授权和实施公司：Patent Licensing And Enforcement Companies（PLEC）；

专利收购基金：Institutional Patent Aggregators/IP Acquisition Funds；

IP/技术研发公司：IP/technology development companies；

专利授权经纪人：Licensing agents；

诉讼投资公司：Litigation finance/investment Firms；

专利经纪人：Patent brokers；

专利并购顾问：IP-Based M&A Advisory；

IP 拍卖平台：IP Auction Houses；

在线知识产权/技术交易所：On-Line IP/Technology Exchanges/Clearing houses；

IP 支持融资：IP-backed Financiers；

权利金证券化公司：Royalty Stream Securitization；

专利分析软件和服务：Patent Rating Software and Services；

大学技术转移中介：University Technology Transfer Intermediaries；

知识产权交易/贸易平台：IP Transaction Exchanges/Trading Platforms；

防御性专利联盟：Defensive Patent Pools；

技术/知识产权投资公司：Technology/IP Spinout Financing；

基于专利的公共股指：Patent-Based Public Stock Indexes；

私掠者：Privateers；

知识产权保险公司：IP Insurance Carriers

（二）集中型组织对专利运营的需求

专利运营核心是为了实现专利的经济价值，这种实现方式多种多样，也需要具有不同背景的多种知识人才的合作，对于专利运营机构而言，没有一家机构能够胜任所有与之相关的业务，尤其在研发创新活动分散化的今天。因此，专利运营机构要取得成功，就必须选择适合自己的业务领域。集中型组织成立的目的就是进行各种形式的专利运营，并借此达到营利目的。

知识框 21　台湾智财银行

由于近年来侵权诉讼已成为企业国际竞争手段之一，我国台湾地区高科技厂商不断遭受国外大厂指控侵权，为此，台湾地区"经济部"于 2011 年 9 月主导成立了诉讼防御性的专利银行（IP Bank）和反诉基金，希望以强大的专利组合与诉讼经验帮助厂商建立保护伞。知识产权银行通过购买和出售专利来营利，帮助厂商进行专利研发和制定专利战略工作。反诉基金则是帮助企业在应对专利战时取得有利的专利权，重点放在能源、智能手机、智能电视等知识产权纠纷严重的产业。

台湾专利银行是一种创新的专利营运模式，由一家拥有优秀知识产权专业团队的专利管理公司，以及一家以上专利基金（公司）组成。其主要任务是取得优质关键专利，以提供国内企业反诉与布局新兴产业之用。专利管理公司的主要业务内容是为厂商提供前瞻研发专利布局所需的专利中介代理、联合谈判、专利诉讼等专业咨询及战略合作，尤其是协助中小企业在研发前期布局专利，在中期合理防御，在长期积极攻略并拓展产业规模。

台湾智财银行旨在帮助私营企业获得参与国际竞争或进行研发活动所需的专利，并在国际知识产权相关诉讼中保护自己。在第一阶段，该机构将投资 828 万美元创建 IP 管理公司——工业技术投资公司，作为其全资拥有的实体。台湾 IP 银行将是该公司的唯一投资者，并管理其业务。六个月后，机构将在私人投资者和政府的协助下创建 IP 基金公司。总投资预计在 2980 万美元到 4966 万美元，并分配至三个基金：反诉基金、发展基金和虚拟基金。据 Tsai Lee & Chen 专利及律师事务所表示，反诉基金将主要用于为国际专利侵权诉讼中台湾企业的辩护。发展基金将侧重于"在潜在领域防止主要国际企业持有关键专利技术的长期战略"，同时虚拟基金会提供给大学和公司的研发部门。

机构副总裁 Johnson Sher 表示，台湾 IP 银行受到其他亚洲 IP 基金的启发，但将更独立于行政部门，以更有效地运作。当时的"行政院长"吴敦义也强调，当局不会干预基金的运作。台湾 IP 银行正在寻找投资者，尤其是私营 IT 企业，如宏碁、华硕、HTC 等公司都被视为潜在的合作伙伴，因为其国际地位使他们有可能遭遇国际专利诉讼。台湾 IP 银行将创建来自公司和研究中心的专利组合，并向企业提供知识产权战略方面的建议。台湾工研院院长徐爵民表示，IP 银行的专利许可可以向岛内外的学术界、研发机构及企业购买，也可以建立"虚拟"专利，即专利拥有者可以将其专利放在知识产权银行，待需要使用该专利时，再进行相应的专利许可。

（资料来源：萧海. 应对专利战：台湾建立知识产权银行和反诉型基金［J］. 中国专利与商标，2011，4：71.）

（三）我国集中型组织进行专利运营的问题

随着我国经济的快速发展和科学技术的日新月异，我国专利运营机构的数量大量增加。我国专利运营机构的职能范围包括专利代理、信息咨询、人才培养、法律咨询、专利交易和专利融资等。由于涉及的业务范围比较广，但是关于专利单方许可和专利组合许可业务的发展不完善，专门从事专利运营转让的专利运营机构数量更少。

(1) 市场适应能力差，生存压力大。我国专利运营机构的数量在近年来快速增多，但是与专利技术市场的联系并不紧密。我国的专利运营机构还仅仅停留在为企业或者科研机构提供技术许可、专利信息咨询和专利运营方面的内容，被动地接受技术市场的变化。客户多则盈利多，客户少则盈利少，并不能积极地面对市场进行资源整合与结构调整，盈利能力较低。

(2) 专利技术人才缺失，技术敏感度低。专利代表着产业技术的创新，因此专利运营机构必须有专门的技术人才，能够评估专利的价值，实施机构的专利购买、专利组合打包、专利组合许可等业务。而现阶段我国的专利运营机构专门技术人才缺失，导致工作人员无法对专利技术进行价值评估、购买与许可，使其工作仅仅停留在专利申请、为专利运营双方提供中介服务，难以形成专利运营体系。

(3) 经济规模小，运营专利实力差。我国的专利运营机构虽然数量较多，但是普遍存在规模小、人员少、资金少、开发能力不足等问题，难以推动专利运营市场的建立和完善。由于专利运营机构是中介运营机构，需要涉及大量的专利运营资金、专业的技术人才，从而才能实现专利运营，促进运营机构的盈利，推动技术的产业化。

(4) 法律制度不完善，法律意识淡薄。我国专利运营机构服务良莠不齐，出现了一些中介假借技术展览、技术交易为名乱收费；或提供不合要求的假技术等，这些不规范现象导致技术转让渠道不畅，实际成交量屈指可数。运营机构在提供技术服务的过程中，因为营销、评估技术成果等活动，难免会触及技术资料，包括技术方案、设计要求、运作流程、技术指标、数据库、运行环境、作业平台、测试结果、模型、使用手册、涉及技术秘密的业务函电等。运营工作人员违反了保密业务，会给委托方带来巨大的经济损失[①]。

(5) 规避风险意识不足，缺乏风险准备金。我国的专利运营机构虽然已有一定的风险意识，但对如何防范风险仍缺乏经验。由于专利申请、保护、许可、争议、诉讼等周期很长，再加上很多机构由于执业未形成规范，许多问题隐患尚未暴露，所以在发展中有着一定的市场风险，这方面对采取合伙制的中介机构尤其如此。

四、服务型组织的专利运营

（一）服务型组织

服务型组织主要是指利用市场机制，为知识产权经济价值的实现提供

---

① 李辉. 技术中介机构运作机制研究 [D]. 济南：山东大学，2005.

服务的组织，服务型组织基本上不参与研发活动，提供的服务类型包括平台性服务（IPXI、中国技术交易所）和咨询性服务（北京集智慧佳知识产权咨询公司）。从广义上看，服务型组织也属于专利运营组织的一类，雷蒙德·米理恩和罗恩·劳丽所概括的知识产权商业模式中的专利拍卖平台、专利顾问、专利分析软件和服务等都属于服务型组织的专利经营模式，这些组织的一个明显特点就是其进行专利运营中的服务性比较强，主要通过对外部提供服务来营利。这里选取的代表性服务型组织包括BTG、IPXI、盛知华、宇东集团和中国技术交易所。

（二）服务型组织对专利运营的需求

上文提到服务型组织主要包括提供平台服务和提供咨询服务两种类型。服务型组织和集中型组织一样对专利运营有比较强烈的需求，但是在模式上有较大的差别。

提供平台服务的组织在一定程度上也具有集中型组织聚合专利的功能，但是这种"聚合"的功能以聚集专利信息为主，多数情况下并没有直接获得专利权或专利许可，从而在完成专利集中后较少进行专利许可和专利诉讼等。平台类服务的具体服务内容包括作为专利转让、专利许可的中介，以及专利技术研发人和专利技术投资人之间的中介。平台服务的组织类型包括线上服务、线下服务，以及线上线下结合的服务，线上服务主要借助互联网通过提供专利持有人（出售方）或专利技术需求方的信息来完成交易，线下服务主要包括专利技术展会和现场专利拍卖等方式。平台类服务组织的营利来源主要是两种方式：第一种是"入门费"（或称为上架费、报名费），即凡是需要提供专利需求信息或专利供给信息的一方都需要缴纳一定费用；第二种是在交易完成后往往还要抽取交易额的一定比例作为佣金。提供平台服务的核心在于选取有市场前景的专利进行交易，这有助于促进交易的完成，同时需要加大对平台的宣传以吸引更多客户，从而增加收益。

提供咨询服务的组织所提供的服务主要包括以下几个方面：①协助科技公司获得具有战略意义或者具备防范性质的专利组合，以应对竞争者；②为科技公司的并购交易提供咨询建议，以交易金额的固定比例作为佣金，提供的服务包括专利的尽职调查，专利资产整合的咨询以及并购中专利的交易结构设置；③提供专利搜索和分析的软件工具，帮助专利持有者、律师、投资者以及其他人可以在专利市场对特定专利或者专利组合有更加全面的了解，主要从软件的销售和顾问费中盈利；④协助或者提供资金给专利持有者，将专利资产证券化进行融资。提供咨询服务的组织在参与专利运营活动中的一个关键因素是专利运营人才，尤其是技术分析人才、法律人才和市场分析人才，同时还需要借助一定的分析工具。

（三）我国服务型组织进行专利运营的问题

（1）专利交易市场不成熟。我国尚未形成成熟的专利市场，以专利拍卖为例，我国专利拍卖主要发生在上海、广州、北京等地。2004 年 12 月上海首届专利高新技术成果专场拍卖会，有 39 项来自科研机构和发明人的专利参与拍卖，最终成交 8 项专利技术，总成交额为 1215.05 万元，单个专利最高成交金额达 670 万元，4 年前上海市还曾举行过一次高新科技成果拍卖会，其中 6 项专利起拍总价达 1.2 亿元，结果只拍出了 1 项 10 万元。2009 年在"中国上海专利周"中上海专利拍卖会上，有 5 项专利拍卖成功，成交总金额达到 6536 万元。2010 年 12 月由中国技术交易所承办的中科院计算所首届专利拍卖会上，69 件标的中的 28 件专利被成功拍出，成交率 41%。2011 年的中技所现场竞拍的 100 项专利中仅有 15 项拍卖成功，竞拍金额 100 余万元。2012 年中科院计算所第二届暨中国技术交易所第三届专利拍卖会，成交标的 87 项，成交金额 425.5 万元，成交率 37%。反观美国的情况，Ocean Tomo 公司在 2006～2009 年，共促成 641 项专利交易，交易金额达到 1 亿美元以上，Ocean Tomo 公司的专利拍卖活动已经成为知识产权领域的一场盛会。

（2）平台类机构运行不善。目前我国市场上已经出现了一批通过提供平台促进专利许可和专利转让的组织，主要包括由政府主导的公益性质的专利运营中心和由营利性企业提供的在线交易平台。但是整体上并没有对促进我国专利交易发挥显著性作用，没能充分克服信息不对称的困难，而且行业内没有形成有带头作用的企业。

（3）专利咨询机构少。我国的咨询行业整体上起步较晚，相应的企业成立时间较短，规模也不大，与国外著名咨询公司还存在较大差距，目前国内比较有影响力的咨询公司包括正略钧策、北大纵横、爱维龙媒、柏明顿、华夏基石、和君创业、和君咨询、长城战略咨询等。而在专利咨询方面，我国的现有企业就更少了，而且成立时间更短，比如七星天（北京）咨询有限责任公司 2012 年成立，专门从事知识产权管理解决方案的北京集慧智佳知识产权管理咨询有限公司在 2014 年也在进入正轨。

五、综合型组织的专利运营

（一）综合型组织

综合型组织是指至少具有上述生产型组织、研发型组织、集中型组织和服务型组织中的两种特性的组织。综合型组织在利用知识产权将自身做强做大的同时，还积极利用知识产权许可进行营利。综合型组织一般具有强大的知识产权组合，并且对产品的研发、生产和销售环节都有涉足，而且在对外许可知识产权方面也有强劲实力。综合型组织的代表包括 IBM、微软、高通、谷歌、华为，其中 IBM 的业务包括技术服务、产品制造、专利许可等，微软、华为与 IBM 的模式类似，高通是"无晶圆厂"模式的典型代表而且通过专利许可获得巨额收益，谷歌从最早的搜索引擎开始不断涉足产品和技术等新的业务领域。

综合型组织一般具有开放创新的经营理念，在专利判断标准方面有比较深入的认知，熟知哪些专利可以对外许可和哪些专利不能对外许可。一些专利运营业务比较成熟的综合型组织甚至将专利许可作为组织内部的一项独立业务，而且是企业营利的一个主要方面。

（二）综合型组织对专利运营的需求

综合型组织涉及业务面比较广，而且组织运营中的各项业务都需要得到专利运营的有效支撑。首先，在产品生产方面，专利是保护产品的重要工具，借助专利运营企业可以获得市场进入权并掌握市场主动权，通过以专利技术作为谈判筹码，企业可以进行专利交叉许可从而进一步提升产品质量，通过利用专利技术来营造商业生态环境企业可以巩固自身产品在产业链中的地位以获取更多利润。在技术研发方面，通过选取恰当的时间和地域申请专利可以对研发成果进行有效保护，同时也是为专利运营奠定基础，权利化的技术方案相对于普通的研发成果为权利人提供了较大的运作空间，同时也提供了获取更多利益的可能性。在专利运营方面，由于强势的综合型组织往往掌握有大量相应技术领域的基础专利，而这些基础专利是这些技术领域所在的行业发展所难以绕过的，所以掌握专利技术的组织就获得了进行专利运营的自然优势，最为常见的运营方式就是将专利许可给有需求的企业并获取许可费率，同时还可以通过交叉许可引入外部技术，在必要的情况下还可以利用专利侵权诉讼阻断竞争对手进入特定市场。

（三）我国综合型组织进行专利运营的问题

我国综合型组织参与国际化和进行专利运营活动所受到的两个主要方面的制约是专利储备，尤其是基础专利与核心专利储备不足，以及专利运营经验的缺乏。

（1）专利储备不足。专利储备是我国企业进行跨国经营和进入国际市场的敲门砖。2015 年是我国改革开放的第 37 年，而我国的专利制度正式确立也才刚刚超过 30 年[①]，社会上尚未形成整体的有利于专利发挥价值的专利文化氛围，多数企业起步较晚，技术积累少。即使是像华为和中兴这样的在国际市场取得一定地位的企业也是在近 20 年的时间内通过大规模研发投入获得了一定的技术积累，从而得以跻身国际舞台，但是由于企业起步晚，在开始意识到专利的重要性时已经有很多基础性的技术被老牌跨国企业申请了专利，所以在进行国际运营，尤其是进入欧美发达国家市场时，

---

① 以我国第一部《专利法》实施为标志，我国第一部《专利法》于 1984 年 3 月 12 日经第六届全国人民代表大会通过，并于 1985 年 4 月 1 日开始实施。

常常会受到掣肘。

（2）专利运营经验不足。由于我国专利制度建立时间较短，在国内组织还在对专利制度的使用进行探索之时，国外企业已经在专利运营方面积累了大量经验，从而在同样的全球化市场上我国企业就处在了劣势地位。目前，我国很多企业都对研发投入和专利申请拥有了充分的重视，并取得了一定的成就。但是在企业发展的有限空间和企业有限资源的约束下，要想赶上老牌跨国企业还是需要一个循序渐进的过程，尤其是专利运营这种专业化程度非常高的经营活动，更是需要通过不断学习和实践来获得能力的提升。

六、三位一体的专利运营

专利运营要和组织的其他经营资源、要素和形式结合起来，必须有合适的战略设计和制度安排。战略是一种重大的、长远的、带有全局性或决定全局的谋划，好的战略需要满足三点要求，即一致性、整合性和适应性。这里三位一体的专利运营主要是针对组织业务中没有完全剥离产品生产的组织类型而言。

（一）经营发展战略

企业发展战略是企业在分析外部环境和内部条件的基础上，为实现战略目标，求得长期生存和不断发展而进行的总体谋划。外部环境包括政治环境、经济环境、社会环境、科学技术环境、市场环境等，外部环境对战略的制定和实施有决定性作用，外部环境一方面为企业的发展提供机遇，另一方面又制约着企业的经营活动[1]。企业的内部条件包括人力资源、硬件设施、资金能力、管理水平、内部制度、技术条件、组织文化等方面，主要包括硬实力和软实力两个方面，是战略实施的基本保障。

经营发展战略的制定和实施是企业在激烈的市场竞争中获得生存的有力保障条件。企业的经营发展战略要在综合考虑外部环境和内部条件的基础上，确定明确的战略目标，并通过战略的实施实现该目标。

从经营发展战略的层次水平来看，可以将经营发展战略分为总体发展战略、业务发展战略和职能发展战略。总体发展战略是企业经营发展战略的最高层次，决定着企业的发展方向和发展目标，对企业各项经营活动的开展具有指导作用；业务发展战略是针对企业具体业务制定的发展战略，通常发生在某个事业部、专业领域或产品层次等方面，强调提高组织的产品或服务在具体产业或具体细分市场的优势地位；职能发展战略是对企业各项职能活动进行的谋划，是对总体发展战略和业务发展战略的贯彻、实

---

① 潘新华，李兴开. 企业发展战略制定的关键路径探析 [J]. 企业经济，2006（3）：14-16.

施和支持，包括人才战略、技术战略、组织文化战略、营销战略等内容。事实上，不同的发展战略模式有数百种，比如有人将业务战略分为竞争战略与合作战略，而竞争战略又有成本领先战略、差异化战略和聚焦战略等，安索夫（Ansoff）在《多元化战略》一文中也提到了四种企业发展战略：市场渗透战略、市场开发战略、产品开发战略和多元化战略。

从经营发展战略的过程来看，大致涉及制定战略、实施战略和评估战略三个主要环节，具体地可以包括以下几个步骤：目标确定阶段、外部审查阶段、内部审查阶段、战略运用阶段、为整个过程制定计划[①]。

（二）研究开发战略

一般认为研究开发（Research and Development，R&D）活动包括基础研究、应用研究和试验开发三类活动，基础研究是为获得关于现象和可观察的事实的基本原理的新知识而进行的实验性或理论性的工作；应用研究则主要是针对特定的实际目的或目标，为了获得新的知识而进行的创造性研究；试验开发是利用前两者以及实际经验获得的现有知识，为生产新的材料、产品和装置，建立新的工艺、系统和服务，以及对已生产和建立的上述各项进行实质性的改进而进行的系统性工作[②]。目前，研究开发具有合作化、全球化和超前化的特点，合作化是指研发活动越来越多地发生在不同类别组织之间（比如企业、大学、研究机构），不同的行政区划之间以及不同的国家之间。研发活动的全球化是知识经济化、经济全球化的必然结果，同时也是国家层面研发合作化的结果，主要表现包括跨国公司的国际研发和国家层面的科技合作项目等。研发活动超前化是指国家或企业通过具有前瞻性的技术预见，提前对未来技术进行研发，从而占领技术高地。

研究与开发战略是指由企业的经营观念和经营目标所决定、作为实现经营目标的手段而被贯彻到研究与开发活动中的基本思想，是为实现具体目标而选择的研究与开发方式，以及根据企业整体的综合目标决定向企业的研究与开发活动分配企业资源的基本方针[③]。对于企业，尤其是综合型企业，通过实施研究开发战略可以加快产品的更新换代步伐，降低生产成本，提高盈利能力，从而使企业保持竞争优势，获得持续性发展。

研究与开发战略的选择常常受企业总体战略和经营战略的影响，处于不同环境条件下的企业研究开发战略分为三种类型。第一种是在进攻与防守之间进行选择的基本型研究与开发战略，包括为市场扩张和多元化经营而采用的进攻型研究与开发战略，为保持和支撑企业现有技术在其主要市场优势地位的防御型研究与开发战略，互换型研究与开发战略；第二种是以新技术作为进入新市场主要手段的渗透型研究与开发战略，包括高档战

① 亨利·明茨伯格，等，著. 战略历程 [M]. 刘瑞红，等，译. 北京：机械工业出版社，2002：35-40.
② 王永杰. 研究与开发特征分析 [J]. 科技管理研究，2004（6）：19-22.
③ 张孝金. C 公司在华研发战略选择及实施策略研究 [D]. 兰州：兰州大学，2013.

略、空隙战略和升级战略；第三种是竞争对手和技术自身产生技术威胁时的反应型研究与开发战略[①]。

何静将中小型高新技术企业的研究开发战略分为四种类型：进攻型战略、防御型战略、技术引进型战略和部分市场战略（依赖战略）。进攻型战略的目的是要通过开发或引入新产品追求企业产品技术水平的先进性，抢占市场，在竞争中保持技术与市场的强有力的竞争地位。防御型战略，或者叫作追随战略，指企业不抢先研究和开发新产品，而是在市场上出现成功的新产品时，立即对别人的新产品进行仿造或者加以改进，并迅速占领新市场。技术引进型战略的目的是利用别人的科研力量开发新产品，比如通过购买大学和科研机构的专利或者科研成果来为本企业服务，或者通过获得专利许可进行模仿，把他人的开发成果转化为本企业的商业收益。部分市场战略主要是为特定的大型企业服务，用自己的工程技术满足特定的大型企业或者母公司的订货要求，不再进行除此以外的其他技术创新和产品的研究开发[②]。

Pisano（2012）[③] 提出了研发战略的四个方面的要素：架构（architecture）、过程（processes）、人（people）和投资组合（portfolio）。架构指研发在组织和地理层面的安排，包括研发的集中化还是分散化，研发的规模、规制和关注点等内容。过程是指实施研发的正式的和非正式的方法，涉及项目管理系统的选择、项目治理、项目任务、项目跟踪等。人是研发体系中的关键因素，因为研发活动是一个劳动集中型过程，人力资源的选择对于研发活动有很大影响，比如天才型和专家型人才的选择、技术背景和教育背景的选择、工作方式、职业路径等。投资组合指在不同类型研发项目之间的资源配置，包括项目的分类、优先次序、选择等方面，而且投资组合需要反映整体研发战略。

（三）知识产权战略

知识产权战略包括国家知识产权战略、区域知识产权战略、行业（产业）知识产权战略和组织知识产权战略。

国家知识产权战略是指通过加快建设和不断提高知识产权的创造、管理、实施和保护能力，加快建设和不断完善现代知识产权制度，加快造就庞大的高素质知识产权人才队伍，以促进经济社会发展目标实现的一种总体谋划。区域知识产权战略是国家知识产权战略的有机组成部分，是国家知识产权战略在区域层面的落实。

行业知识产权战略是指行业内的企业联合利用知识产权保护制度，以

---

① 沈光明. 技术创新在新一代 HP 磨煤机研发项目中的应用 [D]. 上海：上海交通大学，2011.
② 何静. 中小型高新技术企业研究开发战略 [J]. 合作经济与科技，2006（21）：11-12.
③ Pisano G P. Creating an R&D Strategy. Working Paper，12-095，April 24，2012.

知识产权作为战略资源，谋求或保持产业竞争优势的总体谋划[①][②]，同时行业知识产权战略也需要政府的适当参与，因为政府在营造知识产权法律环境、规范市场秩序等方面发挥重要作用。行业知识产权战略比较强调其行业特点，旨在以知识产权为战略资源提升行业整体竞争力。

组织知识产权战略包括企业知识产权战略、大学知识产权战略、科研机构知识产权战略等。对于组织知识产权战略的研究主要集中在企业方面，吴汉东等（2002）认为所谓知识产权战略是指运用知识产权及其制度去寻求企业在市场竞争中处于有利地位的战略[③]。陈美章（2004）认为企业知识产权战略可以理解为有效地运用知识产权保护制度，为充分维护自身的合法权益，获得和保持竞争优势并遏制竞争对手、谋求最佳的经济利益而进行的全局性谋划和采取的重要策略和手段[④]。冯晓青（2005）认为企业知识产权战略是企业为获取与保持市场竞争优势并遏制竞争对手，运用知识产权保护手段谋取最佳经济效益的总体性谋划，具有全局性、长远性、竞争性、纲领性、实用性、法律性等一系列特征[⑤]。综合来看，在企业方面，知识产权战略主要是指运用知识产权制度，结合自身条件和特点构建企业竞争优势以实现企业自身利益最大化。从一般性组织来看，实施知识产权战略也是利用知识产权制度来构建组织的竞争优势以实现组织的利益最大化。

（四）三位一体

科学技术是促进生产力发展的重要因素，同时也是企业竞争优势的主要来源。普拉哈拉德（Prahalad）和哈默（Hamel）在1990年提出核心竞争力的概念认为"核心竞争力是组织中的积累性知识，特别是关于如何协调不同的生产技能和有机结合多种技术流派的知识"[⑥]，可见这种核心竞争力在很大程度上是基于知识的，而且核心竞争力事实上是一种动态的能力，这种动态能力的维持要依赖于技术创新，而技术创新的来源便是研究开发活动。知识产权战略在其中发挥的作用主要是对研发活动的智力成果进行保护，通过权利化赋予相应的单位或者个人对智力成果的独占地位，巩固基于知识的核心能力，帮助组织获得竞争优势，从而实现组织经营发展战略的目标。

（1）研究开发战略属于经营发展战略中的职能战略，要以总体战略和

① 詹映. 行业知识产权战略基本问题探析 [J]. 湖湘论坛，2009（6）：12-16.

② 詹映，温博. 行业知识产权战略与产业竞争优势的获取——以印度软件产业的崛起为例 [J]. 科学学与科学技术管理，2011，32（4）：98-104.

③ 吴汉东，肖志远. 入世后的知识产权应对——以企业专利战略为重点考察对象 [J]. 国防技术基础，2002（4）：37-40.

④ 陈美章. 对我国知识产权战略的思考 [J]. 知识产权，2004，14（1）：6-13.

⑤ 冯晓青. 企业知识产权战略（第3版）[M]. 北京：知识产权出版社，2008：12-17.

⑥ Prahalad, C K, Hamel G. The core competence of the corporation [J]. Harvard Business Review, 1990, 66：79-91.

业务战略为指导，并为总体战略和业务战略提供支持①，而知识产权战略同时具备职能战略和业务战略的特性，同样也需要服务和支持经营发展战略。经营发展战略、研究开发战略和知识产权战略需要通过整合才能为企业带来竞争优势。知识产权活动和研发是不可能分离存在的，同样的，知识产权战略与研发战略也是紧密结合共同服务于企业经营发展的。

（2）知识产权战略与经营发展战略、研究开发战略紧密结合，知识产权战略可以推动企业的经营发展和技术研发活动。研究开发包括自主研发、合作研发和委托研发，无论何种形式的研发都会涉及知识产权成果的保护，而通过对知识产权化的研发成果的运营可以直接或间接为企业创造收益，从而推进研发活动和促进发展战略的实施。

丸岛仪一认为技术、业务和知识产权如果不能三体合一，企业就没有核心竞争力，知识产权必须以制造业为背景才会有立足之地，而且如果不跟研发工作紧密结合就无法产生持续的知识产权②。

（3）资源基础理论认为企业是各种资源的集合体，企业的竞争优势主要来自于异质性的资源，如果优势企业具有其他企业无法仿效或复制的特殊能力，那么企业之间的效率差异就会永久性持续。Penrose在《企业成长理论》一书中将企业定义为"被一个行政管理框架限定边界的资源集合"，并认为企业成长主要由能否更为有效的利用现有资源决定的③。而技术和知识产权都是企业内部的战略性资源，也是异质性的重要来源。

（4）企业能力理论认为企业本质上是一个基于知识的能力体系，包括核心能力和基础能力（一般能力），企业能力最终决定企业的竞争优势和经营绩效，企业的竞争优势来源于企业资源、核心技术和不同技能的有机结合。企业核心能力的维持需要经营发展战略、研究开发战略和知识产权战略的共同维持。

（5）企业实施知识产权战略需要将知识产权融入企业经营发展的各个环节，包括研发、生产、推广、销售等环节。在研发环节，无论是自主研发、合作研发还是委托研发，都要注意对于知识产权的保护；在生产环节，通过知识产权的产品化可以提高产品的市场竞争能力，同时可以利用知识产权的许可直接为企业增加收益；在推广和销售环节，知识产权同样也可以作为一种宣传的手段和工具加以利用。

（6）托马斯·彼德斯和罗伯特·沃特曼在《追求卓越》一书中将"自主创新"概括为优秀企业的8项本质属性之一④，那么自主创新的来源是什

① 陈祥国，汪蓉，蒋元涛. 基于技术创新战略的企业发展战略决策分析 [J]. 科学学与科学技术管理，2004，25（11）：109-122.
② 丸岛仪一. 佳能知识产权之父谈中小企业生存之道：将知识产权作为武器 [M]. 文雪，译. 北京：知识产权出版社，2013：13，104.
③ Penrose E. The Theory of the Growth of the Film [M]. NewYork：Wiley，1959.
④ 托马斯·彼德斯，罗伯特·沃特曼. 追求卓越 [M]. 龙向东，等，译. 北京：中央编译出版社，2004：206-244.

么，就是研究开发。

下面以多元化战略为例，具体分析多元化发展战略与研究开发战略、知识产权战略之间的关系。多元化战略指企业在多个相关或者不相关的行业领域中，同时经营多项业务，以降低企业经营风险并获取最大经济效益，最终达到增强企业竞争优势的目的。多元化战略包括相关多元化和非相关多元化，通过实施多元化战略，可以扩展企业经营空间，提高资源利用效率，优化资源配置，降低内部交易成本，分散风险。

多元化经营战略的实施方式主要有三种，第一种是企业依靠自身的资源和能力，对将要进入的领域在技术、设备、人力资源、市场营销等方面进行投资，从而达到市场进入的目的；第二种是通过兼并或收购外部企业，直接获得另外一个企业的经营权与控制权，从而进入新行业，实现多元化经营；第三种是通过合资、合作、特许经营等方式，联合外部力量弥补自身资源的不足，以达到进入新的市场领域的目的[①]。

无论是通过哪种方式实施多元化战略，都需要得到研究开发和知识产权的支撑。在第一种方式中，企业依靠自身资源和能力开发新的产品和市场，对自身的资源和技术能力的要求最高，前期准备工作也最为复杂。因为企业需要独立完成新产品的研究开发、生产、渠道扩展和销售，其中研究开发关系到新产品与市场现有产品的差异性，关系到新产品的质量以及是否能够在市场上取得成功。而知识产权则是对包括研究开发成果在内的各项智力成果的保护，并且赋予权利人以独占的和排他的权利，为企业研究开发所产出的新产品添加了一层保护伞。

第二种方式是企业快速进入新的市场领域的最为便捷的方式，不过前提是企业已经通过原有产品领域的经营积累了足够的资金。但是，兼并或者收购仅仅是为企业进入新的领域提供了便利，而不能保证企业在该领域的成功。企业需要在被并购企业的原有技术基础上，不断进行深入的研究开发和创新，从而保证核心能力的持续。同时，在并购过程中，要非常关注对方企业的动机和知识产权状况，以及企业所在国的相关政策，防止并购陷阱和因并购而导致的损失。

知识框 22　阿尔卡特-朗讯并购案

2015 年 4 月 15 日，据称诺基亚（NOK）计划并购阿尔卡特-朗讯（ALU）。尽管诺基亚可能会成为超越爱立信的网络巨头，并购狂热者们似乎忽略了一个明显的细节：在美国政府安全机构没有明确表示同意的情况下，ALU 的部分技术是受到转移方面的限制的，包括 ALU 的部分专利组合。

在 ALU 和 NOK 的合并谈判期间，法国政府想要把为创建法国初创企

[①]　李林. 企业多元化战略研究［D］. 湘潭：湘潭大学，2006.

业建立一个 1 亿美元的基金作为并购协议的一部分。然而，美国貌似并未认同该条款。考虑到 ALU 与一些智能实体（intelligence entity）和受限政党的商业行为，会有国家方面的限制对 ALU 的技术和专利组合的商业选择形成制约。

考虑到在 2014 年，ALU 出售了其与美国政府签约的子公司，LGS 创新，美国政府应该会比较关心 ALU 的交易。美国国家安全局和美国国防部下的国防贸易管制理事会-国际武器贸易条例的执法机构-有比较宽泛的能力限制或者禁止 ALU 的出售或者组合部分的转移。

美国国外投资委员会也保留有限制 ALU 财产处置的权利。就是这个组织在 2006 年的涉及来自贝尔实验室的敏感技术的 Lucent-Alcatel 并购附加了条件。此外，美国国外投资委员会保留在各方违反条约条款情况下审查和撤销原始并购协议的权利。

利用专利分析系统，MCAM 找到了 ALU 利用美国政府资金创造的技术。政府对这些技术享有很多权利。比如阿尔卡特朗讯持有的一项专利号为 US8014676 的专利，在专利说明书中就有如下内容："这一发明是政府依据 HR0011-05-C-0027 号协议由美国高级研究计划署在 EPIC 项目下资助的，政府在这项发明中享有具体的权利。"

这不是目前为止完全由美国政府控制的唯一的专利。一旦像美国对外投资委员会和国际武器贸易条例这样的监管机构充分注意到这场交易及其全部意义，这场并购可能就不能如期进行了。

（资料来源：M. CAM Patent Obvious. Transfer restricted-intellectual property analysis of the Alcatel-Lucent acquisition. April 16，2015.）

第三种方式是企业进入新领域的较为快速而且风险较低的方式。但是通过合资、合作等方式实现多元化，在经营过程中会面临研发成果和知识产权产出的归属问题，是需要在实施多元化战略前就考虑的问题。

下　编

案例解析篇

第六章 生产型组织的专利运营

一、佳能

佳能株式会社（简称佳能）是日本的一家全球领先的生产影像与信息产品的综合集团，自1937年创办以来，不断发展壮大成为一家多元化和全球化企业。目前，佳能的事业以光学技术为核心，涵盖了影像系统产品、办公产品以及产业设备等广泛领域。位于东京的集团总部与美洲、欧洲、亚洲和大洋洲的各区域总部紧密联系，构筑了全球化与本土化有机结合的运营体制。截至2013年12月31日，当年营业额为355.37亿美元；净利润21.95亿美元，员工194151人，子公司257家①。

2006年，佳能会长兼社长御手洗富士夫出任日本经济团体联合会会长（2010年卸任）。这个人事变动向日本全社会传达了一个明确的信号，即短小轻薄型产业已经成为日本核心产业。因为，被日本民间称为"财界总理"的日本经济团体联合会会长的职位是由日本核心产业内核心企业的会长来担任的，而且一直以来都是"重厚长大"产业（汽车、钢铁、造船等）代表性企业的会长担任。御手洗富士夫出任此职，打破了历史的和社会的惯例。

御手洗富士夫出任日本经济团体联合会会长还传达了另外一个信息，就是重视知识产权。佳能是日本企业重视知识产权的典型，与美国施乐公司围绕静电复印机的专利之战，确立了佳能公司知识产权"硬汉"的形象。2014年1月，本书作者之一刘海波拜访佳能公司知识产权本部长长泽健一时，再次确认了佳能公司的这一形象，并进一步认识了佳能公司专利运营的本质特征：佳能公司的专利必须为佳能公司的产品服务，佳能公司不会为现金出售或主动许可专利。

（一）发展历程与现状

1. 发展历程

（1）公司成立到20世纪50年代。

佳能靠照相机起家，1933年在妇产科医生御手洗毅的资金帮助下，吉

---

① 佳能（中国）网站. 集团介绍 [EB/OL]. [2015-12-23]. http://www.canon.com.cn/corp/group/introduction.html.

田五郎、内田三郎和前田武男共同在东京的一间三层木板房公寓里创立了一家精机光学研究所，这便是佳能公司的前身。第二年，他们试制出了日本第一台 35 毫米焦距平面快门照相机。从那时起，佳能就意识到了研发的重要性，也为佳能成为技术型企业打下了深深的烙印。佳能成立之初的发展定位就是以打败德国"莱卡"相机为目标，专注于研发相机和摄影机，1958 年在企业内部设置专利科。

（2）20 世纪 50 年代初到 70 年代末。

这一阶段，佳能开始实施技术研发多元化。在研发相机的基础上，又开始投入开发办公设备，包括传真机、复印机、打印机和摄像机，20 世纪 60 年代后期进入复印机市场，70 年代末期投资打印机。其间推出了世界首创 10 键式电子计数器、世界首创液干式普通纸复印机和记忆式复印机等自主创新技术和产品。

这一阶段佳能开始认识到专利战略的重要性，在与以施乐公司为首的美国强势企业进行的专利攻防战中生存下来。20 世纪 70 年代开始自主开发复印技术及自主开发调色剂、光敏部件等耗材，1970 年 9 月发售"NP-1100"，1973 年收到施乐公司的专利侵权警告，1978 年经过长期交涉，施乐公司认可了 NP 系统是佳能的自主技术。

（3）1980～1985 年。

这一阶段，佳能公司创造了"垂直综合研发方式"，努力用技术开发回应运营的需求，提高产品的附加值。它除了研发产品本身的技术外，还加强对关键组件、材料及零部件的研发。这一期间，佳能公司又推出了硒鼓式小型复印机、商务用普通纸打印机，最小、最轻激光打印机等系列首创技术和产品。

（4）1990～2000 年。

这是佳能公司迈向研发"世界领先技术"新阶段，设立了技术创新平台、网络化产品技术圈和网络服务技术圈这三大技术支撑平台。这一阶段，佳能公司不仅产品研发多元化，而且研发也进入了全球化，在美国、欧洲等设立研发中心，并创设了佳能基金。

这一时期，佳能在美国开始卷入专利侵权诉讼风暴，对办公设备竞争对手发起专利侵权诉讼攻击，对于强力的竞争对手采取专利交叉许可策略。1995 年御手洗富士夫掌舵佳能以来，便一直专注于高附加值产品的研发，实施"加快产品研发"战略。这使佳能在许多关键技术上掌握了自有技术，因此得以领先市场，并取得高附加值，获得高利润，而后继续投入研发，形成了以技术力为龙头的良性循环。

2. 现状

佳能自 1996 年起推进"全球优良企业集团构想"，重视"全球化"的良性发展，其中，获得世界各国的专利权，将佳能的革新性技术推广到全球是其"全球化"战略重要的一环。佳能有周密的专利申请计划，即考察各地区特有的运营策略以及技术和产品趋势后，在最有必要的国家和地区提出专利申请。美国由于其高科技企业众多且市场规模巨大，是佳能最早推进技术合作、扩大公司业务的海外市场之一。而随着以中国为代表的新兴高科技国家的飞速发展，佳能与这些国家和地区的技术合作也不断深入。截至 2012 年年底，根据中国国家知识产权局官方网站公布的统计结果，佳能在中国共获批专利 7278 件，在外资企业中排名第三。如图下编 6.1 所示，至 2014 年 1 月 14 日为止，佳能公司获美国专利商标局（USPTO）批准的专利数共计 3825 件，目前在全球排名第三①。

图下编 6.1　2005～2013 年在美国获得专利数中佳能的排名及专利获得数

注：2013 年的数据出自于美国商业专利数据库，2005～2012 年的数据由佳能根据 USPTO 的数据推算；表内名次为佳能在 USPTO 获批专利数量在全球企业中的排名。

（二）模式

1. 研发

（1）持续投入研发。

1937 年，凭借光学技术起家、并以制造世界一流相机作为目标的佳能公司成立。此后，佳能不断研发新技术，并在 20 世纪 70 年代初研制出日本第一台普通纸复印机。80 年代初，佳能首次开发成功气泡喷墨打印技术，并且将其产品推向全世界。对技术研发的重视和投入，使佳能能够数十年不断发展壮大，并且成为同行业的领导者。佳能公司 CEO 御手洗富士夫希望以产品创新来推动公司的成长。御手洗富士夫推行的政策非常直截了当：重点投入到公司做得最好的方面——研发。这就是佳能在许多领域拼命削减成本费用的同时，却在研发上仍然如此激进的理由。佳能每年以销售额的 8％投入到技术研发中，利用大量的资金支持研发，即使如此，御手洗富

① 中国质量新闻网. 佳能获专利数位列全球第三［EB/OL］.（2014-01-24）［2015-05-30］. http：//www.cqn.com.cn/news/zgzlb/diqi/838596.html.

夫仍不无惋惜地说："回顾过去，我唯一的遗憾就是未能在研发领域进行更多的投资。"

（2）以人为本的研发环境。

佳能每个研发人员都在思想开放的环境下形成了强烈责任感和高度积极性。佳能每年举行一次全球性的"创新技术论坛"。该项活动类似于内部学术会议，包括招贴会和研讨会，重点讨论将取得重大进展的研发主题。担任不同职位、从事不同领域工作的工程师齐聚一堂，讨论技术问题并交流意见，努力加强公司的整体技术能力。佳能的"工程师留学制度"是公司加快研发其目前业务领域的未来技术以及未来发展所需研究领域的高级技术的强力助推器。

（3）加强与大学的合作。

佳能在传统上一直推进和大学的共同研究。例如，和所在地（东京都大田区）的东京工业大学的合作，从胶卷相机事业开始到现在，都保持密切的合作，取得了实际的效益。产学之间的合作是企业从"一切自己做"向"开放创新"和"开放合作"的转变。

（4）注重超前研发。

佳能不仅专注于公司目前的产品及其基础与通用平台技术的研发，还侧重于尖端领域的研究，而后者往往需要 10 年或更久的时间才能取得成效。佳能希望通过参与未开发领域的基础研究，激发创新能力，开创出前所未有的全新市场。在这一体制下催生的气泡式喷墨打印机设备和实时数字化 X 光成像的大尺寸传感器均获得了学界和业界的高度认可，甚至到目前为止也对公司的业务起着至关重要的作用。佳能公司拥有 7000 多名研发人员，其中有 2600 人分布在 4 个核心研发本部工作，主要研发 10～20 年后的技术，而其余大部分研发人员分布在 6 个事业本部，针对未来 1～3 年的技术和产品开发。为了适应技术全球化的需要，公司还在美、英、澳、印、中设立了 7 个海外研发中心，研发人员约 700 人。

2. 专利

专利在佳能发展中占有举足轻重的地位。佳能知识产权工作恪守的基本方针是：知识产权工作是支撑事业开展的重要工作，研究开发的成果是产品和知识产权，尊重并妥善应对其他企业和个人的知识产权。佳能绝大多数的产品依赖于其专利核心技术，诸如激光打印机中感光性的鼓膜和数码相机中的成像引擎等。

基于对全球的知识产权运营的考虑，佳能采取了独具特色的中央集权式的知识产权管理。在佳能，知识产权法务总部负责整个公司知识产权战略的构建；在其统领下，分别在美国、欧洲、中国设立知识产权分部。佳能公司知识产权法务部至少有 300 名工作人员，主要业务是专利管理，直属于公司总经理之下。佳能知识产权管理是依据产品类别和技术类别来进行的，知识产权法务部相应地按产品和技术类别分项设置。比如，在产品类别上，设置了知识产权法务策划部、知识产权法务管理部、专利业务部、专利信息部。除了按照产品类别管理的这 4 个部门以外，知识产权法务本部另设有 7 个专利部。

一直以来，佳能对于研究开发人员从上至下教导和贯彻这样的基本理念：写论文不如撰写专利申请文件，读文献不如读专利公告。在佳能，公司每周都要固定抽出一天工作日，让研发人员撰写专利申请文件，阅读专利公告，专门进行知识产权业务学习。同时要求研发人员在阅读专利公告时要研究技术动态，若发现佳能的技术落入其他公司专利权保护范围时，需要技术人员变更设计。如果不能变更设计的，需要考虑在全世界检索力求无效该专利权；如果确实不行，就设法去购买或取得其他公司的专利许可，最好能与对手进行交叉许可。

佳能在把握公司整体发展方向以及技术动向的基础上，积极开展着技术开发成果知识产权化方面的工作，并通过深入的尖端技术调查来提高专利质量。专利升级活动（Patent Grade-up Activity，PGA）就是佳能一项尤为独特的计划，发明者及其他工程师与知识产权部门人员一起，对发明开展深入探讨。得益于技术部门和知识产权部门之间的协作，专利质量不仅可以得到提高，还能催生更多新的发明。

3. 诉讼与许可

佳能通过交叉许可来提升研发和专利实力，通过法律诉讼来保护产品市场。

2010 年佳能美国公司起诉 20 个企业和团体侵犯其在美国持有的两项专利 5903803 和 6128454，被告企业包括：纳思达形象国际有限公司、纳思达科技有限公司、纳思达管理有限公司、珠海塞纳科技有限公司、塞纳河形象国际有限公司、纳思达影像有限公司、Ziprint 图像公司、纳米太平洋公司、纳思达技术有限公司、城市天空公司、ACM 技术公司、劳工处产品公司、Essentials.com 打印机公司、XSE 集团公司的 d/b/a 的图像星、复制技术公司、红色权力公司的 d/b/a 的 LaptopTraveller.com、直接结算国际公司的 d/b/a 的 OfficeSupplyOutfitters.com、计算成像公司、EIS 的办公解决方案公司、123 笔芯公司。2011 年 6 月，美国国际贸易委员会和美国地区法院纽约南区做出裁决，国际贸易委员会的同意令判决该案若干被告在纽约南部地区的永久性禁令。

2012 年 1 月 13 日，佳能公司向美国纽约州南部地区法院起诉 Nukote 公司侵犯了该公司持有的美国专利 5903803 和 6128454。这场专利侵权诉讼案涉及墨粉盒和硒鼓等产品，包括用于佳能或惠普激光打印机的所有墨盒和硒鼓产品。2013 年 2 月 8 日，法院对 Nukote 进行缺席判决，判决其侵权事实成立，不得销售和制造涉诉的产品。根据南部法院的判决，Nukote 被永远禁止在美国市场生产、使用、销售和提供涉及侵犯佳能专利的墨盒和硒鼓产品，也不能向美国市场进口相关产品，这次判决涉及所有的相关墨盒和硒鼓产品。这次判决不仅帮助佳能保护了自己的知识产权，同时也将一些可能的竞争对手踢出局。

2014 年 7 月，韩国最高法院在佳能起诉韩国感光鼓制造商的专利诉讼中做出裁决，肯定了首尔高等法院在佳能起诉韩国感光鼓制造商 Alpha Chem 侵犯专利一案中的侵权裁决，并且支持韩国专利法院的裁决，即佳能有关感光鼓的第 258609 号专利主张有效。认定 Alpha Chem 专利侵权的裁决是最终的，Alpha Chem 不能再制造或销售侵权的感光鼓。事实上，仅仅 2014 年，佳能公司就在全球范围内掀起一场专利侵权起诉战，在美国、英国、法国、德国、荷兰、俄罗斯等国起诉了数十家企业。

2014 年 7 月，佳能和微软表示双方达成专利交叉许可协议，双方将共享包括数字影像及手机产品相关专利在内的广泛的专利组合，涉及一系列的产品和服务，专利的交叉许可对于增强二者之间的联盟和推进研发合作有着很大帮助，是增强企业创新和减少纠纷的一项重要举措。

4. 生产

佳能在其企业经营发展中的一个基本姿态是把独自研发产生的技术产品化和事业化。从 1937 年卤素胶卷照相机起步开始，到复印机、激光打印机、喷墨打印机、数码相机等新事业的开拓，一贯本着"重视独自技术"的运营哲学。此外，佳能"细胞生产方式"的实现，组装的自动化和无人化，供应链运营管理的构筑等领域也一直坚持创新，并最终成功实现多元化。

进入 21 世纪，佳能公司进一步加大投资研发世界尖端技术，并迅速转化为未来新产品。与此同时，佳能公司继续加强在研发管理上创新，实施"技术融合"的新管理方式，把专用技术与通用技术进行融合。如在研发新型相机时，利用佳能公司特色的镜头结合 CMOS 传感器，开发出新技术。针对数字化时代数字产品寿命短的特点，佳能公司通过它的共用技术平台，综合利用已开发的各类专用技术和通用技术，不仅加快研发速度，迅速推出新产品，而且节省了研发开支，这也是佳能公司进行研发管理创新的秘诀之一。

2014 年 4 月 30 日，佳能宣布一支在 2014 年 4 月 22 日生产的 EF 200-400mm f/4L IS USM Extender 1.4X 镜头，成为佳能第一亿支供 EOS 相机使用的 EF 系列可交换式镜头。佳能在 1987 年开始在宇都宫工厂为旗下 EOS 系列 AF（自动对焦）单镜头反光相机生产可交换式 EF 镜头，随后更将生产线扩展至中国台湾地区的台湾佳能股份有限公司、马来西亚的佳能 Opto（马来西亚）股份有限公司以及位于日本南部的大分佳能股份有限公司，目前已拥有 4 家生产基地。佳能所拥有的 EF 镜头，于 1987 年 3 月伴随着 EOS 单反相机系统而推出，自推出起不断进步，并以广泛的创新技术而领导业界发展[①]。

---

① 佳能（中国）网站. 实现全球首次，佳能 EF 镜头累计产量超过一亿支 [EB/OL].（2014-04-30）［2015-05-20］. http://www.canon.com.cn/news/corporate/2014/pr_2014_04_30-13_00_00.html.

（三）优势与特色

1. 知识产权部门和研发部门共生互动

佳能公司的所谓"发明"，是研究人员和知识产权部门人员交互讨论、共同创造新技术和知识产权的行为。这样的姿态使进一步产出新的发明和新的提案成为可能。具体来说，研发部门和知识产权部门协同互动、小组讨论、共同设计。

研究人员想到或发现新的创想时，知识产权人员要从各个视角追求可能性，根据在先技术调查的结果，依据产品化的情况，制定权利化策略，提出建议，这才是最初的发明。因此，有不少佳能的知识产权部门人员的名字与发明人的名字一起出现在专利权人名单里。

曾任佳能知识产权部长的田中信义提到在促进研发部门和知识产权部门的紧密联系方面时称："就佳能而言，从我入社时（1960年）起，研发人员和知财人员近邻而坐，平时就经常来往。从个人的层面来考虑，自然对邻座的人在做什么感兴趣，如果做的事儿和自己有关系也不大可能沉默不语，这样非常自然地产生了交换意见、协力互动的机会。特别是在接近事业化阶段，来自不同视角的创意、评论的碰撞，对推进开发十分重要。这样的交流自身就该自发地、创造性地进行，为此整备环境、酝酿氛围则是管理上的问题。现在佳能的知识产权本部是一个独立部门，但是为了顺利展开权利化工作，相应的队伍、骨干都安排在离各事业领域的研究开发现场非常近的地方工作。"

2. 知识产权负责人从内外两个方面开展工作

知识产权负责人对内要全力支撑业务展开，对外积极参与公共事务。佳能公司对知识产权部门的负责人有两个要求：第一，是从大局上理解技术和事业的生命周期。支撑事业或者说支撑企业的核心技术，大概几年间才出现一个，为了维持持续性成长，必须在几年之内确实产生一个这样的核心技术，并且要把这样的技术事业化、使其开花结果。技术的成熟期和事业的成熟期之间有时间差，知识产权的活动和工作要以这样的技术、事业的时间轴、发展阶段为基础，应对局面的变化。第二，充分理解组织的职责和机能，具备适切地运用和应对这些职责和机能的能力。像中央研究所那样的研究开发部门，以5年后、10年后的时间周期为尺度，密切关注技术的本质，努力创造和确立能够经得起未来评判的基础技术、核心技术。与之相对，事业部门必须重视速度，展开开发、设计和生产，主要目标是以短期内能解决技术问题的技术种子为基础，进行产品化和事业化。

3. 开创融合化时代

佳能公司的研发管理者总结了过去几十年研发经验认为，公司三大技术创新（气泡喷墨、接触传感器、面导电子发射显示）从原理发明到推出产品均需要20年持续的努力。为了播种公司下一个20年的技术，必须坚持追求独有技术和绝对领先世界的技术。佳能公司坚持开发全新技术，不重复、不模仿别人的技术，以专利全面掌控市场，并且注重技术、市场和知识产权战略的平衡发展。

佳能公司虽靠做相机起家，但在20世纪60年代根据市场的变化适时提出了产品多元化和运营全球化的基本运营战略，并且产品开发始终与运营战略相结合，用技术回应市场的需求，所以它的全球专利申请件数也一直与全球销售额增长成正比。尤其从90年代起，佳能公司提出了"全球优良企业集团"的战略，将财务结算、生产革新和研发创新在全球范围内同步整体推进，大大提高了集团公司整体的营利能力。

（四）典型案例

突破与维持的平衡

将技术转化为专利，并最大限度地活用这些知识财富，可谓佳能的看家本领。而这些技术也正是佳能颠覆竞争对手、领先市场的有力武器。1934年9月，从佳能提出第一项照相机开发实用方案时，世界上首屈一指的光学器械制造公司，同时也是相机制造公司——尼康，已经取得当时大多数的照相机相关专利。如何回避这些已经是别人的专利，是当时佳能创立者面对的最大难题。

十几年后，当佳能欲进军复印机产业的时候，美国施乐公司也是几乎垄断了所有的相关专利。从1959年发明了世界上第一台复印机开始，施乐在整个20世纪60年代和70年代初，就一直保持着在世界复印机市场的垄断地位，施乐也几乎成了"复印"的代名词。施乐公司同样非常重视研发，在研发投入上也一向慷慨，为了阻止竞争公司的加入，施乐先后为其研发的复印机申请了500多项专利，几乎囊括了复印机的全部部件和所有关键技术环节。

面对施乐公司强大的实力和几乎无懈可击的专利保护壁垒，佳能却没有望"机"兴叹。一方面，佳能力求在相应的技术基础上有所创新和突破；另一方面，广泛展开对施乐复印机用户的调查，终于发现了施乐的"软肋"——一些现有客户对施乐的复印机抱怨，价格昂贵、操作复杂、体积太大，等等。最后，佳能决定抢先占领更有发展前景的小型复印机市场领域，佳能花了三年时间开发出了自己的复印技术，又用三年时间生产出了第一款小型办公和家用复印机产品。虽然佳能这款复印机算不上完美，但它改变了复印机专人操作的历史，让更多人用上了复印机，并最终破坏了复印机市场统治者——施乐的统治地位，也令世界开始对佳能刮目相看。

1968年，佳能发表了复印机开发的提案后，向施乐提出了"希望在缔结秘密条约的基础上，派遣技术者参观复印机生产工厂"的请求。请求被接受后，很多佳能的技术人员来到了施乐。同时，施乐也向佳能的考察队伍了解信息，计划将佳能准备申请的专利项目全部提前申请。但是当时佳能已经拥有大量的专利权，由于害怕佳能会用这些专利权对自己发起反攻，施乐最后放弃了原来的打算，提出了希望和佳能签订"相互供给条约"。这次事件后，佳能加快了实行知识产权战略的步伐，也由此产生了重视自己的专利，在专利交换中再给对手迎头一击的想法。时任佳能知识产权法务总部长田中信义说："如果佳能没有这些专利，那支付给其他公司的专利使用费就是一笔不小的开支。"这种做法同时使佳能随时关注对手，从中发现没被注意到的资料和信息，在新产品开发中发挥了举足轻重的作用。

佳能曾经算过这样一笔账：2000 年 12 月，佳能复印机的联结销售额为 8232 亿日元，假如佳能没有这些专利等无形资产，而要依靠其他公司的技术支持来生产和销售产品的话，销售额中 3％～5％都必须支付给其他公司。这意味着，佳能 2460 万日元的利润中，有 10％～17％都要损失掉了。

（资料来源：郭巍. 佳能：突破与维持的平衡［J］. 当代经理人，2006，4：60-62. 有删改。）

二、三星电子

三星电子（Samsung Electronics）成立于 1969 年，是韩国三星集团旗下的一家重要子公司，目前已经发展成为世界领先的科技公司。三星电子的经营领域涉及电视、智能手机、平板电脑、个人电脑、相机、家用电器、打印机、LTE 系统、医疗设备、半导体和 LED 解决方案等。2013 年，三星电子销售额达 2170 亿美元，手机、电视、存储器的销量均排名世界第一。截至 2013 年年底三星电子拥有员工 286000 人，遍布 80 多个国家。

（一）发展历程与现状

1. 发展历程

（1）1969 年至 20 世纪 80 年代中期。

1969 年三星电子进入家电和电子产业，因为当时家电和电子产品市场已经显露了巨大的发展前景和潜力。然而，三星电子选定的第一项产品却是已经进入产品生命周期衰退阶段、利润率不高的 12 英寸黑白电视机。这是因为三星电子在成立之初并未掌握核心的电子技术，掌握彩色电视机技术的外国公司不愿向三星电子转让有关技术，只愿意提供黑白电视机成套散件和组装技术。三星电子一方面仍积极地通过各种渠道获取外国技术；另一方面在公司内部大力开展对关键技术的消化吸收和掌握，这一时期对专利并无太多的诉求。

（2）20 世纪 80 年代末和 90 年代中期。

经过多年积极进取的技术学习、技术吸收和技术能力培育，在 20 世纪

80 年代末和 90 年代中期，三星电子的技术开发能力和所开发产品的技术水平与世界先进公司的差距已大幅度缩小，在某些领域已接近或赶上世界先进公司。三星电子除了进一步加强公司内部研发和与其他公司签订技术转让协议外，还采取了两项新的战略举措：一是在发达国家收购高技术企业（如 1994 年收购日本 LUX 公司，1995 年收购美国 AST Research 的主要股份）；二是与拥有尖端技术的竞争企业结成战略联盟，共享技术。

（3）20 世纪 90 年代后期。

三星电子的自主技术开发和自主产品创新的能力进一步提升，其产品开发战略除了强调"技术领先，用最先进技术开发处在导入阶段的新产品，满足高端市场需求"的匹配原则外，同时也强调"技术领先，用最先进技术开发全新产品，创造新的需求和新的高端市场"的匹配原则。在这一时期，三星电子开发的多项产品在高技术电子产品市场已占世界领先地位，赢得多项世界第一。2005 年 1 月三星电子发表了"专利运营宣言"，明确规定确立研究开发战略、进入新领域、与其他企业合作等，必须考虑专利战略。

2. 现状

注重知识产权的创造，是三星电子业绩增长迅速的奥秘之一。三星电子在 2007 年起连续蝉联美国专利排行榜亚军，排名仅次于已经连续 18 年雄踞在美国专利榜榜首的国际商业机器公司（IBM）。至今，三星电子已在全球拥有近 6 万件专利；2012 年，三星电子在美国获得了 5081 件专利，是苹果公司同期的近 5 倍；2013 年三星电子共获得了 4676 项美国专利，位居第二；2014 年三星电子获得 4952 项美国专利授权，在 IBM 之后位列第二。

（二）模式

1. 研发

（1）研发第一，人才第一。

1993 年，当时的三星会长李健熙提出了三星的"新运营运动"，其核心是"成为世界级超一流企业"。保障这一战略的基础是"研发第一"和"人才第一"，这也是三星的根基和哲学。李健熙会长提出："在成为超一流企业之前，三星要把所有的资本都投在研发上。不管这个人才有多贵，只要需要就一定要招进三星；不管一个技术要有多大的投入，只要我们需要就一定要拿到。"

三星电子在全球设立了 34 个研发中心，有 6.9 万名研发人员，为三星手机、平板电脑、电脑、处理器以及相机等电子产品研发新技术。2014 年，三星在研发领域投入的费用高达 134 亿美元，在全球科技公司中排名第一，所有行业综合排名第二，仅次于大众。三星电子"计划将投资目标集中于科技创新，以带动未来的发展，将研发视为能获得持续发展的途径"。

（2）研发架构。

三星集团最大的研发中心是三星综合技术研究院（Samsung Advanced Institute of Technology，SAIT），主要研发未来 5～10 年可能会成为重点的基础科学课题，专注于研究工作，其中与三星电子相关的项目占一半以上。三星电子的两大事业线，零部件部门和产品部门也有各自的研究所，从事研究、开发两部分工作，这属于第二层级。最下一层，每个产品部有各自的研究室，比如智能手机研究室、半导体研究室，主要从事开发工作。

SAIT 每年都要进行大量的研究，寻找未来的趋势和技术，与事业部门的研究院和产品部的研究室进行讨论，结合他们的需求，再确定具体的方向。项目确定后，SAIT 就要制定项目路线图，与各个业务部门共享路线图给出明确的信息：在哪个事业部门实现项目的商业化，以及项目不同阶段要实现的具体功能等。每年 SAIT 都会定期更新项目路线图，根据实际需要调整进度。项目的平均周期是 3～7 年，有些产品从立项到商业化可能会超过 10 年。SAIT 研究的大多是中长期的未来技术，有些项目要发展到商用化需要很长时间[①]。

（3）开放式创新。

对于基础性、前瞻性、突破性的，独立于各个事业部和产品线的项目，三星电子利用"开放式创新"的模式进行研发，与世界上的顶级研究人才、研究机构、大学、其他企业共同开发项目，三星公司所申请的专利中每10000 项就会有 130 项是与学术机构合作完成的[②]。因为三星电子已经是一家全球性公司，无法再单纯依靠本土的工程师进行更深入、更广阔的国际化发展。开放式创新针对比较基础性的研究课题，与高校合作，也能帮助高校等研究机构的研究成果实现商业化。

（4）广结联盟。

为了维持高额的利润和降低研发的风险，三星还广泛采取了合作的方式来开展耗资巨大的研发工作。比如，在液晶显示器方面与索尼公司合作，在存储设备方面与东芝公司合作，在芯片方面与 IBM 合作，在数字设备的操作系统方面与微软公司合作。甚至连竞争对手都敢于与之进行合作，这方面最有代表性的要数与索尼公司的合作。2004 年 12 月，三星与它的老对头索尼公司签署了一项交叉授权协议，将两家公司所拥有的 2.4 万种电子产品的专利技术进行共享，约占两家公司专利总数的九成，同时协议又规定三星的家庭网络科技，独门的数字影像处理技术 DNIe，薄膜晶体管（TFT）液晶面板和有机电激发光显示器（OLED）技术的专利，以及索尼的 PS 游戏机和超解像数码化技术（DRC）都不在协议的范围内，目的是

---

① 李钊. 三星方程式：研发×人才 [J/OL]. 哈佛商业评论中文版，(2014-09-11) [2015-12-23]. http：//www.hbrchina.org/2014-09-11/2358.html.

② Thomson Reuters. The future is open：State of innovation 2015 [R]. 2015 [2015-12-23]. http：//stateofinnovation.com/.

"为了保持增进两家公司的独特性和市场良性竞争"。

2. 专利

2005年1月，三星电子发表了专利运营宣言。为了实现专利运营宣言中提出的目标，三星电子2006年1月设置了首席专利官（CPO）职位，全面负责专利运营，在公司的层面上规划和实施专利战略，培育知识产权人才，完善知识产权关联的硬件基础设施。各个事业部门设立负责知识产权工作机构，实施本事业领域的专利权保护和对外许可。首席专利官统管这些机构。另外，和专利侵权有关的纠纷、诉讼、商标等事务由法务部门负责。

3. 许可与诉讼

2013年5月，随着三星与苹果在全球范围内的专利大战愈演愈烈，三星宣布已在美国华盛顿投资2500万美元建立了一所全资专利事务所，这是三星首次建立专门负责专利保护与发展的独立机构。三星发言人表示，此次设立专利事务所是为了加强三星在美国的专利相关业务，推动公司创新，并保护该公司的知识产权。

2013年7月，全球排名前两名的芯片企业——三星电子和SK海力士签署了专利共享授权协议。三星电子在全球拥有10.2995万项专利，纳入本次共享对象的芯片领域专利约达3.5万项。SK海力士拥有2.1万项专利。专利共享消除了两公司之间发生专利纠纷的可能，今后可以自由地使用双方拥有的专利，更有效地生产产品。

4. 生产

2014年4月21日，据《华尔街日报》报道，三星电子已经取代苹果成为全球最大的智能手机制造商（按手机销量计算）。除硬件之外，三星电子也已开始发力软件：该公司雇用了更多软件工程师来开发自己的移动、可穿戴和其他电子消费品和应用，比如Tizen系统和免费音乐流媒体服务Milk Music。三星电子产品具有以下特点：

（1）全线覆盖的产品布局。

豪华旗舰机型（如W2014）万元以上，超低端机型则在500元以下，三星手机几乎覆盖了全部价位段。按照三星电子的产品理念，就是要为每个人提供不同的选择。在芯片数量、像素高低、屏幕大小等各个方面均有所体现。如Galaxy系列产品的屏幕，从3.5英寸到10.1英寸，一应俱全。

（2）垂直整合的短链优势。

芯片、内存、电池、屏幕等，手机研发制造的关键元器件三星电子都有布局，在自有体系内缩短供应链，一方面可以降低硬件的成本，另一方面可以保证产品的快速供应。以三星Galaxy S5为例，起码有四个主要元件由三星自己生产：5.1英寸Super AMOLED屏幕，2G闪存，16G存储，2800毫安电池。

（3）贴近市场需要。

为了贴近消费者的需要，三星电子在全球设立研发中心，专门从事面向当地市场产品的研究开发。三星电子的发展网络覆盖全球，在各地设立的研发及销售机构，均会定期调查消费者的生活、人口的偏好潮流等各方面，借以分析各地消费者的需求。三星电子通过进行这些市场调查，选定有代表性的消费族群，再针对他们的需求来进行设计。

为将其技术成果转化为迎合消费者需要的商品，三星电子采取了两大重点策略：市场驱动型的研发及产品设计。三星数码产品的畅销，验证了一个公理：技术本身的先进，更要和实际需求结合，甚至实现创造需求的技术创新；只有真正与大众消费需求契合，凭借技术与应用并重的优势，才能迅速占领市场。

（三）优势与特色

1. 人才第一

"一个人可以养活十万个人的人才。"这是三星"第一主义"在用人方面的体现。三星相信要在竞争中保持领先，就必须有世界一流的产品，也就必须有世界一流的技术，从而也就必须找到世界一流的人才。据说三星有时甚至为这些一个可以养活十万个人的人才付出 5 倍于 CEO 的工资。

三星在研发投资方面，定下了这样一个基调：只有在市场上得到第一的技术，才是真正的好技术，这避免了三星陷入施乐或贝尔实验室曾经走过的弯路——过于忘情于研发而忘记了商业的本来面目。

三星还采取各种措施建立一个适合于研发的创新性氛围。比如，三星努力在公司内部营造开放性的氛围，鼓励员工摆脱陈旧的工作和思维模式，向上级大胆提出自己的设想及建议（这在韩国这样注重等级的国家是很难的）；同时鼓励员工在公司内部成立各种兴趣小组，并相应建立各种奖励制度，这些兴趣小组的很多建议、发明、研究成果为公司创造了不小的收益①。

2. 保障跟上

（1）创造。为确保各个事业领域的基本专利，三星电子不断强化先行研究，扩大研究开发投资，各个研究所确立在重点研究领域分担的任务。通过设立科学咨询委员会，强化研发和技术动向分析，决定下一步的方向。在此基础上，特别注意专利权的质量，提高技术交底书的质量。研发活动的扩大带来了发明件数的增加，同时考虑了各部门的特殊性弹性化运营。

（2）活用。在公司层面上，全力管理公司专利组合。为了优化专利组合，三星电子采取了以下措施。第一，积极参加国际标准化活动。从世界上看，构筑技术壁垒十分普遍，为了实现事业化参与标准化已经是必不可少。为了高效、有力地对应国际标准化的动态，研发负责人员和知识产权负责人员之间需要相互协作。具体而言，在初期标准化团体结成时，各部门设置标准化担当人员，然后在全公司设置统筹标准化对应工作的专门部署。第二，推进和技术先进企业的联盟。近年来，技术发展出现了横跨多数领域的收敛、或者说复合化、融合化的动态。特别是包括三星集团在内的三星电子的主业是半导体、通信等领域，这样的动态很突出，为了对应需要多角度地检讨外部资源的导入。因此，采用开放式研发体制、拓展全球范围的协作体制。其中也包括和竞争企业的事业合作。也可能是共同研究或者实施一揽子许可协议，增加从研发开始的联盟。其他方面，还包括对已经取得专利权的专利的再评价。通过这样的评价，再发掘有效性高的专利或者技术，用以补充事业核心领域的专利网。

（3）基础建设。人才的确保和培育是专利基础设施建设中最重要的课题。以启动 CPO 体制为开端，努力强化全公司的战略机能。为构筑高质量的成长基础，积极确保拥有关于专利专门技巧的员工，扩大招收保有专利代理人资格和律师的员工，鼓励研发人员向专利部门流动。在培养方面，向法律事务所派遣实习生，鼓励和奖励考取韩国专利代理人资格。在专利信息系统化方面，在企业内配置了"电子申请管理系统"，在此基础上，开通了支援许可、侵权诉讼等业务的"发明评价系统"。在和大学、研究机构的合作方面，以确保基础研究领域的技术为目标，对有研发能力或有潜在研发能力的大学给予研发经费上的支援。进一步，有意建立和巩固信赖关系，维持实现双赢的友好的联盟。这样的合作机构，并不局限于韩国国内，也包括海外机构。从研发阶段就开始构筑共同研发体制。

（四）典型案例

与谷歌结盟对抗竞争对手

2014 年 1 月，三星电子与谷歌签署了专利交叉许可协议，三星电子没有公开具体的专利共享种类和范围，但表示双方将全面共享现有专利以及今后 10 年内申请的专利。

2006 年以后，三星电子在美国申请的专利数量连续数年排在 IBM 之后列第二位。公司持有专利数量达 10 万余项，尤其是移动通信技术领域。市场调查机构 TechIPm 分析称，在美国专利商标局登记的 LTE 专利中有 23% 是三星电子的专利。而谷歌是移动操作系统领域的佼佼者，持有专利达 5 万余项，虽然数量上只是三星电子的一半，但其在移动操作系统等软件领域实力强劲，全球智能手机中 80% 以上采用谷歌 Android 操作系统。

此次签署专利共享协议可以说使两个公司的关系达到"命运共同体"的程度。三星电子和谷歌之间的关系十分微妙，既是朋友也是敌人。双方一直通过智能手机硬件和软件进行合作，但也存在竞争关系。为了降低对 Android 操作系统的依赖度，三星电子一直推进开发 Tizen 等操作系统。谷歌也收购手机制造商摩托罗拉移动，想要独立开发硬件。

有观点认为此次协议是"对苹果发出的一支箭"。三星电子自 2011 年以来一直与苹果公司展开激烈的专利诉讼。表面上是苹果和三星电子之间的战争，但实际上是苹果和整个 Android 阵营之间的对决。这是因为，苹果所主张的"窃取其技术"的三星电子的产品功能，采用 Android 操作系统的其他公司智能手机也同样拥有。苹果是想通过攻击 Android 阵营的领军者三星电子来牵制整个 Android 阵营。

此次签署协议后，三星电子和谷歌在专利诉讼中的立足之地将变大。《金融时报》指出："三星电子和谷歌的战略是，防止发生针对 Android 阵营制造商的专利纷争，而此次协议将有利于实现这一战略。"

从长远角度看，此次协议的目的还包括应对"后智能手机时代"的 IT 市场。两家公司都将物联网（通过通信网将所有设备联系起来互换信息的技术）、穿戴式电脑等新一代 IT 技术视为未来的核心产业。为了掌控新市场，三星电子需要软件技术，谷歌需要硬件技术。

此次协议使双方互相开放技术之门的同时，还会发挥"安全装置"的作用。三星电子知识产权中心负责人、副总裁安升晧表示："此次协议证明，要想更快发展，合作比竞争更重要。"谷歌专利顾问艾伦表示："合作可以降低诉讼风险，从而集中精力创新。"

（资料来源：李小飞. 韩媒：三星谷歌结成"专利联盟"共同对抗苹果 [EB/OL].（2014-01-30）［2015-05-30］. http：//tech. huanqiu. com/it/2014-01/4801525. html.）

三、富士康

富士康科技集团（简称富士康）是专业从事计算机、通信、消费性电子的 3C 产品研发制造的高新科技企业。1974 年在中国台湾成立，主要生产黑白电视机旋钮，1985 年成立美国办事处并创立自有品牌，1988 年开始在中国大陆进行投资并建立了其在大陆的第一个生产基地——深圳海洋精密电脑接插件厂，之后不断发展壮大，目前拥有百余万员工及全球顶尖客户群，是全球最大的电子产业科技制造服务商。2013 年富士康的进出口总额占中国大陆进出口总额的 5％，2014 年进出口总额占中国大陆进出口总额的 3.5％，旗下 14 家公司入榜中国出口 200 强，综合排名第一，2014 年位居《财富》全球 500 强第 32 位。2013 年营业额达到 3.95 万亿新台币，税后净利达新台币 1073 亿元。发展至今，富士康已经逐步建立起以中国大陆为中心，延伸发展至世界各地的国际化版图，在亚洲、美洲、欧洲等地拥有 200 余家子公司和派驻机构。[①]

---

① 富士康科技集团网站. 集团简介 [EB/OL].［2015-05-31］. http：//www. foxconn. com. cn/GroupProfile. html.

（一）发展历程与现状

1. 发展历程

（1）专利缓慢积累阶段。

1974～1997 年，是富士康专利的缓慢积累阶段，截至 1997 年，富士康共申请专利 1300 件，授权 580 件。

（2）专利数量快速增长阶段。

1998～2007 年，富士康专利数量快速增长。在美国企业的压力下，富士康的知识产权模式经过不断的诉讼和纠纷处理逐渐成熟起来。一直到 2001 年，富士康还在被动挨打。2002 年，富士康同时控告美国安普科技在中国台湾地区的泰科电子、百慕大商泰科资讯科技台湾分公司及三商安富利公司连接器僚座产品，侵害富士康第 118060 号台湾新型专利。接下来，富士康又对大陆的广晋电子厂和旭宏电子厂提出控诉。从 2002 年起，郭台铭就开始理直气壮地策划专利大反攻行动，开始了跨国专利诉讼。①

（3）专利布局和质量提升阶段。

2008 年至今，是富士康的专利布局和质量提升阶段，富士康在研发及专利上的布局逐渐从量变过渡到质变。截至 2008 年，富士康已累计申请专利 58000 项，获准申请 26000 项，在全球华人企业中名列第一。并且不只是在数量上名列前茅，在不同领域的布局及专利质量也都提升，发明专利比例高达 78%，已经成为可创造收益的智慧资本，累积收取数亿新台币专利权利费。富士康也已委派麦克斯智慧资本远东股份有限公司进行智财规划及专利商化管理方面的专业协助。

2. 现状

富士康多年快速增长的专利申请及核准成果斐然，成为华人企业驰骋全球科技业的先锋。2005～2013 年连续 9 年名列大陆地区专利申请总量及发明专利申请量前 5 强；2003～2014 年连续 12 年获台湾地区专利申请及获准数量双料冠军；2006～2014 年连续 9 年的美国专利授权量排行位居华人企业榜首，同时连续 9 年为国际领先的技术分析机构 ipIQ 评定为 Electronics & Instruments 领域第一名。2011 年，富士康进入全球专利前 10 名，名列第 9 位；2013 年，富士康的排名再度提升，名列第 8 位。截至 2014 年年底，富士康在全球累积提交专利申请 134300 件（大陆申请 49700 项），获得授权的数量达到 69800 件（大陆专利授权 25400 项）。② 富士康专利申请量及核准量如图下编 6.2 所示。

---

① 徐明天，徐小妹. 富士康真相［M］. 浙江：浙江大学出版社，2010：74-75.

② 富士康网站. 智慧产权［EB/OL］. ［2015-05-31］. http://www.foxconn.com.cn/WisdomProperty.html.

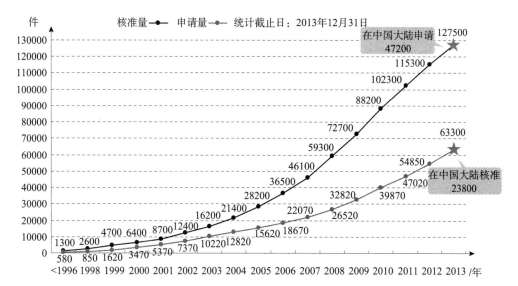

图下编 6.2 富士康专利申请量及核准量

资料来源：富士康网站．[2015-05-31]．http：//www.foxconn.com.cn/WisdomProperty.html.

（二）模式

1. 研发

（1）高度重视研发工作。

2009 年新年献词时，郭台铭对全体员工说："越不景气越要投资科技，对科技的投资要不遗余力。2009 年任何经费都可以压缩，唯独对科技的投资只能增加不能减少。"历经多年高速发展，富士康已建立遍布亚、美、欧三大洲的专业研发网络，依托高素质精英研发团队，打造自主创新平台，大量累积具备广泛竞争优势的核心技术和关键技术。纳米科技、热传技术、纳米级量测技术、无线网络技术、绿色环保科技、CAD/CAE 技术、光学镀膜技术、超精密复合/纳米级加工技术、SMT 技术、网络芯片设计技术、云端科技、e 供应链技术等核心技术的建立，使集团在纳米、金属、塑料、陶瓷、热传导等领域取得巨大技术突破，建立集团在精密机械与模具、半导体、云运算、液晶显示、三网融合、计算机、无线通信与网络等产业领域的领先地位，进而成为机光电整合领域全球最重要的科技公司。

（2）设立技术委员会。

郭台铭在管理上强调"独裁"，在科技上却强调"民主"。发展核心技术，需要一种鼓励创新的制度。技术委员会，就是富士康贯彻这种制度的成果。自 2001 年起，富士康陆续成立了机械加工、电子产品测试、机构产品工程、工业工程、信息技术、冲压、压铸、成型、表面处理、电子研发、热传导、供应链等专门技术委员会。各技术委员会总干事由各事业群主管兼任，并纳入多位美籍和日籍顾问。每位员工依个人的工作属性与专业领域，隶属于不同的技术委员会。

技术委员会在富士康拥有很大的权力。一是技术委员会所有职系的人员的晋升，都要参加相应职系的考试，作为技术评鉴；二是公司发展的各项技术，都要由技术委员会决定指导方向和原则；三是由技术委员会决定各职系的薪资水平；四是选送到海外受训或念书的重要干部，也要经过技术委员会的考核，看他们是否有资质能将先进的技术带回来。

2. 专利

（1）行列式知识产权管理体制。

富士康集团采用知识产权的行列式管理体制，集团设法务总处负责公司知识产权的开发、申请及维权、相关诉讼案件的处理。负责知识产权整体工作的法务部为各个产品事业群服务，各知识产权部门根据产品事业群设置，各知识产权部门下设各个小组，分别负责产品事业群下各业务单元的不同产品对应的案件。

法务部拥有员工 500 人，并聘用不同国家和地区的知识产权律师。其特点是按产品技术类别管理专利，这样可以避免重复开发技术。各知识产权部门拆分到各产品事业群，属于各产品事业群单位，使得知识产权工作人员与研发人员一起工作，提供专利方面更直接的支持，利于与研发人员更好地沟通；同时使法务体制贯穿于产品开发至产品销售各个阶段，利用知识产权的法规，提高解决问题的效率。

（2）注重专利布局。

富士康的专利最早集中在 PC 连接器领域，后来开始全面涉及系统机、整机，并跨出 PC 走向通信、半导体、面板、材料化工、汽车等众多领域。十年前大多数专利都是在连接器部分，占 94%，目前连接器只剩下 24%，其他如网络通信、精密光学、无线通信、LED、平面显示、纳米技术、PC 系统等，布局已经有很大转变。

富士康的专利布局综合考虑专利数量、技术领域等各个方面。在连接器方面，富士康已经形成一个牢不可破的专利网，专利申请达 8000 多项，有效阻止了潜在的竞争对手。富士康生产的一种连接内存和线路板之间的连接器，不到 1 厘米宽、5 厘米长，却布满 400 多个针孔般的小洞，让传输信号的铜线穿过，只要一个洞不通，整台电脑就无法运作。2002 年，富士康接下配套英特尔市场主流 CPU 的 P4 连接器，仅这一个产品就申请了涵盖材质、固定角度和散热方式等方面的 199 个专利。富士康在连接器领域的缜密专利，已经形成了一个专利地雷网，竞争对手贸然进入，遭控诉的概率非常高。

3. 许可、转让与诉讼

富士康多年来耕耘技术研发工作并将成果转换为深具价值的知识产权。郭台铭强调富士康必须将庞大的专利资产"活化"。富士康持续强化研发的深度与广度，并在知识产权领域提升对集团运作的整体效益。目前，富士康将部分知识产权的规划及管理交由麦克斯智慧资本远东股份有限公司来执行。麦克斯智慧资本远东股份有限公司作为富士康科技集团下设专业的无形资产管理处置机构，承担着富士康科技集团整体无形资产管理交易的任务。

2014 年 4 月，富士康将旗下多项通信技术专利打包出售给了谷歌，这些专利主要涉及手机、网通、机器人等领域。事实上，这并不是富士康第一次对谷歌出售专利，2013 年 9 月谷歌从富士康购买了 1 件与头戴式显示设备有关的专利，通过该设备谷歌眼镜可将虚拟图像叠加到现实景象中，谷歌借此加强了产品的知识产权布局。当年的《金融时报》曾对此发表评论："一家美国科技公司从亚洲公司购买知识产权，这实属一桩罕见的交易。"富士康的知识产权实力也初见端倪。[①]

2014 年 6 月富士康以侵犯专利权为由，在美国特拉华州联邦地区法院起诉东芝公司、船井电机株式会社、日本三菱电机株式会社 3 家日本公司。针对的专利涉及应用于电视机、监视器、笔记本电脑、平板电脑和智能手机等各类产品的平面显示器。这起诉讼显示出富士康正在寻求利用其不断壮大的与电子制造业务相关的专利赚钱。富士康在全球液晶面板领域的专利申请量为 608 项，在美国提交了 160 项专利申请，专利申请主要集中在液晶层、液晶分子、液晶面板、液晶显示器等方面[②]。

4. 生产

（1）面向生产的技术开发。

富士康强调占有市场的前提是要把产品做出来，这里靠的就是技术。富士康的技术研发都指向"制造"这个核心，这也是富士康最核心的竞争力。这里的技术并不是单一的，而是全方位的，比如富士康要做出产品，不但涉及产品开发技术、装配技术、自动化技术，还涉及冲压技术、成型技术、电镀技术、线缆压出技术，再往上就是模具开发技术、抽线技术、铜材生产与分析技术、塑胶生产与分析技术、检测技术等。

（2）从"制造"走向"智造"。

富士康是全球最大的代工工厂，富士康从 OEM（代工生产）引申出了 JDVM 和 JDSM 这两个词。它们是指在联合研发当中进入的不同阶段，介入得越早，关系越密切。这也是掌握核心技术给富士康代工制造带来的形态上的变化。

JDM 意为"联合研发制造商"，它跨过了 OEM 并比 ODM 更进一步，合作双方的关系更为密切。OEM 是品牌商提供设计和原组件，制造商组装；ODM 是制造商研发了多款产品，让品牌企业来挑选。JDM 则是制造商和品牌企业共同协商确定产品方案，利用各自的优势，共同研发，然后由制造商制造，品牌企业销售。

---

① 用专利向谷歌要订单［N］. 科技日报，2014-10-08.
② 王康. 液晶显示：专利增色才会更绚丽？［N］. 中国知识产权报，2014-07-23.

在 JDM 中，合作双方已经融为一体，优势互补，资源共享，目标明确，效率更高。只有制造商在技术上达到一定水准和与品牌企业的合作达到更高的信任度之后，才会出现 JDM 的合作形式。由于合作研发的介入阶段不同，就有了更确切的区分，即 JDVM（共同开发）和 JDSM（共同设计）。

从 OEM 到 ODM，再到 JDM，展现了富士康在技术上的提升过程，也说明了富士康与合作企业关系的一再提升。从 OEM 到 JDM，也是"制造"向"智造"的根本转变。

郭台铭在 2009 年 4 月的股东大会上说："未来的趋势是，制造这一块慢慢会和设计结合。原因就是现在全世界电子业营销手段、产品生命周期、消费者口味等方面变化非常快，如果设计研发不能很好地与生产制造相结合，产品问世的速度一定会比竞争对手慢半拍。于是，做制造的开始往设计上靠，做品牌的开始把设计往外包。最近很多客户在找我们，不是找我们做制造，而是要求我们从设计、研发、制造到全球配送、维修，一条龙从头做到尾。"

（3）通过专利促进生产。

通过专利促进生产主要体现在两个方面。一是代工企业具有尊重委托厂商知识产权的意识和文化，才能增强委托厂商将其核心产品委托代工的信心；要想为委托厂商提供更好的生产工艺和质量水准，就必须持续创新，并以专利和技术秘密等知识产权强化自己的代工优势。二是凭借在美国和全球拥有的大量专利，富士康可以向其客户提供专利授权，还可以与代工合约相整合以收取额外费用，这一优势可能是很多竞争对手所不具备的。

如今在智能领域，全球各大厂家都对富士康的代工信赖有加，并有多方合作。2014 年惠普豪掷 10 亿美元，联合富士康加入云计算战场。火狐 OS 系统原型机刚刚现身，也是富士康制造的成果。此前富士康曾经研发并制造了火狐系统智能手机，很显然 Mozilla 公司打算继续将硬件方面的事情交给盟友富士康来处理。2014 年 2 月黑莓发布的 Z3 手机也是与富士康合作的成果，这款只卖 190 美元（约合人民币 1184 元）的低价触屏手机被美媒解读为黑莓和富士康两家公司转型的关键。国内乐视的智能电视，以及罗永浩刚刚捧出来的锤子手机，虽然两家都极力张扬个性与智能，但最终的产品落地，还是要靠富士康的代工。富士康依靠强大的专利技术以及和国际大型企业的密切合作，即使是在代工，也走在技术领域的最前沿。

（4）两地研发，三区设计制造。

"两地研发"是指以大中华区与美国为两大重要战略支点，组建研发团队和研究开发实验室，掌握科技脉动，配合集团产品发展策略和全球重要策略客户产品发展所需，进行新产品研发，创造全球市场新增长点。

"三区设计制造"的布局重点是以中国大陆为中心，亚美欧三大洲至少设立两大制造基地，结合产品导入、设计制样、工程服务和大规模高效率低成本高品质的垂直整合制造优势，提供给客户最具竞争力的科技产品。

（三）优势与特色

1. 独特的专利管理系统

富士康建立起了一套独特的专利管理系统——ICM&A（Intellectual Capital Management & Analysis），即知识资本的管理与分析系统。

富士康的专利管理系统，每天监视全球相关产业产品、技术、专利的变动和发展，若和富士康的相关产品有关，就特别锁定相关问题，思考下一步该如何布局。而富士康的专利工程师在全球各个角落，只要拿出手提电脑，接上电话线，就能进入富士康全球的 ICM&A 系统，用自己建立的知识软件，进行每天的自动统计分析，监视整个产业每天科技的变动。

富士康专利管理系统的主要流程是：第一步，每天汇整全球各个点的最新研发产品，然后把它"权利化"；第二步，到全球不同的市场、国家去申请各种专利，除了自己的研发成果以外，还要充分比对竞争者在各主要销售国家新申请的专利情况。

为此，富士康还建立了庞大的信息整合模式，这也是"专利系统制度化"的体现。有系统地整理产业的专利、技术和市场情报。把富士康的专利架起来，可以看到整棵"产品树"，看到核心技术在哪里。

2. 高水平的法务人员

富士康要求法务部的工作人员不但要具备法律知识的背景，还要有工程背景。而工程背景又涉及材料科学、机械、电子、化学等非常多的领域，范围广泛，分工细致。

怎样才能具备工程背景？富士康规定，进入法务部的人员，必须在事业单位、制造单位磨炼至少三个月。要以产业为一切的根本，主要是训练IT人才的法律知识。法务部人员上班第一天，就要去学拆解"专利地雷"的工作。所谓拆解"地雷"，就是去找公告过及竞争对手申请的专利，找出专利定义不足、技术漏洞之处，提出异议，让这个专利"破功"。经过如此的训练，未来才能更扎实地找到富士康的专利组合方向。而法律背景涉及许多国家和地区，中国台湾和大陆的律师又不熟悉国外法律，即使熟悉国外法律也难以考到律师执照，这就要聘用不同国家和地区的律师。

3. 巧妙的专利申请策略

富士康 2014 年第 2 季申请发明专利数仅 229 项，较 2013 年同期减少逾七成，专利申请量已连续三个季度衰退；富士康 2014 年上半年发明专利申请量仅 620 项，同比减少 56.61%。富士康 2014 年 7 月 31 日表示，第 2 季专利申请案件大减逾七成，并非集团缩手研发投资。富士康强调持续按其事业发展投资各类研发，尤其是未来技术与产品。富士康这样的专利申请数量极有可能是采用"潜水艇专利"策略，主要动机是不让专利提前曝光，以免对手窥知富士康新布局，等到时机成熟时才会让专利大举问世。

（四）典型案例

原告与被告大逆转

2002年，富士康状告美国安普科技中心有限公司（以下简称安普科技）专利侵权的官司引起了全球IT界的高度关注，因为这是一次原告、被告的大逆转。

这是一场持续了20年的专利持久战。

早年，富士康做个人电脑和接口设备的连接器，到美国打市场，竞争非常激烈。竞争对手安普科技很强大，富士康就改变了策略：安普科技卖1元，富士康就卖6毛，成本9毛，赔钱做。当客户接受富士康以后，竞争对手还是卖1元，富士康就卖8毛。那个阶段，富士康开始损益持平。再后来，富士康也卖1元，开始赚钱了，因为富士康的品质、交货期客户可以接受，同时富士康也有非常好的技术来维持和保证品质。

1989年，安普科技首度对富士康开炮。安普科技向美国国际贸易委员会提出控告，认为富士康专利侵权，引用"337法案"要求美国停止进口富士康SINM连接器产品，将富士康的产品阻挡在美国市场大门之外。

郭台铭认为，这是富士康技术发展史上最值得纪念的一件大事，说明富士康在这一年开始有实力威胁国际大公司了。

一直到2001年，富士康还在被动挨打。2002年，富士康同时控告安普科技在台湾的泰科电子、百慕大商泰科资讯科技台湾分公司及三商安富利公司连接器像座产品，侵害富士康台湾新型第118060号专利。接下来，富士康又对大陆的两家侵权厂商提出控诉，这两家工厂均是位于广东东莞的台商投资厂，分别是广晋电子厂和旭宏电子厂。富士康表示为布建专利防护网、捍卫其知识产权，并不会因为侵权厂商异地制造、交货而放松，而之前富士康也曾在台湾起诉承丰精密专利侵权。

从2002年起，郭台铭就开始理直气壮地策划专利大反攻行动，开始了跨国专利诉讼。为此，富士康还将采用侵权产品的电脑厂商也列入了被告范围。郭台铭当时说，为维护产业秩序，富士康将优先把产品供应给华硕、技嘉、微星等厂商，对于以杀价生存的厂商，富士康将给予惩罚；对只会杀价、不肯投资研发的高科技业的厂商，富士康不仅不予支持，还将采取法律手段。富士康要通过专利的保护，建立产业运营秩序。这时候富士康已经在连接器领域形成绝对优势。比如对Socket478连接器的市场占有，最初是1/3，后来就只有富士康具有量产的能力，市场占有率也从40%上升到100%。

（资料来源：徐明天，徐小妹. 富士康真相［M］. 第五章"谁说代工没有科技". 浙江：浙江大学出版社，2010.）

四、联想集团

联想集团（简称联想）成立于 1984 年，由中国科学院计算技术研究所投资 20 万元人民币成立，创始人为 11 名科研人员。联想目前是联想控股股份有限公司的下属子公司，其母公司的业务发展囊括了 IT、房地产、金融服务、现代服务、农业与食品、化工与能源材料、天使投资、风险投资等多个领域，而联想自身也发展成为营业额达 460 亿美元的个人科技产品公司，是全球最大的个人电脑生产商。

联想在全球开发、制造和销售科技产品并提供服务，产品线包括 Think 品牌商用个人电脑、Idea 品牌的消费个人电脑、服务器、工作站以及包括平板电脑和智能手机等的一系列移动互联网终端。截至 2015 年 3 月 31 日，联想集团的个人电脑销量连续 8 个季度全球排名第一，智能手机销量全球排名第三，服务器销量全球排名第三[1]，在全球拥有 6 万名员工分布在 60 多个国家，业务遍及全球 160 多个国家[2]。2014 年 7 月 7 日《财富》杂志发布的世界 500 强排行榜中联想集团由 2013 年的 329 位跃升至 286 位[3]。

（一）发展历程与现状

1. 发展历程

（1）自发阶段。

2001 年之前，联想没有专门的部门来管理专利事务，当时的专利申请主要是自发行为，专利意识强的技术人员就把研发成果拿去申请专利，而专利意识弱的则不申请。而且专利申请的质量也良莠不齐，很多好的技术因为专利质量不好而没有被很好地保护起来。

（2）搭建体系，积累数量阶段。

2001 年，联想成立了专利中心专门负责管理联想的专利业务，联想的专利业务进入搭建体系和积累数量的阶段。联想一方面完善内部专利管理体系，规范专利奖励等规定，另一方面加强知识产权培训，每年做 100 多场培训进行全员专利意识和知识的普及活动。2001 年至 2004 年联想专利申请的数量上升得很快，2002 年和 2003 年联想在全国的专利申请量均排名前十，实现了专利数量的快速积累。

① 环球网. 连续 8 季度 PC 第一联想公布最新 Q4 财报［EB/OL］.（2015-05-25）［2015-06-02］. http：// tech. huanqiu. com/news/2015-05/6516751. html.
② 毛晶慧. "破茧化蝶"联想国际化的"东西平衡术"［EB/OL］.（2015-06-01）［2015-06-02］. http： // www. cet. com. cn/wzsy/ycxw/1555255. shtml.
③ 财富中文网. 2014 年财富世界 500 强排行榜［EB/OL］.（2014-07-07）［2015-06-02］. http：// www. fortunechina. com/fortune500/c/2014-07/07/content_212535. htm.

（3）兼收并蓄，提升质量阶段。

2004 年年底联想并购了 IBM 的个人电脑业务，收购对象还包括 IBM 在个人电脑领域的专利，这一举动使联想在个人电脑领域的专利实力得到加强。从 2005 年开始，联想调整专利管理的策略，从追求数量向追求质量转变。并购 IBM 的个人电脑业务后，联想原来的专利管理团队更深入地向原 IBM 的个人电脑业务知识产权管理团队学习，整合联想和 IBM 的个人电脑部门的专利评审、奖励规定和价值评估规范等，吸收了双方各自的优势，将二者整合在一起。

在提升质量方面，联想成立了由内部技术专家组成的专利评审委员会。在专利提交的过程中，专利评审委员会负责从技术角度评估专利的价值，这一举措使联想向专利局提交的专利申请文件的新颖性和创造性都得到了很大的提升。同时，联想也加快了国际化的步伐，为解决联想产品出口时的专利风险规避问题，专利中心从宏观的平台式的手段（如采取交叉许可获取行动自由度等）和具体的手段（如专利检索、预警分析等）来解决联想的专利风险问题。

（4）攻防结合，追求价值阶段。

2009 年开始，联想的业务逐渐从 PC 向 PC＋转型，原有的专利积累不足以保护联想在个人电脑之外的其他产品市场运作的自由度。2009 年，联想再次调整专利战略，实行攻防结合，并追求专利价值。攻防结合就是在联想专利能力比较强的领域加强进攻，在专利能力比较薄弱的领域加强防守，以保证联想业务的正常进行。同时，因为已经有了相当数量和质量的专利积累，联想开始追求将专利的价值充分发挥出来，通过更好地保护专利推动联想各项业务的发展。①

2. 现状

通过联想自身研发和外部并购，联想目前在全球有 1.4 万多项授权专利，每年对外许可收入达到 2000 万美元。2014 财年的营业额达到 462.96 亿美元，总资产 270.81 亿美元，其中无形资产达到 89.3 亿美元②。

（二）模式

1. 研发

（1）研发经费。

作为一家科技型企业，联想深知只有掌握了先进技术才能在市场上夺得一席之地，在实践中联想也对研发行为给予了充分重视，每年都进行大量的经费投入。2014 年联想集团研发费用支出达到 7.32 亿美元，相比

① 陈媛青. 联想专利分析与布局［Z］. 中科院 2014 年专利信息检索与利用高级研讨培训班内部讲义.
② 新浪财经. 联想集团财务指标［EB/OL］.［2015-06-02］. http://stock.finance.sina.com.cn/hkstock/finance/00992.html.

2013 年的 6.24 亿美元增加了 1.08 亿美元，增幅达 17%，其中研发人员福利成本增加 2400 万美元。

（2）机构和人员。

联想通过多年来的摸索和积累，针对自主研发、技术创新规划的制定过程已经形成了一个较为完善、成熟的体系。在联想内部有三条技术创新主线用以支持核心业务、突破战略业务以及进行未来研发积累，即公司内部各研发单元和创新单元的共同参与，联想学术委员会的权威专家及院士成员等外部智力的输入，以及公司内部研发决策委员会的决策。

联想为技术创新建立了世界一流的、24 小时不间歇的全球研发运作体系，包括与 Intel 联合建立的未来技术中心，与微软、英特尔、蓝戴斯克、IBM、赛门铁克五家厂商联合创立的联想技术创新中心、EMC 实验室、可靠性实验室、破坏性实验室、音响效果实验室、主板 4CORNOR 测试实验室等遍布全球的 46 个实验室。联想在日本大和、中国北京、中国上海、中国深圳、巴西圣保罗以及美国北卡罗来纳州罗利均设有重点研发中心。在美国北卡三角科技园和中国北京，联想还设立了业内独一无二的创新中心，向客户、商业合作伙伴、系统集成商和独立软件开发商提供新型个人计算协同方案，以迎接当前严峻的客户端 IT 挑战，创建了为客户和开发人员协同解决当今 IT 行业最严峻挑战的平台。

目前，联想已经建立了以中国北京、日本东京和美国罗利三大研发基地为支点的全球研发架构，1800 多名极富创新精神的世界级工程师、科学家和科研精英组建起以中、美、日三地为核心的全球一体化研发团队。他们与各业务部门建立了紧密协同、高效创新的链接机制，全力打造创新技术，满足极具挑战的客户需求。

（3）二级研发创新体系。

在研发阶段，联想现在运行的二级技术创新体系，有力地支持了技术转化工作，使之变得较为顺畅。联想研究院、软件设计中心和工业设计中心三个公司级的创新平台构成了第一级平台，研发的着眼点是盯着那些能为企业的未来发展起到关键作用、并能为企业带来持续价值的技术，研究的是未来两三年的技术；而事业部级的研发机构是第二级研究平台，完成相关技术成果的应用化、产品化工作，研究的是一年内的技术。两级研发，可以将公司的远期专利战略和短期专利战略集合起来，实现技术与市场的互动。在研发过程中，联想实施了严格的知识产权管理制度。比如做规划时要提出专利指标，立项时要进行专利检索，项目推进过程中要适时进行专利追踪，专利代理律师要及时介入，不允许任何有价值的创新成果错失法律保护。

2. 专利

价值驱动是联想的一项重要专利申请策略。所谓价值驱动就是在专利申请到授权的各个阶段，都需要对专利的价值进行评估和判断。联想的专利申请主要经过以下几个阶段：①研发创意（包括研发/产品项目、Ideation活动、阻击竞争对手 & 增加许可机会的创新、自发的创新等）提交专利中心，专利中心对其做第一次的价值评估，邀请技术专家一起，对专利的技术价值进行评估。评估其确实有价值之后才会去申请专利，并选择用什么样的类型（发明、实用新型、外观设计）来保护，以及在哪些国家保护；②对于发明专利，在答复审查意见的过程中，还会继续对专利技术的审查前景和技术前景进行分析，这是第二阶段的价值评估；③联想专利中心会定期对授权专利进行价值评估，来重新分析这些专利会给联想的业务带来哪些好处，怎样来运用它。这次价值评估后，联想专利中心一方面会理清高价值的 S&S 专利（矛和盾的专利，既可以进攻又可以防守），同时放弃一些价值比较低的可能会给企业带来负担的专利。根据第三阶段的评估结果，专利中心会总结高价值专利的特点、基本要素等，并反馈给研发人员，引导高价值专利的产生。通过这样一种管理，实现通过价值来引导专利申请。在申请专利之前就要考虑这个专利未来有可能会产生什么样的价值，高价值的可能性有多大。

通过并购获取核心技术与专利是联想在国际化过程中壮大自身技术实力和专利实力的一项主要举措。在国际贸易中，购买他人已有的知识产权是国际技术转让与企业知识产权战略的常见形式。由于技术开发、品牌培养的投资要求较高、历经的时间较长、风险较大，而市场变化又非常迅速，如果每一项科技成果都要由企业亲力完成，生产成本会过于高昂且容易因开发周期过长而错过产品上市的黄金时机。在这种情况下，支付专利实施许可费、商标使用许可费购买他人的专利和商标则不失为一条较为便捷的途径。联想对 IBM 的个人电脑业务实施的并购主要就是为了获得 IBM 的品牌以及 IBM 的笔记本核心技术。通过并购，联想不仅拥有了一支 2000 多人的高素质研发队伍，获得了国际上最先进的个人电脑研发技术，而且拥有了 5000 多项专利，在短时间内为企业自身积累了丰厚的创新资源。2014 年 1 月 29 日，联想宣布收购摩托罗拉移动（Motorola Mobility）智能手机业务，收购对象包括摩托罗拉移动在智能手机领域的专利、品牌、运营商渠道与研发团队；2014 年 3 月 21 日，联想以 1 亿美元购买专利授权公司 Unwired Planet 持有的包括 3G、LTE 专利以及其他重要移动专利在内的 21 组专利组合，涉及超过 2500 项的美国专利许可；2014 年 4 月，联想又收购了日本电气株式会社（NEC）在全球多个国家申请的超过 3800 项专利组合，涉及的专利技术已广泛用于智能手机的生产制造。

3. 许可

联想是中国企业里为数不多的能够从专利上面获取收入的企业。联想通过交叉许可和授权来获取生产、销售和运营的行动自由，同时直接许可每年可获得 2000 多万美元的许可收入（主要是在个人电脑领域）。

4. 生产

（1）明确实施以产品为中心的技术研发战略。

联想有一个非常明确的指导思想，即一个企业研发的真正价值在于其能否将技术与发明不断运用于产品，这也是"贸工技"原则的延伸和发展。企业研发的目的不能只是为技术而技术，技术优势要能很快转化为产品优势。

（2）围绕产品进行专利布局。

根据其发展战略，联想在保卫和推动个人电脑业务的同时，也积极进攻迅速增长的智能手机和企业服务业务。为推动智能手机和企业服务业务的全球化开展，2014 年联想加大了通过购买核心专利进行专利布局的力度。

在智能手机领域，联想已经启动了多条 4G 手机生产线，其中涉及千元机、中端机、高端机等不同市场定位的机型。目前每部国产 4G 手机的出口利润，大多都面临超过 10% 的高额专利许可费用，远高于 3G 时代，收购专利有助于在"走出去"过程中减轻负担，加快专利和市场布局，迅速拓展国际市场①。联想的专利布局主要通过两方面完成，一是企业内部自主研发，二是通过从外部引进专利，典型的举动包括前文提到的对摩托罗拉移动、Unwired Planet 和 NEC 进行的专利收购。

在企业级服务领域，为加强企业级服务业务，2014 年 1 月 23 日联想集团宣布收购 IBM x86 服务器业务，收购完成后联想将随即成为全球 x86 服务器第三大厂商（x86 服务器全球市场总规模达 421 亿美元）。此次收购包括 System x、BladeCenter 和 Flex 系统刀片服务器以及交换机（Flex System blade servers and switches）、基于 x86 的 Flex 集成系统、NeXtScale 和 iDataPlex 服务器以及相关软件、刀片网络（blade networking）和运维。而 IBM 则保留其 System z 大型机（System z mainframes）、Power Systems、存储系统、基于 Power 架构的 Flex 服务器和 PureApplication 应用平台以及 PureData 设备。联想集团董事长兼首席执行官杨元庆对此评论说："随着 IBM x86 服务器业务收购交易的完成，联想将再添一项全球一流的业务，进一步壮大我们在企业级设备和服务方面的实力，并随即成为全球服务器市场第三大厂商。现在，我们将专注于业务的顺利整合，为用户提供平稳顺畅的过渡。凭借联想的全球化、高效和卓越运营，结合 IBM 的传奇品质、创新和服务，我们有信心充分利用这些竞争优势推动营利性增长，成为企业级领域的全球领导者。"

在创新产品方面，2013 年 10 月联想推出全球第一台多模式平板电脑——YOGA 平板，是联想移动互联战略的重要注脚，其颠覆传统平板只能是"平板一块"的工业设计思路，创造性的引入卷轴式设计，带来阅读、站立、触控智能三模式，一上市即广受欢迎，上市不足 2 月销量即破百万

---

① 赵建国. 联想为何频繁大手笔收购专利？［N］. 中国知识产权报，2014-04-11.

台，是联想销量最快突破百万台的平板电脑。联想集团董事长兼 CEO 杨元庆表示，在联想的所有创新产品中，多模家族 YOGA 是最值得骄傲的产品。他表示，传统个人电脑产品往往太重、待机时间较短、操控没有触摸式的产品容易等，而多模式产品能有效解决这些问题，因此能带动个人电脑产业焕发活力。他认为，从发展趋势看，大个人电脑产业将包括三个领域，分别是平板电脑、传统个人电脑及包括了 YOGA 平板和 YOGA 笔记本在内的多模式产品，这三类今后将三分天下。目前联想在该多模式产品市场居首位，全球每两台多模式产品中 YOGA 占其一。①

（三）优势与特色

1. 贸工技起步

技术研发本身具有较高风险，也需要较高的资金投入，而且还是一个需要长期积累的创新过程。因此，没有足够的产业优势和市场优势，企业难以维持高投入高效率的研究开发。联想集团通过在贸易领域的积累和发展，成功向制造型企业转型，逐渐提升企业的技术创新水平。

2. 健全制度

为了强化知识产权保护，优化知识产权管理，联想集团设立了知识产权管理机构和知识产权信息中心，而且出台了一系列相关的知识产权激励制度和管理制度。联想近年来为了顺利开展知识产权保护、并逐步制定和完善企业的知识产权战略，下决心从制度管理的层面有效保护企业的各项知识产权，逐步制定和完善了企业内部制定、废止、修改、执行有关知识产权的各项内部规章制度。具体来说是指"一个制度和五个办法"，包括《联想集团知识产权总体管理制度》《联想集团专利管理办法》《联想集团商标管理办法》《联想集团版权管理办法》《联想集团计算机软件管理办法》《联想集团商业秘密管理办法》。

3. 适时并购

作为一家贸易起步的企业，长期以来，联想集团缺乏核心知识产权，但良好的产业基础和雄厚的资金实力使得公司有能力并购国外的优势企业，从而获得核心技术和自主知识产权。联想在国际化过程中，非常善于发现市场机会，及时购买核心知识产权弥补技术劣势，从而快速发展为具备较强国际竞争能力的优势企业。联想收购 IBM 个人电脑业务和 x86 服务器业务便是很好的说明。

---

① 周文林，杨元庆. 大 PC 产业将呈三分天下格局［EB/OL］.（2014-10-10）［2015-05-20］. http：//news. xinhuanet. com/fortune/2014-10/10/c_1112769869. htm.

（四）典型案例

收购摩托罗拉移动

2014 年 1 月 29 日，联想集团与谷歌宣布达成一项重大协议，联想将收购摩托罗拉移动（Motorola Mobility）智能手机业务。智能手机业务更是增长迅猛，通过这一协议的达成，联想在智能手机领域的市场地位将会大大增强。通过这一举措，联想智能手机业务在北美和拉丁美洲的市场表现将会更加强劲，并在西欧市场奠定基础，与在新兴市场增长迅速的智能手机业务形成同步发展的良好势头。

收购价约为 29 亿美元，包括在收购完成支付 14.1 亿美元，其中包括 6.6 亿美元的现金，以及 7.5 亿美元的联想普通股股份（视乎份额上限/下限而定）支付，而余下 15 亿美元将以三年期本票支付。

联想集团继 2005 年收购 IBM 的全球个人电脑业务及其个人电脑品牌后，再度收购全球知名的摩托罗拉移动，其中包括摩托罗拉品牌，以及 Moto X 和 Moto G 以及 DROID™ 超级系列产品等创新的智能手机产品组合。除现有产品外，联想将全面接管摩托罗拉移动的产品规划。

谷歌将继续持有摩托罗拉移动大部分专利组合，包括现有专利申请及发明披露。作为联想与谷歌长期合作关系的一部分，联想将获得相关的专利组合和其他知识产权的授权许可证。此外，联想将获得超过 2000 项专利资产，以及摩托罗拉移动品牌和商标组合。

摩托罗拉移动品牌在全球驰名遐迩，是美国第三大 Android 智能手机厂商和拉丁美洲第三大智能手机厂商。

联想实施此次并购的主要原因有以下五点：

一是获取关键市场。摩托罗拉是全球知名品牌，在北美洲和拉丁美洲具有非常高的知名度，并且和全球 50 家的电信运营商享有良好的合作关系。此次并购将会使联想快速拓展美国、拉丁美洲和欧洲市场，加速落实联想未来的增长支柱，在六个月之后，并购完成时（大约 2015 年），联想计划在 2015 年销售 1 亿部手机。

二是获取优秀品牌。摩托罗拉是全球知名品牌，联想有着收购 IBM think 品牌的成功案例，同样在收购摩托罗拉之后也会有机会将摩托罗拉做强做大，并且将会继续保持摩托罗拉优质的品牌形象。

三是获取知识产权。联想此次从谷歌手中收购摩托罗拉手机业务，其中包括了 2000 余项专利，以及更多的交叉授权专利，这将会是联想进军国际成熟市场的一个专利业务保护，并且在谷歌方面也会给予联想更多的专利组合和知识产权的授权许可。这 2000 余项专利是联想谷歌双方协商各取所需的结果，对于联想来说这个钱还是花得非常值得的，并且这 2000 项专利是随着并购本身联想一次性获得的，在交易之后谷歌为联想提供的交叉专利授权许可，以及在 Android 产业的生态系统上的支持，也是不可小觑的。联想获得的专利在其国际化道路上，进入成熟市场之后对自身起到的保护性作用是非常大的。

四是获取产品组合。摩托罗拉有着非常优秀的产品，比如目前热门的 MOTO X，MOTO G 产品。联想收购摩托罗拉之后，将会极大丰富联想目前的产品线。

五是获取优秀人才。摩托罗拉在 33 个国家有着 3500 名员工，这对于摩托罗拉来说是一笔宝贵的财富，同时也是联想所看重的。

（资料来源：虎嗅网. 29 亿美元，联想从谷歌手里接过摩托罗拉移动 [EB/OL]. (2014-01-30) [2015-06-02]. http：//www. huxiu. com/article/27255/1. html；网易. 为的还是专利　联想收购摩托事件解读 [EB/OL]. (2014-01-30) [2015-06-02]. http://mobile. 163. com/14/0130/16/9JRQ0Q0100112K8G. html.)

五、福田汽车

北汽福田汽车股份有限公司（简称福田汽车）成立于 1996 年 8 月 28 日，并于 1998 年 6 月在上海证券交易所上市，是中国品种最全、规模最大的商用车企业，现有资产 300 多亿元，员工近 4 万人，产销量位居世界商用车行业第一位。2013 年度，福田汽车品牌价值达 671.27 亿元，位居汽车行业第四位，商用车领域排名第一。福田汽车是中国汽车行业自主品牌和自主创新的中坚力量，自成立以来，福田汽车以令业界称奇的"福田速度"实现了快速发展，累计产销汽车近 600 万辆。目前福田汽车旗下拥有欧曼、欧辉、欧马可、奥铃、拓陆者、蒙派克、迷迪、萨普、风景等汽车产品品牌。福田汽车在中国境内多个省市设有整车和零部件基地，在中国、日本、德国、印度、俄罗斯等国家拥有研发分支机构，在印度、俄罗斯设立了事业部，在全球 20 多个国家设有 KD 工厂，产品出口到 80 多个国家和地区[①]。

（一）发展历程与现状

1. 发展历程

（1）产业发展阶段。

1996～2000 年，福田汽车刚刚起步，主要关注产品销售和市场份额，致力于汽车产业的规模化发展，几乎不关心知识产权。

（2）观念转变阶段。

2001 年 1 月 17 日，世界贸易组织中国工作组第 15 次会议结束，中国的入世谈判取得重大进展。关于汽车产业的知识产权保护和关税减让问题

---

① 福田汽车网站. 企业介绍 [EB/OL]. [2015-06-02]. http：//www. foton. com. cn/intro/ywjs. php.

是"入世"谈判的一个焦点问题，在这样的大环境下，福田汽车对知识产权保护的观念也开始发生转变。2003 年 5 月 24 日福田汽车启动 BIS（品牌识别系统，Brand Identify System）战略，开始重视产品的品牌识别。2005 年，党的十六届五中全会提出"把增强自主创新能力作为科学技术发展的战略基点和调整产业结构、转变增长方式的中心环节"，专利工作在福田汽车的重要性进一步凸显，到 2008 年，福田汽车累计专利申请量达到了 195 件。2008 年国家知识产权战略纲要正式发布，并明确提出培育知识产权优势企业，提升企业的知识产权的创造、保护、运用和管理水平。为迎合这一契机，福田汽车于 2008 年正式成立知识产权办公室，主要负责公司的商标业务，同时协调各部门的知识产权业务工作。

（3）技术积累阶段。

2009 年福田汽车正式成立知识产权部，为法务部内设的二级部门，统一管理公司的各项知识产权工作[①]。统筹管理公司知识产权业务的同时，福田汽车也开始加强技术研发和专利申请工作，并明确提出"三年两千件专利申请"的规划与目标。相应地，将 2009～2011 年归结为福田汽车的技术积累阶段。这种技术积累既包括激励制度和人才队伍建设，也包括专利布局分析，还包括先进技术的引进和前沿技术的探索。2010 年，北汽福田与美国康明斯公司正式签署康明斯 ISF 系列欧 VI 发动机技术导入协议。导入新技术后，福田康明斯现有的 ISF 系列 2.8 升和 3.8 升轻型柴油发动机将成为国内首款达欧 VI 排放标准的发动机。

2009 年之前福田汽车累计申请专利 195 件；自公司在 2009 年提出了"三年两千件"的专利倍增申请计划以来，2009 年申请专利 441 件，2010 年申请专利 691 件，2011 年申请专利突破千件。截至 2011 年年底，福田汽车累计专利申请突破 2000 件，发明专利比例也大幅度提升。技术实力的增强让福田汽车开始思考专利的运用，思考专利技术如何提升公司的市场地位和竞争优势，并将公司专利管理目标提升为"支持研发"和"引导研发"，知识产权工作由单一的"自主研发成果保护"向"专利风险防控""专利情报分析利用"和"专利运营"等多方面拓展。

（4）专利战略阶段。

在专利"倍增计划"顺利完成的基础上，北汽福田制定了《知识产权五年发展战略（2011～2015 年）》。该五年发展战略具体分为三个阶段：2011 年年底完成知识产权体系搭建，实现知识产权工作资源整合和优化，完善企业工作体系，扩展工作内容，为知识产权工作发展夯实基础；2013 年年底健全知识产权防御体系，在研发、制造和销售环节形成完善的知识产权情报分析和知识产权风险规避体系，降低重点业务风险，完善企业知识产权防御体系；2015 年年底实现知识产权价值突破，逐步形成比较合理

---

① 聂士海. 福田汽车——日趋成熟的知识产权管理 [J]. 中国知识产权，2012，68：64-67.

的国际知识产权布局，相对于国内竞争对手形成知识产权优势地位，相对于国际竞争对手，在重点领域形成一定制衡能力，实现知识产权向运用的突破。为了实现上述五年战略，福田汽车在知识产权团队建设、制度流程建设、信息平台引入、多项专利业务的全面开展、工作模式的创新转换、专利培训与文化建设、专利预警项目等方面广泛开展工作。

2. 现状

截至 2013 年，福田汽车申请专利总量已超过 5000 件，年度专利申请量连续三年突破千件，发明专利比例由 8.9% 连续增长至 22.5%，并成为北京市首家年度申请专利过千件的企业[①]。2013 年福田汽车被评为国家专利运营试点企业和首批国家级知识产权示范企业，获得第十五届中国专利优秀奖；2014 年福田汽车的"用于发动机冷却系统的副水箱和发动机冷却系统"项目获得北京市第三届发明专利奖。

（二）模式

1. 研发

围绕科技创新，福田汽车以中国为中心，研发体系覆盖全球，集成世界先进研发技术，在新能源、液压电控及动力集成等领域不断实现技术突破。福田汽车开创性地建立了六位一体的研发体系，实施"集成知识链合创新"，整合全球优势资源，成为"全国自主创新典型企业"的标志性成果。可以说福田的科技创新既有战略基础，又有策略保障。

（1）机构和人员。

福田汽车非常重视技术研发，是国家级企业技术中心，研发总部设在北京，在国内有十余个研发和设计中心，并在德国、日本、中国台湾等国家和地区拥有研发分支机构，已经基本形成以研发中心为主体、各部门相互配合的技术研发体系。福田汽车工程研究院是牵头的核心集成创新部门，而国内外的研发机构为福田汽车整合世界优势研发资源提供了有力支撑。以研究院为基础，福田汽车建立了多个自主创新共同体，包括福田汽车在海外的科研分支机构、大专院校和科研院所、国外研究机构、福田汽车二级事业部的研究所和同步开发机构，制造链中的供应商，并形成了独有的多位一体创新体系。这样的创新体系最大限度地整合了国内外的资源，使新产品开发周期大大缩短，新产品对企业的贡献度达到 80% 以上。

作为目前福田汽车工程研究院，不仅在日本、德国以及我国台湾等地有研发分支机构。通过全球化布局，预计 2020 年福田汽车全球研发人员将超过 8000 名，具备国际领先水平的技术人才将超过 400 人。

（2）研发投入。

从研发投入看，2012 年福田汽车研发投入达到 16.8 亿元，占营业收入

---

① 郭丽君，陈恒. 福田汽车科技研发项目获北京市发明专利特等奖［N］. 光明日报，2014-05-17.

比例达到 4.1%。科技创新被摆在企业发展的最重要位置。自成立以来，福田已累计投入 300 多亿元用于研发能力建设。

（3）合作研发。

早在 2005 年，福田汽车就与康明斯展开了合作，2008 年，经历了 3 年的探索阶段后，福田汽车和康明斯以 50∶50 的股比合资组建北京福田康明斯发动机有限公司。2009 年，北京福田康明斯发动机有限公司具有年生产 40 万台高端发动机能力的生产线正式投产，福田汽车与康明斯公司签署了《欧 V 产品技术开发合同》，并就欧 V 以上排放标准的产品开发签署了合作备忘录，由康明斯专为中国市场设计研发了 ISF 系列 2.8L、3.8L 轻型柴油机。搭载技术先进、环保节能的高性能发动机的轻型卡车，不仅是福田汽车在国内轻卡市场继续站稳脚跟的依托，更是成功在海外市场立足的关键。

福田汽车和德国戴姆勒两家公司 2012 年宣布，正式成立北京福田戴姆勒汽车有限公司。该公司改变了中国汽车行业"合资以外方导入车型和品牌为主"的模式，而是以中国为运营中心，联合生产面向全球的自主品牌产品[①]。戴姆勒在中重卡的高端市场具有品牌、技术和产品优势，而福田在中重卡的低端和中端市场具有技术、产品和成本优势，双方的产品具有很强的战略互补性。

2. 专利

（1）打造和优化专利工作团队。

为搭建专利工作团队，福田汽车先后从比亚迪、长城汽车、LG 公司、知名的专利代理机构等招聘了近 10 名专利工程师，组建了最初的专利工作团队。

由于历史原因，福田汽车的专利工作团队由两个平级组织（法律事务部和工程研究院）的下属部门（知识产权部和综合管理部）分头领导。这样的局面不利于统一目标和统一行动，造成了人为的结构性障碍，不利于流程的科学设置和整体效率的提升。为此，福田汽车知识产权部进行了将全体专利工程师统一调入知识产权部的组织结构调整。

为使专利工作更贴近业务，知识产权部又将所有专利工程师分成若干专业组，进驻各研发中心，形成科层式组织。科层式组织在处理专利申报等事务性工作时具有权责分明的优势，有利于公司总体专利申报目标的实现。但科层式组织在处理重大研发项目专利预警等团队项目时，需要负责车身、电器、动力各系统的专利管理人员分工协作，这时矩阵式的组织或虚拟化的网状组织更具有优势结合、快速反应和充分沟通的优势，为此，福田汽车知识产权部正在探索如何将现有的科层式组织调整成以任务为导向、项目性结合与优势互补的工作团队，来强化团队协作的能力。

———————————

[①] 肖潘潘. 福田汽车牵手戴姆勒［N］. 人民日报，2012-02-18.

（2）加强流程建设，强化制度管控。

管理制度是业务顺利开展的内在保障，业务流程的疏理制定是流水线作业按秩序运行的内在规则。近几年来，福田汽车先后制定了一系列的专利工作规章制度，诸如《福田汽车集团知识产权管理办法》《知识产权许可/转让管理办法》《专利管理办法》《专利激励管理办法》《专利代理机构管理办法》《国外专利申请案作业细则》《专利申请实施细则》《专利预警实施细则》《专利预警招标实施细则》《专利事务所作业流程管理规定》《专利时限监控管理规定》《专利审查意见及补正答复管理规定》《流程监控管理规定》《专利资助办理管理规定》《专利文档管理规定》《办理事务所费用管理规定》《专利费用缴纳管理规定》《专利国外案件内部提报规定》等。

通过一系列的管理制度，将地域分散、业务烦琐的全公司近二十个边远事业部、专兼职专利管理员、各专利工程师、各代理机构、每一机构内部的参与福田案件的专利代理人有机地联结成为一个庞大而有序的工作系统，通过科学合理的专利申报管理流程设计，通过各业务节点的合理设置、过程的即时监控，保障了庞大体系、繁杂业务、众多部门与人员的协调工作、高效运作，保证了每一专利申报的保质、保量完成。

（3）专利信息化平台建设。

随着福田汽车专利申请量的提升，为了科学、高效地进行专利申请案件管理，节省人财物力，福田汽车及时推动专利信息化平台建设，公司单独出资购入了两套专利管理软件与专利数据库软件，分别服务于福田汽车的专利申请流程管理和全体专职专利管理员的专利检索查新。同时，利用政府资助项目，引入德温特（Derwent Innovations Index）专利数据库，用于福田汽车的专利预警项目。

（4）产品研发中"专利预警"广泛开展。

为了使专利预警工作能够有效地为福田产品开拓国内外市场保驾护航，确保福田汽车的运营安全，福田汽车知识产权部决定将专利预警分析项目嵌入到福田汽车所有的全新开发项目之中，自研发项目立项植入，随着研发项目的成长而同步护航，使"专利预警工作"落实到整个项目的开发全过程之中。

项目立项阶段：相应的专利信息检索查询与之同步，定期跟踪相关专利信息。

项目进行阶段：防侵权检索与规避设计同步交叉进行。进驻事业部的专利工程师与研发人员配合完成。专利工程师须精确掌握项目进展，不断调整检索策略。

项目检验阶段：上市前的防侵权检索。无法规避设计的，考虑通过无效他人专利、许可谈判、购买等方式确保公司产品的"清洁"度。

目前，福田汽车的 G01 项目、乘用车项目、M4 项目等公司重大产品项目的专利预警项目已经嵌入到产品开发流程之中，由专利工程师与研发工程师交叉协作完成。

（5）专利工作模式创新。

为了使专利工作更好地贴近研发、支持研发、引导研发，福田汽车通过广泛调研，并在调研的基础上结合福田汽车自身的机构与业务特点，建立了"业务并入，双层管理，定期汇报制度"，即由原来的所有专职专利工程师集中办公，独立运作，到深入业务基层、现场办公，双重管理。具体地说，就是将每位专职专利管理员（专利工程师）安排到各自负责的技术中心中去，现场办公，实地交流，使专利工程师与各自负责的业务融为一体，参加各自负责的研发中心的业务会议，并加入到研发团队之中，将专利挖掘、专利信息利用、专利预警等纵向业务与公司的产品开发项目紧密结合；将专利培训、专利文化的传播等工作进行即时化和有针对性的个性化开展。通过知识产权部每周的例会，专利工程师可以共享各自在工作中所遇到的问题和解决的办法等，从而达到群策群力的效果。这种方式既可以利用集体的智慧解决个体的工作困难，又可以将每一位个体的经验和方法回馈到知识产权团队之中，成为团队集体的经验与智慧，在团队整体中流动与传承。这种多维灵活的专利管理运作模式，有效地改善了原来单一模式管理所造成的长短不齐、旱涝不均的现象，使得福田汽车不同的业务领域、不同的业务模块、不同区域事业部的专利工作都能够根据各自的基础、特点和需求切实高效地开展，为福田汽车专利工作的深化和专利文化的传播起到了良好的推动作用。

（6）通过专利培训推动专利文化普及。

为了更好地在福田汽车内部普及专利文化，将多维的专利价值融入企业运营的方方面面，全面提升企业竞争力，福田汽车以"专利培训"为切入点和工具，进行普遍撒网和主干延伸。目前，专利培训已成为福田汽车专利文化传播的生力军，包括高、中、低三个层次的专利知识与技能培训。

通过对福田汽车高层管理人员的专利培训，福田高层普遍重视专利工作在各事业部、各技术中心的深入开展，为福田汽车各项专利工作的顺利推进架桥通路。聘请海内外知名的实战型知识产权专家对全体专兼职专利管理员开班培训，使福田汽车的专利知识培训深入到欧洲、美国、日本、中国台湾地区等知识产权发达国家及地区的案例分析、经验承接的汲取上，将福田专利工程的业务技能深入到如何到欧盟、美国、日本等专利网站上查取重要的、有价值资源与信息等方面，为福田汽车产品全面拓展海外市场奠定了坚实的专利技能基础；由各专职专利管理员对各自负责的中心部所与事业部进行全面的专利知识与技能培训，为专利文化在福田汽车的全面开展开荒修路。①

---

① 国家知识产权战略网. 北汽福田汽车股份有限公司法律事务部知识产权部主要事迹［EB/OL］.（2013-09-02）［2015-06-03］. http：//www.nipso.cn/onews.asp? id=18696.

3. 许可

北汽福田 2014 年的年度报告显示其营业外收入的"专利及专有技术使用费"本期发生额为 9165 万元人民币,上期发生额为 4200 万元人民币,增长将近一倍①。福田汽车主要面向与德国戴姆勒的合资公司北京福田戴姆勒汽车有限公司进行专利和技术的许可。2012 年 8 月,北京福田戴姆勒汽车有限公司揭牌成立,福田汽车以无形资产出资超过 20 个亿,其中以专利权和专有技术打包的出资额达到 4 亿元。合资公司产品在中国范围内以福田欧曼品牌销售,每年合资公司需要向福田汽车支付 1500 余万元的技术许可使用费。

2011 年 9 月 29 日,福田汽车与北京福田戴姆勒汽车有限公司签订了《H4 卡车技术许可协议》。根据合资合同的约定,福田汽车许可合资公司使用 H4 卡车技术,以使合资公司在中国大陆境内装配和/或生产以及经销 H4 卡车,北京福田国际贸易有限公司(福田国际)可以委托合资公司生产该产品,用于中国大陆境外销售。合资公司应当向福田汽车支付许可使用费超过 17 亿元,该许可使用费分为入门费和分期使用费,其中入门费为人民币 7.3871 亿元,分期使用费在五年内全部收取完毕,每一期费用均为人民币 1.9626 亿元,按年在第一期付款后每个周年届满之日支付该笔款项。支付的前提条件为:待合资公司具备生产该等许可产品生产条件后,且福田汽车交付第一批许可车型(以较晚发生的日期为准)后的三十日内,合资公司向福田汽车支付入门费。

4. 生产

(1)科技创新提高产品竞争力。

巨额的科技投入和大量的创新成果已经应用在福田汽车系列产品上,转化成了其领先市场的产品竞争力。福田戴姆勒生产的欧曼重卡,全面达到欧洲安全标准,采用全新康明斯动力,油耗比竞争对手低 3％～5％,设计使用寿命达到国际水准的 120 万公里,比国内行业水平提高一倍以上;奥铃和欧马可高端轻卡,搭载康明斯动力,高承载,可靠耐久性提升 30％,满足欧盟车身碰撞标准(顶压、A 柱撞击和侧撞),采用安全气囊、ESC、AEBS、LDWS 等先进主被动安全技术,可以达到欧 Ⅵ 排放,车内空气 VOC 满足欧洲标准,油耗降低 2％～6％;拓陆者皮卡采用全新 GDI 发动机,动力强劲,油耗比市场上同类产品低 10％,而且双安全气囊、ABS＋EBD、CAN 总线的使用和轿车化内饰,带来安全舒适的全新乘坐体验。

(2)专利为新能源汽车保驾护航。

专利的获得保护了福田汽车的发明成果,为公司的可持续发展保驾护航。特别是在新能源汽车领域,福田汽车掌握新能源汽车的部分核心技术,拥有纯电动汽车整车控制器的自主知识产权。从 2004 年起,公司先后建成

---

① 福田汽车. 福田汽车股份有限公司 2014 年年度报告 [R]. (2015-04-22)[2015-05-20]. http：//www.foton.com.cn/invest/report/.

了新能源汽车技术中心、节能减排重点试验室等专业研发设计中心。目前，福田汽车已拥有与世界同步的清洁能源技术、替代能源技术和新能源三大绿色能源技术，同时形成混合动力、纯电动、氢燃料和高效节能发动机四大核心设计制造工程中心，有力地支撑了新能源汽车的研发和生产。福田汽车的新能源汽车市场化程度较高、销量居商用车行业前列、技术较为成熟，是我国新能源商用车推广应用的领军者。截至 2012 年年底，公司已累计销售新能源汽车 6000 余辆，其中 2012 年销量近 3000 辆，产品涵盖混合动力客车、纯电动客车、环卫车、出租车、LNG 客车、中重卡等。

（三）优势与特色

1. 坚持产学研协同

以汽车工程研究院为基础，福田汽车建立了多个自主创新共同体，与国内的大专院校和科研院所以及国外的研究机构、供应商等建立了广泛的同步研发共同体，形成了独有的多位一体创新体系。这样的创新体系最大限度地整合了国内外的资源，使新产品开发周期大大缩短，新产品对企业的贡献度达到 80% 以上。

2013 年 10 月 17 日福田汽车与山东大学、潍坊市人民政府三方共建山大福田汽车研究院暨福田汽车山东工程院[①]。该项目将依托山东大学学术资源优势和福田汽车行业技术创新优势，在山东大学成立山大福田汽车研究院，在潍坊建设福田汽车山东工程院。其中，山大福田汽车研究院将主要承担基础技术研究和人才培养等工作，福田汽车山东工程院主要负责汽车工程开发，包括汽车产品的性能开发、结构开发、工艺开发等任务。山大福田汽车研究院和福田汽车山东工程院的建立，不仅是福田汽车多位一体创新体系的新实践，也是政府、学校、企业联合创新的全新模式。通过校企合作、产学研结合将打造多方共赢的创新格局，为福田汽车成为世界级汽车企业奠定基础。

2. 专注优势业务

福田汽车长期专注于商用车领域，2010 年产销量突破 68 万辆，一跃成为全球产销量第一的商用车企业。在保持市场领先地位的同时，福田汽车开始强调汽车高附加值产品业务板块的提升，致力于建设世界级品牌和世界级企业。一方面，在轻型商用车领域，高档汽车的结构比重有明显提高，于 2012 年实现了欧曼 GTL 和拓陆者的上市以及欧马可和奥铃的升级，同时，旗下欧辉客车品牌与新能源汽车业务蒸蒸日上，继续引领行业进步；另一方面，注重国内市场向国外市场转型，2012 年，福田汽车全年出口产品 4.43 万辆，同比增长 21.95%，海外营业收入更是比上年提高了 70.46%。福田汽车

---

① 福田汽车网站. 创新驱动、转型升级、产学研结合谱新篇［EB/OL］.（2013-12-16）［2015-12-23］. http：//www.foton.com.cn/news/company/2013/1216/656.html.

对汽车优势业务领域的专注是其开展技术创新和专利运营的基石。

3. 健全知识产权管理制度

为更好地进行专利的创建、管理、运营和保护等各个环节的工作,福田汽车制订《专利管理办法》《专利许可/转让管理办法》等数十项相关流程制度,对公司专利管理流程进行明确和规范。不仅如此,福田汽车还制订强有力的激励措施,激发研发人员申请专利的积极性,如对每件发明专利给予高达1万元的奖励,对实施后具有显著经济效益的专利权给予不超过50万元的职务发明实施报酬。仅2010年一年,公司兑现给发明人的奖金就超过200万元。除了现金奖励外,专利指标也被纳入了研发人员晋升的考核指标。

为推动公司专利业务发展,福田汽车设立了专门的管理委员会。在最高决策层设有知识产权与品牌运营管理委员会,委员会主任由公司总经理担任,成员由研究院的副院长和各研发中心主任组成,委员会的职责主要是对重大事项进行决策,每个月召开一次会议;同时还设有专利管理委员会,委员会主任由公司主管研发的副总经理担任,其职责主要是对重大事项进行决策,每三个月召开一次会议。在执行层面设立"知识产权部",知识产权部又进行了专业细分,下设商标版权部、综合业务部和4个专利管理部,现有专职人员18名,另有数十名兼职人员。

综合业务部主要负责制度建设、人员建设等非专业性工作,具体包括:知识产权业务全流程过程控制;检索管理、费用管理及法律期限监控;专利信息化建设和日常维护;知识产权制度流程的建设与优化;政府关系、司法资源与律师资源建设;国家的政策法律研究运用;知识产权案件与纠纷处理;知识产权资产运营等工作。商标版权部主要负责商标、版权保护策略的制定与实施;管理制度的制定、实施与监督;查询、注册登记事宜;商标驳回复审、异议、变更、续展、注销、撤销;司法资源及代理机构的管理;集团商标、版权数据库的建立与维护工作;其他与管理有关的事宜等工作。专利管理部是根据公司主要产品线,分别设置在商用车、乘用车、新能源汽车和制造装备(工程机械)等几大业务单元当中,主要负责专利的创建、专利情报的搜集、专利侵权的防范及专利运营和争议解决,具体包括:专利申请业务;研发项目的侵权风险预防;研发项目及竞争对手的专利情报分析与利用;本部门的专利侵权纠纷、专利转让和许可;专利培训和咨询;专利维持与放弃管理等工作。

与此同时,公司通过外部招聘和内部培养相结合的方式,先后从国内外专利管理先进企业招聘一批专利带头人,以内部"老带新"和外部专家指导相结合的模式,快速形成自己的专利人才队伍。目前,福田汽车研发团队有3600多人,其中全球招聘的外籍专家20余人。

4. 注重专利布局

福田汽车专利运营最核心的要素就是自主研发实力。2009年成立知识产权部，公司每年不断加强研发经费投入力度，从最初的几百万元增加到现在的几十亿元。高研发投入是福田汽车在国内商用车市场维持优势地位的根本。另外，福田汽车积极吸收国外先进技术，弥补自身的劣势。与美国康明斯公司的合作就是一个很好的例子，配装福田康明斯发动机的欧马可高端轻卡已展现出良好的市场前景，2012 年该产品的海外销量比上一年度同期增长约 40％，其中中南美、西亚等地区，特别是伊朗、墨西哥和哥伦比亚等重点国家销售增长明显。

为了提升专利质量，强化现有专利的管理，福田汽车专门进行了专利布局研究。一是对行业进行梳理，将产品划分成若干系统，每个系统又细分成众多的零部件，做好专利分类，形成树状图。二是对本企业专利进行梳理，找出在哪些技术点上有优势，在哪些技术点上还存在不足。三是确定公司主要竞争对手在哪些技术点上有优势，哪些是行业热点。在此基础上，在确定未来的专利申请方面，就不再简单追求申请总量的多少，而是强调在关键技术点上专利数量的多少。

（四）典型案例

和德国戴姆勒成立合资公司

2012 年获批成立的福田戴姆勒合资项目是国内首次实现外方企业全额现金出资，中方企业无形资产出资的案例。福田戴姆勒汽车总投资额 63.5 亿元人民币，注册资本 56 亿元人民币。福田汽车和戴姆勒双方股比比例为50∶50，其中福田汽车以现有的欧曼业务可拆分资产经评估后的 28 亿元人民币出资，戴姆勒以等值现金出资，合资期限为 50 年。合资公司成立后，福田汽车和戴姆勒公司以北京作为全球运营中心，建设管理决策、研发、生产、供应链管理、营销管理等中心，生产推广"福田欧曼"中重卡产品和戴姆勒 OM457 重卡发动机。福田汽车将保留"欧曼"中重卡产品专有技术、专利、品牌等无形资产的海外市场使用权和所有权。

事实上，福田戴姆勒合资项目并不是一帆风顺，而是历经了将近 10 年的等待和谈判。戴姆勒股份公司董事会成员兼戴姆勒卡车与客车集团总裁安德烈·伦施勒（Andreas Renschler）先生在评价这一合资项目时说，"合作双方所展现出的灵活、执着、耐心以及在跨文化交流当中体现出来的相互理解是促成这一合作并最终获批的决定性因素。"[①] 回顾十年历程，可以将项目成功的因素归结为两方面，一是福田汽车自身研发实力不断增强，二是福田汽车在中国市场的领导地位以及戴姆勒旗下奔驰汽车市场地位下降带来的机遇。

---

① 中国卡车网. 福田汽车与戴姆勒合资项目正式获批［EB/OL］.（2011-09-28）［2015-12-23］. http：//www.chinatruck.org/news/201109/13_9047.html.

2008 年以前，福田汽车的累计专利申请量不足 200 件，而在"三年两千件专利申请"计划推行后，福田汽车本身的技术研发实力有了质的提升。仅 2012 年，福田汽车被国家知识产权授权的专利就达到 843 件，同比增长 85.68％。专利实力的增长与《合资协议》内容的变化是紧密关联的。2008 年福田汽车与戴姆勒发布的《合作意向书》中曾明确表示"开发出适合合资公司全球有竞争力的中重卡新产品"，但最终的《合资协议》调整为"开发用于中国市场销售的中卡和重卡产品"，而且中方获得的技术支持的确十分有限，戴姆勒仅提供 OM457 发动机，其余都要合资公司自行花巨资开发。不仅如此，2008 年《合作意向书》提出，新合资公司将生产福田欧曼品牌重卡，并纳入奔驰全球商用车品牌体系。双方还将成立全球运营中心共同开拓新兴市场，并对海外市场的开拓列出了详细的时间表，合资公司成立两年后在俄罗斯建立合资企业，3～5 年到东南亚等市场建立合资企业，但是最终协议并没有提及这一点①。由此可见，没有足够的技术积累和强大的技术研发实力，福田汽车是不敢轻易签订合资协议的。

从戴姆勒公司本身看，作为豪华车生产商奔驰轿车母公司，戴姆勒集团非常重视福田汽车在中国成本和运营管理方面的优势，要知道，福田汽车是中国最大的商用车企业，占据着重要的市场份额，同时，中国市场已经成为奔驰汽车第三大销售市场。更为重要的是，奔驰汽车的市场地位正在下降，在欧美市场，一向排名第二的奔驰已被奥迪汽车超越，在德国豪车生产商的排名中，奔驰已经全面落后于宝马、奥迪，位居第三。2011 年，德国奔驰汽车销量比上一年度下滑 1％，减少到 29.13 万辆，在美国和中国市场却都有两位数的增长，但中国的销量增速是美国市场销量增速的两倍多，同比增长 34％，达到 20.44 万辆②。在这种背景下，戴姆勒集团自然希望同福田汽车合作，拓展中国市场，挽回奔驰汽车在豪车领域的优势地位。因此，在最终的合资协议中，戴姆勒虽然没有承诺纳入奔驰全球商业车品牌体系，但是承诺了福田汽车将保留"欧曼"中重卡产品专有技术、专利、品牌等无形资产的海外市场使用权和所有权，而且答应以现金出资成立合资公司，这也就有了国内首个外资企业出现金、国内企业出无形资产的合资项目。

福田汽车与戴姆勒的合资对欧曼产品在国内外的销售起到了较大的促进作用，提升了福田产品的海外销量及品牌知名度、美誉度。借助戴姆勒全球重卡网络，有利于开发福田产品的海外销售通路、获得更为广阔的市场。2012 年，戴姆勒从合作共赢的角度出发，为福田汽车推荐了部分戴姆勒海外经销商，且已有 4 家在销售福田汽车的产品。事实上，2012 年福田戴姆勒已经获得了尼日利亚客户单笔 500 辆欧曼重卡的大订单。

① 李邈. 福田汽车正式牵手戴姆勒北京合资公司成立 ［EB/OL］. （2012-02-24）［2015-12-23］. http：//www.chinatimes.cc/article/28067.html.

② 周洪博. 戴姆勒加速中国市场布局 ［N］. 中国联合商报，2012-03-05.

第七章　研发型组织的专利运营

一、美国国立卫生研究院

美国国立卫生研究院（National Institutesof Health，NIH）位于美国马里兰州贝塞斯达（Bethesda），创立于 1887 年，是全球最大的医学研究与科研经费管理机构，隶属于美国卫生与人类服务部（U. S. Department of Health & Human Services）。NIH 拥有 27 个研究所及研究中心，6000 名在编的科学家，其中 50 多位美国科学院院士、5 名诺贝尔奖获得者，NIH 是美国政府对生命科学研究的最主要支持渠道，为全球 3000 多个科研机构、近 32 万名科学家提供资助；通过 NIH 的项目资助，总计产生了 105 位诺贝尔奖获得者[①]。NIH 的主要任务是探索生命本质和行为学方面的基础知识，并充分运用这些知识延长人类寿命，以及预防、诊断和治疗各种疾病和残障，从极罕见的遗传性疾病到普通感冒均在其研究范围之内。

（一）发展历程与现状

NIH 初创于 1887 年，是美国海军总医院[②]（Marine Hospital Service，MHS）的一间卫生学实验室，目的在于效仿德国的卫生设施，为公众健康服务。1930 年，美国国会通过 "Ransdell 法案"，将其正式更名为 "the National Institutes of Health（NIH）"。

"二战"后，美国逐渐认识到科学造福人类的重要性，支持健康研究成为公众和国会热心资助的焦点。1938 年，在马里兰州（Maryland）的贝塞斯达（Bethesda）设立了 NIH 总部后，NIH 的院内研究项目开始启动，从事研究的主要是政府的科学家；1946 年，战时政府与各大学、医学院校的医学研究协议转由 NIH 接管，并改为基金形式资助，院外研究项目正式启动，从而确立了美国各大学、医学院校的注册科学家在国家疾病与健康研究方面的重要地位。

1944 年，美国国会通过了 "1944 年公共卫生服务法案"（the 1944 Public Health Service Act），确立了战后美国在世界医学发展中的雏形，并

---

① 北京大学医学部网站. (2012-10-12)［2015-06-03］. http：//emba. bjmu. edu. cn/Training/358333571. html.
② 笔者注：现在为美国公共卫生服务中心 the U. S. Public Health Service（PHS）.

不断加大任务研究经费投资力度，从 1947 年的 400 万美元到 1957 年的 1 亿美元，再到 1974 年的 10 亿美元。NIH 的总预算从 1947 年的 800 万美元扩张到 1966 年的 10 亿美元，这也成为 NIH 崛起的"黄金时代"。[①]

进入 21 世纪后，医学界意识到临床实践滞后于科学发现和技术研发。NIH 更是强烈地感到将科研成果转化为实际应用的重要性和紧迫性，加快"从实验室到患者床边的研究转化"的理念也随之孕育而生。NIH 为推进转化医学的有效、有序发展，2002 年由 NIH 院长 Zerhouni 博士组织研讨并提出了 NIH 的 21 世纪"工作路线图"，通过其下属的机构合理调配资源，在全国设立了临床转化研究中心，构建起庞大的研究网络。NIH 附属的国家研究资源中心（NCRR）负责管理和实施这一路线图。2006 年，NIH 设置临床与转化科学基金（CTAS），旨在改善国家的生物医学研究状况；加速实验室发现用于患者治疗的过程，有效缩短疾病治疗手段开发时间；鼓励相关单位参与临床研究；对临床和转化医学人员实施培训。

今天，作为美国最主要的医学与行为学研究和资助机构，NIH 已经成为美国政府健康研究关注的焦点。NIH 在全球范围内针对威胁人类健康的重大疾病开展项目资助，每年资助金额高达 301 亿美元，其中超过 80％的资金通过近 5 万个竞争性拨款奖励给全球 2500 多所大学、医学院及其他科研机构，鼓励它们从事生物医药领域的研究，造福全人类的生命健康发展。近些年来，NIH 的专利申请、授权和许可都在平稳增长，具体情况如表下编 7.1 所示。

表下编 7.1　NIH 专利申请及技术转移活动

时间/年	发明披露/项	美国专利申请/项	美国专利授权/项	许可专利/项	许可费用/百万美元	合作研发合同（仅 NIH）/份	标准	材料
1995	271	147	100	160	19.40	32	32	NA
1996	196	136	127	184	27.00	87	44	43
1997	268	148	152	208	35.70	153	32	121
1998	287	132	171	215	39.60	149	43	106
1999	294	169	163	204	44.60	126	48	78
2000	330	189	120	188	52.00	109	34	75
2001	379	179	99	200	46.10	120	44	76
2002	331	173	88	231	51.00	101	34	67
2003	400	382	86	209	53.70	84	36	48
2004	403	396	122	276	56.30	87	43	44
2005	388	347	66	313	98.20	80	39	41
2006	367	309	93	254	82.70	51	22	29
2007	419	354	117	264	87.70	44	23	21

① NIH 网站. A short history of the national institutes of health：World War II Research and the Grants Program [EB/OL]. [2015-12-23]. https：//history. nih. gov/exhibits/history/docs/page _ 06. html.

续表

时间/年	发明披露/项	美国专利申请/项	美国专利授权/项	许可专利/项	许可费用/百万美元	合作研发合同（仅NIH）/份	标准	材料
2008	402	343	88	259	97.20	72	33	39
2009	353	300	110	215	91.20	77	33	44
2010	340	304	134	2262	91.60	66	39	27
2011	351	303	131	197	96.90	68	40	28
2012	352	300	130	198	111.20	93	57	36
2013	320	303	122	180	116.60	77	46	31
2014	370	358	197	222	137.70	79	45	34

资料来源：NIH 网站. NIH-Office Of Technology Transfer Activities［EB/OL］.［2015-12-23］. http：//www. ott. nih. gov/ott-statistics.

（二）模式

1. 研发

NIH 不仅拥有自己的实验室从事医学研究，还通过各种资助方式和研究基金全力支持各大学、医学院校、医院等非政府科学家及其他国内外研究机构的研究工作，并协助进行研究人员培训，促进医学信息交流。世界一流的科学家在 NIH 的支持下，自由探索科学问题，取得了辉煌的成就，极大地改善了人类的健康和生存状况。

NIH 有约 82% 的预算用于院外研究项目，通过基金或协议的方式资助美国国内外的研究机构；10% 的预算用于院内研究项目，资助 NIH 内部直属实验室的研究项目；另有约 8% 的预算作为院内院外研究项目的共同基金。NIH 的院内研究项目归院内研究处管辖，负责所有与院内研究、培训、技术转让有关的政策法规、审核、立项、实施管理及实验室、临床医院之间的协调等。主持 NIH 院内研究的主力军都是世界一流的科学家，通过进行跨院所和跨学科的合作，在 NIH 的实验室里自由探索科学问题，内容涉及生物学基础、行为学、疾病治疗等各个方面。

NIH 的院外研究项目由院外研究处管理，负责 NIH 基金政策的制定、实施等。对 NIH 以外的研究机构进行资助主要有三种方式：基金（grants）、合作协议（cooperative agreements）、合约（contracts）。基金是最主要的资助方式，支持各种与人类健康相关的研究项目和培训计划，一般由申请者个人提出研究目标，经评审通过后获得基金支持，资助年限 1~5 年，资助机构不参与项目的研究过程。NIH 的院外研究项目遍布美国各州及国外最重要的大学和医学院校，研究领域涉及生物医学的各个方面。

2. 专利管理与许可

美国国立卫生研究院专利产业化相关工作主要由技术转移办公室负责

(The NIH Office of Technology Transfer，OTT）。在联邦技术转移法案和相关法律法规的背景下，OTT 主要负责开展 NIH 和食品药品监督管理局（U. S. Food and Drug Administration，FDA）的发明创造评估、保护、市场化、许可、监控、管理等活动。此外，OTT 还负责美国国立卫生研究院、食品药品监督管理局和疾病预防控制中心（CDC）的技术转移相关政策制定和发展工作。

OTT 位于美国国立卫生研究院总部，在 27 个下属研究机构均设立有"技术发展协调员"，负责与科学家的沟通联系，了解项目具体情况。研究机构专利申请费用全部由 OTT 负责，一旦某项技术成功转移转化，OTT 将技术转让费的 15%～25% 返还给技术研发机构（返还上限为 15 万美元）。此外，OTT 还拿出部分预算用于外部研究人员和大学的合作，并对小型科技公司的创新性项目进行资助。

OTT 技术许可过程如图下编 7.1 所示。外界先选择感兴趣的技术领域，再从中寻找能够进行许可的特定技术。针对特定技术，外界可以选择所需的许可方式，并与 OTT 许可专员进行沟通联系。然后，需填写并提交许可申请表，与 OTT 沟通协商许可条款，并提出许可方式（排他性和非排他性许可）要求。如果要求排他性许可，OTT 将告知最终结果。[①]

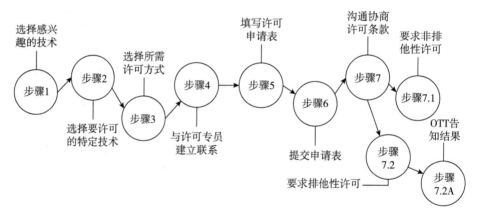

图下编 7.1 OTT 技术许可过程

在 2007 年 OTT 办公人员有 69 人，其中主任办公室 8 人，行政管理部 13 人，政策管理部 5 人，技术研发与转移部 6 人，癌症科 11 人，传染病与医学工程科 10 人，普通内科 7 人，监督与执行科 6 人，技术转移服务中心科 3 人。另外 NIH 还有 14 家签约律师事务所，在技术转移当中起到了非常重要的作用。

3. 专利转化的全过程

（1）专利申请。

NIH 对专利政策的总体指导方针是，一般不申请专利，只有对要求进

---

① 马维野，等. 专利产业化推进问题研究报告［R］. 2010.

一步开发的技术，以及对合作伙伴投资需要保护的技术才申请专利；没有实用价值的发明不申请专利；对不宜公开的技术不申请专利，但会采取专有技术保护的办法。NIH 还具有相应的评估制度，如果一项发明被报告到 OTT，OTT 的一组专利顾问和许可专家会对发明的专利性、商业开发成功可能性、专利保护需要等进行评估，使发明最大限度地得到迅速和有效实施。

NIH 研究成果是否申请专利的主要依据是，发明能否吸引私人投资和商业化应用，体现了社会收益最大化的目标。具体包括四项原则：第一，如果发明不需要进一步商业化研发，或不具备应用潜力，则不申请专利；第二，如果发明的商业化潜力和社会收益太低，不足以覆盖专利申请和维护费用，则不申请专利，在这种情况下 NIH 可能会将发明权让渡给发明人；第三，作为公立机构，为促进技术扩散，NIH 不会仅为获得排他性权利，而对工具性发明申请专利；第四，如果一项发明在没有专利保护时，能够获得最好的商业化应用，为避免专利妨碍技术扩散，不申请专利。对于合作研发协议产生的成果，NIH 会根据协议和合作对象，结合以上原则，判断是否申请专利。

（2）技术转移中。

① 建立技术转移平台。

技术转移过程最关键的因素就是将 NIH 研发的技术资本化，这个过程主要是通过鼓励雇员申请专利、寻找能够商业化的潜在许可方以及和私营企业、大学等联合开发合作研究项目等来实现。NIH 为许可证持有人和小企业创新研究计划（SBIR/STTR）基金资助者建立了一种网络平台来展示技术和产品的开发，称为合作管道（P2P），便于他们在网站访问者中寻找潜在的战略合作伙伴和投资者。该网站使许可技术或者那些获得 SBIR/STTR 资助的项目得到进一步发展，有利于 NIH 实现其使命。对于许可证持有人或者 SBIR/STTR 资助者，可以将自己感兴趣的技术提交给 P2P；对于潜在的合作伙伴和投资者，可以根据技术的类别和发展阶段，搜索现有技术索引来寻找发展机遇。

② 专利许可政策。

NIH 在专利许可政策方面总体指导方针是，倾向于授予非独占许可，有的只在合适的领域给予许可，或仅给予部分而不是全部专利许可。NIH 要求接受其资助的科研机构与其他研究机构共享资源，许可 NIH 对技术进行独占性商业许可，并保留将非独占性研究许可授予其他研究机构的权利，以实现与其他科研单位科研资源的共享。

NIH 可以通过非独占许可、部分独占许可和独占许可三种方式转移其专利技术。不同的许可方式，主要取决于被许可的技术。当 OTT 主任认为，以独占（或部分独占）的方式能最有效地为联邦政府和公众利益服务，符合政府规范要求，更能吸引风险投资或促进发明的应用，授予许可不会实质性地降低竞争力，不会导致产业链上过度集中，不会产生反托拉斯法中出现的情况时，可以考虑实施独占许可和部分独占许可。

③ 技术转移后。

OTT 有一个监督小组，在专利许可权发放后，监督被许可人使用许可的方式，以及该项许可所发生的具体效果，以确定其行为是否符合授权协议的条款，并及时向 OTT 提供报告。当判定被许可人没有按预定要求执行计划，而且没有论述在合理的时间内达到应用该发明的能力情况出现的时候，OTT 会修改许可权限或终止许可使用，来确保授权技术得到充分开发。例如，修改独占专利为非独占专利，缩小使用领域，收回许可并授权给其他能使技术得到发展的企业。另外，如果有其他法律要求该专利用于公众使用，或者被许可人蓄意在许可申请中做出虚假陈述（或者否定客观事实），或者许可协定中的关键部分存在错误的情况下，也可以中止专利许可。还可以在必要的情况下，发起行政诉讼，以修改或终止许可的权利。

（三）优势与特色

1. 强调应用转化研究

研究成果由实验室基础研究向临床和市场应用研究的转化效率低，是医学研究面临的一个重要问题。为克服这一瓶颈，NIH 提出发展"转化科学"，指的是将医学的实验室研究成果转化为临床应用的一般理论、技术和方法，目的是在实验室和临床间架起通畅的桥梁。

NIH 的应用转化研究体系主要分为两部分。一是各个下属的所或中心分别支持自身专业领域的应用研究。二是对共性技术等外部性较强的领域，NIH 在 2011 年专门设立了推进应用研究的机构——先进转化科学国家研究中心，目的是开发系统方法和通用技术，解决研发成果应用中的共性困难，加速实验室发现向临床应用的转化。

同时，NIH 的临床中心为应用研究提供了试验场地。它鼓励研究者与医生合作，将临床需求和学术研究结合起来，对最新研究成果及时进行临床测试。临床中心是美国最大的专门从事临床研究的医院，自 1953 年建立以来产生了大量应用成果，包括癌症化疗方法、肾癌基因识别、艾滋病治疗方法、肝炎病毒诊断方法等，还通过人员培训、临床轮岗等，培养了大量人才。

NIH 对应用研究的支持对象主要是大学和科研机构。NIH 通过成立转化科学研究联盟将研究机构和企业联合起来，搭建公共平台，产学研结合，增强资源共享，为转化科学制定标准和规范。

2. 专利许可为主

通过竞争促进创新的社会利益最大化，是 NIH 发放专利许可的基本原则。专利许可具体有四种形式：第一，在可行条件下，尽可能发放非排他性专利许可，允许多家企业利用同一专利开发新产品，一方面，激励企业加速研发，抢占市场；另一方面，在产品市场上引入竞争，避免单一专利许可带来的垄断。第二，在特定条件下，发放排他性专利许可，但会设置很多附加条款限制，避免企业抢占专利。第三，对排他性专利许可，实行强制再许可制度，这种方式主要针对合作研发的情况，因其成果一般属于NIH与合作方共同所有。第四，对专利保留未来使用权，授权后的专利技术，仍可进行非营利用途的进一步研发。

NIH通过四种机制保证企业在获得专利许可后进行高效的商业化应用。第一，一般不将专利许可发放给不具备实际研发能力的企业，如风险投资和经纪人，企业在申请专利许可时必须提供可行的商业化开发计划。第二，事先明确商业化应用阶段的若干突破性进展，以此为判断标准，控制进度，进行效果评估。第三，设定最低年度许可费、专利维护费用补贴等，根据产业化进展动态调整许可费额度，激励企业持续进行研发。第四，如果专利使用者没有达到产业化应用的预期目标，NIH有权修改或终止专利许可合同。[①]

3. 兼顾公平与效率

企业研发或引进技术的根本目的是营利，它们直接面对市场，对需求变化敏锐，因此NIH技术转让的主要对象是企业。NIH在技术转让中特别注重扶持小型企业和初创企业，2011年NIH新增的197项专利许可协议和68项合作研发协议中，都有超过一半与小企业合作。为支持向初创企业转让技术，2012年起，NIH推出了初创企业评估许可协议和初创企业排他性商业许可协议，专门支持5年内成立的、注册资金少于500万元、员工少于50人的企业，允许他们使用NIH专利技术，开发新产品在美国市场上销售。这有效降低了行业进入门槛，促进了公平竞争。

对非营利机构，NIH推出了针对疫苗、药品和诊断技术的非营利许可协议，用于治疗艾滋病、疟疾等疾病。申请者要制定可行的产品开发计划，并承诺未来将产品提供给全世界使用。

（四）典型案例

脑膜炎疫苗知识产权许可赢大奖

2014年9月25日，国际技术授权主管总会（Licensing Executives Society）将2014年的知识产权许可优秀奖授予美国国立卫生研究院和食品和药品监管局（FDA），用于奖励两者将领先的、低成本的脑膜炎疫苗推广到撒哈拉以南的非洲地区。

---

① 石光. 美国国家卫生研究院推动科研成果转化的经验与启示［N］. 中国经济时报，2012-12-21.

NIH 和 FDA 与 PATH、SII[①] 合作开发了脑膜炎疫苗 MenAfriVac，该疫苗生产成本较低，而且不要求恒定制冷，从而可以在偏远地区理想地得到推广。疫苗制造过程的一个重要环节是 NIH 技术转移办公室（NIHOTT）许可给 PATH 的专利，相应的专利技术由 FDA 科学家发明，随后在脑膜炎疫苗计划下由 PATH 再许可给印度血清研究所（SII）。疫苗针对的是在撒哈拉以南非洲地区发现的最常见的细菌性脑膜炎（被称为血清组 A），根据世界卫生组织（WHO）的资料，在这个地区有 80%～85% 的脑膜炎感染者来自血清组 A。

球菌性脑膜炎是一种大脑的致死性细菌性感染，可通过接种疫苗进行预防，但是疫苗的生产技术之复杂超出了大多数发展中国家的承受能力。许可协议中有关 FDA 的先进技术和 NIH 技术转移专业知识，为脑膜炎频发的 26 个非洲国家生产 MenAfriVac 提供了一个合理的、能够接受的价格。

在 PATH 的组织下，NIHOTT 将制造疫苗所需的技术进行许可，该技术由 FDA 生物制品评价研究中心的 Che-Hung Robert Lee 博士和 Carl Frasch 博士研发。PATH 与 SII 合作，扩大技术来换取技术诀窍，并以非洲国家能够支付的成本生产疫苗，从而提供稳定、持久的 MenAfriVac。MenAfriVac 是 2010 年 12 月在布吉纳法索（BurkinaFaso）[②] 的一个疫苗接种活动中推出的，迄今已经有来自 12 个非洲国家的超过 1.5 亿人接种该疫苗。

NIH 的主任，医学博士 Francis S. Collins 说："对于疫苗研究这项工作我们感到十分高兴，尤其是知识产权的转移能够在非洲地区取得如此巨大的影响。"

NIHOTT 主任，法学博士 Mark L. Rohrbaugh 说："许可和合作被证明是解决发展中国家公共卫生需求问题的一个有意思的模式，疫苗有特殊的目标人群，以合适的成本进行研发，并且能够保证持续的供应。"

知识产权许可优秀奖评审主席 Thierry Musy-Verdel 说："这项知识产权许可交易之所以脱颖而出，是因为所有参与者的真诚协作和团队精神，也证明这种合作模式对于研究机构是可行的，例如联邦实验室将技术许可转移至传统制药和生物技术公司，以成功地实现其研究成果的商业化和公众的利用。"

（资料来源：NIH 网站. NIH and FDA win top award for intellectual property licensing of meningitis vaccine [EB/OL]. （2014-09-26）[2015-12-23]. http：//www.nih.gov/news-events/news-releases/nih-fda-win-top-award-intellectual-property-licensing-meningitis-vaccine.）

---

① 笔者注：PATH 是一个总部位于西雅图非营利全球健康创新领导机构，全称是 Program for Appropriate Technology in Health，SII 是印度血清研究所（Serum Institute of India）。
② 笔者注：布吉纳法索（BurkinaFaso）是一个非洲国家，位于撒哈拉沙漠南缘.

二、中国科学院大连化学物理研究所

中国科学院大连化学物理研究所（以下简称大连化物所）创建于 1949
年 3 月，是一个基础研究与应用研究并重、应用研究和技术转化相结合，
以任务带学科为主要特色的综合性研究所。1998 年，大连化物所成为中国
科学院知识创新工程首批试点单位之一，2010 年 8 月，大连化物所在"创
新 2020"发展战略研讨会中将研究所发展战略修订为"发挥学科综合优势，
加强技术集成创新，以可持续发展的能源研究为主导，坚持资源环境优化、
生物技术和先进材料创新协调发展，在国民经济和国家安全中发挥不可替
代的作用，创建世界一流研究所。"① 大连化物所重点学科领域为催化化学、
工程化学、化学激光和分子反应动力学以及近代分析化学和生物技术。

（一）发展历程与现状

1. 发展历程

（1）专利数量缓慢增长阶段。

1985~1998 年，国家科技体制改革和专利法实施都处于初期阶段，大
连化物所主要任务是完成国家项目，知识产权意识不强，专利数量增长缓
慢。这一阶段，大连化物所在科研活动中强化了对科技创新成果和商业化
价值的认定，以"四技合同"为主要形式开展各种有偿的科技服务，同时
创建了一批高技术转移企业，鼓励科研人员积极投身到成果转化的实践
中去。

（2）专利数量大幅增长阶段。

1999~2008 年，中国科学院进行知识创新工程试点和实施，这一阶段
大连化物所技术产出较多，知识产权意识不断加强，专利数量大幅增长。
大连化物所将研究开发工作纳入科技处管理，成立了运营性资产管理委员
会和知识产权开发办公室，突出了科技创新和知识产权保护转化的管理理
念。积极拓展与国内大企业的合作，建立了形式多样的产学研联合研究和
开发单元，形成了一大批自主创新的专利和专有技术。另外，探索了知识
产权以无形资产投资入股的技术转移模式和操作程序，设立技术转移创业
公司。

（3）注重专利质量和运营阶段。

2009 年之后，国家全面推进自主创新，大连化物所开始实施知识产权
战略。在此阶段，不再仅仅重视专利数量，更加注重专利的质量。专利申
请目的由完成项目任务，保护技术秘密，逐渐向知识产权运营、专利授权

---

① 大连化物所网站. 所况简介 [EB/OL]. [2015-12-23]. http://www.dicp.cas.cn/gkjj/skjj/.

和实施方面转变①。大连化物所借助国内外重要企业合作伙伴、国家和产学研合作研发中心及技术孵化平台、创业公司集群、区域科技创新单元以及部分重大重点项目，促进建设和完善大连化物所知识产权管理与服务体系，推进创新科技开发、技术服务和技术许可全面服务社会，推进技术贸易、技术成果产业化转移全面走向社会。

2. 现状

截至 2013 年年底，大连化物所累计申请专利 4602 件，其中发明专利 4327 件；累计专利授权 1906 件，其中发明专利授权 1674 件；累计申请国外专利 280 多件，其中 PCT 申请 180 多件，获得国外专利授权 60 多件（见图下编 7.2）。

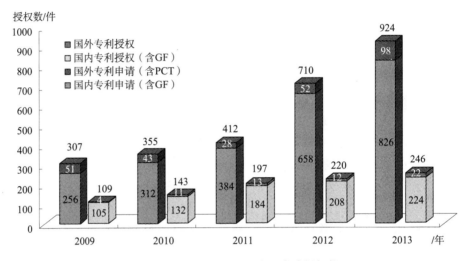

图下编 7.2　大连化物所专利申请授权数

（资料来源：大连化物所网站. 科研业绩图表［EB/OL］.［2015-06-04］. http：//www. dicp. ac. cn/kycg/cggk/kyyj/.）

（二）模式

1. 研发

（1）高水平的研究单元。

大连化物所围绕国家能源发展战略，于 2011 年 10 月启动了洁净能源国家实验室（DNL）的筹建工作，DNL 是我国能源领域筹建的第一个国家实验室。大连化物所还拥有催化基础国家重点实验室和分子反应动力学国家重点实验室两个国家重点实验室，以及甲醇制烯烃国家工程实验室、国家催化工程技术研究中心、膜技术国家工程研究中心、燃料电池及氢源技术国家工程中心、国家能源低碳催化与工程研发中心等多个国家级科技创新平台。大连化物所围绕国防安全、分析化学、精细化工和生物技术广泛

① 柳卸林，何郁冰，胡坤，等. 中外技术转移模式的比较［M］. 北京：科学出版社，2012：76.

开展基础性、战略性、前瞻性研究工作，设立化学激光研究室、航天催化与新材料研究室、仪器分析化学研究室、精细化工研究室和生物技术研究部五个研究室。

（2）广泛的科技合作与交流。

大连化物所与世界 32 个国家建立了广泛的科技合作和交流关系，其发起成立的亚太催化协会在 2004 年第 13 届国际催化大会上正式成立。基于大连化物所多年积累的品牌效应，应用与应用基础研究均已在国际上有重要影响，国际合作源源不断。2013 年，大连化物所国际合作促使"DICP-SABIC 先进化学品生产研究中心"成立，成立了国内第一个金催化研究中心，法国科学研究中心、德国马普协会、英国石油公司和韩国三星公司相继在大连化物所建立了相关领域的联合实验室。目前，该所科研人员在 65 个国际机构中分别担任理事、大会主席、分会主席、主编和编委等职务。近年来，大连化物所成功举办了"21 世纪催化科学与技术前沿国际学术会议暨国际催化学会理事会会议"等多个高水平学术会议。另外，大连化物所还与国外著名大学、公司和研究机构联合设立了中法催化联合实验室、中法可持续能源联合实验室、中德催化纳米技术伙伴小组、中韩燃料电池联合实验室和 DICP-BP 能源创新实验室等十几个国际合作研究机构。

（3）高素质的研究和技术人才。

建所以来，大连化物所造就了若干享誉国内外的科学家及一大批高素质研究和技术人才，先后有 17 位科学家当选为中国科学院和中国工程院院士。截至 2014 年 12 月 31 日，在所工作的国家杰出青年基金获得者有 19人，引进国家"千人计划" 5 人，国家"青年千人计划" 6 人，中国科学院"百人计划" 39 人。2014 年年底，全所共有职工 1044 人，包括正高级 169人，副高级 407 人，中级 334 人，初级 76 人，博士后 111 人。大连化物所是国务院学位委员会批准的首批博士、硕士学位授予单位，具有化学、化学工程与技术、环境科学与工程三个一级学科博士学位授予权，物理学、材料科学与工程两个一级学科硕士学位授予权，具有博士生导师、硕士生导师资格审批权，共有博士生导师 112 人，硕士生导师 171 人，在读研究生 818 人，其中博士 541 人，硕士 276 人，已培养研究生 2215 名，其中博士 1414 名，硕士 801 名。[①]

2. 专利

大连化物所作为一个基础研究与应用研究并重且有较强科技研发能力的综合性化学化工类研究机构，非常重视自主创新和知识产权保护，积极探索高技术研发体系的建设，推进将知识产权与技术转移的管理及服务功能融入整个科技创新价值链中，不断新增的知识产权资源日益成为大连化物所取得高科技研发和产业化拓展竞争优势的最重要的手段。近几年，在

---

① 大连化物所网站. 人才情况［EB/OL］.［2015-06-04］. http://www.dicp.cas.cn/rcdw/rcgk/.

知识产权申请与维护、专利战略研究、技术转移转化、知识产权管理制度和人才培养等方面进行了积极的尝试，知识产权管理已初步成为技术创新的重要动力机制和保护机制。[①]

（1）健全的知识产权工作组织体系。

大连化物所知识产权管理涉及了三个管理处室：1）科技处，其主要职能是在科研计划行政管理框架下，围绕创新科技政策和制度，通过科技项目规划和计划，组织各级科研团队生产出更多的专利技术和科研成果；2）知识产权办公室，其主要职能是在知识产权技术转移的协调服务框架下，围绕大连化物所已有核心专利技术，介入重大和重点科技开发项目，参与项目技术和商业价值评估，与合作方洽谈开发和产业化合作形式并拟定契约条款，促进科技成果的工程化开发和商业化拓展；3）运营性资产管理委员会办公室，其主要职能是对技术转移过程中无形资产作价入股设立的高新技术企业行使股权评估、审核和监管管理，使之保值增值。2008年大连化物所成立了知识产权管理委员会，由所主管领导直接负责全所的知识产权工作，通过知识产权办公室具体履行管理和服务职能，每年至少召开两次知识产权管理委员会会议。在研究所领导班子总体负责的框架下，知识产权管理委员会指导下，科技处、知识产权办公室和运营资产管理委员会办公室从科研项目计划、知识产权保护、技术开发和技术集成、许可和转让以及运营各个环节，负责协调管理大连化物所的各项知识产权工作。

（2）完善的知识产权管理制度。

大连化物所的知识产权管理制度建设始于1985年。随着国家和中国科学院对知识产权管理工作部署的不断深入，大连化物所借鉴国内外先进的知识产权管理模式，制定了管理制度、管理规定和管理办法，同时也对原有的规章制度进行较大程度的修订和细化，并根据国家和中科院总体形势的发展和具体工作实践，每两年修订一次，不断完善专利管理及知识产权保护的有关制度。这些规章制度对规范研究所知识产权管理以及激励科技成果转化起到了重要和积极的作用，并且健全的知识产权管理制度避免了一些以往因为责任和义务不明确而引起的纠纷，也为产生纠纷的处理和解决提供了依据，使专利管理工作有据可依、有章可循。

在专利方面，大连化物所早在10年前就出台了系列强化和激励的措施：1）将课题组申请专利、专利获得授权和专利技术转移活动纳入课题组年度绩效考核中，并通过调整考核体系增加专利授权的比重；2）鼓励研究生更多关注技术创新并积极申请专利，近年来还在研究组中强化了发表论文前的专利申请制度；3）为申请专利、专利授权和专利许可转让进行不同额度的酬金奖励，院专利授权奖励资金进行1∶1匹配之后发给研究组，激励了专利的数量和质量的不断提高；4）在课题申请方面，特别强调专利技

---

① 张涛，杜伟. 加强知识产权管理 践行创新驱动发展［J］. 中国科学院院刊，2014（5）：568-574.

术，在"三项"课题经费申请方面，对课题的新颖性、原创性和专利技术有较高的要求和考核；5）设置"专利工作优秀奖"，在每年的所工作会议上进行表彰，对研究组知识产权保护和技术转移产生了很好的牵引作用和激励效果。这些强化和激励措施逐步使得研究所在整体研发局面上形成了倡导自主高技术创新和专利技术优先的良好氛围，使得研究所的专利申请数量不断上升。

经过从数量到质量，从质量到效益增量的过程，大连化物所将知识产权工作融入整个科研工作全过程，对知识产权的重视和关注已成为每个科研人员的自觉意识和行动，尊重知识、崇尚创新、打造核心专利、推进实施转化等知识产权文化理念已初步形成。

（3）实行专利分级管理提高专利质量。

只有较高质量的专利技术，才能保证有较多机会实现专利技术的产业化和商业化。为提高发明专利申请的撰写质量，提升核心专利应用价值，进一步促进专利技术的转移转化，大连化物所从2010年开始实施"专利分级制度"。该制度将发明专利申请分为A、B、C三级，研究组在提交专利申报书时需根据项目产业化需求和市场前景选择申报等级，科技处根据项目重要程度对专利申报等级提出建议，明确申请目标和结果，所发生代理费用由研究所和研究组共同支付。为及时掌握专利申请进度，避免年底集中申请影响质量，要求研究组根据科研项目的进度和进展情况，结合自身的科研创新方向，建立专利申请规划，加强专利申请的计划性，希望通过几年的实际操作逐步总结出自身的专利保护策略，建立一个良性循环的专利体系。2012年开始制定专利申请计划并跟踪实施情况，指导研究组根据项目进度和完成情况及时申请专利保护，有计划地进行专利策划与布局，落实专利申请计划公示、督促，从而使研究组逐渐养成自觉意识。

在专利规划的基础上，根据科研创新的特点，结合大连化物所的专利分级管理制度，将资源配置倾向于重点领域、重点专利，逐步提高专利申请的质量，培育核心专利。近几年，研究所进一步完善专利申请计划和专利分级的管理制度，结合2011年推出的专利工作奖励制度，积极引导发明人和创新团队关注专利申请、授权和实施转化的综合能力，提高自主创新能力。

3. 许可转让

大连化物所的技术转化模式包括企业技术委托开发、知识产权许可、知识产权转让、技术作价入股、建立战略合作关系或成立联合实验室等，在知识产权创造和实现技术转移中的牵动力量是多层面的。大连化物所的知识产权转化战略是沿着科技项目成长进程逐步延伸的。[①]

第一层面是研究团队的基础和应用基础研究，提出基础知识产权，这

① 张涛，杜伟. 加强知识产权管理践行创新驱动发展 [J]. 中国科学院院刊，2014，5：568-574.

个环节需要知识产权管理人员介入评估知识产权的科学价值和商业化价值及机会，基础研究应重视专利保护，最大限度地保护创新。近年来，随着技术交叉融合的趋势加快，大连化物所的基础研究组除发表高水平的文章外，也非常重视在早期进行专利布局和培育核心专利，为后期的应用研究及产品开发夯实基础。包信和院士的研究团队在甲烷高效转化相关研究中取得重大突破，成功实现了甲烷在无氧条件下选择活化，一步高效生产乙烯、芳烃和氢气等高值化学品。北京大学纳米科学与技术研究中心主任、物理化学所所长刘忠范院士认为，这项技术为高效利用丰富的天然气资源和在我国形成具有原创知识产权的甲烷绿色转化新技术奠定了理论基础。德国巴斯夫集团副总裁穆勒认为，这是一项"即将改变世界"的新技术，未来的推广应用将为天然气、页岩气的高效利用开辟一条全新的途径。国内外多家能源和化学公司等都对这一产业变革性技术表现出极大的兴趣。这项技术在项目执行初期就十分重视知识产权的策划与布局，知识产权管理人员和发明人经过多次讨论，系统策划了专利申请，目前相关的专利申请已进入美国、俄罗斯、日本、欧洲等国家和地区，未来的继续申请还在执行中，将形成一个相对完善的知识产权保护体系，早期的专利布局将使这项技术的商业化价值得到更好的保障。

第二层面是针对重大或重点科技问题和延伸的科技问题，进行国内外的团队合作研究，以便在关键领域有所突破，由此进一步提出基础知识产权或新增知识产权，知识产权的战略布局和集群调整是这个环节的关键。张涛院士的课题组经过多年的研究积累，于2008年在世界上首次报道了纤维素高选择性催化转化为乙二醇的新反应过程，在此之后的几年中，该研究团队以工业应用为目标导向，不断取得重要的研究进展，同时注重不同知识产权种类和地区的布局，目前该项目已申请专利近百项，分别在中国、美国、欧洲、日本、韩国、巴西、马来西亚、墨西哥等国家和地区取得保护，为该技术的实际应用积累了较为充分的技术和知识产权储备。

第三层面是在工程中心或与企业合作的成果转化单元中，进行关键技术和集成技术的应用开发研究，形成自主知识产权并实施技术转化，寻找恰当的合作方，确定知识产权权利与权益分配以及实施技术转化交易。一项科技成果实现工业化，往往要经过一个漫长的过程，而核心技术的创新与发展也必须是持续不断的行为。大连化物所拥有膜、催化、燃料电池及氢源技术等5个工程中心，国家地方联合工程研究中心2个。研究所开发的"甲醇制取低碳烯烃（DMTO）技术"形成了相对完善的知识产权保护体系，完成了催化剂工业放大、试验装置设计、工业化条件试验等过程的开发。大连化物所、陕西煤业集团、新兴公司和洛阳石化工程公司通力合作，顺利完成了DMTO工业化实验项目。大连化物所在加强MTO技术推广的同时，又积极探索和发展新一代催化剂，并申请了多项发明专利，从根本上保持了MTO技术的持续领先。从催化剂到工艺路线，该项目申请专利 200 多件，获授权发明专利 63 件（中国 34 件，国外 29 件），构成了完整的自主知识产权[①]。其工业化应用的成功，显然得益于大连化物所的持续创新能力，前期充分的准备和贯穿始终的知识产权战略布局。DMTO 专利技术带动了甲醇制烯烃新兴战略产业快速形成，为我国石油替代战略实施、烯烃工业结构调整和原料多元化发展发挥了重要作用。

第四层面是寻求合作方将大连化物所的自主知识产权以无形资产方式作价入股，设立高技术企业，实现技术转化和商业化独立运营，重要的工作是寻找合适投资合作方、知识产权评估作价和股权监管。大连化物所投资企业共 20 家，业务领域分别涵盖煤代油产业、催化产业、膜分离、新型能源产业、仪器产业、生物技术产业等。2013 年度投资企业营业收入总额为 9.05 亿元，净利润总额 1.72 亿元。

（三）优势与特色

1. 知识产权战略领先

2008 年以来，大连化物所以国家知识产权发展战略规划为指导，按照中科院的要求，围绕研究所发展定位制定了"根据国家科技发展规划，结合研究所战略目标，面向国家战略需求，积极参与国际竞争，在重点学科、关键领域加强部署，完善体制机制建设，在关键领域形成引领技术发展的自主知识产权，提高核心竞争力，为研究所发展战略的实施提供法律保障"的知识产权战略目标。研究所高度重视知识产权战略的研究和部署，有计划、有目的、有组织地围绕知识产权"产生—保护—转化"三个环节开展工作。针对研究所发展战略和目标定位，将知识产权的协调服务深入到具体的创新研发活动中去。

随着科技创新活动的增加和国内竞争的日益激烈，研究所又进一步强调加强知识产权战略研究，尤其是对"一三五"相关的重大项目知识产权战略研究。了解和跟踪国内外竞争对手的动向和技术发展趋势，及时将一些专利信息进行总结分析并反馈给一线的科研人员和技术转移人员，以利于进一步的改进创新，在竞争中取得优势，有效地进行成果转化。专利技术成果转化和产业化是衡量知识产权工作的风向标。大连化物所将知识产权的管理从传统的成果管理模式中导入到知识产权全过程管理的模式中，参考法律法规规定的办事流程，规范、加强知识产权创造、保护、运用和管理等环节工作，建立符合大连化物所特点的全过程知识产权管理工作模式。

2. 与骨干企业合作

大连化物所的技术转移工作近年呈现出"以骨干企业为牵引的合作战略，强化与重点区域的科技合作，增进加强产业技术交流和平台建设"的

---

① 李大庆，关佳宁. 国家技术发明一等奖为何花落中科院大连化物所［N］. 科技日报，2015-01-13.

院地合作特点。近年来，大连化物所通过不断创新工作思路，积极推动科研成果的转移转化，共实现技术转移转化合同数约 1000 多项，合同额超过 11.67 亿元，到款 10.33 亿元。大连化物所实现包括甲醇制烯烃（DMTO）在内的应用成果规模工业转化 50 余项；申请专利 1660 件，获授权 689 件，转移转化 207 件，实现知识产权转移转化收入 9 亿多元。先后被评为国家技术转移示范机构、获得首届中国产学研合作创新奖，并在最近 10 年内 9 次获得中科院院地合作先进集体奖一等奖。近年来，又不断深化、拓展与中石油、神华集团、中海油、中煤集团、延长石油、渤化集团及新疆天业等大型骨干企业间多层次、全方位的科技交流与合作，形成了一批具有引领和示范作用的创新生长点，并着力推动形成长效合作机制。大连化物所积极实践国家技术转移区域中心试点建设工作。在江苏省和浙江省成立的分中心作为院地合作的触角和抓手日益发挥积极作用，推动研究所科技成果与相关产业技术需求匹配，引导优势研发团队参与产业技术平台共建，积极争取区域政策、资源支持，有力地推动了研究所的院地合作及成果的转化工作。

3. 发挥知识产权专员的作用

人才体系是保证知识产权工作健康运行的关键，目前的科技体制框架下，研究所普遍面临着技术转移和知识产权队伍人才缺乏，专业知识不足，编制受限等问题。但又面临着技术转移的项目越来越多，知识产权问题也不断增加的情况，如何在这样的情况下顺利完成技术转移过程中的知识产权保障工作，是大连化物所一直思考的问题重点。从 2008 年开始，大连化物所配合中科院启动的知识产权专员体系，建设研究所的知识产权专员体系和工作网络。逐步培养出一批通晓专业技术知识产权、法律知识的一线科研骨干成为中科院知识产权专员。截至 2013 年年底，该所已拥有 12 名中科院知识产权专员，在中科院实体研究所中名列前茅；2013 年，大连化物所的知识产权专员团队获得了"国家知识产权战略实施工作先进集体"荣誉称号。

同时，积极建设研究所知识产权专员体系，逐步培养研究组的科研骨干通晓技术转移和知识产权知识，掌握技术转移的基本技巧和运作原理，发挥科研一线的作用，目前拥有所级知识产权专员 72 人。研究所为院级知识产权专员配备了专门分析检索软件并在所创新基金中设立专利战略研究的软课题，由知识产权办公室组织院级知识产权专员配合"一三五"规划目标的完成，开展重大项目的专利分析和战略研究。目前项目已完成验收，形成了 3.7 万字的专利分析报告，收到良好效果，每个知识产权专员在进行分析的过程中，不断将信息反馈给研究组，提高了科研人员的知识产权意识，促进了研究所专利申请数量和质量的提高。知识产权专员的培养对于提高申请专利的质量起到了良好的作用。由于试点效果的带动，目前全所绝大多数面向应用研究的研究组长都提出来要设立研究组的知识产权专员。

4. 国际化布局

近年来，针对技术与市场的国际化和知识产权保护的国际化趋势，大连化物所加强了国际专利的申请，已累计申请国外专利（含PCT）380多件，近5年国际合作方面的收入超过2亿元人民币。在新的形势下，研究所正在进一步凝练面向国家需求的科研方向和科技目标，完善知识产权保护和运营战略，促进科技成果的快速转化，努力实现跨越式发展。

在知识产权国际化合作实践中，大连化物所充分意识到知识产权是撬动国际科技合作非常有力的杠杆。注重用国际先进的知识产权运作方式改进研究所的知识产权管理与服务工作。通过与国际大公司按照国际惯例和世界标准模式进行知识产权方面的合作，探索有中国特色的国际知识产权合作方式，迅速缩短与国际先进水平的差距并形成了自己的特色。大连化物所的一些做法和观点，也越来越多地得到了国际上的认可。在国际科技合作中，大连化物所坚持：①国际合作项目需提前在所内进行预筛选，要求将合作前已完成的内容先在中国申请发明专利，为后期合作准备好背景技术以掌握谈判主动权，以利于更好地保护和开拓中国的技术市场；②在合同或者协议的谈判中，商务和技术分开进行，在商务谈判中，要坚持对基础知识产权的权利要求；③要考虑有关项目已有的科技投资成本，以便在技术转移许可收入中对其前期投入进行足够的补偿；④在排他性技术许可中保留中国区域的主动权，充分考虑中国市场，给中国的企业留出合作空间；⑤在专利国际化业务方面，应当充分发挥国际合作伙伴的优势，共同推动国际化业务的拓展和经费支撑，利用PCT的时间节点调控合作的进度和节奏。大连化物所开发的有关清洁能源技术，在实验室技术申请中国专利的基础上，与英国石油公司开展合作，通过PCT的形式申请国外专利，同时开展中试和工业放大，促进专利技术的实施。

（四）典型案例

煤代油制烯烃技术迈向产业化

2010年10月26日，"新一代甲醇制取低碳烯烃（DMTO-Ⅱ）工业化技术"在北京首签工业化示范项目许可。陕西煤业化工集团、中石化洛阳石化工程公司和中科院大连化学物理所（技术许可方），与陕西蒲城清洁能源化工有限公司（被许可方）正式签约。陕西蒲城清洁能源化工有限公司重任在肩，煤制甲醇年产180万吨、甲醇制烯烃年产67万吨及配套项目将进入实施。

这是DMTO-Ⅱ工业化技术在全球的首份许可合同，它标志着具有我国自主知识产权、世界领先的新一代甲醇制烯烃技术，在走向工业化道路上又迈出了关键一步。

2011年1月1日，在内蒙古包头市，神华60万吨煤制烯烃工业示范工程，也正式开始了其商业化的运营。

"煤代油制烯烃技术迈向产业化"的重大科技成果经过两院院士的投票，2011 年 1 月 19 日，也入选了 2010 年中国十大科技进展新闻。

科技创新的脚步从未停歇

"七五"期间，原国家计委科技司和中国科学院决定，在大连化物所建立甲醇制取低碳烯烃中试基地。到 1989 年年底，先后完成了 3 吨/年规模沸石放大合成及 4～5 吨/年规模的裂解催化剂放大设备，以及日处理量 1 吨甲醇规模的 MTO 固定床反应系统和全部外围设备等，并在此基础上于 1991 年 4 月完成了中试运转。

进入 20 世纪 90 年代，新一代学术带头人刘中民带领研究组，对甲醇制取低碳烯烃开展更加深入的基础研究和应用研究，丰富了对 MTO 过程的认知，并在此基础上，形成了具有自主知识产权的一整套专利和技术。1995 年，大连化物所完成了流化床 MTO 过程的中试运转，其发展的适合两段反应的催化剂及流化反应工艺，专家认为达到了国际先进水平。1996 年，这一成果获得了中科院的科技进步奖特等奖，以及原国家计委、国家科委与财政部联合颁发的"八五"重大科技成果奖。

中科院大连化物所在完成"八五"攻关任务后，向有关产业部门通报了 MTO 的中试结果，并进行了技术交流。一些长期从事催化裂化工艺和装置设计的专家认为，虽然中科院大连化物所进行 MTO 工艺所用的分子筛的研究开发工作，当时已注册了国内外 24 项专利技术，其试验结果主要技术指标略优于外国同行，但将中试技术直接放大用于建设工业规模的装置存在很大风险，提出了进行中间级的工业性试验的必要性。由此，大连化物所加紧与有关企业联系，着手准备进行工业性试验。

"一项科技成果实现工业化，往往要经过一个漫长的过程，而核心技术的创新与发展也必须是持续不断的行为。"中科院大连化物所基于这一科学发展观的认识，在加强 MTO 技术推广的同时，又积极探索和发展新一代催化剂，并申请了多项发明专利，从根本上保持 MTO 技术的持续领先，这一具有自主知识产权的甲醇（或二甲醚）转化制取低碳烯烃技术，被他们命名为 DMTO 技术。

与社会创新价值链衔接中求发展

2004 年 8 月 2 日，由大连化物所、陕西新兴煤化工公司、洛阳石化工程公司三方合作，共同开发 DMTO 工业化成套技术正式启动。在大连化物所 DMTO 技术中试研究成果的基础上，利用洛阳石化工程公司国内一流的工程技术经验，建设一套年加工 1.67 万吨甲醇的工业化试验装置；全部投资和试验装置的建设运行管理工作，由陕西新兴煤化工公司负责。

把 DMTO 这一技术成果从实验室搬到了建设基地，实际上是风险投资，是一次把科技成果转化为生产力的果敢尝试。

投资 8610 万元的试验项目建设启动了。合作三方经过严格论证，编制了《DMTO 工业化试验装置建设统筹控制计划》，确定了建设进度关键控制点。建设这个世界级的 DMTO 工业化试验装置，所有设备、材料全部都是国产的。

2006 年 2 月 20 日开始投料试车，安全打通全部试验流程，实现了投料试车一次成功的目标。

2006 年 6 月 17 日至 20 日，国家发改委委托中国石油化工协会组织的专家组，对 DMTO 开发项目进行了现场考核。专家组认为：该工业化试验装置是具有自主知识产权的创新技术，装置运行稳定、安全可靠，技术指标先进，是目前世界上唯一的万吨级甲醇制取低碳烯烃的工业化试验装置，装置规模和技术指标均达到了世界领先水平。而通过在陕西华县的这一工业性试验，开发我国自主知识产权的 DMTO 工业化成套技术，为建设以煤为原料生产低碳烯烃的工业化装置奠定了坚实的技术基础。

DMTO 技术不断升级

经国家发改委 2006 年 12 月核准，世界首套煤制烯烃工厂、国家现代煤化工示范工程，终于开花在内蒙古包头市的神华集团。该项目于 2007 年 3 月开工，总投资为 165 亿元，年消耗原料煤 345 万吨，燃料煤 128 万吨。

2007 年 9 月 17 日，大连化物所、新兴能源科技有限公司、中石化洛阳石化工程公司这三位前期合作的亲密伙伴的代表，在北京与中国神华集团代表的手握在一起，签订了 180 万吨的 DMTO 技术许可合同（年产烯烃 60 万吨），这标志着 DMTO 技术从前期的万吨级工业性试验，向日后的百万吨级工业化生产迈出关键一步。

2010 年 8 月，DMTO 装置项目在包头投料试车一次成功，当天即达到设计负荷的 90％；8 月 12 日，烯烃分离乙烯和丙烯合格，乙烯纯度 99.95％，丙烯 99.99％；8 月 15 日，生产出合格的聚丙烯产品；8 月 21 日生产出合格的聚乙烯产品。

一直到目前，包头 60 万吨/年煤制烯烃项目装置运行良好、性能稳定，甲醇转化率和烯烃选择性都达到或超过设计指标，这标志着我国具有自主知识产权的煤制烯烃技术，其产业化和商业化已取得了圆满的成功。

至此，大连化物所几代科技工作者的长跑接力，终于也走出一条中国原创的技术路线，攻克了甲醇制取低碳烯烃的难题，为煤化产业链衔接上了最后的关键性一环。

在技术成果转移与转化不同的历史时期，必须采取不同的市场运作模式和机制，在 DMTO 工业性试验之后，陕西省投资集团公司已从陕西新兴煤化工公司退出，由陕西煤业化工集团收购了其全部股份，亦即 51％×37.5％＝19.125％的股份，约 9600 万元；同时，陕西煤业化工集团、正大煤化公司和中科院大连化学物理所三方，实现公司的股权重组。2008 年 11 月 25 日，经国家工商总局核准，重组的公司更名为新兴能源科技有限公司，负责专业销售 DMTO 技术，提供 DMTO 的技术服务。

在 DMTO 工业性试验之后，研究所和企业间的合作也相得益彰。依托大连化物所建立的甲醇制烯烃国家工程实验室，得到陕西煤业集团出资 3000 万元共建；在陕西煤业集团成立的陕西煤化工技术工程中心，2009 年已由国家发改委挂牌，其中大连化物所也以甲醇制烯烃类技术专利所有权作价 5727 万元出资，占中心注册资本的 45%。

结合 DMTO 从基础研究到应用推广的新模式探索，刘中民谈了自己的切身体会：科研院所的技术转移与转化，必须与社会优化的资源要素结合，寻找到真正能够与自己作用互补、能够发挥各方优势的合作模式。中科院要在我国起到科技火车头的"引领"作用，对那些重大的工程化、产业化项目，外部资金的投入虽然至关重要，但是科技人员能否对自己进行合适的定位，能否充分解放思想，明白战略合作的真谛，却是能否干好大事的前提。

（资料来源：郑千里. 煤代油制烯烃技术这样迈向产业化——记中科院大连化物所 DMTO 的创新实践与思考 [N]. 科学时报，2011-03-08.）

三、德国弗劳恩霍夫协会

德国弗劳恩霍夫协会（Fraunhofer-Gesellschaft zur Förderung der angewandten Forschung e. V.）成立于 1949 年 3 月 26 日，以德国科学家、发明家和企业家约瑟夫·冯·弗劳恩霍夫（Joseph von Fraunhofer，1787～1826）的名字命名，总部位于慕尼黑，是在"二战"结束后不久联邦德国政府为加快经济重建和提高应用研究水平而支持建立的一个公共科研机构。弗劳恩霍夫协会目前拥有 67 家研究所，超过 23000 多名优秀的科研人员和工程师，分布于德国的 40 个地区，主要开展健康、安全、通信、交通、能源和环境等领域的研究，是当今德国政府重点支持的四大科研机构之一，是欧洲最大的从事应用研究方向科研的机构。此外弗劳恩霍夫协会还在欧洲、美国、亚洲和中东都有自己的研究中心和代表处。[①]

（一）发展历程与现状

1949 年 3 月 26 日，103 名德国科技工作者在慕尼黑加入公益协会"促进应用研究弗劳恩霍夫学会注册协会"，标志着这家政府资助协会管理的自发组织的专门面向工业应用研究的科学研究促进机构——弗劳恩霍夫协会的正式诞生。1952 年，德国联邦经济部宣布弗劳恩霍夫为德国校外三大研究组织之一。1965 年，弗劳恩霍夫被确定为一个应用研究支撑机构。1987 年，集成电路研究所开始开发一种音频压缩算法，成为后来 ISO-MPEG Audio Layer-3 标准（ISO/IEC 11172-3 和 ISO/IEC 13818-3）即 MP3。2000 年，在弗劳恩霍夫的使命声明中，将弗劳恩霍夫定位为以市场和客户

---

① 弗劳恩霍夫协会网站. 关于我们 [EB/OL]. [2015-12-23]. http://www.fraunhofer.cn/about_t.jsp.

为导向，国家和国际化的积极的应用研究机构赞助组织。2002 年，原本隶属莱布尼茨联合会（WGL）的海因里希赫兹研究所柏林通信技术有限公司划归弗劳恩霍夫，该合并使弗劳恩霍夫的预算首次超过 10 亿欧元。2003年，弗劳恩霍夫总部迁至慕尼黑，弗劳恩霍夫制定了严格具体的使命声明，声明总结了协会的基本目标，协会"文化"所需的"价值与指导原则"也得以确立，声明中，协会承诺将增加女性员工的机会，帮助员工认识自己并激发自身的创造潜力。2013 年弗劳恩霍夫协会业务总额比 2012 年增长了4 个百分点，首次突破了 20 欧元。来自私营企业的研究项目收入达到了5.78 亿欧元的新的历史高点。

（二）模式

1. 研发

（1）合同科研。

弗劳恩霍夫协会的主要目标是把科学知识转化为具有实用价值的应用，各研究所为企业及各方面提供科研服务主要采取"合同科研"的方式。企业就具体的技术改进、产品开发或者生产管理的需求委托研究所开展有针对性的研究开发工作，并支付费用。研究开发工作一旦完成，成果立即转交到委托方手中。通过"合同科研"的方式，客户享有弗劳恩霍夫协会各研究所雄厚的研发科技积累和高水平的科研队伍的服务，通过研究所的多学科合作，可直接、迅速地得到为其"量身定做"的解决方案和科研成果。[①] 弗劳恩霍夫协会将其研究所组成了若干科研联合组，通过联合组内相关研究所、学科、题目的密切合作，适应当今经济和社会飞速发展对工艺技术的需求。

（2）研发基本单位。

研究所是研发项目实施的基本单位，弗劳恩霍夫协会下属的研究所都设立于全国各地的大学之中。这样做的优点，一是便于科技人员直接参与高校的教学活动，尤其是硕士、博士等高层次人才的培养，从而有利于科研人员的知识更新和后备力量的选拔；二是通过研究所与大学的直接交流以充分利用其科研资源，降低研发项目的成本。尽管研究所不具有独立的法人资格，但在协会授权的范围内，它们可以自主开展业务、聘用人员和签订项目合同，只是这些合同须经协会法律部核定后才能生效。

为了提高资金使用效率，特别是"非竞争性资金"使用效率，弗劳恩霍夫协会将政府下拨事业基金的少部分无条件分配给各研究所，用于保证研究所进行前瞻性、基础性的研究，而其余大部分则与研究所上年的合同科研收入挂钩，按比例分配。具体操作中，政府与协会通过签订协议的形式，根据各研究所承担的课题性质设定不同的资助比例。这种做法既保证

---

① 李建强，赵加强，陈鹏. 德国弗劳恩霍夫学会的发展经验及启示（上）[J]. 中国高校科技，2013（8）：54-58.

了各研究所的基本运行，也起到了激励研究所从市场上争取更多经费的效果。另外，为鼓励承担大型课题，协会对两个以上研究所合作研发的项目提供专项补贴。

（3）经费来源及使用。

弗劳恩霍夫协会的经费来源主要有 3 个渠道，第一是政府对机构的事业费拨款，第二是来自通过竞争取得的政府和国际组织（如欧盟）的科研计划和项目经费，第三是来自企业（主要是中小企业）的委托合同[①]。通过稳定的事业费支持，可以确保其研究的前瞻性，减少某项研究成果由于市场前景不明朗所带来的风险，同时确保科研方向和队伍的稳定性；通过研究所争取到政府的科研项目，可以保证其满足政府对某项科研产品或服务的需求，同时也引导研究所从事满足政府和公众需求的研究。换句话说，政府的日常经费使得弗劳恩霍夫协会可以进行面向未来的研究；政府的科研项目经费使得协会可以进行竞争前研究；而与企业合作科研的收入使得协会可以展示将其研究成果应用于市场的能力。正因为保持了这种独特的经费资助模式，使得其研究水平和能力得到持续的保证和提升，面向企业服务的能力也不断提高。目前弗劳恩霍夫协会年度研究总经费达 20 亿欧元，其中 17 亿欧元来自科研合同，超过 70% 的研究经费来自工业合同和由政府资助的研究项目，近 30% 经费是由德国联邦和各州政府以机构资金的形式赞助[②]。

2. 专利

（1）专门的知识产权管理机构。

为更好地保护和运营研发成果，弗劳恩霍夫协会专门成立了专利中心，对知识产权进行统筹管理。专利中心的主要职能包括：代表协会处理专利事务，维护协会知识产权利益，负责技术转移转让谈判，为研究项目提供战略咨询，通过培训提高职员的知识产权意识等[③]。专利中心下设知识产权管理办公室、核电子工程办公室、表面工程和光子制造办公室、生命科学办公室、专利战略及应用办公室和许可办公室等，负责不同的专利事务。每个办公室的工作人员都包括该领域相关技术人员，以及专利律师、专利战略律师和许可律师等。

（2）结果导向的知识产权管理系统。

2009 年，弗劳恩霍夫协会在研究所实施了结果导向的知识产权管理系统，针对市场潜在需求支持研究所组织和开发专利组合，并取得了极大成功，通过分析专利组合，对低吸引力专利族提出降低成本的建议，并加快有吸引力专利族的申请与开发利用。通过该系统已有 20 多个研究所通过加

① 王俊峰. 构建面向中小企业的公共技术服务平台——德国弗朗霍夫协会的经验及其对我国的启示 [J]. 中国科技论坛，2007（10）：51-54，77.
② 弗劳恩霍夫协会网站. 关于我们 [EB/OL]. [2015-06-05]. http：//www.fraunhofer.cn/about_t.jsp.
③ 马维野，等. 专利产业化推进问题研究报告 [R]. 2010.

强合同研究之外的知识产权许可开辟了新的收入来源。

3. 许可和转让

弗劳恩霍夫协会注重与企业的合作研究，合作研究成果归弗劳恩霍夫协会所有，合作企业可以无偿使用。知识产权战略管理思想经历了从保护为主到促进应用为主的转变，知识产权转移转化收入不断提高。

弗劳恩霍夫协会专利中心技术转移的主要方式包括合同研究、许可授权和创办衍生企业。通过创办新的衍生企业，弗劳恩霍夫协会将先进技术进行成功转移，以便运用知识产权获得更大收益。对于经过经济分析和市场调研确有发展前景的自主开发技术，弗劳恩霍夫协会鼓励支持科技人员，特别是年轻人离开研究所去办公司，进入企业界和商界，确有困难的可以在两年内返回研究所。同时研究所与创业人员继续保持密切的关系，为了支持创业人员并降低初始运作时的压力和风险，协会的投资小组在市场研究、预测、公司业务计划的制订等方面提供帮助。除在经济上将专有技术作价入股外，弗劳恩霍夫协会还出台加强支持的政策，以入股方式给予这类企业一部分启动经费（约占总股份的15％），并在5～6年后，企业正常运转时，将所持的股份卖掉，收回资金并用于支持其他新企业。

此外，为促进知识产权的商业化应用，弗劳恩霍夫协会于2007年应用了专利投资组合分析系统，以协调发明专利使用过程、确保技术诀窍和知识产权的系统运用，并促进成果导向的知识产权管理的商业化探索。该分析系统旨在系统地增强单个专利的未来市场潜力，通过关注能够带来巨大经济收益的专利，对知识产权的潜在商业价值进行调整，分析系统战略管理过程的核心是特定的专利投资组合管理，可使研究所能够根据市场因素和未来潜在收益对专利进行布局。通过引入市场吸引力等外部因素来评估潜在商业价值指标，引入开发实力等内部质量因素来评价专利群创造许可收益的能力，为研究所建立开拓市场为导向的专利投资组合提供了整体性战略视角。弗劳恩霍夫协会对专利投资组进行定期评审，通过与目标组合的比较，帮助研究所识别外部市场条件的变化和新技术发展的需求，并对现有专利投资组合进行适当改进。

4. 生产

满足用户需求，是弗劳恩霍夫研究所研究与开发活动的基本宗旨；为中小企业开发并提供具有实际应用价值的技术、工艺和市场前景的产品，是弗劳恩霍夫研究所的科研目的。具体的服务形式包括新技术、新产品开发，工艺、设备优化及样品、样机制造，提供企业所需的技术与工艺的可行性研究、市场发展趋势分析、经济性与环境生态评价等方面的技术评价和技术支持。但是弗劳恩霍夫协会自己并不直接生产自己研发的产品，只承担企业委托的研究工作，而具体的生产、销售和售后服务工作则由企业负责。如果企业在这几个环节中遇到了难以解决的技术问题，那么从事该项研究的科研人员可以协助解决。

(三) 优势与特色

1. 独特的评估机制

弗劳恩霍夫协会根据与政府签订的"确保科研质量"协议,对协会以及所属研究所工作实施评估。按照协会章程,各研究所每年度须向协会提交年度报告,协会执行委员会委托专家对报告进行审查,并给出评价意见。协会每 5 年对各研究所进行一次综合评估,评估委员会由来自协会外部的学术界、产业界和公共部门的专业人士组成。协会对研究所的评价主要考察其科技竞争力以及完成战略计划的情况,评价的程序包括阅读研究所状态报告与到研究所实地考察两个部分,实地考察的时间一般是 2~3 天,主要对研究所的科研队伍、科研设施、管理机构和科研辅助系统进行具体考察,并对研究所所长进行质询答辩。对研究所评估的主要指标包括:既定战略规划的完成情况,重点课题的实施进度,科研人员的整体素质与结构,科研设施的装备水平与利用率,经费总额中"竞争性资金"的比例,"竞争性资金"中企业研发合同的比例,申请和取得专利的数量,客户的分布结构与服务满意度,技术成果转让的数量和收益,经费支出的范围和科研辅助系统的服务质量等。[①]

由于协会的定位是面向产业界开展以共性技术为主的应用研究,所以考核中,发表论文的情况仅是一个参考指标,而主要考核其项目承担情况、经费使用情况,特别是研究成果在产业界的实际应用情况。评估结果经执行委员会确认后,由协会统一向社会公布,并成为协会今后确定事业发展规划、制定资源分配方案、改聘研究所所长和确定员工薪酬水平的主要依据。

2. 企业化运作

无论从管理体制还是从运行机制上看,弗劳恩霍夫协会均体现出了浓郁的企业化色彩。通过分析弗劳恩霍夫协会的管理架构,可以发现其很好地借鉴了现代公司的组织模式:弗劳恩霍夫协会的管理体制主要由会员大会、理事会、执行委员会、学术委员会和高层管理者会议等机构组成。

会员大会由协会成员组成,是协会的最高权力机构,每年定期召开一次。会员大会的基本职责是:选举理事会成员,推举荣誉会员;选举或解散执行委员会;对协会章程的修改进行表决等。其中,选举理事会是会员大会最主要的任务。

理事会是协会的最高决策机构,由会员大会选举产生,成员由来自世界各地的科技界、工业界、商业界和公共部门的杰出人士以及联邦政府和地方政府的代表共同组成。理事会的主要职能有:决定协会基本研发政策

---

① 李建强,赵加强,陈鹏. 德国弗劳恩霍夫学会的发展经验及启示(上)[J]. 中国高校科技,2013 (8):54-58.

的制定，决定协会所属研究实体的建立、变动、合并以及解散，对协会章程等重要文件的提出修改建议，任免执行委员会领导人及其成员等。

执行委员会是协会的日常管理机构，由主席和另外 3 位全职委员（高级副主席）组成。按照协会总章程，执行委员会的 4 位成员中必须有两位是知名科学家或工程师，一位是有经验的商业管理人士，另一位则必须曾在公共服务部门担任过高级管理职务。执行委员会的基本职能有：全面负责协会事务的管理，在协会内外全权代表协会行使职能；执行协会的基本研发政策，并起草协会的事业发展规划和编制协会的财务预算方案；负责争取获得政府的事业经费，并对事业经费在协会内部各研究所进行分配；协调各研究所之间的关系，组织大型课题联合攻关；聘任各研究所的所长和招聘高级专业人才等。

学术委员会是协会的内部咨询机构，其成员由协会各研究所所长、研究所高级管理人员以及每个研究所选举出来的科研人员代表组成。学术委员会的主要职能有：就协会的发展规划和重大科研事项进行论证，并向执行委员会和其他部门提出建议；对新研究所的成立和现有研究所的关闭提出意见；参与研究所所长的聘任工作等。此外，根据协会总章程，学术委员会还在人事政策制定、科研成果应用、知识产权保护、科研经费分配、合同项目收益的使用、科技成果评价等方面享有特别建议权。

高层管理者会议是协会管理和运行的协调机构，由执行委员会成员和 7 个学部的负责人组成，每季度举行一次例会。高层管理者会议参与执行委员会的决策制定过程，并拥有对执行委员会的工作提出建议和意见的权力。

研究所是协会的基层单位，自主开展工作并独立核算。研究所实行所长负责制，通常从所在大学的知名教授中选聘。各研究所还设有管理咨询委员会，其成员一般由来自研究所外部的 12 位科学界、工业界、商业界和公共部门的人士组成，协会执行委员会在研究所所长的建议下聘任管理咨询委员会成员。[①]

3. 灵活的用人机制

弗劳恩霍夫协会在研究人员的管理与使用上有着非常灵活的机制。协会研究队伍有着"多元化"和"年轻化"的特点。由于研究所设在大学内部，大学教师自然成为协会科研人员的重要来源。同时，德国的科研机构允许吸收学生参与项目研发，这些学生在参与研发的同时还要开展学术研究，用大概 5 年的时间完成自己的博士学位。另外，协会还面向社会招聘项目研究所需要的各类专门人才，这一做法使得协会科研人员的平均年龄不超过 40 岁。协会对于科研人员的管理具有"流动性"和"项目化"的特点，实行固定岗与流动岗相结合的管理方式，大多数科研和技术人员都是

---

① 李建强，赵加强，陈鹏. 德国弗劳恩霍夫学会的发展经验及启示（上）[J]. 中国高校科技，2013（8）：54-58.

合同制人员。协会一般与新进人员签订与承担项目周期一致的 3～5 年的定期合同，合同到期或项目完成后，该员工一般都要离职。一般来说，只有在研究所连续工作超过 10 年以上的专业人员才可能得到终身工作职位。两类岗位执行不同的薪酬标准，固定岗执行国家公务员工资标准，合同岗按照合同约定支付薪酬，这种用人制度使得科研人员的流动非常频繁。

（四）典型案例

MP3 许可之路

MP3 是一种音频压缩技术，其全称是动态影像专家压缩标准音频层面 3（Moving Picture Experts Group Audio Layer III），简称 MP3，被设计用来大幅度地降低音频数据量。利用 MPEG Audio Layer 3 的技术，将音乐以 1:10 甚至 1:12 的压缩率，压缩成容量较小的文件，而对于大多数用户来说重放的音质与最初的不压缩音频相比没有明显的下降。

MP3 是在 1991 年由弗劳恩霍夫协会的一组工程师发明和标准化的。弗劳恩霍夫有关 MP3 的专利不止一项，是一个包含 20 项 MP3 专利的知识产权家族，它是由一项发明在多个国家注册而形成的。

弗劳恩霍夫集成电路研究所（IIS）自 1991 年起就开始向广播电台出售可通过 ISDN 电话线交换数据的仪器，当 MP3 作为数据压缩标准脱颖而出时，研究人员向电子娱乐业和广播电台推广这一成果，但是这些公司的决策者对此并不感兴趣，一些人甚至对 MP3 技术表示怀疑，另一些人已经自己开发了希望推广的压缩格式。但弗劳恩霍夫的音频专家没有放弃，尽管竞争激烈，他们仍然成功地促进 MP3 在国际市场取得成功。

研究所人员通过与微科（Micronas）公司的共同合作，开发出了第一个解码芯片并于 1994 年推出了首个 MP3 播放器原型。1995 年德国公司 Pontis 推出了第一个便携式播放设备，1997 年微软成为第一批许可证持有者的一员，随后的 1998 年便携式 MP3 播放器的时代开始。之后苹果公司也紧随大潮，凭借其独创的营销手段和方便用户使用的产品设计，很快发展成了市场的领导者。MP3 也因为纳普斯特（Napster）公司推出的音乐文件共享服务而得到普及。从 2000 年年初到 2001 年 7 月，数以百万计的用户通过使用这一服务免费获得音乐文件，全然不顾版权法的存在。弗劳恩霍夫的研究人员努力寻求知识产权保护的途径，自 1995 年以来，弗劳恩霍夫 IIS 研究所与众多音乐出版公司一起，在欧洲研究项目框架下，不断发展 MP3 音乐的防拷贝系统。

如今 MP3 发展已经相当成熟，音乐产业也接受这项技术，十分乐意在网上推销自己的作品，移动电话、汽车收音机、DVD 播放器等其他许多仪器也都支持此种格式。MP3 推广所取得的经济成功不仅促进了弗劳恩霍夫的发展，也造福于整个德国。每年，弗劳恩霍夫协会通过授予许可证所取得的收入高达数千万欧元，并转而将这些收入投入开发新专利和技术秘诀，并建立基金会支持研究项目的进一步发展。2013 年 9 月 3 日，IIS 的基于信道/对象的方案获选成为未来 MPEG-H 3D 音频标准的依据，此项标准旨在传输高品质的 3D 音频内容。至此，经过 20 多年的研究和探索，IIS 已经向超过 1000 家公司授权使用其音频编解码软件和特定应用的自定义软件，全球有超过 60 亿台商用产品运用了弗劳恩霍夫的 MP3、AAC 和其他媒体技术。

授予许可证取得的收入同时被用于进一步发展音频和多媒体技术。在埃尔兰根音频实验室，来自世界各国的客座科学家与弗劳恩霍夫协会的研究人员以及来自埃尔兰根-纽伦堡大学的科学家携手合作，就新型多媒体技术进行研究。弗劳恩霍夫协会现在已拥有世界上最大的音频研究场所。

弗劳恩霍夫协会不只停留在通过发放专利许可证来获得专利本身的收益，还充分开发专利所带来的放大效益，推动实施专利战略。2007 年 11 月 15 日，德国联邦议会预算委员会通过了批准弗劳恩霍夫协会创建"弗劳恩霍夫基金"的决议，基金的宗旨在于利用 MP3 许可证收入中的"非常收益"建设新的"专利集群"。近年来，协会借助"MP3 技术保护法"取得了相当丰厚的许可证收益，这笔收益使一批"自选研究计划"得到资助，并为"生成新知识产权集群"提供了良好机会。特别重要的是，协会还通过制定相关的国际标准及"保护法"，使其有可能成为技术进步和新产品的先驱，因为"弗劳恩霍夫基金"的创建，使该协会所有的"知识产权集群"计划都有可能实施，基金每年都能为"知识产权集群"项目提供 1000 万欧元的特别经费。

四、英国牛津大学

牛津大学（University of Oxford），是一所位于英国牛津市的公立大学，建校于 1167 年，为英语世界中最古老的大学，也是世界上现存第二古老的高等教育机构，被公认为是当今世界最顶尖的高等教育机构之一。截至 2013 年，学校有教职员工 11804 人，全职教职工 10766 人。牛津产生了至少来自 7 个国家的 11 位国王，6 位英国国王，47 位诺贝尔奖获得者，来自 19 个国家的 53 位总统和首相，包括 25 位英国首相（其中 13 位来自基督教堂学院），12 位圣人。

（一）发展历程与现状

牛津大学科技产业始于 20 世纪 60 年代，由于当时英国有关政策和法规对知识产权的归属没有明确阐述，且周边风险投资环境不十分成熟，牛津大学的科技产业发展十分缓慢。

在 1985 年英国首相撒切尔夫人宣布类似于美国《拜杜法》（Bayh-Dole Act）的新政策之后，英国大学研究成果商业化发生了翻天覆地的转变。根据新法,英国大学有权取得英国政府资助的研究成果的知识产权的所有权。在 Raymon Dwek 教授(生物化学系)、Graham Richards 教授(化学系)以及牛津大学的其他主要科研人员的倡导下,在 1987 年,Isis 科技创新成立。身为企业家的 Dwek 教授和 Richards 教授设立了牛津大学的多家创新公司,包括 Oxford Glycosciences、Oxford Molecular and Inhibox 等。

在 Isis 科技创新的发展早期,由于缺乏资金来源,发展受到很多阻碍。在 1997 年情况有了变化,当时的新任董事总经理 Tim Cook 博士说服大学为 Isis 科技创新申请专利提供经费,以这种方式进行投资,并分享商业开发的收入。1997 年以来,Isis 科技创新已经帮助设立了涵盖所有科学领域和商业市场的 70 多家企业。

牛津大学于 2000 年 10 月出台了知识产权政策,规定学校拥有师生员工在校科研活动成果的知识产权。学校支持发明人将成果以专利、特许权、技术入股、咨询服务等形式产业化,同时发明人可以分享其特许运营收益、股权收益和咨询服务收益。这一政策为 Isis 科技创新专利产业化工作提供了政策支持。

2011 年 11 月,英国专利分析发现,按近年已经申请的成熟专利的数量来看,牛津大学在英国院校中排名首位。

Isis 科技创新与科研机构或企业的技术提供方、全球各地技术寻求方携手促成技术及知识产权之间的沟通。相关业务获得了政府、科研资助机构、科技园区及投资人的支持。2012~2013 年,Isis 科技创新的年营业额达 1150 万英镑(约 1.1 亿元人民币),比上年有超过 12% 的成长。

(二)模式

1. 研发

作为世界各地大学中的翘楚,牛津大学也是英国科研力量最强、科研经费最高的大学,每年的科研开支将近 50 亿元人民币。

牛津大学在研究品质评估中,许多学系获得五星级的评分,学校的授课老师很多是在各自学术领域里的世界级权威。该校在心理学、生物学和法律、工程学、社会科学、经济、哲学、历史、音乐、化学、生物化学、文学、法语、德语、丹麦语、数学、物理、地球科学上均是行内之翘楚。

牛津的教师队伍中,就有 83 位皇家学会会员,125 位英国科学院院士。在数学、计算机科学、物理、生物学、医学等领域,它都名列英国乃至世界前茅。牛津不仅在文科而且在理科、不仅在基础科学而且在应用科学研究中都取得了举世瞩目的成就。

2. 专利运营管理

牛津大学作为世界知名学府,吸引、汇聚了世界一流的科技人才,创造了众多高水平的科研成果。为把这些科研成果产业化,使之成为现实生产力,牛津大学从组织架构、运作机制等方面进行了设计,牛津大学 1987

年成立了 Isis 科技创新，负责对牛津大学专利进行运营管理。

Isis 科技创新是牛津大学全资拥有的公司。作为世界一流的科技创新公司，Isis 科技创新公司一直致力于咨询服务、专利申请、专利授权及成立创新公司等业务，以协助科研人员将科研成果商业化。

Isis 科技创新为大学研究人员提供全面周到的成果转化服务。其基本活动分为以下几个阶段：①寻找具有市场开发前景的大学研究成果阶段，来源包括大学科研管理部门推荐，Isis 科技创新项目经理跟踪研究项目的自主发现，以及大学研究人员的自主推荐。②对研究成果进行市场分析阶段，公司根据研究成果的技术领域，指定一个项目经理和成果发明人组成工作小组，在公司市场营销、法律及其他有关方面人员的协助下，对研究成果进行市场分析和评估，提出报告，经小组和公司两级审议最终确定。③研究成果保护阶段，研究成果获得肯定后，由公司和成果发明人共同制定临时保护措施，确定权益和责任，公司全额出资申请专利保护。④成果商业化阶段，可分为知识产权特许或成立新公司两种形式。知识产权特许是 Isis 科技创新通过各种渠道宣传专利技术，吸引世界各地、各个行业的公司购买其知识产权特许以进行技术开发或技术产品销售。成立新公司即 Isis 科技创新代表与成果发明人共同参与成立创新公司各个环节的工作，包括申请大学当局的批准、制订发展规划、确定结构及股权分配、吸引投资、形成管理层等，但 Isis 科技创新不介入创新公司的运营。创新公司正式成立后 Isis 科技创新会成为该公司的一个普通股东，其利益由大学指定的公司非执行经理代表。发明人要么脱离大学，成为公司的全职管理者，职务由各投资方协商确定；要么保留大学的职务或职位，出任公司的业余技术顾问或技术总监。⑤收益分配阶段，知识成果转化获得的收益，按比例进行分配。[①]

3. 牛津科技园

牛津科技园最主要的功能就是要起到促进专利转化的孵化器功能。牛津科技园重视依托大学资源和科技优势，与大学合作紧密，入园企业为学校提供部分研究资金，学校帮助入园企业解决技术难题、完善产品开发等。牛津科技园还与商学院合作培养 EMBA、工程硕士等，并把科技园作为商学院的实习基地。这些都有力地促进了牛津大学的产学研结合。[②]

同时，规范、高效的风险投资运作机制为牛津科技园的成功注入了生命的血液。牛津科技园虽不直接参与投资，但参与新技术筛选和项目库的管理。目前在园区周围形成了完整的投资体系，包括小型的种子基金、中型的风险投资和大型的投资银行。

---

① 编者. 牛津大学成立 Isis 创新有限公司大力推进研究成果转化 [J]. 中国高校科技与产业化，2006（9）：72-73.

② 郭晓娟. 专利产业化与大学科技园建设——以牛津大学科技园为例 [J]. 东岳论丛，2006，27（2）：194-195.

（三）优势与特色

1. 科研成果转化的桥梁和纽带

Isis 科技创新的主要任务是帮助科研人员申请专利、管理知识产权、协助签订成果转让协议和成立新科技企业。Isis 科技创新在科研人员、社会中介组织、企业之间设立长效的联络机制，发挥大学科技创新公司的组织和管理优势，避免了科研人员既充当创新成果开发者又充当促进成果商业转化者的双重角色，使企业、社会中介组织、科研人员有机结合起来，通过市场运作模式将科研成果直接转化成商业价值，让商业价值成为科研工作者、大学、社会中介组织和企业共享的成果，为大学科研成果的产生和转化提供持续的动力。

2. 大学是知识产权的享有者

牛津大学于 2000 年 10 月制定了明确的知识产权政策，规定大学对所有科研人员和博士生的科研成果拥有知识产权，大学成为科技创新成果知识产权的享有者。大学在享有知识产权的前提下，通过科研奖励、公司股权分配、知识产权许可利润提成等分配模式，将科研成果转化的部分利润作为科研工作者的报酬，激励科研工作者进一步参与研发的积极性，同时，大学也需要为科研工作者提供开展科研工作所需要的各种有利条件和宽松环境，为科研人员潜心研究和大胆创新提供物质保障。

3. 科技园区重在发挥孵化功能

科技园区对入驻企业设置了很高门槛，要求入驻企业技术含量高。园区为企业科技成果转化提供平台，确保入驻企业有科技发展的良好空间，避免片面追求企业产值。同时，坚持高效率、低成本的管理模式。通过社会化对园区内企业提供全方位、优质的配套服务。为了方便企业，实行"一张账单"式收费服务，减少了收费的烦琐程序。此外，园区还为企业与融资方、技术成果的受让方之间建立联系，解决园区企业的融资、技术转让的困难。尽管牛津科技园区入驻的门槛、收费的标准比其他园区高，但大多数企业还是愿意入驻园区。

4. 牛津创新俱乐部

牛津创新俱乐部是一个开放式创新的主要论坛，汇集了研究人员、发明家、牛津衍生公司、技术转移专家、本地企业和世界上一些最具创新性的跨国公司。在过去 20 多年来，此俱乐部促成了商业和学术界之间的联结，并提供了企业取得牛津大学科研和技术成果的窗口。会员可享有所有技术专利申请的提前通知、定期新闻报、定制化研讨会和市场需求分析，并可参加每年三次的牛津创新俱乐部会议和晚餐。[1]

---

[1] 牛津大学 Isis 科技创新网站．[2015-04-10]．http://isis-innovation.com/chinese/.

（四）典型案例

牛津催化剂公司

绝大多数的大学科研项目处于初期阶段，需要进一步投资将可能具有重大突破性的技术及产品推向市场。1999 年以来，Isis 科技创新通过牛津挑战种子基金（University Challenge Seed Fund）投资拥有前景的项目，协助项目进行深入研究、中试放大、产品设计及市场开发。牛津挑战种子基金通常每个项目投资 100 万元人民币。

2000 年 Isis 科技创新创立了牛津催化剂公司，四个月后在伦敦证券交易所创业板上市，市值达 6.5 亿元人民币。

Malcolm Green 教授与来自中国的肖天存博士在知名的牛津沃尔夫森催化中心（Wolfson Catalysis Centre）进行了长达 19 年的研究，而 Isis 科技创新多年来为该研究提供资金，并负责其商业化运作，直至公司能够自行融资为止。

牛津挑战种子基金投资了 120 万元人民币，提供了超越纯研究的帮助，科研人员得以开始优化关键工艺过程的催化剂，包括用废气生产无硫柴油燃料、消除硫污染。

在准备设立牛津催化剂时，Isis 科技创新也得到了牛津科学园 Begbroke Science Park 的支持。牛津科学园将技术企业奖（Technology Enterprise Fellowship）授予肖博士，支持他参与项目商业的开发。

牛津催化剂集团现在是全球领先的清洁燃料催化剂创新者，设计和开发多种专用催化剂，以用于传统化石燃料和某些可再生能源（如生物垃圾）的生产过程。

牛津催化剂的策略是与石油、石化、生物气、蒸汽应用及催化剂市场的领先制造商、生产商及供应商建立合作伙伴关系，转让催化剂的许可权，以实现其商业应用。

扩展阅读资料　日本名古屋大学

名古屋大学（简称名大）位于日本中部的爱知县名古屋市，其前身是1871 年成立的临时医院和临时学校。1939 年根据帝国大学法，其被命名为名古屋帝国大学，设有医学部与理工学部两个学部，为当时日本国内七所帝国大学之一。1947 年 10 月，正式更名为名古屋大学。2004 年 4 月，名古屋大学成为国立大学法人，作为日本最年轻的一所旧帝国大学，截至2012 年名古屋大学设有 9 个学部、14 个研究科、3 个附属研究所和 2 个全国共同利用设施①。

经过多年发展，名大发展成为日本中部地区的核心大学和全国重点国立大学，尤其以理工科见长。名大的产学合作是日本产学合作一个代表，1999～2008 年的 10 年间平均而言，名古屋大学技术许可费占日本大学全部技术许可费的 62.9%，最高时连续两年为 98.2%（见表下编 7.2）。

表下编 7.2　名古屋大学 1999～2008 年技术许可费情况/万日元

	1999	2000	2001	2002	2003	2004	2005	2006	2007	2008
名古屋大学	15942	25377	24713	40983	35900	18997	16400	10570	6592	7436
全部大学合计	19144	26078	20592	25174	42765	41599	64948	80133	77444	98598
名古屋大学占比	83.2%	97.3%	98.2%	98.2%	95.8%	86.3%	29.2%	20.5%	13.6%	6.8%

资料来源：名古屋大学产学合作本部国际合作部部长阿部正广提供。

名大致力于推动具有创造性的教学科研活动，培养足以担负起国家和未来的新时代人才。至今已经诞生了 6 位诺贝尔奖得主，其中包括 4 名诺贝尔物理学奖得主和 2 名诺贝尔化学奖得主。2001 年，名大理学研究科的野依良治教授，因对不对称合成的贡献而获得诺贝尔化学奖。2008 年，名大有机化学与海洋生物学家下村修，因发现和发展绿色荧光蛋白获诺贝尔化学奖。2008 年，名大的两位物理学博士益川敏英与小林诚，因提出小林-益川模型而共同荣获诺贝尔物理学奖。2014 年，名古屋大学的两位工学博士，工学研究科教授天野浩和特聘教授赤崎勇，因"发明高亮度蓝色发光二极管"而共同获得诺贝尔物理学奖。名大素以坚持学术自由而著称，为支持赤崎勇开展化合物半导体研究，名古屋大学专门建造了一间无尘实验室。

日本的大学一般认为基础的往往是原创的，对于增强科研实力非常重要，而且日本的很多企业也有一定远见，知道自身按照传统的模式很难生存，所以积极投入产学研合作，关注基础研究。即使面对经济不景气，甚至金融危机，也依然保证投入，重视核心技术的研发。名大所在的制造业发达的名古屋地区有丰田汽车等集团，名大的工学和产业界联系非常密切并积极开展产学研合作。

2011 年 1 月，名大研发汽车与交通系统的"绿色交通合作研究中心"正式揭牌，成为该领域在日本国内最大的研究中心，该中心将发挥丰田汽车等跨国制造业集团云集东海地区的"地利"优势，通过与相关企业的合作完善基础研究并实现成果转化。为研发电池高效化与充电简便化的新一代电动汽车而努力，该中心还将在材料、机械、电子等传统领域的基础上，将研究延伸至信息、交通工程等广泛领域。日本企业和大学在研发领域的产学合作不断从基础研究转向实际应用，大学加入基础技术实用化研究有

---

① 名古屋大学网站．［2015-06-05］．http：//cn. nagoya-u. ac. jp/about_nu/history_data/history/index. html.

助于实现产品早日面世和提高研发效率。

"围绕蓝光 LED 技术的产学合作是日本到目前为止最成功的一个事例，收入多、影响大"。[①] 根据日本科学技术振兴机构（JST）组织的评估，在 1997～2005 年，赤崎教授的蓝光 LED 技术转移直接接收方丰田合成应用该技术的产品的销售额为 36000 亿日元，对产业界的直接经济波及效果为 3500 亿日元增加值，创造 3.2 万个就业岗位。JST 补助的 5.5 亿日元全部返还，并且给国家方面带来了约 46 亿日元的技术实施收入。[②] 名大的技术许可收入主要来源于该大学工学部教授赤崎勇研究的高纯度蓝光 LED，近年来技术许可收入的减少也和赤崎教授的专利权到期有直接关系。诺贝尔物理学奖获得者之一的赤崎勇由于在名古屋大学担任教授时将研究成果申请了专利，为名古屋大学带来了大约 14 亿日元的专利收入。据名古屋大学介绍，赤崎勇教授曾经于 1959～1964 年以及 1981～1992 年在该校任职，他最初的专利是在 1985 年申请的，之后围绕蓝色 LED 为基础的基板制造等共申请了 6 项专利。主要的专利虽然于 2007 年到期，但加上其他相关联的专利，共获得 14.3 亿万日元以上的专利收入。2006 年，名古屋大学为了表彰赤崎勇教授的研究成就，在校内建造了"赤崎纪念研究馆"，用于各项研究工作。

① 笔者访问记录。时间：2011 年 1 月 28 日下午 4：30～6：30，地点：名古屋大学赤崎纪念馆，受访者：名古屋大学产学合作本部国际合作部部长阿部正广。访问者：刘海波、冷民、高永懿.
② 委託開発の成果「青色発光ダイオード」の経済波及効果について，http：//www.jst.go.jp/itaku/result/ef-1.pdf.

第八章　集中型组织的专利运营

一、高智发明

高智发明（Intellectual Ventures）成立于 2000 年，总部设在美国华盛顿州的贝尔维尤（Bellevue），是全球最大的专业从事发明与发明投资的公司。共同出资人兼 CEO 纳森·梅尔沃德（Nathan Myhrvold）将高智定位为"提供全面服务的发明投资公司"，即"像风险资本和私募资金运营公司一样，高智发明从投资者处募集资金，建立高智发明自己的发明资产（通过赞助发明家），从其他凭一己之力难于将发明的价值有效货币化的发明家处购买发明。高智发明积极地运营这些资产，以最大限度地发挥它们的价值，然后提供退出战略，以将这一价值变现"。

（一）发展历程与现状

高智发明由微软公司前首席技术官纳森·梅尔沃德（Nathan Myhrvold）和软件架构师爱德华·荣格（Edward Jung）等人在 2000 年共同创立。高智发明的主营业务为发明和发明投资，力求在全球范围内打造发明的价值链。通过将创新活动与私募基金成功对接，高智发明在专利交易市场上创造出了一种全新的商业模式，即为发明建立一个投资市场，由此来确立自己的竞争优势。事实上，高智发明成立的初衷是为那些饱受"专利蟑螂"侵扰的企业提供防御机制，公司最初推出的基金形式即为"专利保护基金"。后来，随着投资人群的扩大和公司专利储备的增加，高智发明开始在发明投资这个更具前景的市场来开展专利运营业务。

2007 年前后，高智发明进入亚洲市场，目前已在日本、韩国、印度和中国设立分支机构，在新加坡设立地区总部。2008 年高智发明进入中国后，一方面大量购买专利；另一方面在诸多高校设立高额的发明基金研究项目，支持大学教师从事科研并申请专利；此外，还大范围推广其"发明人计划"，面向社会搜集专利。

资助发明者并协助发明者申请专利是高智发明在中国广泛开展的活动之一。高智发明与上海交通大学、华东理工大学、苏州大学等合作建立不同名目的"创新基金"，资助学校教师开展研究并帮助其申请专利，并对这些专利享有独占许可权。由于这类资助具有力度大、申请流程简单、评审宽松等特点，吸引了很多教授。目前，中国已经成为高智发明"专利库存"的第二大来源国。

与传统的公司不同的是，高智发明并不从事任何实际产品的生产，而是专注于发明投资业务。而发明引领了产品设计，而后者又将引导产品开发、生产制造、营销和服务。据称，高智发明现在拥有 8 万多件专利，其中 4.6 万件正在产生业务收入，2003～2013 年该公司投资的专利平均年收益率达到两位数以上[①]。

（二）模式

1. 研发与专利

高智发明设有主题创制团队，不断研究技术发展趋势和科学新发现，以找出最佳的投资机会；此外，高智还有专门的投资关系团队专门负责进行研发投资。高智发明主题创制团队的研究结论用于指导三类不同的群体，第一类是公司内部的发明尝试，涉及 80 名专职科学家和 100 多个为高智发明兼职工作的发明顾问；第二类是由超过 4000 名发明家构成的高智发明公司的外围发明网络；第三类是高智发明的并购业务小组，其业务主要是购买现有专利或者和专利发生利益关联。这三类研发活动主要受到高智发明的旗下发明科研基金（Invention Science Fund，ISF）、发明开发基金（Invention Development Fund，IDF）和发明投资基金（Invention Investment Fund，IIF）支持。[②]

（1）ISF 基金主要面向高智发明公司内部的发明家，致力于公司发明创造成果的专利申请和专利许可交易。公司内部有独立的实验室和发明队伍进行自主创新，研发的领域极其广泛，包括软件、通信、网络、电子计算（硬件）、土木工程、机械、能源、物理科学、生命科学、农业等。高智发明聘请因发明创造而具有一定影响力的科学家和工程师，并签约雇佣学术界和工业界的世界顶级研究人员作为发明顾问。这使高智发明有能力在从医疗设备到软件、消费电子产品、核工程等约 50 个技术领域内开展专利运营。

（2）IDF 基金主要用于和优秀的发明者合作，培育外部的发明家网络体系，并与发明者所在机构进行交易。通过寻找并筛选出拥有市场前景的发明创造，帮助发明者将其发明创造开发成国际专利，继而通过专利授权等方式实现市场化，并与发明者分享利润。目前高智在中国运营的只有 IDF 基金，承担其在国内高校进行的项目中申请专利环节发生的费用，专利权由原单位持有，而高智获得全球独家使用权。高校在独立开展科研和产业应用时，可以免费使用该项专利，但不能与其他公司合作

---

① 纪爱玲. 中关村核心区聚焦移动互联时代的知识产权保护［N］. 中国高新技术产业导报，2014-04-28.

② Myhrold N. Funding Eureka［J］. Harvard Business Review，2010，88（3）：40-50.

使用。

（3）IIF 基金用于投资现有发明，从全球收购单项专利或专利组合。IIF 基金专利收购的对象主要包括四个层次：个体发明人，大学和非营利研究机构，衰败的企业，运营良好的大型企业。个体发明人是专利的重要来源之一，但是他们通常没有写商业计划或兴办公司的兴趣，而是宁愿把自己的发明许可他人使用，自己则继续进入下一个伟大的创想。大学和非营利研究机构因为缺乏充分开发其商业潜能的资源，致使其产生的知识产权被大量闲置，从而为高智提供了机会。一些经营不善的企业面临资金周转问题甚至破产危及情况下，也可能会选择出售部分专利来获取资金或者进行业务重组。最后，大型的、发展良好的企业也是高智获取专利的一个重要来源，高智发明已经与 100 多个《财富》500 强企业以及国际上堪与他们匹敌的公司进行了交易。①

2. 许可与诉讼

尽管高智发明已经在全球范围内多次发起专利侵权诉讼，但从其盈利模式看，高智发明主要通过专利组合的许可而不是专利诉讼获取利润。高智发明的运营模式并不是简单的专利诉讼，而是一种发明投资基金的运营模式。

（1）专利组合与许可。

每一项专利都具有一定的价值，但是打包后的专利组合的价值则更具吸引力，因为客户节省了用来查找所有专利持有人的信息搜寻成本，同时节约了为获得单个专利许可进行逐一谈判的时间和交易成本。客户可以很容易地获得他们推出新产品所需的所有专利，同时其错失必要许可和遭到措手不及的侵权诉讼的风险也有效降低。很多客户预定了一种专利组合，以便当专利被加入该组合时可以自动获得许可。高智发明的并购业务策划团队通过研究高智发明的现有以及潜在客户所持有的专利，确定他们的技术需求，并尽力设计满足这些需求的专利投资组合，每一种组合通常都包含一些已经在使用的专利、一些在将来很可能被应用的专利以及一些更具投机性的专利，目前已在无线电技术、内存芯片等领域整合出了大规模的专利组合。

（2）专利诉讼。

高智发明的诉讼策略主要包括直接诉讼、借壳诉讼和诉讼威胁。高智发明隐藏在 1200 多家壳公司背后发起专利诉讼威胁②。2010 年 12 月 9 日以后，高智发明更是直接以自身名义亲自发起诉讼，诉讼对象均为知名企业，包括 Motorola Mobility、Microsemi、Symantec 等，高智在诉讼中声称为

① Myhrold N. Funding Eureka [J]. Harvard Business Review，2010，88（3）：40-50.

② "Our research has pieced together 1276 shell companies associated with Intellectual Ventures. We do not believe that we have identified all of the Intellectual Ventures shell companies". Tom Ewing & Robin Feldman. The Giants Among Us [R]. Stanford Technology Law Review，2012.

诉讼中涉及的专利购买了大量资产并为个人发明者支付了"数亿美元"。
2010 年年底,高智发明就所拥有的 4 项专利向 9 家公司发起侵权诉讼;
2011 年 7 月,高智发明再次就其掌握的 5 项专利发起侵权诉讼,被告阵容
包括了 12 家世界知名公司;2011 年 10 月,高智发明又以 6 项专利侵权为
由向摩托罗拉发起诉讼。此外,高智发明曾威胁包括黑莓生产商 RIM、三
星和 HTC 在内的多家企业,称将对它们发起专利诉讼,被威胁的企业考虑
到法律纠纷带来的经济损失和公司声誉损失而被迫与高智发明达成专利授
权协议。

(三) 优势与特色

1. 充足的资金

强大的财团支持是高智发明成功的一个重要因素,高智发明现在有 60
家投资机构,包括顶级科技公司、家族和大学基金、风投和私募基金,囊
括微软、苹果、谷歌等公司,还有比尔·盖茨、杜邦家族基金、惠普家族
基金、斯坦福大学基金等。高智发明管理着规模超过 70 亿美元的基金,这
些投资来自多家世界 500 强企业,包括微软、苹果、谷歌、思科、亚马逊、
诺基亚、索尼、雅虎、eBay 等知名公司。

2. 杰出的人才

高智发明的两位创始人纳森·梅尔沃德(Nathan Myhrvold)和爱德华·
荣格(Edward Jung)本身就是技术专家,纳森被《商业周刊》誉为"发明
教父",曾担任微软的首席技术官和战略师,也是微软研究院的创始人。
23 岁时在普林斯顿大学获得理论物理学博士,其后又在剑桥大学师从史蒂
芬·霍金(Stephen Hawking)进行博士后研究。被称作"发明狂人"的另
一位创始人及首席技术官爱德华,曾担任微软首席软件架构师,在微软的
10 年中与他人共同创建了包括 Windows NT、微软研究院、移动与消费产
品以及 Web 服务等多个团队。两位创始人的技术功底和市场洞察力是高智
发明成功的另一个重要因素。

高智发明拥有 850 多名员工,其中包括资深科学家、工程师、专利和
诉讼律师、投资金融家等。另外,高智发明还拥有由全球 4000 多名发明家
构成的发明家网络,分布在全球 500 家高端院校、公司和研发机构。

3. 独特的商业模式

由技术评估师、有技术背景的市场专家、金融专家、谈判专家等组成
专利并购团队,根据公司现有及潜在客户技术需求购买专利并构建利益相
关联的专利组合,借助这种方法高智发明已经在无线电技术、内存芯片以
及其他领域整合出了大规模的专利组合,这些专利投资组合大大降低了发
明投资基金的风险,保证了较为可观的资本回报率。高智发明中国区总裁
严圣在接受媒体采访时透露,"花费不到 30 亿美元,通过专利组合授权已
经获利 20 亿美元,而且专利的投资回报期很长,可以达到 15~20 年。"

（四）典型案例

与高校合作实施联合创新基金

2010 年 3 月，上海交通大学与高智合作，共同实施"联合创新基金"项目，采用"启动经费＋奖金＋分成"的合作模式。经学校组织，船舶海洋与建筑工程学院副教授方从启提交了简历并通过初选。高智很快预付了 1 万美元，此后，方从启撰写的一份技术设想报告通过了高智组织的专家评估，之后申请专利成功，高智再付方从启 2 万美元。此外，2010 年 9 月，华东理工大学与高智发明合作设立"国际发明联合创新基金"。

虽然已经成功申请专利，高智发明并不会急于向外许可方从启的专利，而是寻找其他关联的专利形成专利组合，从而将专利组合整体授权许可给有技术需求的企业。专利组合最终被分为"核心、外延、更外延和最外延"等几层，在一个专利组合中，起关键作用的核心专利可能不到 1%。不同层级的专利对利润的贡献是不一样的，但同一层专利的贡献是绝对平均的，在分配利润时也以此为依据。一项专利按其贡献所核算出的收益，66% 作为 IDF 基金的收入，而高校则与高智平分剩下的部分。

方从启在接受媒体采访时透露，高智承诺从所获得的收益中向其支付约 17% 的分成。与此同时，方从启也透露，高智发明来中国之前，他的十个专利只有一个成功转让，但这个专利并不是用于实际生产，而是用于应付企业申报高新技术企业的要求，因为高新企业资质能将企业所得税率从 25% 降到 15%。

（资料来源：贺涛. 专利挖掘者 [J]. 财经，2011-11-06.）

二、智谷公司

北京智谷睿拓技术服务有限公司（简称智谷）成立于 2012 年 8 月，是一家以促进创新和发明来推动中国原创技术发展的高科技公司，由微软研发集团前 CTO、现任金山软件 CEO 张宏江博士担任董事长，原美国高智发明的高管林鹏担任总裁兼首席运营官。智谷主要从事技术开发及技术转让、知识产权运营、技术服务、技术咨询、知识产权许可、知识产权咨询、知识产权培训及商业信息咨询等业务，通过投资发明创新为高科技产业提供一个将发明转化成知识产权，并对其进行有效的转让和运营的平台，以最大化地挖掘原创技术的经济价值。

（一）发展历程与现状

智谷于 2012 年 8 月在中关村注册成立，2013 年 4 月完成第一轮融资，战略投资方包括小米、金山和顺为，2013年8月智谷被国家知识产权局遴选为首批"国家专利运营试点企业"（全国仅35家），参与进国家专利导航工程。2013年8月，智谷被评为"中关村高新技术企业"。2013年12月，智谷已申请了逾100项中国原创发明专利。

2013年12月，智谷已完成了3笔国内专利收购案和2笔海外知识产权收购案。2013年3月，智谷估值近一亿元人民币，金山软件以1960万元人民币的代价购买了19.6%的增发股权。2014年4月中国第一支专注于专利运营和技术转移的基金——睿创专利运营基金正式成立，由智谷负责管理。目前，智谷已经与国内20余所高校院所建立了网络，并拥有一批专利项目储备，主要来自国内外公司及高校、科研院所。

（二）模式

1. 原创技术的开发和转让

智谷瞄准原创技术的市场，智谷投资的科研项目主要是对今后三到五年的下一代产品有用的技术。智谷只关注有市场前景和行业导向的原创技术，而不去关注技术怎么样通过工程开发去形成产品。[①]

智谷针对特定行业的专利布局进行分析。智谷拥有一支判断未来技术发展趋势的团队，并利用专业能力去帮助客户分析特定行业内部的专利布局，预测其日后的战略伙伴或者会员企业所在行业的技术发展动向，判断哪些专利会起到战略性作用，帮助他们采购、孵化和研发这些技术。

智谷通过开发、收购和储备有价值的专利技术建立庞大的专利组合。智谷采用市场手段获取客户或者自己认为有价值的专利技术，合作方式包括技术指导、联合开发和收购等。因为智谷掌握一定的平台和资源，所以在专利聚集方面有一定的优势，可以帮助智谷的一些战略伙伴购买市场上有创新价值的发明，在某些情况下智谷也可以代表他们谈判，取得技术使用许可。为解决我国高校院所的科技成果转化率普遍较低，以及企业持续创新后劲不足等矛盾，智谷与高校所搭建的发明网络聚焦于技术的集成创新与转移，从而最大化地挖掘原创技术的经济价值，形成产业优势。

2. 提供全方位的服务

智谷拥有一支具有世界一流水平和丰富实战经验的知识产权运营团队，能够在整个知识产权价值链上提供全方位的服务，包括高新技术和相关知识产权的开发、转让及商务信息咨询，以帮助企业挖掘和实现原创技术的商业价值并提升其产品附加值。智谷通过授权、转让和技术转移等业务获利。在国际商业环境中，智谷能为企业提供与知识产权有关的咨询和服务

---

① 陆海天. 估值一亿人民币的智谷公司：是如何承载雷军的原创技术梦的？［EB/OL］.［2015-06-04］. http：//www. jingwei. com/feed/news/-7965338818706705495/10904715. html.

来帮助其提升竞争力，以避免受到不合理的专利许可和商业挤压，为其创造一个平等的商业竞争环境以便获得更大的利润空间。

智谷不靠服务费来赚钱，而是靠两条腿走路，一条是发明的引擎，另一条就是做专利运营。前者是指智谷自己会收购有价值的技术或者直接去孵化一些技术，取得所有权或者专利授权；后者则是通过收购来建立专利库，专利库包含专利组合，根据客户的不同需要可以帮助客户建立不同的组合。目前收集的技术主要集中在电子信息领域，覆盖移动互联网，智能终端、云计算和物联网等，不涉及生物、医疗、材料等其他领域。

3. 共绘技术蓝图

头脑风暴是智谷主办的一项受邀参加的小规模活动，每季度举办一次。每一期围绕当下最新的主题，邀请来自学术界和产业界的 8 位左右的技术专家，连同智谷内部的 8 名研究员一起进行为期一整天的头脑风暴。智谷的创始人张宏江博士每期都会亲自参加，每一位嘉宾将与其他创新头脑一起尽情激荡奇思妙想，在这一天里，为共同感兴趣的技术愿景共绘蓝图。

4. 管理专利运营基金

2014 年 4 月 25 日，中国第一支专注于专利运营和技术转移的基金——睿创专利运营基金在中关村正式成立，智谷作为普通合伙人管理基金投资策略与日常运营。该基金旨在以市场为导向，以企业为主体，在政府引导和多方参与下，开展专利运营。

基金最初重点围绕智能终端、移动互联网等技术领域，以云计算、物联网等作为技术外延，通过市场化的收购和投资创新项目等渠道来集聚专利资产。目前，有多家从事智能终端与移动互联网业务的公司作为首批战略投资方参与到该基金，中关村科技园区管委会和海淀区政府也通过引导资金给予支持。

基金投资者可在以下方面获得收益：①专利布局：利用政府和其他投资者的资金做更广泛的专利布局；"杠杆效应"（放大 6～10 倍）；降低投资风险（风险系数为自己投资的 10％～15％）。②战略防守或进攻：可向基金"租借"专利作为战略防守或进攻，基金是战略反击保留库。③优先认购权：对基金出售的专利资产有优先认购权。④许可权：战略投资者将免费享有基金旗下专利族群的实施许可权。

智谷的独特定位见图下编 8.1[①]。

---

① 智谷公司网站. 企业愿景［EB/OL］.［2015-12-23］. http：//www.zhigu.com/category/about-us/企业愿景/.

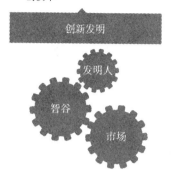

1. 缔造一个世界一流的创新引擎

2. 组建并管理一个逾1000位发明人的创新体系

3. 专注于影响未来行业发展的原创技术

1. 深度挖掘专利组合的商业价值

2. 为中国企业进军海外市场给予战略层面的保驾护航

3. 为国内高科技企业提供知识产权价值链上的全方位服务

创新发明

发明人　智谷　市场

专利运营

新发明　收购　契约授权

智谷的资产组合

图下编 8.1　智谷的独特定位

（三）优势与特色

1. 优秀的专业人士

智谷董事长张宏江博士现任金山软件 CEO 和执行董事，张宏江博士于2011 年 10 月加盟金山之前，曾在微软公司服务 12 年，担任微软亚太研发集团首席技术官和微软亚洲工程院院长，将微软亚太研发集团打造成微软在全球的核心研发基地，拥有 3000 多名研发人员，涵盖基础研究、技术孵化、产品开发和战略合作等领域。张宏江博士也是微软亚洲研究院核心创始人之一，曾担任副院长，取得了大量一流的科研成果和创新技术，为微软亚洲研究院发展成世界一流的计算机科学研究机构发挥了重要作用。由于他在微软期间的杰出贡献和学术成就，被评为微软首批十位"杰出科学家"之一。在微软之前，张宏江还在美国加州帕罗奥多市（Palo Alto）的惠普实验室担任研究经理，并曾效力于新加坡国立大学系统研究所。张宏江是国际著名的多媒体领域科学家，曾担任 IEEE 多媒体学刊的主编，是国际计算机协会（ACM）和美国电气电子工程师协会（IEEE）双院士。已经出版四本学术专著，发表近 400 篇学术论文，拥有近 200 项国内外专利，是计算机领域影响力最高的科学家之一。为奖励他在研发和技术转换方面的杰出贡献，在 2008 年被授予"美国杰出亚裔工程师"奖。由于在多媒体领域所做出的开拓性贡献，获得"2010 年 IEEE 技术成就奖"和"2012 年 ACM 多媒体杰出技术成就奖"。2012 年 8 月，张宏江入选中组部"千人计划"。

智谷总裁兼首席运营官林鹏曾在美国著名专利资产投资机构高智发明任专利许可执行总监，负责大中华区的专利许可、商务拓展、客户管理和知识产权投资等方面业务。在此期间，带领团队成功完成了数亿美元专利许可合同的签署并参与和管理了总值逾十亿美元的专利许可谈判。由于在专利许可谈判中的杰出表现，林鹏在 2012 年 6 月获得高智发明年度最高奖"总裁奖"（President's Award）。在高智之前，林鹏曾在微软公司西雅图总部任商务拓展总监并在微软多个部门服务多年，包括 MSN、开发工具与平台事业部、商业运营部、企业兼并与收购部和医疗解决方案等部门，在微软任职期间承担开拓中国市场的职责并成功组建和领导了微软在中国的医疗解决方案商务团队。

除去张宏江与林鹏两位主要领导人，智谷还汇聚了一批来自一流跨国公司的科学家和拥有丰富知识产权运营经验的专业精英，如微软、高智发明、亚马逊、谷歌、华为、Technicolor、安捷伦、诺基亚等。

2. 产学研协作创新

智谷致力于培育健康、高效的创新投资体系，资助科研团体和个体发明人，通过市场驱动机制来激励发明与创新。智谷不仅依靠自身优秀的研究员团队开展发明创新，而且还热忱地与高校、科研机构及个体发明人保持沟通与合作，以构建一个有效的发明家网络。主要的合作模式有两种：一种是智谷与发明单位或个人在所签署的合作发明协议的保护下，共同开发专利；另一种是发明单位或个人在自愿、自主的情况下向智谷提出专利转让意愿，智谷将在综合评价所提交专利的价值后，开展专利的转让与交易。

3. 会员增值服务

智谷主要通过财团收购构建自身的专利组合，并通过会员制建立一个付费服务平台，会员企业根据自身的性质可以获得不同层级的专利组合授权方式。对于规模较大的会员企业，智谷还能提供"战略防御"服务，利用专利组合的核心专利回应侵权指控，寻求和解或利益平衡；对于小规模的会员企业，智谷设置了"诉讼清除"服务，使小企业既能在一定诉讼风险下获取 IP 资产，又能进行积极的专利诉讼。此外，智谷还能为会员企业提供知识产权咨询和专利撰写服务，帮助会员企业加强知识产权风险管理和知识产权组合管理，并依托熟悉专利的专业人士获得更多高质量的专利。

（四）典型案例

联合英华达开展创新与技术转移

2014 年 5 月 19 日，为加快推动高校院所科技成果转化和科技协同创新进程，英华达公司与智谷正式签署战略合作协议，双方将在智能终端、可穿戴设备及 3D 打印等技术领域，联合开展创新发明和技术转移。围绕研发、专利、产品、市场这一创新生态链，依托智谷与高校院所搭建的创新网络平台，将英华达等企业的市场需求与高校院所的科研成果实现高效对接，形成了全新的产学研用合作模式。

高校作为技术创新的重要引擎以及高层次创新人才的集聚地，已经成为国家科技创新的重要组成部分。近年来，我国高校和科研院所的科技成果仍存在转化率和产业化率"两低"的局面，大量科研成果的"市场价值"被严重忽略。与此同时，企业为顺应瞬息万变的市场环境，在开展重大战略调整和产品更新换代的过程中，对创新性的技术储备又有着显著的需求。智谷与英华达的合作，将有利于冲破阻碍科技成果转化和应用的藩篱，解决高校科研成果与市场需求存在的"两张皮"现象。凭借智谷在行业分析、技术研发和知识产权运营等领域的专业实力与优势，通过制定吻合行业发展趋势的发明课题指南，支持发明网络里的创新主体开展对未来3~5年具有产业化契机的研发工作和专利布局，从而快速提升创新技术向产品转移的效率。

英华达是全球知名的从事消费类电子产品研发与制造的企业，在业界富有强劲的产品研发和制造能力，其在整合产品设计服务（IPDS）、整合设计代工（IODM）领域一直趋于行业领先的地位。英华达的重点产品是智能手持装置、网络家电相关产品的设计与生产，并致力于智能周边、穿戴式装置及智能家居相关产品的研发及制造。每年生产供货给全球各大市场超过3000万台。英华达公司总经理何代水表示："英华达成立12年以来，对创新技术具有长远的布局视野，英华达非常高兴能与智谷这样专注于原创技术并融合了多样化尖端专业人才的公司合作，共同确定前瞻性的发明课题，实施中长期专利策略以及布局具有长期优势的核心技术。相信英华达与智谷的合作，将助力英华达在更多前沿科技领域占据行业制高点，为智谷产品的转型升级给予强劲的技术和专利储备。"

智谷CEO张宏江博士表示："智谷目前已经与国内二十余所知名高校院所建立起了创新网络，有望在五年内发展上千名老师和研究员以及个体发明人参与到创新网络中开展原创技术的开发。与英华达的战略合作，不仅能为智谷的发明家网络提供更直接、更精准的行业导向和产品趋势咨询，引导科研人员开展更具有市场前景的创新发明，而且能极大地推动高校科研成果的技术转化。此次合作开辟了一条以市场为导向、以专利布局为依托的产学研用协同创新路径。"

（资料来源：李国敏. 英华达与智谷达成联合创新与技术转移战略合作 [N]. 科技日报，2014-5-28.）

三、AST 公司

（一）发展历程与现状

2008 年 6 月 30 日，包括 Verizon、谷歌、思科、惠普和爱立信在内的几家公司组建了一家名为 Allied Security Trust（简称 AST）的组织，旨在抢在竞争对手之前购得核心知识产权技术，以防止成本过高的专利诉讼。

AST 成立的目的是在市场上购买专利，并授权给联盟成员以防范专利流氓可能给企业带来的风险。AST 拥有涵盖欧洲、北美以及亚洲的 28 家会员企业，包括 ARM Limited、Avaya、Google、IBM、Intel、Oracle、Philips、Sony 等国际巨头均是其会员。AST 在世界范围内与 250 多家专利经纪人、自营公司、律师事务所、学术机构、个人投资者以及专利控股公司建立了良好的客户关系网络。

（二）模式

AST 并不从事产品生产制造活动，仅仅是在专利落入 NPE 手里之前代表其会员购买专利，以便将专利授权给会员。AST 宣称不会利用拥有的专利去控告其他公司，而且在经过一段期间后会将专利在市场上重新出售。事实上获取利润并非 AST 的目标，AST 试图帮助会员预防专利侵权诉讼，AST 是一种纯粹的集中防御手段，因为它必须在规定时间内出售其组合，且不会将专利许可给非会员使用。AST 在 2008 年开始出现时，就像是响应高智发明一般，宣称自己是"抓住与释放"（Catch&Release，或者"购买与销售"）商业模式，以便和高智发明相区别。

AST 的商业模式可以概括为"专利购买—非专属授权—专利出售"三个步骤。

1. 收购专利

AST 主要通过外部关系网络来获取专利，专利来源可能为学校、研究机构、独立发明人与破产公司等。AST 先对每一个可能出售的专利进行初步分析，确保它们属于公司会员所感兴趣的技术领域。然后，根据专利所属的技术领域、可能应用的产品类型以及专利的品质等多个维度，对专利质量进行综合评判。上述信息均可以在 AST 的官方网站上查阅，有购买意向的成员可以通过账户登录提交电子申请，以便公司能够确定专利购买意向并且提高购置效率。AST 还可以根据顾客需要签订保密协议，对公司会员亦具有约束力。

2. 会员服务

一般而言，通常会有 20%～30% 的会员对 AST 的专利感兴趣并参与竞标，因此 AST 的授权模式实际上成本低廉并且更具有效率。AST 的专利授权是永久性的，没有地域限制且不可撤销，同时还具有非专属性，因此成员不会有期限届满的担忧，即使在选择退出 AST 之后仍然享有这种权利。如果会员需要某种许可但却没有参加之前的专利组合购买，可以在随后选择获得许可，但是需要支付较高的价格，而新成员可以就 AST 所有的专利组合请求许可。

3. 二次出售

AST 在购置专利进行授权后会在市场上转售，一方面可以有效降低专利维持的成本，另一方面还可以确保专利诉讼聚集体的组织功能。实际上，AST 自身并不会永久持有这些从外面购置的专利，从某种意义上而言，成员选择加入 AST 就类似于一种保险机制，可以有效降低专利钓饵对企业运营活动的侵扰。此外，AST 还声称自己绝不会将收购的专利用于对其他公司主张权利，主要强调的还是一种诉讼集体防御功能。

（三）优势与特色

1. 会员制管理

AST 新成员必须一次性缴纳 15 万美元的会费，并且所有成员均需要支付 20 万美元的年费，该数目将随着成员数量增加而相应减少。每个会员均拥有一个托管账户，并且没有限定最低额度（AST 之前要求账户中保留 500 万美元资金的规定已经取消）。每一个竞标者必须确保托管账户中有足够的资金来支付竞标活动，一旦竞标成功（获得专利非独占许可），会员托管账户上的资金将被划走以支付竞标活动；如果竞标不成功，会员可以根据自己的意愿选择提取托管账户上的资金，或者是今后再购买该许可。[①]

2. 安防与交易并重

AST 在竞争市场上仔细鉴别高质量的专利组合，并且根据会员的意愿选择购买感兴趣的具体技术领域。通过公司与专利经纪人以及出售者之间建立的密集关系网络，AST 还可以帮助潜在的购买者理解什么是有价值的专利技术。为确保作为一种纯粹的专利集中防御组织的使命，AST 本身并不对专利进行维护，在对特定会员予以非专属授权后，AST 还会在一定时期后将专利出售。

3. 应对诉讼威胁

随着专利交易市场的崛起和不断成熟，一些投资者通常购买大量专利，意图用其来进行诉讼威胁并获取经济收益。特别是在几百万美元甚至数十亿美元的风险资本的支持下，这些非专利实施主体的专利购买行为，对许多具有极强创新能力的技术领导厂商的生产运作产生了消极的影响。在这种背景下，AST 的模式应运而生，AST 可以协助会员进行防御性专利购买，并将竞争对手的侵权诉讼风险降至最低。

（四）典型案例

收购 MIPS 专利

2012 年 11 月 5 日，MIPS 科技宣布，已与 AST 的并购载体 Bridge Crossing 和 Imagination 科技公司分别达成最终并购协议。

---

① 孟奇勋. 开放式创新条件下的专利集中战略研究［D］. 武汉：华中科技大学，2011.

Bridge Crossing 将收购 MIPS 科技总共 580 项专利资产中的 498 项，总金额为 3.5 亿美元。MIPS 科技仍将保留 82 项与 MIPS 架构直接相关的核心专利，并拥有全部出售给 Bridge Crossing 的专利的永久性免费使用权。同时 MIPS 科技也将提供给 Bridge Crossing 其 82 项保留专利的限制性授权。待 Bridge Crossing 交易完成后，Imagination 将以 6000 万美元收购 MIPS 科技的营运业务、上述 82 项专利资产以及所有 MIPS 科技拥有的专利许可权。

两项交易都按惯例进行，包括获得 MIPS 科技股东的同意，股东们将分别对这两项交易进行投票。其中与 Bridge Crossing 的交易表决不以 Imagination 的收购为条件。两项交易产生的收益中将保留约 1 亿美元用来支付税金和其他必要费用，该费用将由 MIPS 科技的普通股股东按持股比例分摊。

MIPS 科技首席执行官 Sandeep Vij 表示："经过仔细评估最大化股东价值的各种选择后，董事会认为最佳的选择是将专利资产出售给 AST 成立的联盟，并将公司出售给 Imagination 科技。进入 Imagination 后，MIPS 架构仍将继续得到支持，并且拥有 MIPS 科技专利的保护。这样成功的结果是建立在 MIPS 处理器架构的丰富资产基础上的，并实现了公司宝贵专利组合的价值。"

本次交易过程中，J. P. 摩根是 MIPS 科技的独家财务顾问，Skadden、Arps、Slate、Meagher & Flom LLP 是 MIPS 科技的法律顾问，Ocean Tomo 是 MIPS 科技的知识产权顾问。Fenwick & West LLP 和 Morrison & Foerster LLC 是 AST 的法律顾问。

MIPS 科技成立于 1998 年，总部位于美国加州桑尼维尔市，并在全球各地设有办公据点。MIPS 科技是为家庭娱乐、网络、移动和嵌入式应用提供业界标准处理器架构与内核的领导供货商。MIPS 架构已获得全球各项广受欢迎产品的采用，包括数字电视、机顶盒、蓝光播放器、宽带客户端设备（CPE）、WiFi 存取点和路由器、网络基础架构、可携式/行动通信和娱乐产品。

AST 的成员中根据兴趣和受益大小，ARM 分摊到的费用最高，几近一半，但 ARM 很乐意支付这一笔钱，因为之前这都是花钱买不到的东西。虽然 ARM 只是拿到了许可，而没有所有权，但这已经足够保护他们自己。ARM 对这些专利是十分渴求的，特别是 64 位和多线程相关的专利，如果走入诉讼过程，第一时间会旷日持久，第二估值肯定会远超目前的买价。ARM 的 64 位架构是全新定义的，与 ARM32 没有任何继承关系，大概跟 MIPS64 有 70%～80% 的相似度。

（资料来源：电子产品世界网站. MIPS 科技同意将部分专利资产出售给 AST 并由 Imagination 科技收购［EB/OL］.［2015-06-12］. http：//www. eepw. com. cn/article/ 138625. htm. ）

四、RPX 公司

（一）发展历程与现状

合理专利交易公司（Rational Patent Exchange，RPX）是一家专利风险解决方案供应商，总部位于美国的旧金山，同时在日本东京设有分部。RPX 曾获得创投公司 Kleiner Perkins Caufield & Byers 和 Charles Rivers Ventures 的投资，其两位联合创始人 John Amster 和 Geoffrey Barker，此前均曾担任过高智发明的副总裁。

RPX 成立于 2008 年，是在企业面临专利恶意诉讼的背景下衍生出来的一种专利运营机构，以提供可以替代常规专利诉讼的理性方案为运营业务，设立的初衷就是为了应对专利流氓及其带来的专利辩护以及诉讼的高成本和高风险，被业界称为"反专利投机者公司"。RPX 被认为重新定义了知识产权的发展前景，首席执行官 John Amster 表示："我们的目标是通过防御性买盘，及面向营业公司的许可权直接交易，提供联合交易、专利交叉许可协议或其他降低风险的解决方案，帮助遍及 100 多个国家的客户群实现专利风险管控。"

RPX 在 2010 年的营业收入达 9500 万美元，净利润为 1400 万美元。RPX Corp 于 2011 年 5 月 4 日在美国 NASDAQ 上市。RPX 公司现有雇员 130 人，拥有 157 家遍布不同科技领域的客户。已评估 5500 多项专利组合，投资超过 6.75 亿美元购买防御性专利权；已获得 137 项专利组合，其中包含 3500 多项专利与专利权。[①]

（二）模式

1. 防御性专利整合

RPX 在选择专利进行购买时，会考虑这个专利是否容易引起专利官司，令会员企业卷入官司纠纷。RPX 主要收购那些有可能给厂商带来麻烦的关键专利，或者说是预防专利，并把这些专利纳入其防御性专利整合计划（Defensive Patent Aggregation）。

RPX 的专利收购方式主要有三种：市场购买方式，即从中介机构和专利权人手中购买专利；诉讼购买方式，即从专利权人处取得许可，但专利权人依然可以行使其专利权；合作购买方式，即从分散的力量较小的公司那里获得专利许可，通过构建专利组合，增强他们的防御能力[②]。RPX 购

---

① 保罗·萨拉塞尼. 防御性专利购买如何能够帮助中国科技公司减少专利蟑螂（NPE）风险［C］. 北京，PIAC 2013 中国专利信息年会，2013.
② 聂士海. 国际专利运营新势力［J］. 中国知识产权，2012，70：36-40.

买专利的主要渠道包括个体发明者、即将破产的公司、大学及研究机构和技术运营公司等。

2014 年 12 月，由苹果和微软等科技巨头组成的专利联盟 Rockstar Consortium 宣布，已同意将从破产的北电网络公司收购来的 4000 多项专利以 9 亿美元出售给专利集成公司 RPX。在收购这些专利之后，RPX 将把它们授权给包括谷歌和思科在内的约 30 家科技公司组成的财团。

2. 实力雄厚的会员网络

RPX 公司采用会员制方式，根据会员公司的产业规模和营业收入情况，每年收取 4 万～520 万美元不等的会费。在成为 RPX 公司的会员后，就可以有偿地实施 RPX 公司的专利而免遭恶意诉讼。RPX 的会员包括很多国际知名公司，比如 IBM、戴尔、英特尔、微软、诺基亚、三星、夏普、松下、索尼和 HTC 等，其中不乏曾屡次遭遇专利投机者起诉的"大肥羊公司"。RPX 规定会员可以享有以下权利：与 RPX 达成不起诉合约、短期许可合同以及预防专利库等。RPX 公司的客户网络规模使之能够与资金雄厚的专利投机者竞购专利，每项专利的价格由成员集体承担，从而减轻各个成员的负担。据 RPX 公司统计，RPX 公司收购的可能被专利投机者利用的专利为其客户减低了至少 40％的诉讼风险。

3. 不起诉承诺

RPX 表示 RPX 购买专利的目的是为了防止专利投机公司购买专利而影响企业运作，不会起诉或者威胁那些使用其专利的公司，即使他们并未加入 RPX。RPX 甚至宣称不会起诉任何企业，Amster 称"我们会买下专利来保护客户的利益。我们不是披着羊皮的狼，企业会对我们的服务感到放心。"

（三）优势与特色

1. 专利保镖

一些专利投机公司通过大量购买专利，以此发起专利诉讼，或对相关公司施加压力以获得专利许可费。这是因为当他们进行专利收购时，一定要为公司的投资者的财务回报负责。RPX 公司与专利投机者刚好相反，RPX 在获取专利或进行专利整合时，目的并不在于进行法律诉讼，因为收购这些专利后，其会员公司就不会被牵扯至相关专利诉讼中去。RPX 公司并不是通过提起专利诉讼或以专利威胁其他公司而获得收入。正如该公司首席执行官兼联合创始人 John Amster 所言："我们不像其他聚合者。我们之所以专注于收购专利，完全为了保护运营企业。"

2. 丰富的专利数据

数据是解决专利运营公司问题的关键，足够的数据聚集能使专利运营公司做出对于专利许可与销售的合理决策。聚集数据能够帮助公司获得对风险结构的了解、精确和广泛的费用数据、被证实过的精算估值模式和准确的保险定价。RPX 拥有大量数据，不仅仅是因为目前的法庭判决摘要已经实现数字化，还因为它的稳定增长的客户将大量保密的成本数据与它共享。学术及政府机构均仰仗 RPX 提供的统计数据。根据 RPX 向《财富》杂志提供的资料，2013 年，专利投机公司共提起了 3608 起诉讼，比 2012年的 3042 件增加了 19%。这些诉讼指向的被告共有 4843 名，比 2012 年的 4282 名增加了 13%。专利投机公司提起的案件占去年全部专利案件的67%，被告人数为总被告人数的 63%。

3. 降低专利防御成本

面对由非专利实施主体所提出的诉讼，大部分企业缺乏有效机制参与交易市场以及购买成本的分担，结果就是专利资产以比期望的诉讼结果低得多的价格出售。基于高额的专利诉讼防御成本，RPX 就利用资金在公开市场购买潜在的危险专利，这种方式不仅可以有效节约成本，还可以为客户网络建立一个广泛的专利组合来保护核心技术和产品领域。

（四）典型案例

与阿尔卡特朗讯结成专利许可联盟

2012 年 2 月，阿尔卡特朗讯宣布将通过 RPX 公司成立的专利许可联盟（Licensing Syndicate），为全球提供其专利组合（包括约 29000 项授权专利）的访问权限。

RPX 首席执行官 John Amster 表示："我们的目标是通过防御性买盘，及面向营业公司的许可权直接交易，提供联合交易、专利交叉许可协议或其他降低风险的解决方案，帮助遍及 100 多个国家的客户群实现专利风险管控。在该项目中，我们将帮助他们规避与阿尔卡特朗讯旗下全球专利组合相关的专利风险。"

阿尔卡特朗讯首席执行官韦华恩表示："阿尔卡特朗讯致力于通过创新模式，实现旗下世界级专利组合的商业价值，在保留专利所有权的同时，面向各行各业拓展专利组合的访问权限。RPX 是专利市场中令人尊敬的知名企业，拥有资深的行业经验。我们相信 RPX 的运营模式将促进专利市场的发展，有利于为知识产权所有者与使用者缔造透明的市场及公平的价格，并通过此次合作实现可观的收益。"

此次创新型的专利许可使用权限将面向广泛的潜在客户。此项目涉及阿尔卡特朗讯旗下授权专利及未决专利申请，通过该项目取得永久非独占许可权的费用将依据企业规模、专利适用性、技术领域和其他相关因素发生变化而定。阿尔卡特朗讯的全球专利组合涉及一系列广泛的技术，包括固定及无线通信、半导体、消费电子、多媒体、光业务、软件、云计算、应用和网络安全等。

（资料来源：通信产业网. 阿朗：将通过 RPX 进行知识产权对外授权［EB/OL］.［2015-06-12］. http://www.ccidcom.com/html/zhizaoshang/201202/14-168025.html.）

扩展阅读资料　Acacia Research 公司

Acacia Research 公司（简称 Acacia Research）是一家典型的以专利侵权诉讼为主要业务的专利投资公司，目前拥有大约 275 项专利和 1200 多份专利许可协议，年收入超过 2 亿美元，2002 年 12 月 16 日在纳斯达克交易所上市。

Acacia Research 成立于 1992 年，但是直到 2003 年其收入仅为 69.2 万美元，全部来自流媒体专利授权。2003 年 2 月，在流式音、视频领域拥有多项专利的 Acacia Research 首次通过法律维护自己的权益，在联邦地方法院以侵犯专利技术为由起诉了 39 家公司，宣称自己拥有框架、超链接、电子商务购物篮等已经十分常见的技术的专利。最早的流媒体专利有效期只有 20 年，但是 Acacia Research 未雨绸缪，通过从别的公司手中购买专利壮大自身实力，并依靠这些专利发起侵权诉讼迫使被诉公司达成和解协议。

Acacia Research 的商业模式是专利拖捕，收购专利然后诉讼索赔，长久以来，Acacia Research 一直收集专利并控告被它认定侵害其专利权者。

Acacia Research 的主要收购行为列举如下：

2009 年 6 月，子公司 Acacia Patent Acquisition 收购用户程式化引擎控制技术专利权。

2009 年 7 月，子公司 Acacia Patent Acquisition LLC 收购简讯技术专利权。

2010 年 2 月，子公司收购携带式信用卡处理技术的专利权，这项专利技术与利用掌上型器材传送信用卡资讯有关。

2010 年 8 月，与高级半导体解决方案主要供应商瑞萨电子株式会社建立战略授权联盟，瑞萨电子选取其所拥有的 40000 项专利产品和专利应用交由 Acacia Research 进行专利授权。

2010 年 10 月，收购软体启动技术的专利权。

2010 年 12 月，子公司收购资讯储存、搜寻与复原技术的专利权。

2011 年 1 月，子公司收购 DDR SDRAM 专利权技术组合和放射治疗技术专利权。

2011 年 3 月，子公司收购 200 多项 3G、4G、行动与介面、基础建设技术方面的专利，这些技术可能存在手机、基地台、路由器及其他相关技术。

2011 年 4 月，收购以太网路供电系统技术专利权。

2011 年 5 月，子公司收购 86 项微处理器与数位讯号处理专利权。

Acacia Research 成立以来已经发起了近 400 起专利侵权诉讼，起诉对象极为广泛，包括亚马逊、苹果公司、戴尔、微软、诺基亚、黑莓、索尼、AT&T、HTC、LG 等。Acacia Research 按照技术领域不同成立众多子公司，子公司在各自领域内利用其掌握的专利开展诉讼，这也是专利投资公司中较为普遍的商业模式，Acacia Research 的部分子公司包括：Lighting Ballast Control、Light Transformation Technologies、IP Innovation、Data Network Storage、Webmap Technologies、Telematics Corporation、Advanced Encoding Solutions、Acacia Patent Acquisition、Microprocessor Enhancement、Hospital Systems Corporation、Light Valve Solutions、Unified Messaging Solutions、Smartphone Technologies 和 American Vehicular Sciences 等。

2005 年 4 月，子公司 Microprocessor Enhancement 在美国加州中区联邦地方法院，起诉英特尔和德州仪器（TI）专利侵权，称英特尔的安腾（Itanium）系列微处理器和德州仪器的部分数字信号处理器（DSP）侵犯专利权。

2009 年 6 月，子公司 Hospital Systems Corporation 与 Sectra North America 签署授权协议，以解决双方在德州东区地方法院的专利诉讼纠纷，涵盖应用医疗图片与通信系统技术的专利权组合。

2010 年 2 月，子公司赢得了与雅虎之间的一宗专利诉讼。德克萨斯州东区地区法院于 2 月 1 日做出终审判决，陪审团认为雅虎的即时信息软件 IMVironments 侵犯 Acacia Research 的专利权，判决雅虎公司"增加赔偿"124 万美元，还要求雅虎公司支付初审至终审期间销售软件 IMVironments 所得的 23％作为专利权使用费。

2010 年 8 月，子公司 Light Valve Solutions 与 View Sonic Corporation 签署和解与授权协议，涵盖光栅阀系统的专利权组合，以解决双方在乔治亚州北区地方法院的诉讼纠纷。

2011 年 10 月，亚马逊 Kindle Fire 平板推出仅三周的时间就收到 Acacia Research 的一系列专利诉讼，包括 Kindle Fire 屏幕上的启动图标专利和同时打开几个日历的专利技术等。

2011 年 11 月，子公司 Smartphone Technologies 起诉苹果侵犯其六项专利权。

2012 年 2 月，再次控告亚马逊专利侵权，称自己拥有 Kindle 阅读器上屏幕保护程序的专利。

2012 年 3 月，子公司 ADAPTIX 起诉苹果公司专利侵权，主要涉及 iPad 的 LTE 和 Retina 视网膜显示屏。

2013 年 2 月，子公司 Smartphone Technologies 再次起诉公司，称苹果侵犯了其四项专利。

2013 年 7 月，子公司在美国德州东区法院控告 HTC、LG、ZTE 和 BlackBerry 侵犯其 6 件无线通信领域的专利。

第九章　服务型组织的专利运营

一、英国技术集团

英国技术集团（British Technology Group，BTG）是英国最大的私有化科技运营机构。总部设在伦敦，在美国费城、日本东京设有分支机构，1995 年在伦敦股票交易所上市。BTG 从最初着眼于国内市场，主要依靠研究院所和大学，成长为今天的国际公司，业务领域涵盖欧洲、北美和日本，75％以上的收入来自英国以外的业务，使技术转移国际化，成为世界上最大的专门从事技术转移的科技中介机构，拥有 250 多种主要技术、8500 多项专利和 400 多项专利授权协议。

（一）发展历程与现状

英国政府于 1949 年组建国家研究开发公司（National Research Development Company，NRDC），负责对政府公共资助形成的研究成果的商品化。根据英国 1967 年颁布的《发明开发法》，NRDC 有权取得、占有、出让为公共利益而进行研究所取得的发明成果，所有大学和公立研究机构，无论是实验室还是研究所，也无论是团体还是个人，只要所进行的研究是由政府资助的，成果一律归国家所有并由 NRDC 负责管理。1975 年，英国工党政府又成立了国家企业联盟（National Enterprise Board，NEB），主要职责是进行地区的工业投资，为中小企业提供贷款，研究高技术领域发展的投资问题。1981 年，英国政府决定 NRDC 与 NEB 合并，改名为“英国技术集团”，仍拥有原 NRDC 对公共研究成果管理的权利。

1984 年 11 月，英国保守党政府认为《发明开发法》的垄断规定不利于科技成果充分发挥作用，抑制了科技人员的积极性，宣布废除这一规定，使发明者有了自主权，可以自由支配自己的发明创造，有利于发挥科技人员的积极性和创造力。这样 BTG 再也不能无偿占有公共资助的科研成果，但由于多数大学和公立研究机构对知识产权保护与商品化缺乏足够的资金和专长，仍愿意与 BTG 合作。为了推动 BTG 的市场化运作，1991 年 12 月，英国政府把 BTG 转让给了由英国风险投资公司、英格兰银行、大学副校长委员会和 BTG 组成的联合财团，售价 2800 万英镑，使 BTG 实现私有化。

进入 21 世纪以来，BTG 在开展技术转移服务之外，加强运用风险投资手段，逐步扩展业务领域并实现由技术转移中介机构向实体化经营公司的转变，并把自己定位于一个国际化的专业医疗保健公司，致力于医疗保健、癌症以及其他精神疾病产品的开发和商业化。为拓展在医药领域的专业化优势，BTG 通过一系列收购来加强自身的研究开发能力，2010 年 10 月，BTG 在美国设立公司来推广和销售自己的产品。[①]

（二）模式

1. 获取知识产权

BTG 的业务范围主要涉及医学、自然科学、生物科学、电子和通信等技术领域，涵盖不同发展阶段的新技术。BTG 通过积极寻找新的具有商业前途的技术来不断扩充自有专利技术，技术搜寻对象包括世界范围内的企业、大学和研究机构，服务内容包括对正在开发的技术进行投资，帮助申请专利以及促进授权专利的实施等。BTG 获取专利的主要途径包括：帮助公立机构申请专利；资助大学教师对有前景的但尚未证实的高技术设想进行早期开发，并与一些大学共同安排高技术实验项目，并提供"种子资金"；在大学中设高技术奖励基金，一个奖励项目大约 5000 英镑奖金；不定期举办高技术发明创造竞赛；帮助有技术专长的集体或个人开办新企业，协助办理开办手续，提供资金方面的帮助。

2. 风险投资

BTG 介入新技术商业化已经有 50 多年，是英国最大的风险投资机构，风险投资遍布于整个欧洲和北美洲，并集中在英国和北美的中大西洋区域。BTG 的风险投资集中在那些员工具有奉献精神、创新技术和市场前景的企业，不仅关注技术开发的结果和早期阶段的投资，而且也考虑具有吸引力的后期阶段的投资。此外，BTG 关注技术的开发，其技术大多数都来源于大学和公司里的顶尖技术。BTG 通过直接介入这些投资，以提供管理和经营专家的方式来帮助处于早期阶段的公司尽快成长起来。BTG 的专利律师与其投资的公司的发展小组以及专利法律顾问一起，共同制定一个战略性的专利投资组合，不仅保护投资公司的产品，而且保护了知识产权[②]。

3. 技术转移

BTG 每年技术转移和支持开发、创办新企业等的营业额高达 6 亿英镑，其中技术转移上千项次，支持开发项目四五百项，气垫船、抗生素、先锋霉素、干扰素、核磁共振成像（MRI）、除虫菊酯、安全针等都是 BTG 成功的技术转让项目。BTG 的技术转移一般经过技术评估、专利保护、技术

---

① 陈宝明. 英国技术集团发展经验 [J]. 高科技与产业化，2012 (2)：100-102.
② 李志军. 英国技术集团（BTG）的技术转移 [R]. 国务院发展研究中心研究报告，2003.

开发、市场化、专利转让、协议后的专利保护与监督等阶段[①]。

BTG按照严格的标准来评价每项技术是否真正具有创新性，判断这项技术能否完全获得专利保护，是否有足够的市场潜力，并确定一个明确的商业化进程；评估方法没有系统的文字规定，主要依靠承办人的经验，同时考虑技术商业化过程中的问题。在决定接受一项技术后，BTG会与发明人签订发明转让协议，由发明人把专利申请权转让给BTG，BTG专利部门的律师将代为发明人填写专利申请表，负责专利并承担专利申请费、保护费以及侵权纠纷的诉讼费等全部费用。对于有潜力但尚未完全成熟的专利技术，BTG会制定开发和营销计划，资助发明人进一步开发，加速其商业化进程，提高技术转移的成功率。将专利技术市场化是BTG的主要目标，BTG与北美、西欧和日本等国家及地区的企业有广泛的联系，并形成了国际性网络，使其能够从世界各地寻找到最合适的买主，已完成专利技术的市场化。在确定买主后，BTG会与其谈判签订转让协议。在技术被转让之后，BTG负责对专利进行保护，监测可能发生的侵权行为，同时密切关注被许可人的经营和财务状况以确保其按照许可协议支付专利费。

（三）优势与特色

1. 政府的支持

在BTG的前身（国家研究开发公司）创办初期，BTG是在政府直接支持下发展起来的。NRDC创办初期，英国贸工部曾规定8年内归还政府的全部投资，而BTG最初具有对政府资助形成的科技成果的垄断经营权。BTG作为专门以风险投资支持技术创新和技术转移的机构，仍然具有由国家授权的保护专利和颁发技术许可证的职能权利。另外，BTG还有根据社会需要保证对国家的研究成果或诸多有应用前景的技术进行再开发的权责，有权对相关项目给予资金支持，这些都给BTG发展提供了很多便利，更容易得到英国公立研究机构和大学的信任。正是由于政府几十年的扶持，BTG才逐步实现自负盈亏，成为实力雄厚的技术集团。

2. 多元化战略

BTG的经营集中在有潜力的高附加值的技术、产业和市场方面，在选择新的技术发明时，注重少而精，更多地吸收成熟的技术，用更少的时间来完成技术的商业化。按技术类型、发展阶段和布局等拓展多元化的业务，有利于化解技术商业化带来的风险。挖掘和评估真正有开发价值的专利技术是BTG的强项，BTG到大型公司中去寻找与这些公司主要业务方向关系不紧密的专利技术，对这些非核心专利进行评估并筛选出具有潜在市场前景的专利，然后采取专利授权的办法帮助实现这些非核心专利的市场价值。

BTG着眼于长期的技术转移，而不是急于把现有技术推向市场，通常

---

① 李志军. 英国技术集团（BTG）的技术转移［R］. 国务院发展研究中心研究报告，2003.

要对专利进行一定的包装之后才会进行运营。由于专利保护有时间限制，从而专利许可的收益期限也是有限的，为了维持核心专利的盈利能力，BTG 通过衍生性专利来对其进行扩展和补充，同时实现与发明人的利益共享。由于 BTG 是独立的第三方，能够把多种来源的技术联系在一起，通过打包相关的技术和专利能够为客户提供更全面的覆盖面，为自身带来更好的技术转让回报。

3. 利益共享

BTG 利用国家赋予的职权同国内各大学、研究院所、企业集团及众多发明人建立广泛的联系，形成"技术开发—推广转移—再开发—投产等"技术价值链，并实现利润共享，起到联结开发成果转化为现实生产力的桥梁和纽带作用。BTG 通过对技术进行投资不断扩大自有的知识产权范围，并通过转让技术使用权获取价值，还通过建立风险投资企业把获得的巨大报酬返还给它的技术提供者、商业合伙人和股东。

众多国内外发明人或企业都纷纷把自己的专利、发明等成果委托给BTG，BTG 经审议后替发明人支付专利申请费用和代办申报，颁发许可证，真正使发明者得到知识产权的法律保护。然后，即可对专利等开发成果进行转让，利润分成。这种运作模式使 BTG 在技术供方和技术发展方中都拥有能够共同获得利润的合作伙伴，同世界许多技术创新研究中心以及全球主要的技术公司都有密切地联系。在 BTG 的盈利模式中，一般不采取卖专利的方式来赚钱，BTG 与专利所有者一般是平分从生产厂家那里得来的利益份额。BTG 已经同世界上一些非常著名的大型跨国公司及一些小公司成功地建立了互惠互利的关系。无论是大学研究机构还是商业组织，只要把它们的技术带给 BTG，依靠这种关系就能使收入增加而获得利润。所以，一项技术转让成功后，获取的转让费在扣除专利申请费、诉讼费和开发费等费用之后，其净收入由 BTG 与发明者按对半平分。

4. 组织结构高效、精简

BTG 员工具有丰富的工作经验和多学科的专业背景，都有在科研机构或企业工作的经历，有很强的技术、市场（商业）、法律知识背景和丰富的实践经验，在评估产品或技术的潜力等方面，独具慧眼，成功率较高，在申请专利、处理专利侵权等方面得心应手。特别是，BTG 注重给员工创造一种令人激动和精力充沛的工作氛围，能够激励员工的领导才能、负责任和敢于冒险的精神。就酬金以及相关的报酬而言，包括股份分享计划，BTG 都具有很高的吸引力。

英国有着完备的知识产权体系，能对专利实施进行有效的保护，使侵权者受到应有的惩罚。这也是 BTG 公司赖以生存的重要社会环境条件。同时，英、美等发达国家的大学、研究机构对知识产权有较好的认识和理解，懂得运用法律手段来保护自己的合法权益，但他们一般都缺乏开发自己专利技术的资金和特长，自然对 BTG 这样的科技中介机构有所需求。

（四）典型案例

凝血因子 IX

凝血因子 IX 是一种基因，如果这种基因受到损坏会引发血友病 B。这是一种由基因引起的疾病，而且只在欧洲和北美洲发现过。1.3 万人染上了这种病。这是一种血液凝结问题的疾病。如果这种基因受损，血液将无法凝固，可能会因为一个相对很小的事故流血不止导致死亡。以前唯一有效的治疗方法是将凝血因子 IX 从人类血液中分离，然后注入正在流血不止的患者体内。

牛津大学首先将凝血因子 IX 的序列排列出来。BTG 将此项技术申请了专利。但 BTG 发现在牛津大学之后，美国华盛顿州西雅图的一个研究小组也成功排列出此种基因顺序，而且他们先拿到了专利书。BTG 就此和美国专利办公室打了多年的官司，花费了几百万美元。但是没有人能知道一项专利地位如何，这是非常不确定的。地位无法确定就没有公司来投资。所以 BTG 和美国华盛顿大学取得了联系，将这两项专利合而为一，这项专利有了这么强大的地位，BTG 就将其在全世界范围向六家公司发放了专利实施许可。

第一家取得许可证的是苏格兰的蛋白质制药有限公司（PPL），这家公司生产的转基因羊的羊奶中含有凝血因子 IX。BTG 还向凝血因子 IX 重组基因协会发放了此项技术的专利实施许可。另外四家旨在从根本上治疗基因疾病的公司也获得了许可。在抢占市场和治愈病人的竞争中基因协会胜出，它在 1997 年将重组人类凝血因子 IX 投入美国市场，1999 年投放到欧洲市场。

二、IPXI 公司

总部位于芝加哥的国际知识产权交易所（Intellectual Property Exchange International Inc.，IPXI）是全球首家通过市场定价和标准化条款促进知识产权非独家许可和交易的金融交易所，通过创造知识产权资产与交易产品中央市场，满足知识产权所有者、投资者、交易者以及其他市场参与者的价格发现、交易以及数据分销需求。

IPXI 的投资者包括芝加哥期权交易所、飞利浦公司等众多机构，通过对领先的企业、大学实验室进行大量投入来开发知识产权。IPXI 有 60 多个成员，其中包括摩根大通、福特、索尼、弗劳恩霍夫、飞利浦、松下等，提供的服务包括非独家许可、基于市场的价格机制、标准化条款、知识产权电子交易平台等。

（一）发展历程与现状

IPXI 公司总裁 Pannekoek 指出，在现有的知识产权交易市场中存在一些普遍性的问题。正是针对这些问题 IPXI 旨在通过非独家许可方式实现对知识产权的价值发现，从而建立一个更加透明、有效的知识产权交易平台（见表下编 9.1）[①]。

表下编 9.1　IPXI 的核心目标

现有知识产权市场问题	IPXI	成　果
不完整、不充分的市场信息	具体的发售说明书、公开定价、消费数据报告、报价/出价	透明——促进更加准确的知识产权资产管理和研发决策
随意或单方面决定的知识产权价值	能够反映技术价值并提升买方信心的市场定价	价格发现——确保公平，合理的定价
缺乏标准，比如交易过程、合同条款和定价等	为所有市场参与者提供标准的、可交易的许可权	公平的市场竞争环境——加速技术转让和创新
时间和交易成本；双边许可体系的不足	提供标准合同、外包审计和可替换争端解决机制等市场解决方案的中央市场	效率——提供市场机会、流动性，并提升交易量

2011 年 12 月 14 日，IPXI 宣布该交易所已完成一轮来自美国与欧洲投资者团体的 1000 万美元融资，投资者包括全球最大的期权交易所、挂牌期权创始公司芝加哥期权交易所（Chicago Board Options Exchange，CBOE）的母公司 CBOE Holdings，Inc. 以及医疗保健与照明领域的荷兰皇家飞利浦电子公司（Royal Philips Electronics）。IPXI 的成立得到了一流公司、大学和实验室等知识产权所有者的大力支持，在其创始成员当中包括了 6 个美国大学、3 个美国国家实验室和 9 个美国与外国公司。

2013 年 6 月 5 日，IPXI 推出了其第一个单位许可权（Unit License Rights，ULR）合同产品，该产品的专利组合内含 600 多项专利资产，其中 225 项全球性的专利是有机发光二极管（Organic Light Emitting Diode，OLED）技术显示屏的应用，由飞利浦独家授权。

（二）模式

1. 会员制管理

与其他众多金融交易所一样，IPXI 也实行会员制，其会员在交易所的各委员会担任职务，这些委员会包括规则委员会（Rules Committee）、商业行为委员会（Business Conduct Committee）、筛选委员会（Selection Com-

---

① 杰拉德·潘涅库克. 围绕创新的交易——全球首家专注于知识产权许可和贸易的金融交易所 [Z]. 第十届上海知识产权国际论坛报告，2013.

mittee）、执行委员会（Enforcement Committee）和市场运营委员会（Market Operations Committee），其中规则委员会和筛选委员会的主要职责是确保交易技术的质量。

IPXI 将会员分为创始会员、普通会员、附属会员三个等级。创始会员和普通会员是拟在交易平台中出售或者购买专利许可使用权的实体机构，包括企业、大学、个人与国家实验室等。创始会员的基本权利义务包括：通过任命进入 IPXI 规则委员会的权利，参与制定和修改最初的交易规则；成为单位发布方案（UOS）文件遴选委员会成员，审定进入证券化项目的专利权；承诺一年内发行一项以上的 ULR 合约。普通会员除可出售或者购买证券外，还可对拟进入证券化项目的专利权提出意见，其无须承诺发行 ULR 合约。附属会员一般是不直接发起或购买 ULR 合约的律师事务所、知识产权咨询公司、估价事务所、前案检索公司、知识产权经纪公司或其他知识产权服务提供商，附属会员将在 IPXI 的质量审核流程中发挥重要作用，该流程包括内部和外部调查，以帮助确保为市场提供高价值专利。

2. 资本化运营

专利权人通过 UOS 文件与 IPXI 公司达成协议，以 ULR 合约的形式将专利独占许可给 IPXI 公司所设立的特殊目的载体（Special Purpose Vehicle，SPV），并在 ULR 合约中约定专利普通许可的份数、发行费率等，由 SPV 构建的电子交易平台向外发售 ULR 合约，购得者获得了专利的普通许可使用权，可直接实施专利，也可在该交易平台上再次出售其所购得的 ULR 合约。

UOS 文件是 IPXI 公司向专利权人提供的一份有关专利权情况的格式文本，由专利权人填写，并由 IPXI 公司及其设立的遴选委员会审查。UOS 中包含的内容主要有专利权内容、适用领域、权属情况和许可情况。ULR 合约是 IPXI 与大学、科研单位等专利权人发起发行的专利权的单位许可权合同，实质上是专利权人将其专利使用权设计成以次数单位计算的许可使用权合同，许可购买者非独占性使用权，合约购买者购买了合约，就享有了合约上约定次数的专利许可使用权，有权在其生产、销售或服务中按规定次数使用此项专利权。

3. 透明的市场定价制

首先，所有 ULR 发售的条款都是标准化并向全部潜在买家公开的。其次，IPXI 会根据市场需求调整 ULR 的发售数量和价格。IPXI 通过市场研究确定 ULR 在其有效期内所需的交易数量，一旦这个数量被用尽或 75% 被用掉，则会进一步向市场投放该专利许可权。同时，经授权的市场参与者可以通过 IPXI 看到专利交易的价格和数量信息，而且，ULR 许可价格会根据市场需求向上或向下调整，这种调整通常是基于过去三十天的交易价格。

专利许可使用权证券的价格遵循证券市场的定价机制，定价完全由市场来决定，不仅有一级市场，还有二级市场。影响其价格的主要因素是专利技术在产业中的运用情况，专利技术的产业运用情况越好，需要获得专利许可的企业越多，专利许可使用权的流动性越强，证券的价格也就越高。

4. 灵活的市场退出机制

股票交易市场允许股票的二次甚至多次转让，IPXI 设置了二级交易市场，这使得专利购买者可以根据自身需求付费，一旦被许可人不再需要许可权，可以将剩余的许可权出售给其他有需求的购买者。一旦首次发售价格确定，ULR 的买家和卖家可以在 IPXI 的电子平台上进行 IPXI 二级市场交易。

5. 完善的运作流程

为交易所提供 ULR 内含的专利的技术供给方被称为"支持方"，支持方向 IPXI 授权独占许可，从而使 IPXI 成为相应 ULR 的唯一发行方。ULR 整体运作模式，则是由六个步骤组成，分别为提交、分析、文件起草、路演、定价和完成[①]。

专利组合提交人首先将专利和证明专利商用价值的第三方分析报告提交给 IPXI 进行初步评估，初评后 IPXI 准备专利权发售摘要。尽职调查往往是保障技术交易的关键，而根据福布斯的报道，IPXI 的尽职调查可以满足潜在竞买人 95% 左右的调查需求。IPXI 需要约三个月时间对每一个递交的专利案进行内外部质量分析与尽职调查，由筛选委员会进行推荐后，争取通过董事会的投票，成为合资格标的。之后将制定 ULR 标准化条款，制定过程包括演示、议价、协商、公示等过程。条款中的定价和定量会使用市场预测方法和收益预测方法。最终的 ULR 只能在交易所会员中流通，且 ULR 摘要质量分析结果和 ULR 的发售条款均向潜在买家公开。IPXI 通过路演、一对一销售等资本运作方式，向实际使用者和其他需求者兜售 ULR，成交后会要求实际使用的公司提供使用情况的季报。

举例来看，通用汽车预计生产一百万辆汽车需要使用 ULR 相关资产包中的某个专利，它就会给其代理商打电话，通过 IPXI 购得一百万个单位的 ULR，因此生产这一百万辆汽车将得到该专利的单位许可权。而当通用拿到这个许可以后，它便有义务按季度向 IPXI 汇报它使用这个专利实际生产了多少辆车。同时，交易所有权来审计这个数字是否准确。另外，交易所会把这个使用的数据，不仅仅是通用这一家公司的使用数据，而是把所有被许可人使用的数据汇总，定期向市场披露。

（三）优势与特色

1. 知识产权的有效性

为保障知识产权的有效性，IPXI 会进行多次评估和审核。首先 IPXI 员

---

① 杰拉德·潘涅库克. 围绕创新的交易——全球首家专注于知识产权许可和贸易的金融交易所［Z］. 第十届上海知识产权国际论坛报告，2013.

工对提案进行检验，并由筛选委员会根据 IPXI 的质量标准进行审核；之后会进行六十天的公开市场同行审查，包括第三方审查者的评估；根据同行以及第三方的审核与评论，对提交内容及定价进行重新评估。除了提交内容的审核流程，IPXI 提供了仲裁与再审机制，旨在有效缓解有关知识产权有效性的担心。

2. 优秀的管理团队

公司总裁兼首席执行官 Pannekoek 于 2009 年 11 月加入国际知识产权交易所公司，拥有企业国际管理、企业并购、期货交易、基金运营等多个领域的专业知识和管理经验。Pannekoek 是荷兰人，在美国西北大学凯洛格商学院获得管理学硕士学位。1982 年，他开始担任荷兰商会的高级经理。1991～1994 年，担任 Quantum Financial Services 的国际市场部总监。1994～2000 年樱花黛儿雪公司（一家全球金融衍生品中介公司）执行委员会主席并担任管理委员会成员，带领公司从一家附属银行的中介转变成一流的金融机构，并最终被荷兰银行收购，Pannekoek 也成了荷兰银行的高级副总裁。2002～2005 年，他开始担任芝加哥气候交易所的总裁兼首席运营官，在一年时间内奠定了交易所的架构和运营模式，并最终发展成世界上首个致力于减少和交易温室气体排放量的跨国、跨部门的交易市场。此外，加入 IPXI 之前，Pannekoek 在圣母大学门多萨商学院担任教席教授，为 MBA 学生和本科生提供创业和国际管理课程教学，同时，他还是 Future of Chesterton 基金会的联合创始人之一，是 Porter Country Community 基金会董事。[①]

2011 年 12 月 14 日，IPXI 宣布首届董事会成员任命，IPXI 董事会成员包括微软知识产权政策与战略前任企业副总裁、IBM 知识产权许可前任副总裁 Marshall Phelps，飞利浦执行副总裁兼首席知识产权官 Ruud Peters，CBOE 执行副总裁 Richard G. Dufour，以及 Ocean Tomo 高管 James E. Malackowski。正如公司总裁 Pannekoek 所说："我们找到了合适的战略性投资以及董事会成员。我们的董事会成员均为知识产权领域首屈一指的思想领袖。"

3. 给交易双方均带来利益

给知识产权所有人带来的好处，就是有利于知识产权组合去货币化，极大地降低交易成本，避免被迫与别人进行交叉许可。对于被许可人的好处，首先是以非常市场化的价格获得专利组合；其次是可以根据自己的需求来付费，而不是不管使不使用都要不停地付费，一旦被许可人不需要许可权了，还可以再卖出去；再次是所有的被许可人都能够在一个非常公平的市场环境和比较公正合理的许可条款下进行交易；最关键的是，所有被提交到这个交易平台上的技术，都会得到这个交易平台进行的尽责调查。

---

① 聂士海. IPXI：全球首家知识产权金融交易所 [J]. 中国知识产权，2012，70：51-55.

交易平台有筛选委员会的审查和公示，会对被许可技术进行尽责调查。对现有技术的调查和被许可技术可能的市场价格等都会进行研究，从而达到一个合理的市场价格。

在这个过程中，IPXI 会运用专利检索、价值分析、评估、许可使用、侵权处理、专利池构建等一整套知识产权服务将专利呈于使用者和投资者面前，通过一系列的知识产权服务将知识产权价值最大化。

（四）典型案例

发布关于无线通信标准必要专利的多方产品

IPXI 于 2014 年 10 月 2 日宣布推出一项关于标准必要专利（SEP）的多方产品，涉及全球使用最广泛的无线技术标准协议。其所提供的单位许可权（Unit License Right™，ULR™）合约建立在八家机构（包括领先的消费电子与电信公司、大学和研究实验室）的专利权基础上，这些机构的专利权对于 IEEE 802.11n 标准而言必不可少，旨在提高无线局域网（WLAN）通信的吞吐量。八家专利贡献机构包括：哥伦比亚大学、弗劳恩霍夫协会、JVCKENWOOD Corporation、荷兰皇家飞利浦电子公司、Mitsubishi Electric Research Laboratories，Inc.、Orange S. A.、索尼公司和加州大学。

IPXI 这次推出的产品包括在近 20 个国家颁发的近 200 项必要专利。每份 ULR 合约提供关于 1000 个无线芯片组生产和销售的非独家专利授权，同时 ULR 合约可以进行转换，允许更多 802.11n 必要专利所有者加入。

符合 802.11n 标准的无线芯片组出现在智能手机、平板电脑、个人电脑、接入点、路由器和网关等大众化产品中。这些芯片组是无线网络技术所必需的组件，符合标准可提高设备互操作性。IPXI 对领先的技术市场研究公司国际数据公司（IDC）提供的数据进行分析后称，到 2019 年年底，在该 802.11n 多方产品中的标准必要专利所覆盖的国家，符合 IEEE 802.11n 标准的无线芯片组产销量将达到 80 亿组左右。

系列 1 ULR 合约的早期购买者可以利用 IPXI 的 802.11n 赦免计划，对于过去以大幅度折扣使用的标准必要专利可免除相关费用。此外，系列 1 购买者将能够以折扣价把未使用的系列 1 ULR 合约转换成新推出的系列，而对于已使用的系列 1 ULR 合约，则可以享受免责权，无须支付更多费用。

IPXI 的标准化授权方法引起了其他 802.11n 标准必要专利所有者的兴趣，他们正在寻求一种方法来解决他们的 RAND（合理和非歧视）授权问题。IPXI 目前已开始接受更多专利所有者关于加入即将推出的系列产品的申请。IPXI 总裁兼首席执行官 Gerard Pannekoek 表示："通过联合 ULR 合约对来自多个专利所有者的标准必要专利进行授权将极大地帮助降低技术使用者的交易成本，并推动技术的更广泛应用。这项产品代表着标准必要专利授权的一个里程碑，为达到 RAND 要求树立了一个新的典范。IPXI 根据市场定价的非歧视性标准化合约非常适合用于解决通过双边谈判确定 RAND 合规性所涉及的许多问题。"

（资料来源：美通社. IPXI®发布关于无线通信标准必要专利的多方产品［EB/OL］.（2014-10-02）［2015-06-17］. http：//www.prnasia.com/story/106165-1.shtml.）

（五）烈士般的结局

2015 年 3 月 23 日，IPXI 宣布关闭，关闭的主要原因是无法获得足够的专利许可来支持其专利运营模式。这一"烈士般的结局"充分印证了本书前文提及的专利运营具有数量规模效应的规律，如果没有足够的专利数量累积，就很难利用专利来达到控制市场和获取市场竞争优势的目的。

知识框 23 IPXI 关闭通告

怀着无限的遗憾，我们向大家宣布国际知识产权交易所公司（IPXI）将于今日停止有效运营。IPXI 董事会已作出决议，尽管我们的目标和商业模式给行业中的众多企业带来了巨大希望，但 IPXI 还是无法获得足够的专利许可来实现其经营理念。

对我们聪明、能干、敬业的员工，我们感到无比骄傲，正是他们在过去几年的辛勤付出，才有了 IPXI 第一代产品的上市。我们同样也感谢 70 多位来自各大企业、大学、实验室及商业合作伙伴的成员们所给予我们的支持。他们相信我们的使命，并且不遗余力地帮助我们在不透明的知识产权许可领域里，寻求实现实质上更大的透明度和更高的效率。然而，我们遇上的似乎不是一个最恰当的时机，有太多阻碍难以逾越，包括潜在的被许可方往往选择向我们提出诉讼挑战而非寻求双方合作。IPXI 的商业模式为专利运营提供了公平和透明的交易环境，同时依靠专利技术使用者成了良好的企业公民。而最终，潜在的专利权人明确指出，IPXI 真正能引起他们关注的途径只有通过诉讼，但那却正是我们的商业模式所试图克服的问题。

IPXI 凭借自身的努力获得了全球的瞩目，我们希望其他同仁未来可以致力于把公平、透明和效率的原则引入到这一块尚由诉讼驱动的复杂市场。我们感谢所有在我们创立之初发挥重要作用的专业人士，还有我们的董事会和投资者，感谢你们明智的建议和对我们的信任。

三、盛知华

上海盛知华知识产权服务有限公司（简称盛知华公司）是在中国科学院上海生命科学研究院（简称上海生科院）知识产权与技术转移中心的工

作基础上组建，专业从事高新技术领域知识产权管理与技术成果转移的服务和咨询机构。公司的核心优势和独特模式在于对发明和专利进行早期培育和全过程管理，以提高专利的保护质量和商业价值为重心，在此基础上进行商业化的推广营销和许可转让，在许可转让价格和合同谈判时充分保护专利和技术拥有人的利益和规避潜在风险[①]。

（一）发展历程与现状

1. 发展历程

2007 年 4 月，上海生科院借鉴美国科研机构技术转移办公室专业化管理模式，成立了知识产权与技术转移中心，聘请在美国从事多年生物技术商业转化的纵刚担任中心主任。该中心在财务、人事管理等方面具有较大的自主权，并按照国际接轨的专业化运作模式，加强对专利的评估、培育和申请的全过程管理，将提高专利质量和技术的商业价值作为工作重心，在此基础上进行专业化的市场营销和商业谈判。

自中心 2007 年成立以来，上海生科院在技术成果转移转化方面取得了显著成效。上海生科院与国内外企业签订四技合同（技术开发合同、技术转让合同、技术咨询合同、技术服务合同）金额从 2006～2007 年的 3505 万元，增加到 2008～2009 年的 2.10 亿元，再进一步增加到 2010～2011 年的 6.96 亿元；到账金额从 2006～2007 年的 2174 万元，增加到 2008～2009 年的 3727 万元，再进一步增加到 2010～2011 年的 6323 万元，增长趋势和幅度十分明显。

2010 年 7 月 21 日，上海盛知华知识产权服务有限公司在上海生科院知识产权与技术转移中心的基础上成立，旨在进一步培养人才和团队，将知识产权专业化管理的成功模式向科学院的其他研究院所、高校和研发型企业辐射，提高我国知识产权管理的整体水平。盛知华公司是在上海市政府、中科院及中科院上海分院、上海市徐汇区政府等各级领导的支持下，经过上海生科院与上海国盛集团、中科院国科控股等的共同酝酿成立的一家专业化知识产权管理和技术转移公司。

2. 现状

盛知华公司成立以来得到了广泛的认可，2012 年 6 月 7 日被评为首批"全国知识产权服务品牌机构培育单位"，2012 年 11 月 12 日被评为"第四批国家技术转移示范机构"，2013 年 7 月 12 日被国家知识产权局评定为"2013 年知识产权分析评议服务示范创建机构"，2013 年 11 月 21 日入选知识产权分析评议机构合作联盟理事单位。

目前盛知华公司已经为中国科学院内部的多家研究所提供服务，包括中科院理化技术研究所、中科院电工研究所、中科院地质与地球物理研究

---

① 盛知华公司网站. 关于我们 [EB/OL]. [2015-06-17]. http://www.sinoipro.com/about.aspx.

所、中科院应用物理研究所等。同时，盛知华公司也积极向高校推广其服务模式，目前已经与同济大学、北京大学、上海交通大学等签订委托服务合同、合作框架协议或者合作意向书，为高校提供专业化的知识产权管理和技术转化服务。2012年，在上海市科委和上海市徐汇区科委的推动下，由徐汇区科委依托上海盛知华公司设立专项引导基金，用于资助和引导徐汇区所在高校、科研院所、医疗机构及研发型公司的知识产权专业化管理。2012年12月28日上海市教委科技发展中心主任朱安达代表上海市教委高校技术经纪公司与盛知华公司签署战略合作协议。上海教委协同盛知华公司对上海高校正式启动和推广与国际接轨的专业化的知识产权管理与技术转移的理念和工作模式，盛知华公司将帮助上海高校建立知识产权管理体制与机制，并对上海高校新发明进行专业化管理，通过筛选、评估、培育等步骤获取高质量专利。2013年6月14日，苏州工业园区知识产权服务中心与盛知华公司签署专利运营战略合作协议。

（二）模式

1. 研发

盛知华公司本身不从事研发工作，但其专业化评估及独特的发明培育过程对于改进研发方案、提高研发效率和产生高质量的专利有着重要作用。

公司专业人员首先要对世界范围的专利和科研文献以及市场信息进行检索、调查与分析，从专利可行性和无效可能性、商业应用方式和前景、技术竞争优势及劣势等方面进行专业分析评估，并判断可能得到的专利保护范围及其商业价值。然后将评估结果反馈给发明人，指导和帮助其设计新实验，产生进一步的数据来扩大专利的权利要求范围、提高和改进发明，使得专利更有价值。

即使对一个发明或专利的专业化评估结论是这个发明或专利没有商业价值，这个结论对合作单位来说价值也非常大，因为它可以使合作单位避免继续投入和浪费更多的资源和宝贵的时间，使其及时中止掉低质量专利。鉴于大部分发明和专利的商业价值不大，这对以产业化为目的的科研项目和企业研发项目极为重要，可以使其及时改进投资和研发方案，避免大量资源和时间的无谓浪费。

2. 许可

（1）科学评估专利技术的许可和转让价值。

盛知华公司围绕技术优点、专利性、市场潜力、发明人四个关键因素建立了一套健全高效的发明评估体系，仔细了解发明的技术细节以及在先技术的细节，判断可能的权利要求范围、自由实施度、可维权性、无效可能性分析（针对授权专利）等。在这些工作的基础上，一个高质量专利成功与否还取决于其潜在的商业价值。盛知华公司开发了一套评估竞争产品以及相关专利和非专利技术的流程，评价成果在变成商品或服务后，能满足怎样的市场需求，以及这一市场的大小和潜力，以此来判断商业开发步骤和风险、竞争优势和劣势，并最终决定技术的潜在许可前景。

（2）专业化的市场营销手段和商业谈判。

通过市场分析，包括详细的行业、产品、技术的市场状况和竞争优劣势等分析，以及公司分析，包括行业中具体公司的经营状况和需求分析，公司专业人员有针对性地对目标公司进行推介，并协助感兴趣的公司对专利技术进行评估，促进其做出进入谈判的决定。在进行商业谈判前，要针对目标公司特点对专利技术进行价值评估并设计交易结构，然后先谈判合同主要条款，达成一致后再谈判合同的诸多法律细节，最后签订并执行合同。由于发明人员并非商业和法律方面的专家，对专利价值评估和诸多法律条款的含义不熟悉，同时为了避免科研人员参与商业谈判而产生利益冲突，因此商业和法律谈判通常由公司的专业人员单独进行。在谈判过程中，公司专业人员会及时与科研人员沟通并征求他们的意见，但最终决定由公司专业人员做出。这种工作模式通常会取得比科研人员自己去谈判更好的交易结果，同时也为科研人员节省出大量宝贵的时间。[①]

（3）坚持合作共赢的经营理念。

盛知华公司不以赢利为主要目的，而以为合作单位创造价值为主要目的；只有先为合作单位创造价值后，公司本身才有赢利和价值。对于长期委托合作单位，盛知华以其为上海生科院服务的同样的费用标准来设定对所有合作单位的服务费用标准即基本运转经费加上 15％ 的转化收益分成。由于合作对象所提供的服务费用只是公司维持专业团队的基本运转费用，甚至略有不足，亦即盛知华在提供高附加值的服务时仅收取成本，不从中间过程中赢利，因此如果没有转化收益分成则公司股份价值为零。所以公司必须全心全意地提高专利质量并争取成功转化，因为只有做出转化成绩公司才有可能赢利和有价值，这使得公司与合作对象的利益和目标完全一致化。这种商业模式一方面可以建立起与合作单位之间的良好的信赖关系，同时也表明了盛知华公司对自己有能力做出转化成绩的充分信心。

（三）优势与特色

1. 领军人才

盛知华公司总经理纵刚是生物医学方面的专家，美国德克萨斯大学休斯敦分校生物医学研究生院生物化学硕士，并在该校取得健康经济学、管理及生命科学博士学位，在顶级癌症研究学术期刊上发表过科学论文。同时，纵刚精通知识产权管理和运营，在美国排名第一的癌症中心德克萨斯大学 MD Anderson 癌症中心从事了十多年知识产权和技术转移管理业务，

---

① 纵刚，胡晓芳，赵保红. 探索和实践国际化专业化的知识产权管理和科技成果转化道路——上海盛知华知识产权服务有限公司知识产权转化的成功案例概述［J］. 科技促进发展，2012（7）：55-61.

并在中科院上海生命科学研究院有 8 年多的技术转移教学和管理经历。他在知识产权管理与技术产业化、商业咨询、创立新公司以及生命科学研究等方面拥有 20 余年的工作经验。曾亲自完成过数百笔专利技术许可转让以及合作研发的交易，分别在美国和中国成立了数家高科技和生物技术领域新公司，包括美国风险投资基金投资的两家公司。[①]

2. 专业化团队

知识产权管理与技术转移工作对人员的素质有着极高的要求，而做好这项复杂工作最需要也最缺乏的就是精通科研、英语、商业、法律的复合型高端人才。一般的行政或科研人员由于缺乏法律和商业方面的技能，往往无法胜任这项复杂的工作。盛知华公司培养一批高素质的复合型人才，对人才的要求包括以下方面：充足深厚的科研背景，博士或有研究经验的硕士，最好有博士后经验；出色的英语能力，听说读写流利，最好有国外工作或学习经验；精通专利法、合同法、公司法及其应用（包括国际主要市场国家法律）；具有商业和市场产品发展知识，以及商业判断能力，有企业经验更好；出色的交流和谈判的能力，学习快速，分析能力强，细心负责。

3. 全过程服务

盛知华公司能够提供专业化的知识产权管理与转化的实际运作服务，即从发明披露到专利申请，直至最终成功转化的全过程的高端委托管理服务[②]。具体可以分成五大业务流程，发明评估和筛选、发明培育和专利保护范围增加、专利技术的市场推广营销、面向许可的价值评估和商业谈判、专利许可监督。

前期的发明评估和筛选主要开展两方面工作：一方面在全球范围内检索分析在先文献，判断这个专利能不能取得授权，能取得多宽的授权；另一方面是根据分析判断的授权范围，在全球范围内检索分析竞争技术，市场大小等市场信息，判断这个专利技术的竞争优劣势和市场需求，看有没有许可价值。发明培育主要是对被筛选出来的发明专利进行反馈指导，通常会建议发明人在已有研究基础上增加实验，争取扩大专利保护的范围，实现发明专利的价值增值。市场推广营销是有针对性的，根据市场分析调查结果，发现对该技术有兴趣的潜在客户，然后与公司联系并推荐该技术。如果对方的确有合作意愿，那么就进行价值评估，针对具体公司情况，通过价值测算和商业谈判把价值固定。接下来便是专利许可合同的谈判和签订，其核心是与专利许可相关的商业、法律条款谈判。最后是专利许可的

---

① 纵刚. 科研单位如何管理好知识产权和提高成果转化率［Z］. 中科院 2012 年知识产权所级领导培训班内部讲义，2012.

② 上海盛知华知识产权服务有限公司. 兴盛知识产权与科技产业，昌盛中华［Z］. 上海盛知华知识产权服务有限公司成立周年庆专刊，2011-07-21.

监督工作，关注技术使用情况，监测可能发生的侵权行为。

4. 高质量要求

盛知华的专业化模式还在于它对专利代理事务所工作质量的管理。通过分析权利要求范围、管理国内外专利文本的撰写和答复提高专利申请质量。因为这关系到专利最终能够得到的权利要求范围的宽窄和商业价值的多少。一旦监管不力，就会造成商业价值的流失。对于专利申请，从专利撰写到审查答复直至授权，公司专业人员通过监督专利代理事务所的工作，对专利申请过程的每一个环节进行严格的全程管理和质量监控。专利文本及审查意见答复必须由专业人员决定和批准，以便更好地保障专利申请文件和审查意见答复的质量。

（四）典型案例

质量是专利运营的基础

2014 年盛知华公司将一个有关人工心脏的专利项目许可给国内一家企业，许可费达 5.4 亿元，这还不包括后期销售提成，并承担全额研发经费。

盛知华公司促成的这笔 5.4 亿元合同可谓历尽波折。这项有关人工心脏的专利项目在技术方面虽属国际领先，但最初只拥有 1 件发明专利和 3 件实用新型专利，且法律状态和权利要求的情况都不甚理想，以至于没有企业愿意主动接洽。盛知华公司历经反复的专利检索分析后，终于发现该发明尚有一个重要的技术创新点还未提交过专利申请，盛知华为这个"创新点"申请了国际专利，然后以其为核心与企业就专利许可进行谈判，最终取得成功。

四、中国技术交易所

中国技术交易所（简称中技所）是经国务院批准，由北京市政府、科技部、国家知识产权局和中国科学院联合建立的技术交易服务机构。中技所采用有限责任公司的组织形式，由北京产权交易所有限公司、北京高技术创业服务中心、北京中海投资管理公司和中国科学院国有资产经营有限责任公司共同投资组建，注册资金 2.24 亿元。

中技所坚持"技术＋资本＋服务"的创新服务理念，致力于打造"技术交易的互联网平台""科技融资创新平台"和"科技政策的市场化操作平台"，通过与经纪、咨询、评估等专业中介机构合作，为专利技术、商标以及其他知识产权以转让、许可、入股、融资、并购等多种形式转移转化的全过程，提供低成本、高效率的专业化服务。

（一）发展历程与现状

2009 年 8 月 13 日，中技所揭牌仪式在北京清华科技园举行。2009 年 8

月，成立后的首单技术转让项目——国家 3.1 类化学药新药盐酸马尼地平片技术项目以 550 万元人民币正式成交。天津药物研究院作为技术持有方，通过中技所的技术转移平台成功将这一新药项目转让给了扬子江药业集团，标志着中技所已经正式启动了技术交易的平台服务工作。

2009 年 12 月 28 日，中技所第一单"能力交易"① 项目在新启用的"中技所大厦"签约成交。四川东圣酒业有限公司通过中技所的交易平台委托北京奥达康医药科技有限责任公司进行保健酒技术的研发工作，交易金额为 36 万元人民币。2010 年 6 月 30 日，首期中关村科技成果转化集合信托计划发行签约仪式在中技所举行，信托计划由中技所、北京国际信托有限公司、北京中关村科技担保有限公司和北京中小企业信用再担保有限公司共同发起。2010 年 8 月 17 日，由中技所联合北京大学知识产权学院、知识产权出版社、北京东方灵盾及数十家会员机构共建的知识产权一站式服务平台正式启动。2011 年 6 月，中技所有限公司入选为第三批国家技术转移示范机构。2012 年中技所全年累计完成知识产权交易 1673 项，成交额 62.47 亿元。2013 年 7 月，中技所入选 2013 年知识产权分析评议服务示范创建机构。2014 年 11 月，中技所获得中国技术市场协会颁布的"金桥奖"中的先进集体奖、优秀项目奖和先进个人奖。

（二）模式

中技所的业务主要从"技术、产权、交易"三个维度展开，即以科技资源整合技术资源平台，以技术产权化推动技术要素的价值确定，以技术交易实现技术资源的流动和价值升值。在技术项目和品种方面，中技所致力于成为中国乃至国际有影响力的技术交易市场。在产权上，技术只有产权化才能被引入企业，才能产生新的价值增值，进而提升企业的竞争能力，技术产权化是中技所跟其他技术交易市场的最大差异。在交易方面，中技所作为一个交易所，有一系列先进的制度建设，有一系列利用金融手段促进技术转化、促进技术流动的想法。

1. 一站式服务平台

中技所联合知识产权出版社、北京东方灵盾、北京大学知识产权学院及数十家专业中介机构共同建立知识产权一站式服务平台（Intellectual Property One-stop Service，IPOS）。为了平台的平稳运行和提高服务质量，成立了指导委员会和专家委员会，对平台分别从政策和业务上进行指导。平台下设专家库和会员机构，会员机构向平台推荐该机构所属的专家，只有经过平台认证的专家才能在平台上为客户提供服务。IPOS 平台可以根据

---

① "能力交易"是中国技术交易所为众多的研发机构和中小型研发企业所推出的创新性交易品种，交易标的主要是研发机构现有的研发能力，即研发能力需求企业在未能发现现存的能满足自身技术需求的技术情况下，根据自身技术需求委托有相应研发能力的研发机构进行委托研发和定制开发的一种交易形式。

客户的个性化需求，为不同行业、不同区域、不同企业提供知识产权一站式服务。该平台分为六个层次：

（1）原始数据层。原始数据由世界各国的原始专利数据库、商标数据库及其他知识产权数据库组成，其中原始专利数据库包括以中国、美国、日本、英国、法国、德国、瑞士及世界知识产权组织、欧洲知识产权组织两个世界知识产权组织在内的七国两组织专利数据库为主的共 98 个国家和地区的专利数据。

（2）深加工数据层。深加工数据为按照行业及客户关注点进行深加工的专利数据库、商标数据库和其他知识产权数据库，它将作为所有的检索、分析、咨询等服务的数据来源，同时可以为客户提供数据库订制服务。

（3）支撑能力层。IPOS 平台对知识产权相关的政府、专业研究机构及一流中介服务机构的资源进行了整合、梳理及划分，从而汇聚了提供知识产权服务所必需的几项支撑能力，包括专业人才、数据服务、分析能力、专利标引、动态监测、纠纷档案和文献翻译。

（4）服务产品层。IPOS 平台为客户推出了十个服务子平台，提供的服务涉及：知识产权评估服务、知识产权咨询服务、知识产权法务服务、知识产权培训服务、知识产权检索服务、知识产权数据库订制服务、国际业务、论坛沙龙服务、行业资讯服务和知识产权商用服务。

（5）服务交易层。IPOS 为知识产权的交易提供资金结算服务和信用评价服务。

（6）会员客户层。该层为 IPOS 平台服务的会员客户，主要包括政府、科研院所、科技园区、企业、VC/PE、天使投资人等。

2. 知识产权质押融资平台

知识产权质押融资平台是中技所为促进知识产权产业发展、创新科技金融服务模式、提高科技成果转化效率而搭建的专业化平台，旨在通过服务聚集与功能创新，打造以知识产权运营为基础的知识产权质押融资模式，系统化解决科技企业知识产权质押融资过程中存在的关键问题。平台的目标包括挖掘知识产权核心价值，培养企业知识产权意识，提升知识产权在科技企业成长过程中的融资能力，提高企业知识产权运营管理水平和商用化程度，推动知识产权质押融资市场化进程，带动知识产权投资基金等相关领域发展。

平台吸引和聚集中介服务和科技金融领域内的专业机构，包括商业银行、担保公司、评估机构、风险投资、知识产权运营和专业服务机构等，通过功能互补、风险共担、政府支持、机制创新等多种形式及其有机组合，不断探索为科技企业创新发展提供持续融资服务的模式。通过信息挖掘与共享、功能组合与再造、服务精准与深化、政策集成与创新等多种形式，为科技型企业知识产权质押融资提供从项目受理、价值评估、融资担保、质押登记、贷款发放到质权处置、运营、投资等多种服务。

中技所凭借在知识产权领域强大的专业背景实力成功入围建设银行知识产权质押贷款评价服务机构名单，为建设银行提供知识产权综合评价服务。中技所在知识产权质押贷款评价业务中引入了保荐人制度的理念，即中技所作为知识产权的综合评价服务提供方，吸收律师事务所、评估机构参与知识产权质押贷款评价业务，并在律师事务所的法律意见书和评估机构的评估报告的基础上，向建设银行提供综合的知识产权评价服务。

3. 科技服务"天猫商城"

为建立一个快捷有效的专利交易和技术转移市场通道，2014年，中关村技术转移与知识产权服务平台在北京上线发布，平台拥有目前国内最大的技术交易数据库。平台的运营、维护与技术支持委托中技所，与中技所共用一个后台数据库。买卖双方在注册之后可以通过这个科技服务的"天猫商城"，享有信息发布、挂牌公示、展示推介、在线展会、在线交易等在线服务。[①]

该平台承载着技术转移与知识产权服务两大功能。技术转移功能围绕科技成果转移转化链条中的核心环节及各环节所需的共性服务，通过供需信息发布、实时竞价交易、项目专题路演3个板块来实现。知识产权服务功能是面向企业、科研院所、高校、行业协会、商会、产业联盟和投资机构等市场主体，通过提供检索、咨询、代理、评估、法律服务、融资、谈判、交易等全链条服务来实现国际技术转移。

平台汇集高校院所、科技企业、联盟协会及各类科技服务机构等各类技术转移和创新资源，意在打造"政府搭台、政策引导、市场择优选择"的技术转移与知识产权服务业的互联网服务新模式。作为信息大厅，可以进行全国各地自主交易供需信息发布；作为交易大厅，可以进行确权项目挂牌公示、专利/商标等知识产权竞价交易；作为服务大厅，可以进行研究机构、服务机构、投资机构支撑服务；作为资讯大厅，可以进行展会公告、交易公告、最新新闻、政策导航。科研院所、高校、企业、行业协会、产业联盟、中介服务机构、个人等各类市场主体都可以在注册后发布需求或转让信息。除了供需信息发布，平台还能实现实时竞价交易、项目专题网上路演，使得专利的交易价格更加透明公开。

4. 科技信托产品

中技所通过各方合作，依托技术交易中介服务机构建立知识产权商用化的崭新融资模式，以知识产权为核心，以信托贷款的形式解决"轻资产、重智力"的高科技企业融资的难题。为加快中关村国家自主创新示范区建设，促进中关村高新技术企业发展，繁荣高新技术企业产权交易市场，解决成长期企业融资难问题，引导社会资金促进知识产权商用化，2010年6月，中技所成功发行第一期中关村科技成果转化集合信托计划。该信托计

---

① 韩义雷. 中关村建起科技服务"天猫商城"[N]. 科技日报，2014-08-26.

划由中技所与北京国际信托有限公司、北京中关村科技担保有限公司和北京中小企业信用再担保有限公司共同发起，共为 3 家企业融资 1100 万元。

5. 专利价值分析评估

中技所引入了国家知识产权局构建的专利价值分析体系，依托各个领域的专家团队，通过创新性概念"专利价值度"来评判专利价值。对所关注专利技术的法律状态、技术水平、经济价值进行科学评估与分析，基于该分析体系，为政府部门、园区、企业、投资人等提供权威、科学的专利价值分析报告，最大限度减少信息不对称问题。分析评估服务可以为一项专利给出"专利价值度"，并依据"专利价值度"以及专家意见及解读，揭示出专利的内在价值和风险。具体内容包括以下几个方面。

（1）法律价值度分析。法律价值度分析从法律的维度来评价一项专利的价值，主要提供专利的全面法律状态信息及专业解读，包括：专利稳定性、实施可规避性、实施依赖性、专利侵权可判定性、有效性、多国申请、专利许可状态等。

（2）技术价值度分析。技术价值度分析从技术的维度来评价一项专利的价值，主要对专利的技术领先程度等方面进行评估与分析，包括：先进性、行业发展趋势、适用范围、配套技术依存度、可替代性、成熟度等。

（3）经济价值度分析。经济价值度是从市场经济效益的维度来评价一项专利的价值，包括：市场应用情况、市场规模前景、市场占有率、竞争情况、政策适应性等。

6. 专利拍卖

2010 年 12 月 16 日，中国科学院计算技术研究所首届专利拍卖会在中技所交易大厅举行，中科院计算所的 70 项基于智能信息、无线通信、集成电路及物联网等领域的专利，涵盖 8 个专利包（共 28 件专利）、38 项有底价专利和 24 项无底价专利开始面向社会进行公开拍卖。来自竞拍企业的 70 余名代表参与了竞买，此外此次拍卖活动也受到了国内外的广泛关注，来自海内外多家机构的近 100 名嘉宾观摩了本次拍卖活动。经过 2 个小时的激烈紧张的竞标，国内首次大规模的专利拍卖活动圆满落槌，来自国内的 8 家企业最终竞得 28 件标的，总成交金额近 300 万元。

此次活动是我国专业科研机构首次尝试通过规范的专业性市场流转平台，采用覆盖面广、公开透明的竞价拍卖方式来进行科技成果由科研院所向企业的快速转移。为组织好本次拍卖活动，中技所建立了由技术交易机构、知识产权服务机构和拍卖机构联合参与的工作机制。

中技所充分发挥了"第四方平台"集聚资源的优势，打破了原有现代服务业机构"各自为战、各管一摊"的业务形态，组建了由技术转移中介服务机构、知识产权法律服务机构及专业拍卖机构同时参与的联合工作组。充分发挥了技术交易集成式中介服务平台优势、调动了各专业机构在本领域内深耕多年的经验与资源，即拍卖公司负责法定拍卖程序办理及组织流程秩序；知识产权服务机构负责法律状态核查、专利信息分析加工；中技所负责规范化进场交易、宣传推广及财务资金流转结算。以一种整合在开放性平台上的"资源共享、互惠合作、协同发展、联动经营"的新态势，打造科技服务业的创新协作机制。

同时，为了保证在本次拍卖活动的组织过程中可以高效率、市场化地开展工作，中技所大胆尝试了"一轴＋二步＋三制度"的联合工作机制，以明确各个时间截点的倒计时工作时间轴为主线，目标客户细分招商与专利标的深度价值分析两步同时按阶段进行，并在以资源整合制度、信息收集反馈制度、标准化招商制度三个原则下，现实有效地融汇各方优势资源、统筹全局工作。这一共赢型联合工作机制是此次拍卖会成功举办的重要保障，同时也在实践中得到了市场的检验与企业的认可。

（三）优势与特色

1. 聚拢各类资源

技术交易服务中心充分依托高等院校、科研院所和高科技企业的科技资源，与国内外一大批知名的专业机构建立了合作关系，吸收国内外律师事务所、会计师事务所、资产评估公司、拍卖公司、招投标公司等专业中介服务机构作为合作伙伴，着力打造完整的技术转移产业服务链，为技术转移各参与方提供高效率、低成本的专业化服务。

中技所现有的战略合作机构已达百余家，涵盖与政府相关的资源掌控部门、行业协会、投融资服务机构、科研院所、具有雄厚实力的境内外企业、有代表性的技术转移转化服务机构等，与这些机构的合作不仅可以实现资源的批量导入，还有助于在推动区域合作、拓展行业领域、加强个案合作、突出国际化特色等方面取得突破。

2. 利用会员资源提供优质服务

中技所通过发展会员建设中介服务体系。一方面，会员可以为技术交易提供专业化、集成式服务；另一方面，会员也有将其客户的技术交易需求带入中技所，借此延伸客户服务的愿望，此举在繁荣技术交易市场的同时，可以使合作各方获得直接收益，实现共同发展。

在中技所平台上，会员单位可以极大地延伸其服务的内容和领域，促进业务发展。通过与中技所合作，会员单位不仅可以为其原有客户提供与技术交易相关的更加广泛、更深层次的服务，实现业务规模的现实增长，而且还能够获得大量的前端客户资源和信息，实现业务储备，奠定未来业务成长基础。

此外，会员单位拥有的各类资源与中技所资源的碰撞，对促进技术市场化，促进技术与资本对接，繁荣技术交易市场，具有更加积极的现实推动作用。

3. 全方位整合服务流程和平台

在以信息化为手段整合服务的理念下，中技所通过搭建技术交易综合信息服务平台，不仅为技术交易双方及中介服务提供商提供公开、开放、标准的市场交易平台，实现技术交易市场的价值发现和资源配置功能，而且为技术市场各类中介服务机构提供共享平台，在实现互联互通的基础上整合与集成中介服务，以信息技术带动传统技术交易服务手段的提升与进步。

通过与专业机构的合作，中技所在许多领域搭建了技术转移转化服务平台。目前，中技所已成功建立国际医药技术转移平台、现代农业技术转移平台、物联网技术转移平台等专业子平台，正在筹建化工、新材料、软件与信息服务等专业子平台。

技术转移转化既有专业领域的差异性，也存在地缘优势的便利性。依托全国技术交易展示交易中心联盟、各地技术交易市场等，中技所布局全国技术服务网络，目前已经建立中技所杨凌分所、中技所成都交易中心，并在长沙、深圳、东莞、宁波、福州等城市建立了中技所工作站。

4. 依托中关村丰富的科技资源

中技所之所以落户中关村，最主要的是看中了中关村丰富的科技资源。中关村是我国科教智力和人才资源最为密集的区域，拥有以北京大学、清华大学为代表的高等院校 40 多所，以中国科学院、中国工程院所属院所为代表的国家（市）科研院所 206 所；拥有国家级重点实验室 112 个，国家工程研究中心 38 个，国家工程技术研究中心（含分中心）57 个；大学科技园 26 家，留学人员创业园 34 家。中关村是中央人才工作协调小组首批授予的"海外高层次人才创新创业基地"，留学归国创业人才 1.8 万人，累计创办企业超过 6000 家，是国内留学归国人员创办企业数量最多的地区。目前，中关村共有中央"千人计划"人才 874 人，占全市近八成。"北京海外人才聚集工程"的 368 名人才，占全市七成以上。

中关村每年发生的创业投资案例和投资金额均占全国的三分之一左右；截至目前，上市公司总数达到 233 家，其中境内 145 家，境外 88 家，62 家企业在境内创业板上市，初步形成了创业板中的"中关村板块"。

中关村围绕国家战略需求和北京市社会经济发展需要，取得了大量的关键技术突破和创新成果，涌现出汉卡、汉字激光照排、超级计算机、"非典"和人用禽流感疫苗等一大批重大科技创新成果，为航天、三峡工程和青藏铁路等国家重大建设项目实施提供了强有力的支撑；中关村企业获得国家科技进步一等奖超过 50 项，承接的"863 项目"占全国的四分之一，"973 项目"占全国的三分之一；创制了 TD-SCDMA、McWill、闪联等 86 项重要国际标准，798 项国家、地方和行业标准；中关村技术交易额达到全国的三分之一以上，其中 80％以上输出到北京以外地区。①

5. 巨大的无形资产

作为唯一经由国务院批准设立的国家级技术交易服务机构，这使得中技所在行业内拥有其他知识产权中介服务机构不具备的整合能力。作为北京产权交易所（北交所）的子公司之一，中技所集成了北交所在产权与资本市场的资源优势。同时其又获得了国家政府部门各个部门的大力支持，资源支持来自于国家科技部、国家知识产权局、北京市政府等。这些单位在中技所的各项课题研究和平台项目建设过程中提供了重要的支持，如在国家知识产权局、科技部、工信部、北京市政府支持下，中技所搭建的知识产权服务平台。这些资源为中技所拓展知识产安全业务尤其是国内大型企业与国际企业的知识产权业务发展奠定了良好的基础。

（四）典型案例

专利拍卖

2010 年 12 月 16 日下午，在中国技术交易所举行了中国科学院计算技术研究所（下称中科院计算所）首届专利拍卖会。专利拍卖作为技术转移的市场化行为，以其公平、透明、快速等优点，有望成为全球专利技术交易的新趋势，但在我国目前尚未得到有效利用。此次专利拍卖会以 40％的成交率、近 300 万元的成交金额敲响了我国批量专利拍卖的第一槌，不仅对盘活科研院校的无形资产起到了一定的促进作用，还在拓宽我国专利技术交易新渠道方面迈出了具有重要意义的一步。本次拍卖会建立了创新的协作机制，对技术交易机构、知识产权服务机构和拍卖机构的优势资源进行了整合，确保了拍卖会规范化、秩序化。

专利拍卖这种市场化的交易方式，比较适合我国专利技术领域"科研院校强、企业弱"的特点，尤其是在更新换代迅速的信息技术领域，更加需要专利技术的快速流转。我国的专利成果很多集中在科研院校手中，一些企业的技术研发实力相比之下较为薄弱。科研院校由于承担了许多国家级的科研以及技术创新工作，诞生出很多优秀的技术成果。但是科研院校的工作重点在于研究，而不是技术转化，因此这些成果除去一部分应用于国家重点建设工程外，相当一部分都处于待转化的闲置状态，这种资源浪费对提升我国产业水平、推动产业发展起到了一定的负面作用。

虽然我国目前专利数量庞大，但仍然存在信息不对称、专利成果实施转化率不高、知识产权运用能力不强等问题，在一定程度上阻碍了技术成果流向市场。目前国内市场化的技术交易方式以协议交易和谈判交易为主，

---

① 中关村国家自主创新示范区网站. 示范区介绍［EB/OL］.［2015-12-23］. http：//www.zgc.gov.cn/sfqgk/56261.htm.

常常出现专利技术供给方和需求方信息沟通不畅，导致专利技术转化率不高、所需时间较长的情况。而专利拍卖是把专利技术通过市场竞价交易的方式来实现专利权的转移，改变了过去一对一的转让方式，具有覆盖面广、公平竞价、合理出售等特点，已成为目前国际上专利转让、专利交易的一种新模式。

对于专利拍卖未来的发展，此次专利拍卖会主办方中国技术交易所总裁郭书贵寄予了厚望。中国技术交易所董事长熊焰表示："目前我国专利技术实施转化很多是通过行政化的手段来实现的，未来将会出现更多市场化的交易方式，专利拍卖就是专利技术交易市场化的有效方式之一。"

专利拍卖作为一种市场化的技术转移模式，在我国尚未得到有效的运用。此次在中国技术交易所举行的中科院计算所首届专利拍卖会，是我国科研机构首次将大批量专利集中对外公开展示，迈出了我国科研院所尝试市场化竞价交易方式的宝贵第一步。专利拍卖不仅使转让过程快捷高效，能帮助科研院校把闲置的专利技术快速转化，还能帮助这些专利技术找到最能发挥其市场价值的企业，从而帮助企业快速构建自己的专利网。

此次拍卖会上，中科院计算所把 90 件专利在中国技术交易所交易大厅面向社会公众进行了集中展示和竞价拍卖。这些专利大多涉及智能信息、无线通信、物联网、集成电路等新兴技术领域，基本上都是近几年获得授权的专利技术，其中发明专利占 93%。最终来自国内的 8 家企业成功竞得 28 件专利，成交率达 40%，成交总金额近 300 万元。

作为专利转移方式的一种开拓性尝试与探索，专利拍卖无疑对盘活科研院校的无形资产起到了一定的促进作用，也为我国专利技术的实施转化搭建了一个新平台。本次拍卖会在国内共创造了三个第一，即国内第一场专业科研机构专利拍卖、国内第一次无形资产竞价交易、国内第一次平台整合创新协作机制。

为了确保拍卖会的成功举行，组织方建立了由技术交易机构、知识产权服务机构和拍卖机构组成的联合工作组：拍卖机构主要负责法定拍卖程序的办理及流程秩序的组织，知识产权服务机构主要负责法律状态的核查和专利信息的分析加工，中国技术交易所则担任了推广宣传工作，并确保整个交易流程的规范化运行。这种创新的合作机制，不仅打破了原有服务机构各自为战的形态，充分发挥了集聚资源的优势，也为专利拍卖搭建了一个规范化的市场流转平台。

但是，必须意识到目前我国专利拍卖的市场尚未成熟，买卖双方对于专利技术价值的认识并未达成一致，导致卖方定价过高，而买方对新模式尚处于观望状态，承受能力自然不会很高，这就造成了二者对价格认同的差异比较大。为解决这一问题，从而提高专利拍卖的成交率，首先，国家应多鼓励专利拍卖这种形式，对敢于"领跑"的买卖双方给予政策方面的激励；此外，知识产权管理部门应对知识产权服务机构给予扶持，使之充分发挥知识产权服务职能，为"伯乐"提供详细的专利成果法律状态、专利价值评估参考、实施转化等方面的信息，以便"伯乐"结合自身情况对专利技术的价值进行理性判断。同时，还要深入挖掘买方企业的需求，吸引真正需要这些专利技术的"伯乐"参与竞拍。

除了在各地进行专利技术的宣传推广外，还可以充分利用专利信息，搜集涉及拍卖专利技术领域的相关企业，对他们进行重点推荐。专利拍卖还可以利用网络来进行推广和完善。此外还可以建立高校和科研院所知识产权联盟，对相关领域的专利集中拍卖，必要时可联合打包拍卖。同样，企业也可以以联盟的形式竞买专利。当然，他强调，目前专利拍卖在我国还处于小范围试水，需要一个逐渐探索、逐渐积累的过程。

继 2010 年第一次专利拍卖会后，中技所与中国科学院计算技术研究所于 2012 年 7 月启动"中国科学院计算技术研究所第二届暨中技所第三届专利拍卖会"，累计招商竞买标的 232 项，涵盖互联网、集成电路、人机交互、物联网、视频处理、网络安全与管理及下一代互联网等应用方向的信息计算技术领域专利及专利组合。与往届拍卖会不同，本届拍卖会通过采用现场拍卖、网络竞价、动态报价以及议价成交等多种交易方式，最大限度地促进了专利技术向企业的流转，并采取科技上门服务，点对点地把拍卖标的送到需求企业，还在全国各地共举行了 7 个场次的竞买活动，以满足不同地区竞买主体的个性化需求。

此次拍卖呈现三大亮点：①标准专利首次拍卖。本届拍卖会中共有四件标准专利参加竞拍，主要涉及标准《基于承载网感知的 P2P 流量优化技术总体技术要求》（标准编号为 YD/T 2146—2010）和《基于移动 IPv6 的业务流分发和切换管理技术要求》（标准编号为 YD/T 2298—2011）。这是科研院所首次将标准专利对外公开交易。②三个技术创新项目对外征集合作方。"一枚戒指可以做些什么？""读图时代即将到来""监控视频深度信息提取"三个基于人机互动，图像处理、智能视觉监控的技术项目也是本届专利拍卖活动的一大亮点，这些项目是中科院计算所第三届创新大赛获奖的优秀项目，符合当前市场的技术发展趋势、贴近企业产业化需求并有着清晰的应用方向及合作模式，这三项专利将就包括核心专利及技术秘密在内的整体解决方案对外展开合作。③多达 60 项无底价专利。本届拍卖会中设有无底价专利近 60 项，这些专利中不乏目前行业内热门的研究方向和近两年刚刚授权的发明专利，这些专利的公开拍卖将为急需获取高质量技术成果的成长期小微企业提供快速、双赢的购买渠道。本届拍卖会共成交标的 87 项，成交金额 425.5 万元，成交率 37%。共有来自全国各地近 40 家企业成功竞买，单项成交最高额 200 万元，单场次最高成交标的 23 项。

（资料来源：贺延芳. 专利拍卖：专利技术与市场"牵手"的新模式［N］. 中国知识产权报，2011-01-05；钟志敏. 中技所第三届专利拍卖会启动［N］. 中国证券报，2012-07-29. 有删改。）

五、宇东集团

新加坡 Transpacific IP 集团（简称宇东集团），成立于 2004 年，总部位于新加坡；在美国、德国、日本及中国的北京、上海、沈阳、香港、台湾等地，拥有全资分公司或代表处。宇东集团是亚太地区最大的、全球排名第二的技术转移服务公司，主要从事国际技术转移、国际知识产权服务、国际知识产权（专利）研究开发与研究开发外包服务、企业研发与创新管理等高技术服务，公司服务行业涵盖通信、消费电子、互联网、装备制造、医药和医疗器械等领域。宇东集团已完成超过 300 项以上技术和 16000 件以上专利的贸易，并为众多全球 500 强企业提供服务。

（一）发展历程与现状

宇东集团和超过 258 家的世界 500 强企业都有合作，客户包括 3M、AT&T、日立、三菱、松下、三星、西门子、诺基亚、微软等全球 500 强公司。宇东集团拥有 100 多位技术转移、专利贸易、技术风险投资等领域的专家，每年成功处理几千件专利贸易业务。

宇东集团在亚洲的一些主要技术中心共设立了七家办事处，还与众多科研人员、发明家、研究实验室、大学以及各类规模的科研机构建立了重要的合作伙伴关系。近年来，宇东集团逐步加大在中国大陆的市场开发力度，在开展专利交易的同时，积极开展技术转移业务。目前合作网络包括上海青浦区、上海张江高科园区、苏州独墅湖高教区、溧阳江苏中关村园区、泰州中国医药城、浙江嘉兴科技城、大津生态城、天津滨海新区、河北省高端医药产业园、四川省自然资源科学研究院、四川钒钛产业技术研究院、北京西城区发改委、中关村石景山园区、浙江温州知识产权服务园等。

（二）模式

1. 知识产权战略规划

（1）投资组合开发。

宇东集团帮助客户建立起强大的知识产权投资组合，以确立或维持市场统治地位，为客户的研发活动提供指导建议，并帮客户把握各种商机。主要内容包括：1）根据市场分析结果、潜在技术需求和满足这些需求的关键因素，确定创新技术的真正潜力及其面临的商业挑战；2）找出可能有碍客户进入某些区域性市场的问题，为客户提供解决方案，并建议是否应为发明申请专利；3）预测未来发展，揭示市场和技术为实现长期收益而建立的联系。

（2）投资组合管理。

宇东集团对客户的投资组合进行持续监测和不断调整，以帮助客户始终居于技术领先水平、及时抓住机遇和有效保护自身资产。主要内容包括：
1）就全球和区域范围内的专利申请和转让事宜向客户提供战略性建议；
2）为客户提供及时可靠和极具成本效益的知识产权相关文件，确保客户宝贵的知识产权资产不受侵害；3）通过系统化的流程对知识产权进行注册和管理，以保护客户的投资组合。

（3）商业化。

有效利用市场需求，帮助客户实现知识产权投资回报、巩固竞争优势，并为进一步收购和研发提供资助。主要内容包括：1）通过出售和/或授权他人使用客户的知识产权资产实现其货币化；2）通过增加收入来源和减少知识产权资产的费用帮客户开源节流；3）确定高新技术的"现实"价值，找出令其取得市场统治地位的最佳方式。

（4）技术发展规划。

通过深入剖析竞争对手的知识产权和专利组合，向客户揭示竞争对手的知识产权和商业策略，在知识产权和商业策略方面提供积极指导。通过评估创新技术在未来的潜在影响，深入分析广阔市场发展机遇，向客户提供一份一目了然、深入透彻的竞争技术前景分析，帮客户确定技术、产品和业务的发展方向。

2. 交易服务

（1）专利和技术收购。

帮助客户在市场尚未发觉其价值之前，以合理的价格购买到优质的知识产权资产。主要内容包括：①借助宇东集团由知名企业、科研院所、中小型企业和发明家组成的庞大全球网络，在市场尚未发觉其价值之前，寻找和获得优质的知识产权资产；②高效办理复杂的行政手续，通过审慎的尽职调查确保资产没有任何债务负担；③充分利用宇东集团从过往交易中积累的丰富经验，帮客户达成一个合理的价格，让客户真正实现物超所值。

（2）专利和技术出售。

宇东集团通过自身庞大的关系网络和良好的市场声誉，帮客户找到合适的买家，达成最优价格。主要内容包括：①充分利用现有的关系网，帮助客户觅得商机并顺利完成交易；②为小规模创新发明机构和科研人员提供强大支持和进入市场的平等机会；③利用类似交易的丰富经验，帮助客户达成合理的价格。

（3）专利和技术授权。

提供战略规划和额外资源，帮助客户通过引入授权和转出授权实现业务发展。主要内容包括：①利用宇东集团的全球网络寻找期望引入授权或转出授权的客户；②帮助客户顺利进入新市场、开发新产品和服务或改善现有产品或服务。

3. 专业分析

凭借一批由科研院所和顶级业内专家和学科专家组成的强大全球网络，

宇东集团可帮客户收集所需的一切信息，对客户的资产组合进行估值、确定其不足之处并提供相应的解决方案，优化知识产权投资组合。

（1）权益分析。

对客户的专利权益做出详尽、准确和客观地评估；帮客户解决申请专利时遇到的语言和文件资料等问题，帮助客户顺利完成专利申请；为客户提供具有重要信息的调查报告，帮客户在面临授权和诉讼相关问题时做出明智决策。

（2）现有技术调查。

通过对相关专利、出版物、技术和产品进行广泛深入而一丝不苟的调查，帮助客户发现关键信息；确定出一项新的研究发明是否真的独一无二并值得保护；为客户的授权和诉讼活动提供支持和证据。

（3）尽职调查。

对知识产权交易将带来的价值利益和面临的问题风险进行评估；调查和确认资产价值，以促进交易的公平合理；调查知识产权的潜在所有权和其他责任相关问题。

（4）估值。

利用过往交易中积累的宝贵经验和信息，帮客户确定知识产权资产的真正价值；评估技术创新的技术优势，以确定其经济价值和战略价值；帮客户在交易谈判中占据上风，合理利用知识产权资产，为自己创造更多价值。

（5）诉讼支持。

通过确立技术优势帮助客户减少诉讼费用和获得胜诉的主动权；帮助客户进行侵权索赔和为侵权指控辩护；凭借宇东集团一批由专业技术分析人员和外部专家组成的高素质团队，为客户提供战略指导和详细深入的报告。

4. 创新投资

创新领域的投资是宇东集团的重要业务之一，当宇东集团发现一项具有广阔发展前景的新兴技术时，往往会动用自己的资金来资助其继续向前发展。宇东集团还会向客户传授如何有效利用其知识产权资产创造更多收入，继续用于研发。此外，宇东集团还经常在亚洲和全球各地为创新人士、研究人员和创新型企业寻找合适的商业合作伙伴，从而帮助他们实现理想。宇东集团的投资主要集中在以下领域：电信、消费型电子产品、信息技术、软件/硬件、生物医学、绿色科技。

（三）优势与特色

1. 立足亚洲市场

亚洲正迅速崛起成为专利交易和技术创新活跃地区，来自世界各地的客户纷纷参与其中，他们需要一位深谙这片纷繁复杂的知识产权市场的合作伙伴，因此许多客户都希望能够得到专业高效的帮助，宇东集团由此应运而生。如今，宇东集团已经发展成为连接亚洲和全球知识产权市场的重要纽带，是全球唯一一家将总部设在亚洲的全方位服务的知识产权战略公司。能够成功克服法律法规、规章制度、风俗惯例和当地语言的重重障碍，还拥有一套能带给客户众多宝贵知识产权商机的全球网络体系。

2. 全方位服务

宇东集团可以通过为客户制定出全方位知识产权战略，帮客户在激烈的竞争中掌握优势和主动。宇东集团拥有众多技术和市场专家，他们在技术和行业方面的专业知识可帮助客户及时掌握最新发展动态，确定研发方向和专利申请对象、保护或发展自身投资所需的资产、确定授权或出售对象，以使客户的货币资产实现投资回报率的最大化。

3. 声誉、知识和技能

宇东集团拥有卓越的声誉和通过大量交易积累起来的宝贵知识和技能，与知识产权领域的众多合作伙伴关系密切，这有助于客户迅速得到其渴望已久的知识产权资产。同时，还使宇东集团在知识产权收购和授权事项的协商方面占据优势地位。

（四）典型案例

入驻沈阳国家大学科技城

2011 年 8 月沈阳国家大学科技城与宇东集团初步达成合作意向，由宇东集团建设大学科技城内国际技术转移服务平台，为入城单位开展国际技术转移服务、国际知识产权申请、知识产权预警分析、技术服务外包等服务，并利用宇东集团的国际渠道，针对大学科技城重点发展方面，筛选装备制造、新材料、电子信息、智能交通等领域优秀国际技术成果，面向浑南新区、沈阳乃至辽沈地区进行转移，提升本地的产业技术发展水平，打造一个良好的保障服务系统。

2012 年 5 月 8 日，宇东集团与沈阳国家大学科技城管理委员会签订项目合作协议，注册成立沈阳益为宇东高新技术有限公司，建设国际技术转移、国际高技术研发、国际化发展与创新等高新技术服务平台。

作为沈阳高新区知识产权服务联盟的骨干单位，沈阳益为宇东高新技术有限责任公司运用新加坡宇东科技集团的技术和全球知识产权服务，为企业在技术创新和产业集成时提供知识产权预警和研究。主要咨询内容是：为企业开展知识产权（专利）等数据检索、分析、评估、咨询、代理培训、商业转化策划等，例如为沈阳特变电工集团策划开展技术开发中的专利数据检索和产业市场预警。

扩展阅读资料　北京知识产权运营管理有限公司

2012 年 5 月 3 日，我国首家由政府倡导并出资的知识产权商用化公司——

北京知识产权运营管理有限公司（简称北知公司）挂牌成立。北知公司是由中关村发展集团、海淀区国有资本经营管理中心、北京亦庄国际投资发展有限公司、中国技术交易所四家公司共同出资成立的国有控股有限责任公司，注册资本为1亿元人民币。北知公司的主要业务是知识产权服务，包括知识产权股权投资、知识产权交易经纪、知识产权信息分析和价值评估、知识产权咨询等内容，服务对象包括政府、高校、科研机构和企业。北知公司董事长邵顺昌将公司定位形象地称为"离政府最近的市场和离市场最近的政府"。北知公司一方面依托自身良好的政府关系实现与大学、科研院所、中介结构和企业的有效对接，推动知识产权运营链条的形成；另一方面可以发挥自身的资金和市场优势，弥补政府部门在知识产权运营方面的不足。

由于北知公司的组织结构和人才团队尚在建设中，其运营模式还处于探索阶段。邵顺昌认为北知公司应当致力于挖掘企业知识产权资产的有形价值，设立知识产权基金，借助金融资本推动知识产权的商业化运营。公司的知识产权基金一期资金规模为5000万元人民币，其中财政拨款2000万元，自筹3000万元，在吸纳民间资本的基础上，远期资金规模有望达到1亿元人民币。

目前公司主要有三种业务模式。①科研发明投资基金。从国内外知名的大学和科研院所中购买有市场前景的专利，在国内（主要是在中关村园区）寻找匹配企业，实现专利技术的商业化应用。科研发明的来源主要有三个方面，一是与美国斯坦福大学、明尼苏达大学、以色列技术转移组织、中国台湾工研院等机构对接，从国内外选择适合发展的技术，借助基金和中关村发展集团的大平台实现技术落地；二是与北京大学、清华大学、中科院等机构对接，在中关村园区筛选有能力的企业，实现产学对接；三是跟踪国家863计划和973计划，投资有市场化前景的专利。②专利质押委托贷款。通过各种途径挖掘企业有市场前景知识产权，并寻求第三方评估公司对知识产权的价值进行评估，结合知识产权自身的技术价值和持有企业的人才团队确定最终的价格，并根据知识产权商业化运营的风险给出最优的质押方案。③专利点对点直接交易。促成专利权持有方和意向购买方的有效对接，并收取一定的服务费。

北知公司的优势主要体现在财团支持和政府背景两个方面。中关村发展集团作为公司最大的投资方，具备雄厚的资金实力，拥有支持知识产权运营的引导基金、PE基金等多组投资基金，而且在美国硅谷设立了创业投资基金和技术孵化中心，为北京知识产权运营管理公司提供强大的平台支持。此外，作为一家国有企业，北知公司的政府背景能够增强企业的公信力，促进产学的有效对接，更为重要的是，公司对中关村园区企业情况和地区产业转型升级需要非常熟悉，能够快速地找到与专利技术相匹配的企业。

第十章　综合型组织的专利运营

一、IBM

国际商业机器公司（International Business Machines Corporation，IBM）由托马斯·约翰·沃森（Thomas John Watson）于 1911 年在美国创立，总部位于纽约州（New York）阿蒙克市（Armonk），是全球最大的信息技术和业务解决方案公司，每年的全球营业额都将近 1000 亿美元。目前在全球的员工有超过 40 万人，开发人员超过 25 万人，在 170 多个国家和地区都有开展业务。

（一）发展历程与现状

IBM 的专利涉及多个领域，如神经网络、认知计算、分析和大数据等，2013 年 IBM 共计获得 6809 项美国专利，再次夺得美国专利数量桂冠，较 2012 年的 6478 项增加 5％[①]。目前 IBM 拥有的知识产权资产包括：世界范围内超过 50000 件专利，世界范围内超过 8000 件商标，庞大的软件和硬件技术资产。在不同的时期，不同的经济状况下和不同的业务转型阶段，IBM 的专利运营战略都是与时俱进的[②]。

（1）强调专利私有权。

20 世纪 70 年代的 IBM 是全球最大的电脑生产厂，当时产品的独占性非常重要，IBM 对于知识产权关注重点是私有权利和独占性的产品。IBM 研发新的产品，比如个人电脑还有数据库，其私有的权利以私有的方式来使用知识产权，对 IBM 推出自己的产品非常重要。

（2）通过交叉许可获取行动自由。

IBM 在美国经历了一些法律的诉讼，20 世纪 80 年代时 IBM 对于知识产权的关注就开始发生转变，在数据库、服务器等领域不断创新获得专利，并利用专利组合的交叉许可等方式来获得行动自由。

（3）重视知识产权收益和产品差异化。

随着知识产权组合的不断扩大，IBM 认识到可以超出行动自由的目标，

[①] 新浪科技. 2013 美国专利排行榜出炉：IBM 连续 21 年居首［EB/OL］.（2014-01-20）［2015-12-23］. http：//tech. sina. com. cn/it/2014-01-20/08449110916. shtml.

[②] 李奥诺拉·赫卡. 与时俱进的 IBM 专利战略［Z］. 2012 年专利信息年会报告，2012.

重视产品的差异化特点，进入一些空白的领域，即其竞争者还没有进入的领域，在这些领域生产出差异化的产品。1993 年开始 IBM 获得美国专利超过其他所有公司，到 2013 年 IBM 连续 21 年蝉联了美国专利申请冠军的地位，IBM 通过专利许可等方式实现知识产权获益。

（4）实现专利战略价值。

现在的 IBM 仍然非常强调专利创新，但是关注的重点已经转移到专利的领先地位以及空白领域的发展如何纳入 IBM 整体的战略目标，专利如何能够符合 IBM 的价值定位，以及 IBM 如何能够找到这样合适的价值定位。

（二）模式

1. 研发

（1）研发机构和人员。

IBM 在全球共设有 12 个研究中心和 25 个开发中心，拥有超过 25 万名技术人员，每年在研发上投入 60 亿美元。IBM 研究院是 IBM 的重要研发部门，主要研究内容包括创新材料与结构的发明、高效能微处理器及电脑、分析方法与工具、算法、软件架构、管理方法等。IBM 研究院在全球拥有八个实验室，其中三处位于美国本土的实验室分别是托马斯·J. 沃森研究中心、爱曼登研究中心和奥斯汀研究实验室，美国本土之外的五处分别位于瑞士的苏黎世、以色列的海法、日本的东京、中国的北京、印度的德里。

IBM 重视对研发人员的激励，并仿效大学和科研院所建设具有学术特征的科研激励制度，为研发人员设立了包括 IBM 院士和 IBM 技术研究院会员的研发职业发展路径。公司内最享有盛誉的 IBM 院士可以向公司申请预算并组建研发团队，在一定时期内从事不受限制的自由研发。就创新奖励而言，IBM 设置了"杰出技术成就奖"和"高原发明成就奖"等多个奖项，鼓励创新。良好的科研氛围、先进的科研资源和有效的科研激励制度也使很多学者几乎将职业生涯均奉献给 IBM。

（2）与商业伙伴进行合作研发。

2014 年 7 月，IBM 和苹果宣布合作，双方依据各自的市场领先优势创造一种新类别的商务应用，把 IBM 的大数据和分析能力带给 iPhone 和 iPad，IBM 为苹果 iOS 操作系统开发 100 多款面向企业客户的应用软件，供苹果智能手机和平板电脑用户使用。2014 年 10 月 30 日，IBM 与 Twitter 宣布将建立影响深远的合作关系，对来自 Twitter 的数据进行分析，并将这些数据整合到 IBM 的企业解决方案（包括 Watson 云平台）之中，从而更好地解决企业问题，此外，IBM 还在 2014 年将 900 项专利以 3600 万美元出售给了 Twitter。

（3）巨额研发投资未来技术。

2014 年 7 月，IBM 宣布将在未来 5 年内对芯片技术的研发投资 30 亿美元，研究如何提升芯片的性能，缩小芯片的尺寸，使芯片的效率更高，尝试实现革命性突破，复苏正在滑坡中的硬件业务。这笔投资相当于 IBM 2013 年研发费用的一半，研究内容包括新的芯片材料，例如纳米碳管，纳米碳管相对于硅材料具有更稳定和连接更快的特点，绝热性同样很好。如果能开发出速度更快的芯片，就能够实现更快的计算能力，推动人工智能和更强大的认知计算的发展。IBM 表示，希望这笔投资推动技术发展，使计算机系统实现类似人脑的效率、尺寸和能耗。[①]

2. 专利奖励

IBM 将专利分为不同的技术领域，每一个领域由一名专利经理负责。专利经理经常与研究人员共同讨论项目进展情况；在产品研制的各个阶段，专利经理都会与研究人员开会讨论，分析技术进步情况和相应的知识产权保护事宜；如需进行专利申请，发明人只要简单地以书面或口头方式向专利经理说明其发明即可。关于有关产品知识产权的调查以及制造产品的有关技术，技术人员只要对专利经理说明技术特征，专利经理会从专业的角度来调查及判断有无侵害他人知识产权之可能。IBM 公司深知专利的重要意义，为激励公司员工进行发明创造，他们对专利申请给予多种奖励（见表下编 10.1）。

表下编 10.1　发明人奖励和报酬

奖励和报酬类型	目　　的
首次发明申请奖励和报酬	鼓励递交首次发明申请的发明人
发明申请奖励和报酬	鼓励所有发明人
专利组合重点领域奖励和报酬	重点技术领域相关申请
高价值专利申请奖励和报酬	申请国家分布的广度
专利授权奖励和报酬	鼓励在专利申请授权过程中提供协助
积分奖励和报酬	鼓励持续的参与专利领域的创新
总部奖励和报酬	被实际利用的具有极高价值的专利
发明大师称号	认可资深发明人在一个领域的专家地位及其对教导新发明人做出的贡献

3. 专利许可

IBM 专利许可的发展趋势经历了从"单向专利许可＋交叉许可"到"单向专利许可＋交叉许可＋开放许可"，再逐渐向标准化技术许可发展的过程。

2004 年以前，IBM 的技术许可交易采用单向技术许可（独占实施许可、排他实施许可、普通实施许可、分实施许可等）和交叉许可相结合的策略。最典型的例子是 1999 年，IBM 与戴尔公司达成了价值 160 亿美元的

[①]　新浪科技. IBM 将投 30 亿美元研发碳芯片技术复苏硬件业务［EB/OL］.（2014-07-10）［2015-06-20］. http：//tech. sina. com. cn/it/2014-07-10/07599486238. shtml.

交叉许可协议，从而减少了双方的研发和技术购买成本，加快了产品的创新进程，大大增强了两大企业的竞争力。此外，IBM 通过出售计算机专利许可证来实现运营计划和销售战略，2000 年年度总利润的 81 亿美元中专利转让占到 17 亿美元，IBM 在 2002 年签订的 OEM 技术转让合同达 385 亿美元，通过出售专利和知识产权每年获得 25 亿美元收入。

2000 年 12 月，联想集团和 IBM 达成协议，以 17.5 亿美元价格收购 IBM 的 PC 业务，IBM 则完成转型，摘掉了"全球电脑巨人"的桂冠进军服务业，这是一个转折点，IBM 公司运营策略由"软件＋硬件"过渡到"软件＋硬件＋服务"，专利许可策略也发生了变化，从传统的"单向技术许可＋交叉许可"过渡到"单向技术许可＋交叉许可＋开放许可"策略。

4. 专利开放

2005 年 1 月，IBM 开放了 500 项专利，允许同行（包括个人和单位）在开放源代码项目中无偿使用，这里的无偿使用包括可以使用、更新或改动这些开放的源代码，甚至可以在它们的基础上创造全新的东西。开放的专利主要是软件专利，涉及存储管理、并行处理、成像处理、数据库管理、电子商务、互联网通信等多个领域[①]。

2005 年 4 月，IBM 向高级结构化信息标准组织（Organization for the Advancement of Structured Information Standards）提出专利费免除计划；同月，还宣布未来向万维网上最大的电子商务标准组织 OASIS 捐赠的所有专利也将对其他厂商免费开放。

2005 年 10 月，IBM 再次采取行动，其医疗和教育事业部宣布推出开放软件标准来改进互操作性和信息访问的计划。根据该计划，为开发和实现以 Web 服务、电子表格和文档格式为中心的医疗和教育开放软件标准，其中涉及的数千项相关专利都将获得专利费免除。

2005 年 11 月，IBM 联合 Sony、Philips 及 Linux 软件经销商 Novell 和 RedHat，组建了一家名为"开放开发工作站"（Open Invention Network）的企业，其唯一目的是收购 Linux 专利，并免费提供给所有 Linux 开发者，条件是他们对自己专利权的主张不得用于反对 LinuxOS 或者 Linux 的应用，从而实现推动这一开源操作系统继续发展。

2008 年 1 月 14 日，IBM 宣布建立一个生态专利共同体（Eco-Patent Commons），目的是将对环境有益的发明放进这个公共领域的专利池，索尼、诺基亚、Pitney Bowes 等公司都参与其中。目前共同体的专利包括 IBM 捐赠的用于减少元件易挥发性的外包装材料的循环利用的制造工艺，诺基亚捐赠的旧手机改制为遥控器、计算器等的循环利用工艺，以及提纯工业废水等。共同体还建有专门的网址，由世界可持续发展商业协会（World Business Council for Sustainable Development，WBCSD）管理，

---

① 余翔，顾珂舟. IBM 专利战略与技术创新的新变革 [J]. 当代经济，2006（2）：61-63.

WBCSD 是位于日内瓦的有 200 多家世界大型企业参加的国际组织，称任何公司只要贡献一件有益于环保的专利即可参加该共同体①，共同体的参与方承诺不利用这些专利反对其他人使用。该项目的共同发起方 IBM 原有一个大绿色发明（Big Green Innovations）规划，希望鼓励对生物、环境保护方面的发明投资，促进其被商业性使用。IBM 的首席专利律师 Dave Kappos 说："创立共享专利的动机是因为跨行业许可专利很难实施，在 IT 业交叉许可协议被普遍使用，但化工、能源等其他领域，往往是各公司将专利储存起来。"IBM 和 WBCSD 希望借此鼓励相关方面的发明共享，诸如：节约能源、防止污染、精益材料、再循环、更有效地利用水等。

2014 年 4 月 28 日，IBM 发布了第一个面向大数据设计的系统平台 POWER8，并公布了 POWER8 处理器的详细技术规格，将 POWER 硬、软件用于开源开发。POWER8 是 IBM 第一个面向大数据设计的系统，公司已经研发了数十年，已经构建起强大生态系统。此时，IBM 向业内开放并公布了 POWER8 处理器的详细技术规格，同时向其他厂商开放 POWER 知识产权许可，可以扩展基于 POWER 平台的生态系统，使客户和整个产业受益。

从 IBM 于 2005 年年初向开放源代码社区开放 500 项专利到 IBM 对医疗和教育行业开放若干专利再到 IBM 建立生物专利共同体，其目的是一脉相承的，即在专利共享计划的基础上，逐步推进 IBM 标准化的进程。IBM 副总裁詹姆斯·斯特林（Jmes Stallings）先生在 2005 年的一次访问提道，"开放专利这一行动旨在鼓励其他公司公开专利文件以促进科技革新，软件开发商们可以使用、更新或改动这些开放的源代码。我甚至非常希望他们能在此基础上创造出全新的东西来。"Robert Sutor 博士（IBM 技术标准部门的副主管）在 2005 年 4 月一次访谈中进一步发表了如下言论："如果有人希望利用这 500 项专利中的某项来生产商业产品，他们知道该怎么办。他们可以像以前一样来与我们磋商。"由此我们可以看出，IBM 采取一系列开放专利行动，在一定程度上是为了在开放技术的所涉技术领域内推行其技术标准、扩大其技术使用范围。当这些技术在更广泛的范围中被研究、使用时，必然会使自身技术的优势与特点得到更广泛的了解，还可使技术在开放的过程中日臻完善。这样自然会引致更多的同行或者其他人想利用这些开放的技术谋取商业利益。但此时，这些人仍然必须得到 IBM 的专利许可。

因此，IBM 的专利开放策略本质上是 IBM 技术许可战略的一种新的使用方式——开放许可，通过这种方式，推动与自己已有的基础技术密切联系的技术创新，并推广了自己的技术标准的应用范围，同时吸引了更多人进行相关方面的专利研究和技术创新，使自己的技术创新能得到更好的认

① 杨慧玫. IBM 发起创建生物专利共同体 [J]. 电子知识产权，2008（2）：4.

可、接受与完善，最终使 IBM 的技术成为国际标准，实施标准化的技术许可，并从根本上推动了自己技术创新的发展[①]。

5. 生产

IBM 凭借其强大的专利组合以及与主要的竞争对手之间签有的专利许可协议和交叉许可协议来保障其生产、销售、运营的行动自由。IBM 通过知识产权把各种各样的创新成果用在产品、业务解决方案和服务中，以此创造 IBM 每年将近 1000 亿美元的营业收入。实际上在 2004 年和 2005 年时，IBM 董事会曾经质疑过 IBM 是不是需要投入大量的时间、精力和人力保持在专利方面的领先地位，IBM 通过聘请第三方专业人员进行评估，最后发现强大的专利组合每年给 IBM 在防范知识产权风险方面所带来的数额是将近 30 亿美元。

IBM 将专利工作渗透到产品生产全过程的各个阶段。在产品设计阶段，委托知识产权管理部门进行专利调查；在产品研制的各个阶段，专利经理与研究人员都要开会讨论，分析技术进步情况和相应的专利保护事宜，知识产权管理部门依据该产品的预定生产国、预定上市国以及技术内容进行专利调查；在新产品发布前进行商标专利调查；知识产权管理部门汇总各调查结果，确定没有问题时，才同意发表新产品。如调查结果发现有专利上的问题时，则会就先前技术、有效性、回避的策略、对应专利等信息进行分析并给出结论，再决定是否发布新产品。

(三) 优势与特色

1. 知识产权归属

IBM 的知识产权管理实行中央集中制，由总公司集中管理知识产权。总公司及其子公司研发部门的员工所完成的发明、著作及其他形式的知识产权均归总公司所有，然后再由总公司负责处理有关授权事项。IBM 的各员工和公司之间要签署一份"有关信息、发明及著作物的同意书"，规定只要员工是从 IBM 内部取得若干机密信息，或是从以前员工完成的发明、著作等创作物中撷取若干信息来完成的有关研究开发项目的成果，以及因执行职务或为公司业务而产生的成果，都应该将成果的知识产权移转给公司。IBM 各子公司要和总公司签署一份"综合技术协助契约"，总公司替各子公司支出研究开发的费用，子公司的研究开发工作成果的知识产权必须转移给总公司所有。从而，总公司不仅拥有其员工移转来的知识产权，也有从全球各子公司移转来的知识产权，构成了 IBM 巨大的知识产权存量。当总公司与全球的其他企业缔结专利或与其他公司签署知识产权授权契约时，总公司也可通过再授权的方式，将相关技术提供给子公司。当子公司制造、销售产品，侵害到第三人之知识产权并遭遇诉讼时，总公司也出资协助子

公司进行抗辩。

2. 知识产权管理体制

IBM 的知识产权部门设置实际上是既集中又分散的组织机构形式。在纽约的总部负责 IBM 总体的知识产权战略的制定，在制定战略的过程中听取来自各个业务部门，来自各个国家和地区的知识产权部门所反映的各方面情况，集中整合之后最后制定知识产权战略，下达到各个国家的知识产权部门进行执行。分散是指在不同的业务部门和不同的国家地区都设有知识产权部门，让这些知识产权的专业人员能够更好地靠近业务部门和发明人，能够及时挖掘保护这些知识产权的成果，给这些业务部门提供有效的知识产权方面的咨询服务和商业方面的法律咨询。IBM 的知识产权部门也是垂直性管理的架构，所有战略的部署都是从总部直接下达，所有的经费也是由总部直接下达。

3. 三位一体的运营战略

IBM 将知识产权战略与运营发展战略、研究开发战略紧密结合，在制定知识产权战略的过程中不断去领会和分解公司的运营发展战略和研究开发战略。同时，通过知识产权战略来推动公司的运营发展和技术研发活动。

2009 年 IBM 将"智慧地球"作为未来战略方向，IBM 每年的研发投资达 60 亿美元，其中一半用在"智慧地球"项目上。从硬件到"软件＋硬件"到"软件＋硬件＋服务"，再到现在超出 IT 行业的"智慧地球"；专利许可策略从"单向技术许可＋交叉许可"到"单向技术许可＋交叉许可＋开放许可"再逐渐向标准化技术许可发展；知识产权战略从"获得知识产权收入和差异化产品"到"成为促进客户需求的头号创新者"再到"优化战略价值"。

IBM 将知识产权作为企业的重要资产进行管理，从发明的整个生命周期理解它的现实意义和价值，对公司的价值所在，从公司的商业和技术的各个方面来了解公司的需求和用途，来配置公司有的放矢的知识产权组合。通过公司上上下下各个业务部门之间的整合决策，最后决定知识产权的组合如何能够行之有效地帮助商业成功。知识产权的战略在制定的过程中，一定要与时俱进，不断地变化，随着国际经济形势的变化，随着国家经济和法律的变化，随着竞争对手形势的变化，以及公司本身商业策略和技术策略的变化，不断地调整知识产权战略，来帮助公司最后获得商业上的成功。

IBM 通过知识产权来保障和推动保持其全球领先的研究和开发。在进行知识产权组合时要充分了解未来要发展的技术，包括它的大致方向，是不是要通过技术来获得收入？未来这个公司的技术发展方向是什么？组合中的专利价值是什么？IBM 的竞争者在做什么？竞争者的专利组合中有没有 IBM 可能需要实施或者自由行动的内容等？

（四）典型案例

专利诉讼

IBM 拥有全球最大的专利组合，但事实上很少主动提起包括专利在内的知识产权方面的诉讼，但是在自身利益受到严重威胁时还是会采取相应的措施主动出击。

2006 年 10 月 23 日，IBM 指控亚马逊侵犯其 5 项与电子商务相关的专利，分别在美国德克萨斯州地方法院的 Tyler 分部和 Lufkin 分部对后者提起诉讼。"我们当然希望能不通过诉讼就解决这个问题。" 10 月 24 日，IBM 全球媒介经理 Jorge G. Alberni 表示，IBM 从 2002 年起就多次告知亚马逊，要为其使用的这些专利付费，但亚马逊每次都拒绝。Jorge G. Alberni 称这 5 项专利是 IBM "重要和高质量" 的专利，并且是亚马逊业务的关键，"事实上，亚马逊的商业模式就是建立在这些专利的基础之上"。亚马逊网站上受这些专利影响的功能包括，用户推荐和购买、广告、网站导航，甚至亚马逊在网络中存储数据的方式。

5 项涉诉专利分别名为 "在互动服务中展示应用" "在互动服务中展示广告" "在互动网络中储存数据" "根据用户目标和活动的权重调整超链接" 以及 "使用电子目录调整项目"。这些专利中除一项是 2006 年获得外，其余都是于 20 世纪 90 年代中期获得。

此外，2007 年 12 月 7 日，IBM 指控华硕公司侵犯其专利权，侵权产品主要是电力、冷却和群集技术，并要求美国国际贸易委员会封杀其产品。2010 年 9 月 7 日，IBM 在北加州地方法院起诉 Rambus 侵犯其有关网络存储系统和设备的三项专利。2011 年 10 月 4 日，逐渐转型为多元咨询服务管理公司的 IBM 由于收到加州专利授权公司 ACQIS Technology 的专利侵权警告函，而主动提起专利无效请求，由加州北部联邦地方法院负责审理。

二、高通

高通公司（Qualcomm，以下简称高通）是一家美国的无线电通信技术研发公司，成立于 1985 年 7 月，在以技术创新推动无线通信发展方面扮演着重要的角色，以在 CDMA 技术方面处于领先地位而闻名。高通公司总部驻于美国加利福尼亚州圣迭戈市，业务领域涵盖 3G 和 4G 芯片组，系统软件以及开发工具和产品，技术许可，BREW 应用开发平台等。高通是标准普尔 500 指数的成分股、《财富》500 强企业之一，并且是美国劳工部 "劳工就业机会委员会大奖" 的得主，拥有 3000 多项 CDMA 及其他技术的专利及专利申请，已经向全球 125 家以上电信设备制造商发放了 CDMA 专利许可。2013 年高通的市值达到了 1049.60 亿美元，超过了老牌芯片企业英特尔公司的 1035.01 亿美元，坐上世界第一的宝座。

（一）发展历程与现状

1. 发展历程

（1）专利积累阶段。

高通成立之初的主要业务是为无线通信业提供项目研究、开发服务，同时涉足有限的产品制造。高通成立之后很快就拿到了一份美国军方的 CDMA 技术研发项目合同，劳拉太空公司为了解决卫星通信问题，分包给了高通 20 万美元的合同，从而诞生了高通的第一批专利。高通的卫星移动通信系统自 1988 年起，被普遍应用到美国货运业乃至全球的货运业，至今，该系统已成为运输行业最大的商用卫星移动通信系统。

（2）专利标准化阶段。

早期的成功使得公司更加勇于创新，向传统的无线技术标准发起挑战。1989 年，电信工业协会（TIA）认可了高通的一项名为时分多址（TDMA）的数字技术；短短三个月后，当行业还普遍持质疑态度时，高通推出了用于无线和数据产品的码分多址（CDMA）技术。此后，高通开始向无线移动通信产业企业进行 CDMA 的专利许可，从而真正确立其发展方向。高通在业内较早确立了 CDMA 基础及核心技术的专利优势，积累了数量、质量领先的专利，使高通成为世界领先的移动芯片提供商。1993 年，CDMA 被美国电信行业协会接受为移动通信的行业标准，高通取得了第一次规模性的胜利。

（3）专利商用化阶段。

1995 年，CDMA 在全球获得了首次商用。高通的专利迅速得到了回报，高通逐渐成长为一个依靠 CDMA 专利创造和运用的高技术创新型企业，CDMA 也得到了许多新型电信运营商的认可，特别是在率先大力发展 CDMA 技术的韩国等国家和地区，斥巨资投资 CDMA 市场，为高通迎来了高速发展的契机。1995 年中国香港和美国的 CDMA 公用网开始投入商用。随着 CDMA 得到越来越多的电信运营商的认可，韩国率先把 CDMA 作为唯一的第二代通信标准，并布局 CDMA 设备和手机的本土化，大力推广 CDMA 的商业化。在美国和日本，CDMA 成为国内的主要移动通信技术。

2. 现状

2012 财年高通的营业收入达到 191 亿美元，成为排名仅次于英特尔和三星之后的第三大半导体供应商[①]，营业收入中 1/3 来自专利收入，大约 6374 亿美元。2013 财年高通营业收入进一步增加为 248.7 亿美元，财年净利润也达到 68.5 亿美元，同比增长 12%。2013 年，高通芯片和许可费收

① 贺延芳. 微软公开专利意欲何为？[N]. 中国知识产权报，2013-04-24.

入达到 243 亿美元，其中芯片收入占到 70%[①]，在移动设备基带芯片产品全球市场占有率高达 63%，远远领先于排名随后的联发科（13%）和英特尔（7%）。市场研究机构 Strategy Analytics 的数据显示，2014 年第一季度高通、联发科与展讯在手机芯片的市场份额分别为 66%、15% 与 5%，英特尔三年来首次跌出前三。[②]

2013 年在美国行业协会发布的报告中，全球电子硬件产业领域企业拥有专利排名中，高通的专利数量和质量位居世界第一。[③] 美国商业专利数据库（IFI Claims Patent Services）的数据显示，2013 年高通获得的专利数量比 2012 年增长 62%，达到 2103 件，排名也由 2012 年的第 17 位攀升至第 9 位。作为全球移动芯片领域的领跑者，高通在 3G 乃至 4G 时代的移动通信技术领域占据绝对核心地位。

（二）模式

1. 研发

高通是业界有名的非常重视科技创新的公司，多年来始终坚持在技术研发方面的巨额投入，每年会将收入的 20% 投入研发，做很多前瞻性的工作，以保证未来一段时间都有新的技术成果。高通 35% 的工程师拥有博士学位、50% 的工程师拥有硕士学位。截至 2014 财年第二季度，高通的研发投入累计超过 300 亿美元，仅在 2013 财年中就投入了近 50 亿美元，处于行业领先地位。[④] 高通积极开展与高校的合作，已与全球 45 所以上高校进行合作研发。1998 年，北京邮电大学和高通联合成立研究中心，十多年来取得了令人瞩目的成绩，并将联合研发项目逐步扩大到清华大学、北京邮电大学、东南大学、上海交通大学、浙江大学、北京航空航天大学、中国科学院和香港中文大学等多所知名学府。

高通能够非常准确地识别出需要加强投入的技术领域，并及时利用遍布全球的人员从事研发。比如 CDMA 技术成功商用并使其成为重要的移动通信标准，4G 核心专利的部署等。为尽早进入 4G 领域，高通在 2005 年收购了拥有 4G 重要基本技术的 Flarion 公司，2007 年已申请 1000 多项 4G 领域专利，其他公司如想涉足 4G，绕过高通的壁垒已经很难。

2. 专利

高通以持续的专利质量和数量做保障，通过不断的研发投入，使专利

① 砍柴网. 高通反垄断调查将收官，国内厂商为何纷纷沉默？[EB/OL]. [2014-12-02]. http://www.ikanchai.com/telecom/2014/07284976.html.
② 中文业界资讯站. 高通遭反垄断调查国产芯片机会？[EB/OL]. （2014-11-10）[2014-12-02]. http://www.cnbeta.com/articles/344763.htm.
③ 赵建国. 高通的前世今生 [N]. 中国知识产权报，2014-03-05.
④ 腾讯网，以研发为主 高通 2014 开放日在京举办 [EB/OL]. （2014-08-29）[2014-12-02]. http://digi.tech.qq.com/a/20140829/067906.htm.

池增长，以保持其行业领先地位，并将新技术新专利整合到芯片中，同时以授权方式向整个无线生态价值链扩散。高通掌握了大量3G基础专利，以至于连它的竞争对手都不得不使用它的专利。至今，3G的每一个技术标准，几乎都无法绕开高通，高通拥有其中主要核心技术的知识产权。在高通总部，矗立着几面"专利墙"，高通将自己拥有的每一件专利证书都挂在墙上，"专利墙"上的每一件专利都是高通的核心资产和利润来源。目前，已挂在墙上的专利超过6000件，而在墙上张贴的一个说明中可以看到，尚有数千件专利申请正在审理中。

除自己研发外，高通还大量进行专利收购，成为高通专利布局和技术标准战略中的重要举措。2004年9月收购从事手机屏幕显示的Iridigm公司，2004年10月收购英国Trigenix公司以完善BREW平台的用户接口，2005年8月收购拥有几百项OFDMA相关专利的美国Flarion技术公司和英国提供无线内容管理技术的ELATA公司，2006年年末收购拥有MIMO技术的美国Airgo网络公司，2007年5月从美国TeleCIS无限公司取得移动WiMAX的设计资产。2014年1月，计算机巨头惠普宣布已将2400项移动技术专利出售给了高通，其中包括1400项美国专利和专利申请，及另外100项在其他国家注册的专利和专利申请，涉及Palm、iPAQ以及Bitphone等涉及移动通信技术的专利。

3. 许可

（1）做大无线技术平台。

高通的主要工作就是研发技术，并将技术专利以授权的形式输入无线生态，实现技术共享，简单地说就是高通成为一个技术平台，将自己看成一个无线技术提供商，为整个无线生态提供研发，大大小小的公司都有机会使用高通专利池技术（包括高通已有的、其他厂商的交叉授权的以及新增加进来的专利），从而降低行业进入门槛，加快新产品推进周期，消费者选择范围更广，推动整个无线生态的创新与增长。

这个无线生态交流的媒介是CDMA，而高通又是CDMA的商业化开创者，无论是技术还是核心专利数量上均占有统治地位，通过开放许可而不是限制性许可，所有参与者都能接触到所有的专利池技术，整个行业增长就会更快更大，高通可以货币化的空间也就越大，每一款新设备的推出，每一个新用户增加，高通都能获得其营收中的一部分，然后再循环。

高通的商业模式帮助这些系统设备和用户设备制造商以比其自行研发技术、开发芯片和软件解决方案更低的成本，将产品更快地推向市场。在高通刚进入中国市场的时候，很多中国手机厂商还停留在生产和制造的阶段，高通把先进的技术和厂商共享，帮助合作伙伴尽快掌握技术，由生产转变为研发。并且很多客户为此获得巨大的成功，也不仅满足于国内市场，很多已经扬帆出海，成为国际厂商，比如联想、OPPO和小米等。在3G时代和高通合作的国内厂商有110家，4G有55家签订了授权合作。

（2）将芯片和专利许可费捆绑销售。

将芯片和专利许可费进行捆绑销售的模式使得世界几乎所有手机厂商都无法绕过高通，这种商业模式使高通获得巨大利润。手机厂商每出货一部手机，除支付高通芯片费用外，还要按照整机售价额外支付5％的专利授权费用给高通，这种专利授权收费模式在业界被称为"高通税"。据高通发布的2013财报显示专利费在高通249亿美元的收入中占到了31.6％的比例，约为78.78亿美元。尽管专利费在高通营收比重中仅占据1/3，但是在净利润中的比重却高达3/4，也就是说高通80％的利润来自专利费。

（3）通过免费反许可整合相关专利。

高通与中国企业签订协议时，还采取"免费反许可"政策。手机厂商欲使用高通芯片，前提是必须与高通签署专利授权协议，将手机企业的相关专利免费反授权给高通，且规定不得利用这些专利起诉高通的其他客户。通过免费反许可，高通将相关专利进行整合，为合作伙伴提供的是包括芯片产品和相关组合专利的"一站式"解决方案。这里的专利组合，不仅包含高通自己研发的专利，也包括高通通过交叉许可纳入到自己的专利组合中的第三方优质专利。这样一来，与高通合作就意味着，高通的合作伙伴不仅可以使用高通的专利，还可以使用高通专利组合中的第三方专利，免除很多知识产权方面的投入和风险，大大降低了初次投入成本和转入门槛。

（4）专利费率在协议期间保持不变。

作为高通典型许可协议的一部分，授权厂商对所销售的产品向高通所支付的专利费率在协议期间保持不变，即使授权使用的高通专利有所增加，因此很多公司都和高通签订长期合作协议，以便持续享受高通不断增加的专利组合中的专利，保证了高通的固定收益和现金流。

4. 生产

在产品制造方面，高通因为在采购规模、市场网络等方面落后于老牌公司而利润较薄，于2000年把系统业务卖给爱立信，把手机部门卖给日本京瓷。只留下知识产权授权和芯片两大业务，而这两项业务都是其拥有绝对垄断地位的，因为高通几乎拥有CDMA的全部知识产权，此外，这两部分业务也都是高技术含量、高附加值和低风险的。

高通是全球最大的智能手机芯片供应商，在智能手机行业中受到青睐的程度远远高于英特尔等公司。高通的专利芯片是高度集成的移动通信优化系统芯片，结合了业内领先的从3G到4G移动宽带技术的中央处理器（CPU）内核，拥有强大的多媒体功能、3D立体图形功能。高通的手机芯片组能够兼容其他主流厂商的各种智能系统，因此在世界各大智能手机厂商的主流智能手机中都能看见其身影。诞生于2007年的Snapdragon（骁龙处理器）是高通的扛鼎之作，也是在移动无线芯片领域最成功的产品之一。在推出不到5年的时间，全球已经有超过42万多款智能手机和平板使用了该款处理器，还有40多万款使用骁龙处理器的终端会陆续推出。截止到

2014 年，高通拿下了全球智能手机 54％的市场份额，成就了自己的"芯片帝国"。

（三）优势与特色

1. 知识产权与标准战略结合

20 世纪 80 年代末，美国正经历从 1G 模拟通信到 2G 数字通信的转折时期，当时 TDMA 技术已经取得了一定的技术成熟度和业界支持度，并且 TDMA 和 GSM 已经提前成为欧洲和美国的 2G 标准，但 CDMA 与 TDMA 相比在有效利用频谱资源、提供更好的服务方面具有优势，而能否尽早成为 2G 标准是成为 CDMA 成功商用的必要条件。高通从商业和技术两个层面付出巨大努力。在商业层面，寻找在 TDMA 领域发展相对落后的二线厂商和运营商，说服他们相信 CDMA 是他们重获市场先机的武器；在技术层面，高通选择自己开发产品，从系统设备到基站然后到芯片，甚至手机都自己做出来，再拿去给运营商和其他的大厂家测试，同时利用很多机会公开展示 CDMA 技术，邀请全球很多移动领域的专家来观看应用演示，证明 CDMA 确实比 TDMA 和 GSM 有优势，而且可以非常好的应用在无线蜂窝通信系统中。1992 年，CDMA 成为 2G 技术标准，并于 1993 年 1 月发布。

2. 完善的知识产权管理制度

高通非常重视知识产权尤其是专利工作，知识产权战略是公司最重要的战略，公司内部建立了完善的管理制度和规范的运作流程。高通对专利进行集中式管理，建立律师与研发人员共同推进专利申请与信息披露团队工作机制。高通建立了"专利信息披露网络"，专利申请人和研究人员可在网络上披露想法，通过大家讨论来改进，当专利申请人和研究人员认为想法成熟，就进入公司正式的披露程序，由专业委员会讨论决定是否进行专利申请，这种方式通过网络可追溯性来保证专利申请人权益。高通还建立了鼓励合作创新的知识产权激励制度，对于多人发明的情况，如果超过 3 人，每人至少会获得 750 美元奖金。另外，公司还采取多种形式给予专利发明人以精神和荣誉激励，比如在公司最重要的位置设置"专利墙"和在发明人本人办公室挂专利牌等方式，将公司的每一项专利都刻制在一块牌匾上，然后统一挂在墙上，"专利墙"上的每一个牌子所描刻的是专利的简单陈述、结构图以及颁发机构和时间等。

3. 独特的商业模式

商业模式的竞争是企业最高层次的竞争。在企业演进过程中，高通选择了一种独特的商业模式，即通过持续的巨额研发投入与战略收购来创造和部署最具市场潜力的新无线技术，利用专利保护创新，然后通过广泛的知识产权授权与许可和将新技术集成到芯片中销售，将所得高额回报继续进行研发投入，实现企业运营的良性循环。

高通主要有四部分业务，其中高通无线 & 互联网部门（QWT）负责连接技术的开发，其业务包括 BREW 和 OmniTRACS、移动信息管理系统等；高通 CDMA 集团（QCT）负责芯片的设计；高通技术授权集团（QTL）负责对其他公司生产基于 CDMA 技术的授权与许可；高通风险投资公司（QSL）负责对必要的企业进行投资从而刺激市场。QCT 和 QTL 是高通的主要盈利部门，高通的商业模式可以概括为"无晶圆厂＋专利授权"模式，"无晶圆厂"（Fabless）是指高通只提供芯片设计方案而不进行芯片生产，"专利授权"指高通持续的研发投入构造不断扩大的专利池组合并获取将专利许可给其他企业的收益。高通公司的这一商业模式从其总营业收入的构成也可以观察得到，近年来高通公司通过专利授权的营业收入一直维持在总营业收入的 30％～40％，占据重要地位，虽然收入比例少于芯片部门，但是其最终的利润贡献率却要大于芯片销售；而"设备与服务营收"主要是芯片收入，其中极小部分是其他无线设备。

4. 广泛合作与战略收购

高通长期秉承"合作伙伴的成功就是高通的成功"这一理念，积极开展与系统开发商、设备制造商、运营商以及终端产品生产商的合作结盟。早在 1989 年 2 月，高通便开始向美国地方运营商宣传 CDMA 技术的优越性，最终获得当年美国西部最大的运营商 PacTel 的青睐。PacTel 给高通注资 100 万美元，使高通在 PacTel 位于圣迭戈的移动网络上完成了最初级的原型系统测试。之后又获得了其他运营商的支出，并成功发展了摩托罗拉、AT&T 等最早的技术授权伙伴，为 CDMA 产业链的发展奠定了基础。

战略收购是高通获得新技术的另一个重要途径。通过收购，有选择地从外部取得所需的可用技术和战略方向技术，减少自主研发投入风险、缩短市场响应时间并提前占领市场优势，以达到公司"在正确的时间选择正确的技术为正确的市场服务"的目标。高通收购公司的标准是，所收购的公司要拥有一种或几种能够为整个无线通信业发展产生变革性影响，且能与高通形成互补的新技术。

（四）典型案例

业务模式遭遇反垄断挑战

国家发展改革委员会从 2013 年 11 月发起了对高通的反垄断调查，并曾突击搜查高通北京和上海公司，对手机制造商、芯片制造商和其他相关企业展开调查。2014 年 2 月 19 日，发改委价格监督和反垄断局局长许昆林证实，发改委正在对高通有关价格问题进行调查，原因是高通涉嫌滥用无线通信标准。2015 年 2 月 10 日，发改委宣布对高通处以 60.88 亿元人民币的罚款，成为迄今中国反垄断最大一笔罚款，并为智能手机厂商授权使用其技术设定了费率。发改委对高通的反垄断调查，主要针对以整机作为计算许可费的基础，将标准必要专利与非标准必要专利捆绑许可，要求被许可人进行免费反许可，对过期专利继续收费，将专利许可与销售芯片进行捆绑，拒绝对芯片生产企业进行专利许可，以及在专利许可和芯片销售中附加不合理的交易条件等七项涉嫌违法行为进行调查。

专利许可是高通的一个主要获利来源。高通设置低廉的手机芯片价格，使竞争对手没有利润空间，竞争对手又无法像高通一样靠专利许可收费，逼迫很多竞争对手退出竞争，从而手机企业不得不使用高通芯片，又加大了高通在专利许可上的优势地位。2012 年高通几乎垄断了中国的 3G 智能手机芯片，华为的海思只供本企业使用，所以占比很小，而联发科的芯片还在转型重生中。截至 2013 年，联发科依靠在中国智能低端机上的突破，占领不到 10％的市场，但即使是使用联发科的芯片，也逃不脱高通 5％专利费。联发科无法绕过高通专利，高通通过授权方式，要求联发科提供客户名单和销量，直接向联发科下游客户收取专利费。

高通对中国公司收取专利费用比对苹果、三星、诺基亚等公司的高出数倍乃至数十倍，涉嫌构成歧视性定价和垄断高价，这也是高通引起国家政府部门注意和遭遇反垄断调查和罚款的主要原因之一。事实上，在中国政府对高通进行反垄断调查之前，日本、韩国和欧盟就已相继对高通提起反垄断调查。但在这几次调查中，高通均表现得相当强硬。2005 年，高通就被诺基亚、爱立信、德州仪器等 6 家公司以高额专利许可收费、捆绑销售构成垄断为由诉至欧盟。欧盟接到诺基亚等 6 家公司的投诉后，曾对高通展开反垄断调查，经过 4 年的调查，最终因为高通与有关企业的和解撤诉而终止。2009 年，韩国公平贸易委员会在对高通进行三年反垄断调查后，也对高通开出了 2.08 亿美元的罚单。日本公平贸易委员会从 2006 年开始对高通的日本子公司进行调查，2009 年 9 月表示高通违反了该国的反垄断法规并要求改正。

高通在世界多个国家和地区频繁遭遇反垄断调查，调查内容基本上都与专利许可相关，这本身就是高通专利实力的重要体现。正是由于高通的不断发展壮大，挤占和攫取了当地企业的利润，才招致了个别企业和政府部门的不满。

三、谷歌

Google 公司（简称谷歌），是一家起源于美国的跨国科技企业，致力于互联网搜索、云计算、广告技术等领域，开发并提供大量基于互联网的产品与服务，目前谷歌的业务涉及搜索引擎、谷歌学术、视频网站、社交网站、显示广告、谷歌地图、企业应用，并且已经延伸到了硬件产品的生产。1998 年 9 月，谷歌以私营公司的形式创立，设计并管理一个互联网搜索引擎"谷歌搜索"，谷歌网站则于 1999 年下半年启用。至 2013 年，谷歌年营业额达到 598.25 亿美元，拥有员工 47756 人。谷歌搜索被公认为是全球最大的搜索引擎，也是互联网上 5 大最受欢迎的网站之一。

（一）发展历程与现状

谷歌曾经一度认为专利，尤其是软件专利大部分都是假的和低质量的，是那些无法创新的公司在法庭上用来伤害消费者并扼杀真正的创新者的武器。所以起初谷歌并不重视专利工作，2003 年的时候，谷歌一年才获得 4 项专利。当乔布斯发布 iPhone 时，谷歌总共才申请到了 38 项专利。但是，如今的谷歌对于专利的态度已经发生了极大的转变，谷歌积极申请专利，组建专利池，并且从外部收购大量专利。

尽管 Android 是全球最流行的智能手机操作系统，但谷歌和 Android 终端制造商正面临着越来越多的法律挑战，所以谷歌需要凭借大量专利维护 Android 的市场地位及谷歌对于 Android 的地位。谷歌认识到自己在专利市场上的薄弱地位后，从 2007 年就开始大力开发专利。2012 年，谷歌斥资 125 亿美元收购摩托罗拉移动公司，主要就是看上了后者 1.7 万个专利和 7500 项专利申请。另外，谷歌还从 IBM 手中购买了 1000 多个专利，并从电话公司和汽车公司手中购买了大量相关专利。谷歌表示，其如今已经控制了 4.5 万多个专利。

当前的谷歌每天都会获得 10 多项的专利授权，包括无人驾驶汽车和大量的数据网络等。谷歌 2013 年获得 2190 项美国专利，首次进入由知识产权所有人协会（Intellectual Property Owners Association）编制的全球前 10 榜单并位列第 10。根据 2012 年授予的专利数量，谷歌只排名 21 位，2011 年更是没有进入前 50 名[①]。2014 年，谷歌专利排名再度前进，共获得 2566 项美国专利，排名升至第 8 位。

（二）模式

1. 研发

谷歌 2013 年的研发支出为 80 亿美元，占营业收入的比重为 13.2%。谷歌雇佣约 1.86 万名研发人员，研发费用大多数用在员工安置上。谷歌在年报中表示："我们的研发哲学是更早更频繁的发布创新产品，并快速换代，让产品更好。"谷歌的员工制定了一条不成文的规定：工程师必须用四分之一的时间来思考一些了不起的点子，即使这些点子可能不利于公司的财务前景。谷歌每年举办一次员工创新能力技术大赛，奖金是 1 万美元。为了鼓励创新，谷歌允许员工有 20% 的时间从事自己感兴趣的任意工作，

---

① 凤凰科技. 谷歌去年获 2190 项专利首次进入全球前 10 榜单 [EB/OL]. （2014-06-11），[205-12-24]. http：//tech. ifeng. com/google/detail _ 2014 _ 06/11/36775284 _ 0. shtml.

不过研究成果必须卖给公司①。

谷歌有一个神秘的实验室——谷歌 X。该实验室创建于 2010 年，位于美国旧金山的一处秘密地点，实验室的工作绝大多数都是探索性的项目。据了解，谷歌利用这个实验室来追踪 100 个震撼世界的创意，这些创意包括太空电梯、无人驾驶汽车和谷歌眼镜。谷歌的其他部门主要由软件工程师组成，而该实验室却有很多机器人专家和电气工程师，他们大多来自微软、诺基亚实验室、斯坦福大学、麻省理工学院、卡内基梅隆大学以及纽约大学等科研院所和研发机构，其中就包括在 2010 年被谷歌从西雅图华盛顿大学招募到麾下的 Babak Parviz，正是此人给谷歌眼镜团队带来了无限活力，加速了谷歌眼镜研发和面市的步伐②。

谷歌也积极利用学术界推动基础研究，每年斥资数百万美元为世界多所大学提供研究补助和博士奖学金。在任何给定的时刻，都有约 30 名学者"融入"谷歌长达 18 个月。近几年谷歌从学术界吸引了许多顶级计算机思想者加入，特别是在人工智能领域，这些学者一方面能够继续进行学术研究，另一方面能够得到大学里接触不到的资源、工具和数据。

2. 许可与诉讼

（1）通过专利交叉许可应对专利诉讼。

以谷歌为代表的"谷歌系"Android 阵营在以苹果为代表的非"谷歌系"公司频频向"谷歌系"发起专利战之际，与相关公司达成专利交叉许可，以减少"谷歌系"未来面临的专利诉讼风险，并集中精力应对苹果等公司的专利诉讼。在信息通信产业变革重构的背景下，专利交叉许可也有利于各企业抽身抢占新市场领域。2014 年 1 月，三星与谷歌达成 10 年期专利交叉许可协议，谷歌负责专利事务的副总法律顾问艾伦·罗（Allen Lo）表示："通过达成这样的协议，三星和谷歌可以减少诉讼的可能性从而专注于创新。"2014 年 2 月，谷歌和思科达成一项长期的专利交叉授权协议，涵盖一系列产品与技术，亦有助于两家公司避免遭受不必要的专利诉讼纠纷。

（2）牵头成立专利联盟。

2014 年 7 月，以谷歌为首的多家科技公司组建了一个专利联盟以对抗专利流氓，联盟成员包括谷歌、佳能、SAP、新蛋、Dropbox 和 Asana 等多家企业，涵盖近 30 万项专利。但这些公司当天并未向彼此授权所有专利，而是同意加入一个名为"License on Transfer"（LOT）的网络，承诺在对外出售专利时将这些专利的使用权授予该联盟的其他成员。LOT 是响应谷歌去年发出的一项号召而建立的，该组织还将继续吸纳更多成员。专利转让协议属多边协议，类似会员制度，参与方越多则参与公司获益越多，即一个企业参与进来后，当其将专利卖给协议外的公司时，按照协议内容，

① 李晶. 最神秘的实验室 GoogleX [N]. 经济观察报，2014-11-14.
② 杨凯鹏，张德珍，崔皓. 谷歌眼镜产品及其专利布局分析 [J]. 中国发明与专利，2014（1）：40-45.

直接出售的专利同时被协议中的会员拥有，因此其他会员依然会得到保护。也就是说，其他企业向协议外的企业出售专利权时，协议内的会员会自然地得到专利的转让。

3. 生产

谷歌的产品包括搜索引擎、谷歌眼镜、Gmail、Blogger、浏览器、谷歌拼音输入法、谷歌翻译、自动驾驶汽车等。其中 Android 是谷歌非常有代表性的一款产品，Android 是基于 Linux 开放性内核的操作系统，是谷歌在 2007 年 11 月 5 日公布的手机操作系统。早期由原名为"Android"的公司开发，谷歌在 2005 年收购该公司后继续对 Android 系统进行开发运营。Android 平台由操作系统、中间件、用户界面和应用软件组成，号称是首个为移动终端打造的真正开放和完整的移动软件。2013 年的第四季度，Android 平台手机的全球市场份额已经达到 78.1%。2013 年 9 月 24 日谷歌开发的操作系统 Android 迎来了 5 岁生日，全世界采用这款系统的设备数量已经达到 10 亿台。

谷歌摒弃了通常企业所采用的孤立基础研究部门的做法，把工程和研究相结合，并把这些技术制成原型设备和产品。研究人员能够获得靠近大量数据和试验的机会，从而让谷歌迅速获得根本性进步，这些进步也能被迅速转化为产品。目前，谷歌的硬件产品越来越多样化，从谷歌眼镜，到 Chromecast 电视棒，甚至 Nexus 机顶盒，都表现出谷歌在硬件领域确有大干一番的想法。为了获取三星在硬件专利方面可为谷歌硬件产品的研发和问世提供的帮助，2014 年 1 月，作为 Android 阵营具有相互依赖性的两位巨头，三星和谷歌就表示相互之间已达成专利组合的全球性相互授权协议：相互授权的不仅包含两家公司现有的专利内容，还包括未来 10 年内两家公司将会获得的专利。

（三）优势与特色

1. 专利收购建构竞争优势

谷歌于 2005 年收购安迪·鲁宾创建的 Android 移动操作系统后，随后几年智能手机战场成了 iOS 与 Android 之间的军备竞赛。2011 年 8 月 15 日谷歌宣布将以每股 40 美元现金收购摩托罗拉移动，总额约 125 亿美元，收购的一个主要目的就是获得专利，借助于摩托罗拉庞大的移动专利技术提高其竞争力，增强整个 Android 生态系统，更好地应对来自微软、苹果和其他公司的威胁。2012 年 1 月，谷歌证实其向 IBM 加购专利 217 项，加上 2011 年其从 IBM 购买的专利，谷歌从 IBM 购买的专利已经超过了 2000 项，跨越包括电脑软硬件和移动通讯等在内的多个领域。2013 年 6 月，谷歌收购导航软件公司 Waze，交易金额为 11 亿美元，通过收购在线实时定位服务，来维护其在智能手机地图服务的领先地位。2013 年 10 月，谷歌收购了手势识别技术创业公司 Flutter，收购价格为 4000 万美元，谷歌眼镜、

Android 设备及其他产品可能会使用到相应的手势识别技术。至 2014 年，谷歌陆续收购多家与智能机器人有关的技术公司，引发了外界的广泛关注，表明了谷歌积极探索新领域的决心。

2. 利用专利提升企业形象

谷歌积极树立正面的公众形象，免费给一些开源项目提供了数十项专利供其使用，并发誓不会就此提出专利诉讼，"除非首先遭到攻击"。2013 年，谷歌宣布启动 Open Patent Non-Assertion（OPN）Pledge，承诺不会因部分专利起诉开发人员、经销商或者开源软件的使用者，除非谷歌自己先受到起诉。不过这次适用于 OPN Pledge 的专利只有 10 个，跟用来处理大数据的 MapReduce 有关。谷歌表示这些专利在业界已经得到了广泛使用，未来会继续增加其他专利。谷歌认为 OPN Pledge 极具透明度，专利所有者会明确表示哪些专利可用；适用范围广，包括任何以前、现在和未来的开源软件；提供保护，除非有人起诉谷歌或者因此获利，专利适用才会停止；持久性，只要专利本身有效，就可以一直提供免费使用，即使所有权被转让。谷歌呼吁其他专利所有者也可以一同参与，将 OPN Pledge 作为业内的一种范例。谷歌的公共政策主管 Pablo Chavez 曾表示谷歌的目标是针对专利战提出长期有效的解决方法，而谷歌也一直鼓励公司合作，减少专利诉讼。

（四）典型案例

收购摩托罗拉移动业务

2005 年，谷歌低调收购了 Android 公司，并于 2007 年 11 月推出智能手机操作系统 Android。Android 采用的是 Linux 内核，作为开源软件免费提供给各手机厂商。虽然 Android 发展迅猛，但谷歌在开发过程中对专利问题的马虎态度，成为制约其发展的阿喀琉斯之踵。苹果、微软、甲骨文等公司，通过专利权直接或间接向 Android 发难，将搭载 Android 的终端制造商告上法庭，三星 Galaxy Tab 10.1 平板电脑被禁止在欧洲销售，微软以每部 Android 手机 5 美元的价格向 HTC 收取专利使用费，甲骨文则对 Android 的应用程序接口（API）侵犯 JAVA 知识产权发起诉讼。

通过索取专利使用费抬高 Android 硬件生产商的成本、禁止其销售，都是在迫使它们倒戈，如此一来 Android 将无立足之地，谷歌着急却又无能为力。相比谷歌所涉足的领域和正在运营的事业，它所拥有的专利数量一度可以用"少得可怜"来形容。2011 年谷歌宣布收购全球老牌手机生产厂商摩托罗拉。对于此项收购的动因，谷歌 CEO Larry Page 解释称，谷歌一直在寻求"以新的方式"为 Android 生态系统提供支持。而之所以相中摩托罗拉，是因为后者在押宝于 Android 操作系统之后，其移动业务快速进入了上升轨道，并将获得爆发性增长。另外，也是更为关键的一个方面，即摩托罗拉拥有庞大的移动专利技术。Larry Page 称，谷歌收购摩托罗拉移动之后，双方专利的组合将提高竞争力，并将有助于应对来自微软、苹果及其他公司的威胁。据摩托罗拉移动首席执行官 Sanjay Jha 介绍，摩托罗拉移动有 1.7 万项专利，另外还有 7500 项专利申请正处于审批程序。业内人士普遍认为，谷歌以 125 亿美元的价格收购摩托罗拉移动并不算贵，对于此前饱受专利诉讼困扰的 Android 而言，摩托罗拉的这些专利将大幅增加谷歌在专利之争中的筹码。

2014 年 1 月 29 日，联想集团与谷歌宣布达成一项重大协议。联想将收购摩托罗拉移动智能手机业务，收购价约为 29 亿美元，其中包括摩托罗拉品牌，以及例如 Moto X 和 Moto G 以及 DROID™ 超级系列产品等创新的智能手机产品组合。除现有产品外，联想将全面接管摩托罗拉移动的产品规划。谷歌将继续持有摩托罗拉移动大部分专利组合，包括现有专利申请及发明披露。作为联想与谷歌长期合作关系的一部分，联想将获得相关的专利组合和其他知识产权的授权许可证。此外，联想将获得超过 2000 项专利资产，以及摩托罗拉移动品牌和商标组合。

四、华为

在 1987 年成立于深圳的华为技术有限公司（华为）目前已经发展成为一个业务遍布全球的跨国企业，是世界一流的信息与通信解决方案供应商。华为的业务领域涵盖运营商业务领域、企业业务领域和消费者业务领域，业务范围遍及中国、欧洲、美洲、非洲等世界各地。华为在全球 170 个国家和地区开展业务，服务于全球近 30 亿人口，已经完成了超过 160 万套通信能源系统的部署，实现全球市场新增份额第一，2014 年被 Frost & Sullivan 评为"全球通信电源领导者"。2014 年，华为销售收入达到人民币 2881.97 亿元，实现超过 20％ 的增长。

（一）发展历程与现状

1. 发展历程

（1）起步阶段。

1987 年，华为在深圳成立，并成为一家生产用户交换机（PBX）的香港公司的销售代理。自 1990 年起，华为开始进行技术的自主研发。1995 年，华为成立知识产权部，并在当年提出 6 件中国发明专利申请。1997 年，首次提出美国专利申请。1999 年，提出第 1 件 PCT 国际专利申请，并在印度班加罗尔设立研发中心。2000 年，获得第 1 件美国批准的发明专利权。

（2）高速发展阶段。

2001 年，华为以 7.5 亿美元将电源子公司 Avansys 出售给 Emerson，首次在资本运作中实现知识产权等无形资产的巨大价值，并首次提出 4 件欧洲专利申请。2002 年，国内专利申请量突破 1000 件，成为中国专利局专利申请最多的企业，并且连续 7 年蝉联第一。2003 年，与思科公司发生知识产权诉讼，并最终达成和解。2005 年，与英国电信等业界知识产权权利人全面达成签署知识产权交叉许可协议，同年获得第九届中国专利金奖。2007 年，获得第十届中国专利金奖。2008 年，获得 2522 件被批准的中国发明专利，是中国获得专利最多的企业，并以 1737 件 PCT 国际专利申请量成为 PCT 国际专利申请第一大户。

（3）追求质量和商业价值阶段。

华为在专利布局的数量上达到一定程度之后，开始对专利的质量和商业价值有了更高的需求。从 2009 年开始，华为降低了在中国申请专利的数量，从 5000 多件降到 3000 件左右，但是加大了在美国和欧洲的专利申请量。2011 年，欧洲电信标准研究所公布了 LTE 标准专利数据统计结果，华为拥有的核心专利数量位居前 5 名，一举打破了以往国外跨国公司一统天下的局面。依靠这些创新成果，华为成功进入欧洲、美国、日本等发达国家和地区。华为在新一代无线通信技术 LTE 中持有 15％以上的基本专利，在 FTTH（光纤到户）、OTN（光传送网）、G.711.1（固定宽带语音）等技术领域持有的专利处于全球领先地位。

2. 现状

知识产权已经成为华为的核心能力之一，华为知识产权工作聚焦于公司的商业成功，并敢于投资获取具有国际竞争力的知识产权。研发成果和知识产权给华为带来了不断增强的市场竞争力和丰厚的经济效益回报。在世界通信产业领域，华为公司 2012 年年度营业收入及增长率、净利润等主要经济指标超越业内竞争对手，成为全球最大的通信设备商之一，其中第四代移动通信技术（4G）LTE 成为新的利润增长点。截至 2014 年 12 月 31 日，华为累计共获得专利授权 38825 件，累计申请中国专利 48719 件，累计申请外国专利 23917 件[①]。2015 年汤森路透集团全球百强创新机构榜单，华为技术有限公司成为唯一一家入选的大陆企业，排名第 41 位，此前中国大陆的企业和机构还无一人选。此次评选的方法是基于四个基本标准：专利总量、专利授权成功率、专利组合的全球性以及基于引用的专利影响力。[②]

（二）模式

1. 研发

（1）机构与人员。

华为在中国、德国、瑞典、美国、印度、俄罗斯、日本、加拿大、土

---

① 华为投资控股有限公司 2014 年年度报告［R］.［2015-06-25］. http：//www.huawei.com/cn/about-huawei/corporate-info/annual-report/2014/img/huawei_annual_report_2014_cn.pdf.

② 汤森路透网站. 汤森路透发布 2014 年"全球百强创新机构"榜单［EB/OL］.（2014-11-06）［2015-06-25］. http：//thomsonreuters.cn/news-ideas/pressreleases/.

耳其等地设立了 16 个研发中心，还与领先运营商成立 28 个联合创新中心，进行产品与解决方案的研究开发人员约 76000 名（占公司总人数 45%）。华为聚焦 ICT 管道战略，在关键技术、基础工程能力、架构、标准等方向进行持续投入，在无线领域、固定网络领域、企业网络领域、核心网领域、云计算领域、大数据领域和存储领域不断创新，同时和来自工业界、学术界、研究机构的伙伴紧密合作，引领未来网络从研究到创新实施。

（2）研发经费。

华为公司坚持每年把不低于销售收入 10% 的费用用于产品研发和技术创新，以保持参与市场竞争所必需的知识产权能力。并将研发投入的 10% 用于前沿技术、核心技术及基础技术的研究，并将这一原则通过企业立法形式固定下来。这为科技人员最大限度地发挥创造积极性奠定了基础。2014 年，华为研发费用支出为人民币 408 亿元，占收入的 14.2%，近十年投入的研发费用超过人民币 1900 亿元。

（3）开放式创新。

华为专注于自己优势领域的研发创新，同时与国内外供应商建立长期稳定的合作关系，并与一些跨国巨头共建研发中心形成长期战略合作联盟，还同大学和研究机构积极开展合作，建立了开放式创新体系，实现互利共赢。华为与沃达丰全球企业部、德国电信、英国电信全球业务部等 20 多家全球领先运营商合作，共同向企业客户提供 ICT 服务；与 SAP、埃森哲、英特尔、西班牙电信等在云计算和大数据领域积极展开合作。2012 年 7 月，华为与 SAP 签署合作协议，达成全球技术合作伙伴关系，合作内容包括深入研发合作、深化技术整合与技术支持，建立互操作性测试中心，构建有竞争力的企业应用解决方案并开展全球共同的销售和营销活动。2014 年，华为在线发布了创新研究计划（HIRP），广泛吸收全球优质资源与创新思想，并与业界知名学府深度合作，2014 年 11 月与英国萨里大学及多家知名企业、运营商共同建立 5G 创新中心。

（4）超前部署研发。

目前华为已在 5G 创新领域取得了重大进展，按照整体规划，华为将在 2018 年开始部署 5G 实验网，2020 年部署 5G 商用网。到 2020 年，华为将投入 6 亿美元研发 5G 技术，实现 5G 标准化，这部分投资只是用在研究和创新上，还不包括产品开发，产品化预算将远远超过这个数目。[①] 2G/3G/4G 只能满足用户的少部分业务诉求，大量的连接无法实现，需要革命性技术。因此，5G 不仅仅是移动网络的升级，而是未来数字社会的驱动者，5G 的应用必将会从现在人与人的通信，拓展到人与物、物与物的内容及过程等方面的通信。5G 能把信息的通信、处理、存储、应用组合起来，提供一

---

① 通信世界网. 华为引领 5G 实力剖析：研发投入 6 亿美金、300＋顶尖专家 [EB/OL]. （2014-12-05）
　　[2015-12-23]. http：//www.cww.net.cn/news/html/2014/12/5/2014125951152471.htm.

整套更好的集成解决方案。

华为每年投入的研发费用是收入的 10％，并把这些研发费用中的 1％投入到超前技术研究中。目前，华为在中国深圳、上海、成都的 3 个研发中心都进行着 5G 研究，同时华为在国外设立的研发中心也正在进行 5G 的研究。利用华为产品开发、标准制定、创新产业链的整合能力，华为可以把各个国家科学家的聪明才智整合到 5G 产业链中。到目前为止，华为在 5G 创新研究上投入了 300 多位科学家。

2. 专利与许可

（1）专利管理。

华为知识产权部对开发流程进行全程监控，随时掌握项目进展情况，督促开发人员及时将创新技术申请专利，同时加强专利文献的分析和利用。知识产权部介入到预研和产品项目的各个结构化评审点，项目组在项目的概念、计划阶段提交知识产权可行性分析报告，包括专利文献的分析和利用、专利申请的计划、对外合作中的知识产权归属等问题，由知识产权部进行评审；公司拟开发的所有新项目，都必须先进行专利文献检索。一方面提高研究开发起点，缩短开发时间；另一方面也可以在避免专利侵权的前提下，充分借鉴别人的专利文献，之后再根据分析结果确定总体技术方案。这一阶段明确了专利主题和责任人，在项目的开发过程中，业务部的总体组和知识产权部的负责人进行完成情况的监控。在团队的绩效考核中纳入专利申请考核这一指标，使部门的主管、领导更加重视专利工作，申请专利不只是个人可以得到奖励，也是关系到整个团队的荣辱。

华为公司为了使其专利发挥最大效益，实施了专利组合战略。专利组合能够很好地用于实施专利竞争的差异化战略，形成专利集群优势，增加产品的高附加值和市场溢价。在与竞争对手较量中，华为公司采取了重点突破式的专利集中战略，将创新资源重点集中于特定核心技术领域，尤其是在交换机领域实行核心技术突破，并且通过有效的技术创新活动，使该领域的突破成为公司获取利润的主要来源。

（2）许可策略。

尊重他人知识产权，在核心领域积累自己的知识产权，通过交叉许可及合理付费，创造和谐商业环境，促进企业可持续发展，是华为知识产权制度追求的价值观。华为在过去的多年中，跟通信业界几乎所有的友商和主要权利持有人都进行了交叉许可谈判，签订的许可协议数十份，每年华为缴纳 3 亿美元的许可费，换来的是每年近 400 亿美元的销售收入。缴费以合法地换取别人的技术进行使用，使得华为能够快速地推出质优价廉的产品，能够满足客户和市场的需求，获得大量的销售收入，并营造出有利于全球拓展、有利于企业长期发展的和谐的产业环境。①

通过交叉许可，华为获得了更大的产值和更快的成长。如宽带产品DSLAM是阿尔卡特发明的，华为经过专利交叉许可谈判，达成了交叉许可，支付合理的费用，换来的是消除了在全球进行销售的障碍，使得华为的 DSLAM 市场份额在 2008 年就达到全球第二。

3. 生产

（1）专利管理贯穿生产全过程。

测试人员对已研发出来的产品进行全面检测，寻找其中有待完善的部分，探索改进方案，提出新的专利再造点。产品进入市场后，公司技术人员进行跟踪，根据客户对产品的反馈进行再创造，从而实现新的专利。全过程形成一个成功的自循环的创新系统。在公司产品进入海外市场之前，先检索并分析相关国家的法律制度、相关专利申请情况等信息，在此基础上确定海外专利申请策略。

（2）知识产权战略巩固竞争优势。

国际领域已经形成了巨大的知识产权壁垒。如果没有大量专利做后盾，华为便不可能进入欧洲、北美等发达国家的市场。华为不仅申请了大量国内外专利，还参加了国际电信联盟（ITU）、第三代合作伙伴计划（3GPP）等国际标准组织，积极参与国际标准的制定。强大的知识产权为华为进入欧洲、美国、日本等发达国家和地区铺平了道路。

（3）国际化专利运营支撑全球化发展。

面对激烈的全球市场竞争，华为公司高度重视知识产权，并将其作为公司整体战略的一部分，努力从公司高度制定行之有效的知识产权战略，并将知识产权管理作为公司运营的一项重要的业务组成部分，把知识产权能力作为取得参与国际竞争资格和建立并保持国际市场地位的基本能力要素之一。同时公司跟踪分析业内诸多跨国公司的知识产权动态，为华为公司的知识产权管理奠定了坚实基础。为支撑国外市场的发展。一方面，华为公司在国外许多地区都成立了研究所，支持自主研发。另一方面，华为公司以美国、欧洲等发达国家和地区作为专利布局的重点，对于重要技术，都会在这些国家和地区进行专利申请。

（三）优势与特色

1. 知识产权战略融入公司总体战略

华为所在的 ICT 行业作为所谓的技术密集型和工业标准的行业，有它的特点，这个特点决定了知识产权在其中会产生重要的作用。在华为，知识产权战略是与公司总体战略密不可分的组成部分，公司建立了完善的知

---

① 中国通信网. 华为的创新与知识产权价值观解读［EB/OL］.（2014-12-22）［2014-12-26］. http：//fiber. ofweek. com/2014-12/ART-210007-8420-28917437. html.

识产权战略规划和制度，成立了由各产品线的最高领导组成的知识产权管理办公室，负责公司重大知识产权决策，包括制定和实施公司知识产权总体战略，并设立了专门的知识产权部，服务于全公司4万多名研发人员。

在知识产权战略实施过程中，将研发、市场、知识产权部紧密配合，研发在立项时就预先进行知识产权风险分析，市场随时在一线反馈回知识产权问题，知识产权部对产品是否落入专利的保护范围给出法律意见指导，通力合作寻求有效的知识产权解决方案，发挥知识产权对公司业务的牵引和支持作用。

华为公司现在整个专利申请加授权的总量大概要接近5万件的水平，每年新增的专利的申请量大概会超过5000个专利组，华为认为这样的结构设计能够保证华为全球业务的安全，在这5000多组里头大概有2000多组，主要是在欧洲和美国申请。

2. 健全的知识产权管理体制

华为公司知识产权部成立于1995年，经过多年不断改革发展与完善，公司迄今已建立了较为健全、规范的知识产权组织结构，以提供精湛专业的知识产权服务，为公司知识产权的保护、核心竞争力的提高做出了巨大的贡献。

公司成立法务部，负责公司的知识产权、法律、信息安全工作，法务部下设知识产权部。华为的知识产权部是一个由三级体系构成的梯队结构，负责知识产权的具体管理和应用开发。知识产权部下设有专利管理部、许可业务部、综合业务部三个二级子部门，其中专利管理部下又再设置了无线专利分部、平台专利分部等六个提供专业服务的三级子部门。

3. 规范的机构设置及职责范围

华为公司内部知识产权工作实行业务与行政交叉的矩阵管理模式，研发的各个产品线（业务部）分别与相应的专利分部紧密联系。同时，在各个研发业务部，都有专门的知识产权的分部门和相应的知识产权管理人员，负责本部门专利的申报等与专利有关的各种工作。此外，各研究开发部和各产品线分别成立标准专利部，直接组织专利开发和项目的立项审查。

华为公司的知识产权部隶属于研发体系，对公司全球的知识产权事务进行管理。主要负责制订和实施公司知识产权管理战略，制定并组织实施专利、商标规划、管理制度和业务流程，负责公司的专利、商标、版权、域名、科技情报、合同评审和商业秘密保护以及专利的国内国际申请、维护、分析等工作。另外，知识产权部还参与处理公司研发系统的合同评审与涉及知识产权的谈判和诉讼处理等。

4. 完善的规章制度

华为公司制定了各种规范的知识产权规章制度、操作流程与操作指导，为公司的知识产权工作提供标准参考，保证知识产权部的专利申请和专利文档等知识产权管理工作能够有条不紊地进行。《专利工作流程与规范》和

《专利工作要点》等主要用于规范知识产权部员工的工作。《专利创新鼓励办法》《国内专利申请流程》《国外专利申请流程》《专利国外申请指导》《专利分析流程》《专利申请交底书撰写指导与实例》等规范性文件为研发人员申请专利提供各种指导与模板，这些文件规定了将公司的知识产权分为专利、商标和版权三大板块，并对不同的技术采取不同的保护措施。在实际操作中，只对那些易于仿造的实用技术申请专利，而对一些特殊的核心技术则以商业秘密的形式予以保护。公司 1995 年制定了《华为公司科研成果奖励条例》，明确规定对申请专利的员工发放专利申请奖、专利授权奖、专利提案奖等奖项。对员工的专利实施取得巨大经济效益的，可以不定期获得专利实施奖。1999 年公司确立了《专利创新鼓励办法》，除了规定了各种奖励外，还将专利申请与员工的绩效考评联系起来，与员工的工资直接挂钩，有效地激励了广大员工申请专利的积极性。

5. 专利标准化

专利标准化是华为公司知识产权战略的重点。华为坚持实施标准专利战略，积极参与国际标准的制定，推动自有技术方案纳入标准，积累基本专利。华为公司认为标准是走向国际化，并能长期实现高效可持续发展的一项基础性工作。标准实际上是一个聚集行业政策、电信资源分配、市场需求和技术体制于一体的综合性载体，是战略层面的规范性准则。行业内包括政府、运营商、设备商、业务提供商等所有实体，都试图通过参与制定行业标准来实现和维护自身利益。华为公司积极参与到标准的制定中来，从而在激烈的市场竞争中争取取得主动地位。华为将主流国际标准与产业紧密结合，与全球主流运营商密切合作，为做大 ICT 产业做出贡献。截至2014 年年底，华为加入全球 177 个标准组织和开源组织，担任 183 个职位，在 ETSI、CCSA、OMA、OASIS 和 WFA 等组织担任主席、副主席、懂事、工作组组长等核心职务，2013 年华为向各标准组织提交提案累计超过4800 篇。

（四）典型案例

在知识产权战火中成长

2003 年 1 月 23 日，思科系统公司（Cisco Systems Inc）在美国德克萨斯州东区联邦法庭正式对中国华为公司及华为美国分公司软件和专利侵权提起诉讼，从而揭开了被世人称为"中美 IT 知识产权第一大案"的序幕。在向法庭提交的一份 77 页的起诉书中，思科指控华为盗用了其路由器操作系统源代码，声称在华为的软件中发现了只有在本公司软件中才存在的缺陷，并提出了巨额的赔偿要求。这也使思科起诉华为知识产权侵权案成为我国加入世界贸易组织后遭遇的最大的一起诉讼。

这是一场全方位考验两家公司资源与能力的战斗，在由媒体、客户、合作伙伴、政府资源、技术实力、法律武器等组成的链条上战斗全面拉开。华为以攻击思科利用"私有协议"搞垄断为策略进行反击，并请第三方专家对思科 IOS 和华为的 VRP 平台新旧两个版本进行了对比分析。分析的结果是华为 VRP 旧平台中仅有 1.9% 与思科的私有协议有关。3COM 公司 CEO 也出庭作证表示，华为的技术和实力是值得信赖的。在双方反复举证，并进行过两次听证会后，2003 年 6 月 7 日，法庭驳回了思科申请下令禁售华为产品等请求，拒绝了思科提出的禁止华为使用与思科操作软件类似的命令行程序，但又颁布了有限禁令，即华为停止使用有争议的路由器软件源代码、操作界面及在线帮助文件等。2003 年 10 月 1 日，双方律师对源代码的比对工作结束，这是诉讼真正的转折，10 月 2 日思科与华为达成初步和解协议，2004 年 7 月末，双方达成最终和解协议，但和解协议的具体内容没有公开。

华为从这次侵权诉讼案件中汲取了大量经验，并开始在知识产权保护方面投入更多的资源。2009 年 1 月 27 日，世界知识产权组织在其网站公布了 2008 年全球 PCT 国际专利申请量，华为再次成为国内外关注的焦点，PCT 国际专利申请由 2007 年的第 4 位（1365 件）一路而上，以 1737 件专利申请首次雄居 PCT 国际专利申请量榜首。排在日本松下公司、荷兰皇家飞利浦电器公司、日本丰田汽车株式会社和德国罗伯特-博世公司等众多国际知名企业前面。这也是中国企业首次登上该排行榜的榜首位置。

2011 年 1 月 24 日，华为向美国地区法院提起诉讼，旨在阻止摩托罗拉公司非法向诺基亚西门子公司转移华为自主研发的知识产权。自 2000 年起，华为就与摩托罗拉建立了广泛的合作，涉及无线接入、核心网等多个领域。合作中，摩托罗拉大量地使用华为的技术和知识产权，向客户转售华为无线网络产品，并提供相关服务。4 月 14 日，华为和摩托罗拉联合宣布，双方达成和解。摩托罗拉向华为支付转让费之后，将与华为之间的商业合同转移给诺基亚西门子公司，使诺基亚西门子公司能够获得其使用的华为的保密信息。这次胜诉被业界认为是华为在知识产权方面的一次重大胜利。

对于华为在知识产权方面的成长和表现，宋柳平认为这是华为不断熟悉和掌握国际知识产权规则的结果。未来的华为，将继续在核心领域不断积累自身实力，并进行全球专利布局，以保持参与市场竞争所必需的知识产权能力。

（资料来源：吕立山，刘菊花. 华为公司与跨国巨头的知识产权恩怨［EB/OL］.(2011-06-02)［2015-12-23］. http：//tech. hexun. com/2011-06-02/130208102. html.)

五、微软

微软（Microsoft），是一家总部位于美国的跨国电脑科技公司，是世界

PC（Personal Computer，个人计算机）软件开发的先导，由比尔·盖茨与保罗·艾伦创办于 1975 年，公司总部设立在华盛顿州的雷德蒙德市，以研发、制造、授权和提供广泛的电脑软件服务业务为主。微软目前在全世界 107 个国家有分支机构，全世界各地微软的员工为超过 10 亿的用户提供服务。微软最为著名和畅销的产品为 Microsoft Windows 操作系统和 Microsoft Office 系列软件，目前是全球最大的电脑软件提供商。微软在 2013 年在世界 500 强企业排行榜中排名第 110 位，2014 年排名第 104 位。

（一）发展历程与现状

1980 年，IBM 公司选中微软公司为其新 PC 机编写关键的操作系统软件，这是微软公司发展中的一个重大转折点。由于时间紧迫，程序复杂，微软公司以 5 万美元的价格从西雅图的一位程序编制者 Tim Paterson（帕特森）手中买下了一个操作系统 QDOS 的使用权，在进行部分改写后提供给 IBM，并将其命名为 Microsoft DOS（Disk Operating System，磁盘操作系统）。IBM-PC 机的普及使 MS-DOS 取得了巨大的成功，因为其他 PC 制造者都希望与 IBM 兼容。MS-DOS 在很多家公司被特许使用。因此 20 世纪 80 年代，它成了 PC 机的标准操作系统。

微软对其软件产品进行保护的方式最初主要是版权保护，在认识到专利对于其产品保护的重要性后，微软从 1998 年开始逐步在全球主要国家和地区大量申请专利保护。这之前微软在全球提出的专利申请数量不多，年申请量增长缓慢，即使到了 1999 年，年申请量也未突破 500 件。

从 2000 年开始，微软的专利申请数量快速增长。2000 年申请总量为 504 件，2002 年微软在全球的专利申请总量快速增至 1065 件，2006 年达到 4005 件。2007～2009 年微软在全球的专利申请数量与 2006 年相比有所下降，基本又回到了 2005 年前后的水平，每年约为 3400 件。

2003 年 6 月 5 日马歇尔·菲尔普斯担任微软负责知识产权的副总裁，微软在马歇尔·菲尔普斯的倡导下积极进行了一次变革，对知识产权进行"开放式创新"的大胆尝试。马歇尔·菲尔普斯曾在《烧掉舰船》一书中这样评价："它意味着知识产权不再仅仅被视为消极的权利，也就是一种或者阻止他人使用你的技术与你进行市场竞争，或者通过许可使用费的方式加重对方负担的权利。从现在开始，知识产权的最大价值不在于将其作为抵制竞争者的武器，而是作为与其他公司进行合作的桥梁，促使公司获得那些在竞争中取得成功所需的技术和能力。"

2010 年后，微软又进行了两次大手笔的专利收购。2012 年 4 月，微软宣布以 10.56 亿美元的价格买走老牌互联网 AOL（美国在线）多达 800 项专利和相关应用，并获得 AOL 包括广告、搜索、内容整合/管理、社交网络、地图、多媒体/流媒体和安全等在内的 300 多项核心技术专利及应用。2013 年 9 月，微软宣布将以 54.4 亿欧元（约 71.7 亿美元）收购诺基亚手机业务及其大批专利组合的授权。其中，37.9 亿欧元用于收购诺基亚的设备与服务部门，16.5 亿欧元用于购买其 10 年期专利许可证。微软同时将向诺基亚提供与位置技术相关的专利授权。微软未来有权延长这一专利合作。

据 Patent Tracker 网站披露的信息显示，微软目前共拥有专利 4.0785 万件，其中有 2000 多件在中国大陆，1400 多件在加拿大，2.3 万余件在美国。

（二）模式

1. 研发

2014 年微软共投入约 104 亿美元在研究和开发上，排名世界第四，仅在大众汽车、三星电子和英特尔之后。微软研究员中有超过 1000 位科学家和工程师在世界各地的研究室中研究着跨领域项目，利用其开发的产品和通力合作的各种项目为应对和解决全球性的挑战做出了杰出贡献。[①]

在大公司纷纷采用技术外包、收购等"速成"方式代替传统科技研发创新时，微软却仍保持着建立自有大型研究院、高薪聘用科技人员、进行"离实际产品相距较远的较为基础性的"研究模式。在自身设立大型研究院的同时，并不排斥外来创新，公司同大学、政府、科研机构建立了合作关系，这些不同的科研项目与研究院之间有着广泛的交流，为研究院输送养分，而研究院的科研成果又吸引了高校政府、学术界方面的合作；同时以收购、企业风险投资等多种途径扩大自己的科研实力。

微软的这种研发策略好比一个"榕树模型"，以自身的研究院为主导，并衍生、嫁接出多个新的分支，各有专攻又相互支持；同榕树的生长模式相类似，不同的研究方式之间可以进行资源共享，互为补充，形成一个强大的阵容。

2. 专利

2013 年 3 月，微软推出了一个名为 Patent Tracker 的新网站，任何人通过该网站都可以搜索到微软的所有专利。不仅如此，该网站还允许用户下载一个包含完整专利清单的 CSV 格式的文件，文件包含了专利名称、申请地、持有方式、专利编号等详细内容，用户据此可以知道哪些专利是微软所有，哪些是其子公司所有。[②]

微软法律总顾问布拉德·史密斯（Brad Smith）称"此举是为了增加专利透明度，以免有企业或个人在不知情的状况下侵犯微软知识产权"，希望更多拥有专利的企业也能为其专利组合提供类似的窗口，将专利透明化，这样可以阻止"专利流氓"投机取巧。

---

① 环球网. 2014 微软研发投入 104 亿美元排名世界第四［EB/OL］.（2014-12-05）［2015-12-24］. http：//tech. huanqiu. com/it/2014-12/5228166. html.

② 贺延芳. 微软公开专利意欲何为？［N］. 中国知识产权报，2013-04-24.

有分析认为这也许是微软的一个整合性战略措施，其可能基于"实力彰显，形象展示"和"交易推进，专利威慑"等多重考量。近年来微软知识产权诉讼不断，专利纠纷愈演愈烈，微软以 4 万多件专利储备的优势向外展示，自己具有反击能力，同时进一步提升微软的企业形象和竞争实力。此外，也有可能与微软近年的产品转型有关。

3. 许可与诉讼

（1）专利授权已成为微软一项庞大的业务。

2013 年马歇尔·菲尔普斯加盟微软，担任公司副总裁兼知识产权首席律师。他转变了微软对专利的态度，一改之前的防御姿态，而是让微软从其专利组合中创造价值。

微软从 2004 年开始将其专利组合真正变成了一门"生意"。那一年，微软 CEO 史蒂夫·鲍尔默宣称 Linux 侵犯了该公司 235 项专利，暗示微软可能会起诉 Linux 厂商和 Linux 用户。但微软并未对 Linux 阵营发起大规模诉讼，只是在 2009 年和 2011 年分别将 TomTom 和巴诺告上法庭，而且都以和解告终，但微软客户（其中许多也是 Linux 用户）对这种威胁感到不满，敦促微软尽快找到一个与 Linux 友好相处的方法。于是，微软便将 Novell 版 Linux 授权给该公司，并承诺永远不会起诉 Novell 及其 Linux 客户。2010 年微软开始将专利授权给 Android 设备厂商，如 HTC 和三星。

（2）软件专利保驾护航。

虽然 Android 系统是免费使用的，但是系统中使用的微软专利，包括文件管理、通信管理等，依然需要向微软支付专利许可费用。为了收购诺基亚手机业务，微软 2014 年 4 月递交到中国商务部的文件中完整公开了它的 Android 专利。微软 Android 项目许可包括了微软与智能手机相关的多项技术专利，主要涵盖三个部分：Android 操作系统各层级使用的微软技术专利；ex-FAT、RDP、EAS 等技术专利；以及与 WiFi、3G/4G 有关的技术专利。微软持有 310 项 Android 专利，包括 73 项智能手机中广泛实施的标准必要专利（SEPs），127 项 Android 中实施的专利，110 项非标准必要专利（non-SEPs）。Android 系统中使用的微软专利覆盖了智能手机大部分功能，从软到硬：通讯录更新、文件同步、软件菜单、浏览器，甚至手机打电话连接的基带芯片处理器等。

（3）倾向于专利许可而非诉讼。

当其他公司不断在世界各地提起诉讼、并以此作为解决分歧的主要手段时，微软与全球几乎所有的 Android 智能手机厂商及其制造商签订了专利许可协议，以一种公平合理的方式对待知识产权许可。微软目前还是掌控着 70％Android 设备生产商们的专利授权费用。

仅 2013 年一年，微软便可从其与三星的 Android 专利授权交易中获得十亿美元的收益。同一年，微软共可获得大约 34 亿美元的 Android 相关专利授权费。

据不完全统计，微软向 Android 阵营发动的专利攻势取得了 27 次胜利：

2010 年，微软和 HTC 达成专利授权协议。

2011 年，微软迎来专利丰收期，与通用动力公司、Velocity Micro、Onkyo Corp、纬创集团、宏碁、优派、三星、仁宝电脑 8 家企业签订了基于 Android 系统的设备专利授权协议。

2012 年，微软攻下 LG、和硕、Barnes&Noble、Aluratek、高飞电子、夏普、Sigma、NextoDi、Black Magic、Atomos Global、EINS 和 Hoeft & Wessel AG 12 家公司。

2013 年以后，尼康、富士康、中兴通讯、华为和 Voxx Electronics 5 家企业的 Android 设备也需向微软缴纳专利费。

2014 年 4 月 22 日，微软和摩托罗拉系统（Motorola Solutions）宣布达成专利许可协议。根据协议，摩托罗拉系统可以在全球范围内销售的 Android 和 ChromeOS 设备中使用微软的专利。

4. 生产

（1）通过寻求专利许可保障产品行动自由。

在产品开发的流程当中，微软会试图尽早地发现是不是需要把其他人的知识产权对内进行许可。如果需要微软会很快地跟这些公司来联系，然后努力地跟他们谈一个许可协议。如果谈不下来的话，微软会很早就知道必须要找一个其他途径。如果是牵涉到专利问题的话，会把产品的设计进行修改，避免侵权。

微软向客户承诺，如果有公司由于使用了微软的软件产品侵犯了他人的知识产权，那么这个问题不是客户的问题，而是微软的问题，为这个案件所支付的辩护费用由微软来支付。

（2）发力硬件产品。

尽管微软更早涉足智能手机、平板电脑和智能手表市场，但是在这些领域中却分别落后于苹果、谷歌和三星，微软正在努力追赶。

2012 年 10 月 17 日微软平板电脑 surface 正式接受预定，这将是微软第一次踏入平板电脑领域。2012 年 10 月 23 日，WIN8 发布会举行，这标志着 WIN8 这一跨平台，同时支持手机、PC、平板电脑的系统将会正式进入到日常生活中，开启了一个新的时代。2014 年 10 月，微软证实"微软 Lumia"将取代诺基亚成为新的手机品牌名。

（3）提供免费授权许可争夺移动互联时代话语权。

在 Build 2014 开发者大会上，微软在发布若干 Windows 平台重要更新的同时，宣布针对 OEM 和 ODM 合作伙伴开发 9 英寸屏幕以下智能手机和平板电脑，将提供免费授权许可。

Windows 是微软的"现金牛"，如此大张旗鼓地实施罕见的免费战略，显示了微软对移动互联网市场的必争必得；不仅如此，针对 10.1 英寸（含

10.1 英寸）以下和 10.1 英寸以上的设备，Windows8 的价格策略亦有很大不同，10.1 英寸以下的设备不仅价格优惠，还附赠 Office，这种定价策略亦显现了微软在小屏及移动互联终端市场的决心。

（三）优势与特色

1. 研发、专利和产品三位一体

为了保证创新性，微软将研究人员和业务经理置于一处，每当对一个问题的研究有所突破时，其成果就会传递给产品人员来检验，是否符合微软现在产品发展的需要。如果答案是肯定的，相应的生产、市场推广活动就会展开，这也就是为什么今天几乎所有微软的产品都同研究院的研究相关。李开复这样评价研究院与产品部门在沟通中所做的努力："研究院明白向产品部门推销自己研究项目的重要性，而产品部门也会重视怎样向研究院解释自己的产品，把两个考虑因素、思维模式不同的部门结合到了一起。"最大限度地缩短科研与产品的距离。

微软知识产权部门的工作地点就在工程师旁边，这样基础人员在搞创新的时候他们就会请专利专家注意，专利和知识产权的专家与技术专家工作的结合便非常紧密。

2. 威胁，但不起诉

微软从来都不是一家以经常发起诉讼而闻名的公司。在微软漫长的历史上，这家公司与其他公司对簿公堂的次数可谓屈指可数。微软企业副总裁兼副总法律顾问霍拉希奥·古铁雷斯表示："在所谓的'智能手机专利大战'中，现有的许多诉讼原本都是可以避免的，前提是诉讼双方愿意以公平的方式去认可对方专利的价值。在过去十年时间里向其他公司支付了 40 多亿美元的专利费以获得微软为自己向用户提供产品的专利授权。"

微软认为单纯使用法律手段解决公司在知识产权方面的纠纷是非常低效率的做法，微软一直致力于通过达成许可协议的方式解决纠纷。微软认为许可是一种更温和的做法，可以更好地解决公司之间所存在的问题，同时又不损害消费者利益。而诉诸公堂通常会对消费者造成伤害。此外，漫长的诉讼常常使牵扯其中的公司泥足深陷，让它们痛失合作的机会。

3. 投资高智发明获取所需专利

高智发明（Intellectual Ventures）是全球最大的专门从事发明与发明投资的公司。公司成立于 2000 年，主要靠向其他公司索取专利费而生存。高智发明的投资者包括亚马逊、苹果、思科、eBay、Google、诺基亚、索尼、雅虎和微软。微软与它的关系可能是最密切的。高智发明的创始人纳森·梅尔沃德曾是微软的 CTO，在任长达 13 年。微软根本没有时间亲自从个体发明人处收集发明，将它变成专利。于是，这些事就由高智发明等公司来代劳。

(四) 典型案例

失手诺基亚专利

2013年9月3日，微软和诺基亚公司联合宣布：微软以37.9亿欧元（约合50亿美元）收购诺基亚的设备与服务部门，同时以16.5亿欧元（约合21.8亿美元）获得诺基亚的专利许可。此次收购交易总额为54.4亿欧元（约合71.7亿美元）。

诺基亚将其设备与服务部门、3.2万名诺基亚员工、专利组合（包括约8500项设计专利以及近30000项实用新型专利和专利申请）的十年非排他性授权许可、Lumia与Asha两枚商标以不到55亿欧元的价格出售给微软。

对于微软而言，收购诺基亚是顺应时代潮流与市场需求所作出的战略举措。传统PC必然转向智能手机和平板电脑等移动设备，通过收购诺基亚，进行互补合并，集诺基亚的领先硬件水平与微软自身的软件实力于一体，从而使得Windows Phone操作系统占领移动终端、扩大手机市场份额，以期能够与苹果iOS、谷歌Android在手机操作系统领域形成三足鼎立、三分天下的格局。

近年来，微软先后错过了电子消费、移动互联网等数个热潮，而与此同时，谷歌、苹果和其他一些相关公司在移动终端领域，日益激烈地进行着市场份额的扩大与瓜分的竞争。微软将收购诺基亚手机业务作为其打通软硬件领域的关键一环，努力转型成为兼具软件、硬件和服务的公司。微软之所以会斥资16.5亿欧元（约合21.8亿美元）购买诺基亚的专利组合，大致是基于三个方面的原因：首先，研发、申请进而获得专利需要花费很多时间和资金投入，而且所获得的专利成果也往往有限，而通过购买获得相关所需专利的许可授权，进而集中精力专注投入进一步的操作系统领域的研发既有效率又易取得预期成效。其次，通过购买获得相关专利组合的使用权，为微软在与谷歌、苹果以及其他一些相关公司的竞争中带来相当大的抗衡筹码和竞争优势，能够防止专利方面侵权纠纷的发生对公司发展的阻碍。最后，微软选择诺基亚作为战略合作伙伴并进而收购诺基亚手机业务，是出于对诺基亚品牌的公众接纳程度、诺基亚硬件质量信誉保障等的综合考量而做出的选择。并购诺基亚的设备与服务部门的举措，微软将可以节省大量智能设备的专利成本投入。并且，通过购买获得诺基亚相关专利组合的使用权，也将使微软更加方便地将对操作系统的预期和设计融入已经在硬件方面足够成熟的诺基亚移动终端中，继苹果之后打造软硬件结合的制造与运营模式。

关于诺基亚缘何未向微软进行专利转让而是选择专利许可的问题，目前有评论称其原因在于：微软能够获得使用权已经足够达成其通过软硬件结合来开拓Windows Phone操作系统市场份额，与苹果iOS、谷歌Android

在手机操作系统领域三分天下的目标；而且专利的最长有效期限总共不超过二十年，许多专利从申请到批准都要经历几年的时间，现在又授权出去十年，这些专利的价值基本上也就在这些年间实现到最大化了，因此微软没有必要花更多的价钱来购买诺基亚的专利组合。笔者认为上述分析有一定的道理，但是对此问题还应当从诺基亚一方出发来分析才能予以全面认识。诺基亚的专利组合本身具有重大价值这一点不言而喻，而诺基亚保留其专利组合的所有权进行专利非排他性许可而不予以转让，就意味着诺基亚今后不仅可以通过授权其他公司使用其专利组合获得专利许可使用收益，而且可以像其在 2009 年起诉苹果侵犯其专利权一案那样，以诉讼方式向众多 Android 厂商寻取专利使用费。

（资料来源：冯晓青，吕莹. 微软收购诺基亚专利组合及其启示［J］. 中国审判，2013（11）：54-56.）

扩展阅读资料

一、美英日韩成立新型技术投资基金

2009 年 5 月初到 7 月末，美、英、日、韩四国的创新政策出现新的重要变化，政府出面组织的官产学合作技术投资基金陆续浮出水面。宣布时间之集中、资金潜力之庞大、宗旨目的之相近、官产学合作之密切，提示着这些国家的创新政策和创新活动进入了一个新阶段。在经济全球化、创新快速化的今天，美、英、日、韩的创新关键举措很快会影响到我国，值得我们密切关注，有些地方也值得我们学习、借鉴。

（一）美、英、日、韩成立新型技术投资基金的举措与意图

2009 年 5 月 5 日，美国总统奥巴马要求国会在 2010 年的预算中提供 5000 万美元成立社会创新基金（Social Innovation Fund），用以扩展与企业家和慈善事业合作，筛选最有前景的新技术在全国推广，解决贫困等社会问题。按照奥巴马的计划，这个基金将逐步增加，到 2014 财年达到 1 亿美元。美国的社会创新基金的目的是培育社会创新能力。

2009 年 6 月 29 日，英国首相布朗宣布创设的英国创新投资基金（UK Innovation Investment Fund），政府部门投入启动资金 1.5 亿英镑，采用民间部门同样的运营方式，集中支持数字与生命科学、清洁技术、先进制造领域的成长性小企业、初创企业和溢出企业（spin-outs）。英国政府相信这个创新投资基金在今后 10 年能撬动 10 亿英镑的民间资金投向新技术。英国的创新投资基金是英国政府"构建英国未来"（Building Britain's Future）的一部分，构建英国未来是布朗政府的一个重要创新计划。

2009 年 7 月 27 日，日本酝酿、准备了 10 个月的股份公司产业创新机构（日文名：株式会社産業革新機構）正式开始运营（当时的经济产业大臣二阶俊博出席成立仪式），资本金 905 亿日元，其中政府出资 820 亿日元，民间出资 85 亿日元。在需要的时候，日本政府可以为创业创新机构提供 8000 亿日元的融资保证。日本产业创新机构的宗旨就是全力构筑下一代国富产业的技术基础。

2010 年 8 月 6 日，INCJ 和日本知识产权战略网络株式会社（Intellectual Property Strategy Network，IPSN）联合发起成立日本第一个知识产权基金 LSIP（Life-Science Intellectualproperty Platform Fund）。LSIP 在生命科学相关的知识产权（专利、专用实施权等）中，以生物标志物、ES/干细胞、癌、阿尔茨海默氏症四个领域为对象进行投资，进一步推进日本生命科学领域的产学联合和技术转移。INCJ 在 LSIP 成立时将出资 6 亿日元，同时随着事业的进展，今后三年内最高将投资共计 10 亿日元。以大型制药企业为中心的民间企业也在探讨出资事宜，武田药品工业株式会社已经决定出资。LSIP 由 IPSN 负责运营。

2009 年 7 月 29 日，韩国政府宣布年内成立 200 亿韩元（约 4 亿美元）发明资本基金（Invention Capital Fund），其中政府投资 50 亿韩元，民间投资 150 亿韩元。韩国的发明资产基金预计到 2016 年将扩充至 5000 亿韩元，基金将被用来购买对新产品制造至关重要的技术。

美、英、日、韩的这四个新基金的"新"主要体现为官产学结合、社会创新。本次金融危机爆发以来，流动资金受限，企业研发投入大减，方向感顿失，观望气氛弥漫。在这种情况下，政府为提振信心、凝聚方向，发起基金，汇集民智民资，实为明智之举。美国的社会创新基金是以政府资金为基础，动员企业界和社区的领袖人物、推广新技术来解决贫困等社会问题。这也表达了奥巴马对创新的独特理解。

日本的产业创新机构为了培育社会创新能力，安排了全新的制度，明确规定机构的存续期间为 15 年。2011 年秋季完成定编的 50 人招聘计划，要招聘的 50 人的年龄在 35 岁左右，15 年后机构解散，这些人就要到社会上另谋职业，把这 15 年间学到的知识、掌握的本领扩散到社会上去。

美、英、日、韩这四个在创新上很有作为、很有成绩的国家，几乎在同一时间成立或宣布成立官产学合作的新技术投资基金，在以下三个方面都有其明显的意图。

第一，争夺下一代产业架构主导权。IPS 细胞、3G 手机、纳米材料、下一代互联网、空间开发、海洋利用、能源环保等新技术、新产品的不断成熟，正在逐步拉开新产业革命的大幕。在知识经济条件下发生的新产业革命，必将是以标准为基础的产业架构革命。在标准制定和产业结构设计的竞争取胜，是各主要国家创新政策的核心所在。美、英、日、韩都由政府发起、成立新技术投资基金，显然是为了尽快获取产业主导权上的竞争优势。

第二，解决"研究分散化、产品集成化"的矛盾。随着科学技术的发展，科研的专门化成为一个突出的特点，这带来了研究资助和研究活动的分散化。而现代社会的消费却要求使用便利、功能齐全的产品，开发能满足这样需求的成品必须有大规模的、对技术集成的投入。持续一年多的大范围、深层次的金融危机，大大影响了民间投资的热情和能力，危机前一些活跃的民间技术投资资金纷纷转向低风险领域，对技术集成的投资越来越少。政府不得不担负起投入资金集成要素技术、整合产品研发的责任。

第三，保卫本国研发成果。知识资产运营公司如高智发明在世界范围内的技术收购行为给各国敲响了警钟，有些国家采取了有力的应对措施。日、韩两国基金就有明显的捍卫本国技术主权的国家技术主权基金含义。

（二）对我国的影响和启示

一方面，美、英、日、韩成立的新型技术投资基金加速了新产业革命进展的步伐，加剧了下一代产业架构竞争的程度，这对我国是严峻的挑战。另一方面，美英日韩的这些举措，也给我们提供了如何进一步推动我国创新的启示，即集结官产学、集中目标、集成资源。下面以日本创新机构为例来说明。

产业创新机构的投资目标领域是环境、能源、生命科学等社会需求高、成长空间大的领域。投资策略是通过新专利技术等集成技术、构造产品（patent pool，专利池策略），通过投资初创企业等集成有潜力、需培育的中小企业（secondary venture，二次投资策略），通过接手大企业分离出来的新项目、集成各环节完善产业链（product chain）。

为了实施上述策略，产业创新机构创新体制机制，以求充分官产学结合的优势。在资本构成上，日本政府出资 820 亿日元，日本政策投资银行出资 10 亿日元，14 家日本本土大企业（包括松下、夏普、东京电力等）和一家跨国企业（日本通用电气）各出资 5 亿日元。这样的资本构成显然是为了优化运营管理而设置的。

在治理结构上，行使投资判断最终决定权的是来自产业界、法律界等各界的代表产业创新委员会（委员长是吉川弘之，曾担任过东京大学校长，担任产业创新委员会委员长之前是产业综合技术研究所所长），负责日常运营管理的 CEO 能见公一、COO 朝仓陽保分别来自民间商业银行界和民间投资银行界。力图通过这样的治理机构，来保证政府对投资原则上的掌控和企业家在具体项目上发挥才能。

在业务人员组成上，公开招聘、录用技术、运营、金融等各领域有能力的人才。采用招聘录用、合同管理、15 年后解散（如前述）等手段，就是希望能集结日本各界的智慧与热情进行创新。

（三）对策建议

第一，组织力量集中研究即将到来的新产业革命的特点，调查、分析下一带产业架构的特征和我国的竞争、参与方式，力争在涉及下一代产业的重要标准制定中反映我国的利益。

第二，设立"技术主权基金"（暂名），收购、管理、集成、开发有商业前景、事关产业发展的基础性技术，应对跨国专利运营公司的威胁。这样的"技术主权基金"要承担起"解决问题、探索方法、培育人才、传播知识"四大任务。解决问题，是指解决当前面临的技术评价、技术转移、技术运营方面的难题，提高技术转移的效率，提升产业和产品的技术含量。探索方法是指学习国际上的先进经验，探索解决我国实际问题方法。培育人才是指培养把技术在实际中用起来的各类人才。传播知识是指要在社会上传播、普及技术转移的知识，形成有利于技术转移的氛围。如果说解决问题、探索方法是一般的私人基金也能够做的事情的话，那有效率地培育人才、传播知识则非政府介入不可。

第三，打破"公共资金不能资助竞争阶段研发"的教条束缚，针对重点产业发展的需要，大力支持产品研发。尽管几乎所有的西方经济学理论著作都坚持"公共资金不能资助竞争阶段研发"的观点，但是在世界上几乎没有一个政府严格遵照这个观点行动。我国到目前为止很少有直接支持进入市场的产品研发的政府资金，很多人认为资助市场产品研发违反了经济学原理。其实这是对现实世界竞争形势的无视。美、英、日、韩成立技术投资基金的举措让我们进一步认识到现阶段的我国动用公共资金资助产品研发的重要意义。

第四，利用开放创新（open innovation）的观点和方法重新审视我国的创新体系。开放创新最早于 2003 年由美国加州大学伯克利分校的切萨布鲁夫（Henry Chesbrough）教授提出，经过 5 年多的发展，已经被普遍认可为创新的主流范式。比如日本在研究成立产业创新机构事项的各种讨论中（包括国会经济产业委员会为此举办的听证会），多次提到开放创新。成立产业创新机构的说明文件中，也明确宣称这是应对开放创新环境、推动开放创新发展的重要举措。开放创新提倡的"跨学科、跨领域、跨组织"的合作创新、集成创新和协同创新，可以为解决我国的"科技、经济两张皮"提供新的思路和框架。

第五，正确认识开放创新环境下"官产学合作"的价值，认真设计官产学合作的体制机制，充分调动和发挥民间创新资源的积极性，通过建立创新型社会来建设创新型国家。我国现在仍极大地受到"官本位"思想的影响和困惑，官产学合作不容易落到实处。而开放创新恰恰要求各类创新主体间的开放、交流、合作与分享。美、英、日、韩在官产学合作上有很好的成绩和基础，新的创新基金又一次把本国的官产学合作提到了一个新高度、推进到一个新阶段。有效地强化官产学合作，是我国最应该向这四个国家学习的地方。

二、政府专利基金：新的创新政策工具

2012年6月26日、27日两天，OECD（经济发展与合作组织）组织专家在巴黎开会，讨论政府支持的专利基金作为一种新的创新政策工具的作用（The Role of Government-backed Patent Funds as Innovation Policy Tools）。会后，会议秘书处整理了议题报告（Issues Paper）。

严格来说，这个OECD报告在讨论政府专利基金作为创新政策工具的作用时，与其说是有明确的结论和系统的论证，毋宁说是提出了更多的值得深入探讨的问题。2009年夏季，金融危机爆发不久，美国、日本、英国和韩国就出现了新型技术基金（本报告初步讨论了日本、韩国的两个基金：日本的INCJ、韩国的ID，遗憾的是没有提及美国、英国的两个同类基金：美国的Social Innovation Fund、英国的Invention Investment Fund），这四个基金都有政府的强烈支持、都有鲜明的保卫技术主权的特征（特别是日本的INCJ和韩国的ID）。显然可以认为，从那时起，主要创新型国家就调整了创新政策，或者借用OECD报告的话来说，就是政府创新政策工具箱中多了一类新工具——政府专利基金。

政府专利基金的历史短暂、使命复杂，OECD报告从合理性和作用等方面进行了提问和概括，保持了其一贯的研究风格：分类独特、信息丰富。本报告由中国科学院科技政策研究所硕士刘金蕾翻译、研究员刘海波校对。由于时间和能力的限制，不妥之处在所难免，敬请批评指正。

（一）引言

经合组织科学技术与产业局（STI，OECD）政策制定者广泛认为，在公共研发组织和研发资助的强力支持下获得新创造和通过引入新产品、新工艺等创新实现经济及其他社会福利改善之间存在着巨大鸿沟，虽然这些新创造的发明者常常被授予专利权。这引起了更好地了解以下问题的广泛兴趣，即在促进进一步技术开发以及发明的概念证明和商品化方面的新政策工具的潜在范围。相对于支持研发，尤其是在科学研究基地内进行的研发支持方面存在的普遍共识，一些意见未统一的疑问依然存在，如市场失灵的合理性、在创新周期中进一步部署其他政策工具可能的有效性等。

政策制定者观察到，迅速变化的技术市场中越来越值得关注的是政府和国家资助的机构正在成为专利市场购买和销售活动的积极参与者。在商业化阶段，如果第三方比发明者自己更有效率，市场可以作为创新的促进者和附加激励的来源发挥作用。而知识产权，例如专利，通过确保知识不被侵占盗用而促进知识和技术转移。这就为创意（Idea）从其原创造者那里

剥离出来、在（知识产权）控制下加速流动提供了途径。

　　快速发展的知识产权市场（尤其是涉及专利的市场）并非完全依赖于来自社会的对知识转移和扩散的需求的推动。专利制度、产品以及专利市场之间的相互作用也是变化的重要原因。如果发明者不使用，专利习惯上会被无限期地置于所有者的货架上。20 世纪 80 年代专利更新费用的实施看起来鼓励了企业重新评估它们对既有投资组合的管理（Chessborough，2006）。在某些技术领域，例如信息和通信技术领域（ICT）的硬件和软件，专利申请和授权的迅速增长导致了大型专利组合的建立，大型专利组合又随着专利诉讼的激化走向"最优化组合策略"（Chien，2011）。这类策略的目标是为抵消专利诉讼风险以及为达成交叉许可协议占据可能的最有利位置。到目前为止，政府目睹了专利二手市场的出现（Yanagisawa and Guellec，2010），在这个市场中，参与者数量增加了，还出现了专注于权利主张而非专利实际运用的商业模式。鉴于无形资产的重要性，投资者对知识产权作为资本的作用产生了积极的兴趣。当然由于金融危机，投资者对交易复杂产品的态度发生了改变，投资兴趣有所缓和了。不过，有一个显著的例子，即专注于获取专利权益的私募基金，尤其在美国，在筹集大量的资金支持其活动方面取得了成功，并对创新企业和整体创新形势产生深远的影响。

　　一个原则已经成为这个市场的共识，即公共政策应当促使植根于专利中的有创造性的知识得以社会化地更有效地使用。在欧洲语境中，这个原则被称为"专利价值开发"或"专利价值的实现"，在政策上看，分离与专利价值实现有关的私人和社会收益显然重要。不过，专利价值开发在私营语境下，常被称为"货币化"。区分私人和社会价值远不是二分法那么简单，二分法是指：利用在专利市场上的交易（以及通过互补活动最终导致技术发展和商业化）实现专利价值开发，而行使专利权以对抗潜在的侵权者，它不涉及任何实际形式的技术转移且由市场上出现的套利机会所驱动。

　　专利在这个迅速变化的环境中所担任的角色以及这一角色与知识转移、竞争和创业精神之间的相互作用，是最近经合组织举办的专家研讨会上（包括著名学者和知识产权从业人员）的研讨议题，研讨会的与会者认识到明确指定市场框架的重要性，或者说是认识到政府在专利市场上具体干预（包括政府专利基金的出现）的缘由是市场体系失灵。

　　本文的目的在于提供关于处于初期的公共部门参与专利权收购、集中及后续分配的一些关键问题的初步概述。在介绍专利基金的一般性概念后，本文将描述可能会影响专利基金创建和配置的主要趋势。本文接下来阐述了最近的一些政府支持专利基金的例子，在叙述中，"政府支持"（government-backed）与"公共赞助"（publicly-sponsored）这两个词语使用得模糊不清，虽然事实上在大多数情况下"政府"（government）参与涉及某种公私伙伴关系（private-public partnership）这一形式。本文记录了世界各国政府机构和公共部门机构正在考虑在他们认为知识产权市场缺失的地方发挥积极作用，他们担心知识产权市场缺失可能阻碍国内经济发展。本文结尾为这新一波的创新政策工具的逻辑依据给出了初步评估。

（二）知识产权市场、专利基金与变化中的创新形势

由欧盟委员会委以评价"欧盟专利定价工具的选择"任务的一个专家组，把专利基金定义为"从第三方购得专利权，以期通过出售、许可或诉讼进行专利套现获取回报的投资实体"。由欧盟资助的关于"为知识产权建立一个金融市场"的报告虽未提供一个正式的定义，却强调了专利作为一类新增资产的作用。把专利作为一项新增的资产类别可能促进解决分散投资风险和引起潜在投资者的兴趣，尤其是通过专用资金结构的方法。

专栏　作为一种资产的专利在实际市场和金融市场中的具体特点

由于发明本质上是信息，它们很容易受到生产不足和市场交换不足双重问题的影响。一般来说，专利市场是非常缺乏流动性的一类资产市场，市场碎片化和效率低下现象严重。妨碍专利市场有序发展的障碍可以列举许多，例如：

局部分离——作为创新市场上的一种工具，专利吸引人的特性之一是从它们可以作为独立的和分立的资产从其原创者那里分离出来进行转让和交易。然而，在实践中，分离的范围可能会受到限制，这些限制源于评价其具体价值（这一具体价值与其他互补性资产相关）时的困难，特别是涉及秘诀和其他类型的非编码化知识时，更是如此。

独特性——每项专利都与任何其他专利明显不同，这限制了专利评价/评估过程的商品化和标准化的范围。专利的独特性和特异性减少了潜在的供需双方，虽创造了潜在的市场威力但减少了流动性。对每一个潜在专利持有人而言，价值很可能是非常特殊的。

不确定性——专利的价值受技术不确定性和法律不确定性的影响，在涉及产权合法性时可能有争议。这使得专利成为一类潜在的风险资产，减小了其作为债务融资资源的范围。

权利排他性——与流行的观点相反，专利权不是为了引进创新而被授予，而是仅仅授予权利，以排除第三方使用受专利保护的知识。新产品、工艺也越来越多地基于大量的专利。创新的业务需要广泛的发明权项持有人达成协议，这限制了专利作为一种形式的"创新"货币的范围。

不对称——与任何其他知识产品一样，信息不对称适用于专利中包含的知识。此外，不对称性也遵循专利权的特殊性质，专利权利主张实体（Patent-Assertion Entities，PAE）获取知识产权以起诉生产商（Practicing Companies）的案例可以说明这一点。虽然PAE给市场带来

流动性，但模式却充满争议。因为，作为非实施者（Non-Practicing Entities，NPE），由于没有基本的生产活动而不存在运营风险，从而能够避免遭受报复性知识产权诉讼。这一情况使其能够从未经许可而实施专利的公司攫取最大量的创新剩余。诉讼成本和支持诉讼的风险可能反过来阻碍（从发明到商业化的）创新，特别是在 PAE 套利范围较大的地区。当然，生产商也可以把 PAE、NPE 等作为其对抗其他生产商的诉讼策略中的"代理"工具。

组合——专利真正的价值不在于单个专利，而在于将它们聚集成一个相关专利的集合体——专利组合。专利组合扩大了现有市场对创新的保护的规模及多样性，这使得拥有财务资源的公司通常试图获取大量相关专利，而不是评价它们的实际价值。

秘密和匿名——专利公告显示了专利所有权信息，但企业可以通过空壳公司和其他复杂的安排在知识产权市场运营，以避免公众审查和潜在的可能报复。交易通常是不报告的，适用非公开款项。在这种情况下，市场价格难以披露，也无法支持二级市场的形成。

经济学研究文献强调了专利的不同角色有着不同的政策含义。专利可以：①为科技领域的创新提供激励，在科技领域保护发明使用的能力是一个重要目的；②是一项发明质量的信号，标记着各种重要事件的完成，包括由审查员授予专利，这对于努力克服对潜在投资者的信息不对称而没有跟踪记录的公司尤为重要；③在发明和后来的开发中，作为投资残值的来源，对于有形担保很少的公司极为重要；④作为专利包，通过专利集中旨在减少各方之间的交易成本。

专业化操作、规模经济和风险分散通常被认为是在一些经济和金融领域设立基金的原因。专利基金的概念似乎强调专利权收购的基础协议的财务维度——借此设立某类基金以组织并提供资金从而获取专利。与纯粹的金融工具相反，专利基金的活动往往涉及专利资产使用的非金融决策，包括提供授权服务、诉讼保险等。不过，财务维度加上由基金自身收购权利，有助于在专利市场上把专利基金从其他"中介"（例如专利池）中分离出来。

还没有一种能被普遍接受的方法来界定专利基金的范围，更不用说把存在于现实生活中的广泛的基金进行分类了。目前的一般分类包括：

（1）基金的"专利价值"源于专利的进一步开发和商业化进程，而不是将专利作为责任权利（liability rights）来使用，无论是通过排除第三方还是防止第三方排除基金受益人或其他人。

（2）基金的防御或进攻性质，这一区别性特征突出了基金支持专利以防御潜在侵权者的程度，或者是为其成员提供某种形式的诉讼"保险"。和这个特征并存的一个实践问题是，除非基金的规则不防止这种类型的行为，否则使用"保险服务"的协议可能是基金本身威慑的诉讼所导致的结果。

（3）投资期限，即通过基金是旨在短期还是长期价值变现来定义。从根本上说，前者与通过技术开发和商业化进行价值变现不符合，这是由于推动发明直至其进入产品市场的时间较长。短期策略必然与专利权利特征的投机性开发关联在一起。

（4）资金的投资者一方对于具体专利——而不仅仅是产生的现金流，保有积极的兴趣。

（5）基金的逐利性质。Buchtela 等人（2010）将营利性专利基金定义为收购专利并将其添作自己的资产从而从基本的商业模式中实现收益率的基金，与之相反，他们所描述的非营利性专利基金，即以分配预算经费的形式拨款给一般不涉及任何所有权的转让的专利或知识产权。虽然后者也产生回报，但是作者指出其回报不足以支付成本费用，并说明它们的目的是"促进其他政策目标的实现"。

（6）盲池（blind pool）和资产池（asset pool）。一个盲池的用户不知道哪些专利将投入其中，而资产池中的资产则是事先明确界定的。

（7）法律结构。根据关于出售证券、破产条例、税收处理等现行法规，资金可以采用不同的结构，如信托、投资公司等。

（8）存在着政府或相关的公共部门的投资或所有权。

就本文的目的而言，仅仅促进和激励国内实体（domestic entities）提交、许可以及商业化自身知识产权的项目，已经被排除在外，因为它们不符合专利基金的基本定义，尽管现实中有许多这样的项目使用"基金"一词来描述自己。专利和其他类型的知识产权可以在受益于公共投资的基金管理者的决策中发挥重要作用——例如公共风险资本项目——虽然这些工具超出了本文讨论的范围。组织内部的专利选择和开发活动同样被排除在外，因为，以技术转移办公室为例，技术转移办公室可能作为大学内部的专利基金，但不存在根本的从真正的第三方收购专利权利的业务。

表下编 10.2 列出了一个简单的基金分类，引用的材料来自 Buchtela 等人（2010）和欧盟专家组（2012）的报告。一般的私人/公共区别体现在四类通用的和可能相互叠加的专利基金。

（1）专利"责任"基金（Patent "Liability" Funds）：这些基金主要集中在专利权的责任实施方面，可以是进攻的、也可以是防御的、还可以二者兼顾。

（2）专利交易基金（Patent Trading Funds）：筹集资金，收购权利，这些权利被转移到特殊用途的工具（special purpose vehicles）以便进行进一步许可和潜在处置。

（3）以专利为基础的融资基金（Patent-based financing funds）：基本来说，这些基金为把专利用作基础资产提供融资的相关资产提供基础。在大多数情况下，公共部门的参与似乎面向将知识产权作为抵押品提供融资渠道，以弥补私营部门不愿这样做的事实。

（4）技术开发基金（Technology development funds）：这些基金投资于公司，或者投资于涵盖但又超越"单纯"知识产权的组织，以开发和商业化技术。

表下编 10.2　专利基金的类型和实例

基金类型	模型的一般描述	私营部门事例	公共（或混合）部门事例
专利责任基金 NPE 责任权的使用	PAE：直接或通过空壳公司对涉嫌侵权人的进行许可或诉讼，使技术商业化	Acacia（美国） Rembrandt IP Management（美国） ConstellationGroup（美国）	
	混合基金	高智发明公司（美国，50亿美元，进行技术开发和防御）	
	防御性专利基金：获取专利权利先发制人，从而为会员提供"运营自由"	RPX Independent company（美国） Open Innovation Network（美国） Ad hoc instrument of companies（美国）	Intellectual Discovery（韩国） 在中国大陆和中国台北，据称这类事例已经出现
专利交易基金	用从私人投资者筹集的资金购取专利权利（所有权，独家许可）进行集中，许可或是出售给第三方	阿尔法基金1-3（德国） 专利选择I-II（德国），德意志银行 Clou Partners 和知识产权测评公司（已申请破产）	France Brevets（欧盟专家小组宣告为这一类别，也可能是其他类别）
以专利为基础的融资基金	皇家基金。筹集资金收购权利以从现有许可中索赔 专利抵押贷款基金/计划	Royalty Pharma（美国，制药） DRI资本货币基金（加拿大，医疗） 科恩卫生保健合作伙伴（美国，医疗）	知识产权质押基金（中国，各个省市）
技术开发基金	投资于公司或者涵盖但又超越单纯的知识产权的组织，以发展和商业化该技术	专利池信托公司（德国） 九州投资基金（日本） 专利财务咨询公司（日本）	High Tech Grunderfonds（德国） 欧洲投资基金（欧盟） 创新国家基金（意大利）、INCJ（日本）

资料来源：OECD，来自欧盟专家小组报告中的描述（欧盟，2012），Buchtela等人（2010）和其他来源。

注：根据多个标准，一个案例可能适于一个或多个类别。前面的技术开发者和生产方（不是正式的基金）可能在功能上难以与专利权利主张实体基金相区分。

在任何特定时间，一项基金的活动都可能涉及一系列不同的活动，而不断变化的条件可能导致基金从一类快速转化为另一类。例如，高智发明公司，一个众所周知的设在美国的基金，估值为50亿美元，这一基金结合了防御性和进攻性的特点，同时也参与了新技术的开发。奋斗在产品市场的生产商，完全可以是专利运营基金——如果他们到达某一点，在这一点上他们凭借自己的许可或权力行使来进行运营。

（三）专利基金商业模式的一些趋势

1. 越来越多的创造性成果和全球范围创新的变化

在过去 20 年中，OECD 地区由 R&D 经费支出的比例所测度的 R&D 强度，一直持续增长，其占 GDP 的比例从不足 2％增加到 2009 年的近 2.5％。依据《专利合作条约》（PCT），优先权专利申请总数从 1999 年的不足 87000 件增加至 2009 年的 151000 件，比按照固定价格衡量的 R&D 经费支出增长速度更快。

OECD 成员国在世界三方专利族的总数中所占的份额，已从 1999 年的 99％降至 2008 年的 96％，与此同时，中国大陆与中国台湾地区所占份额分别从 0.1％增至 1％，从 0.1％增至 1.9％。如果从 PCT 专利申请来看，这种专利申请活动在地理位置上的逐步转变更为显著，OECD 在 PCT 专利申请所占份额的下降更为明显，在世界总数的比例从 97％降至 87％。在新兴经济体中，针对知识产权的文化意识有了显著的变化，专利得到积极鼓励，而且专利权在进入国际市场中的重要性的意识也越来越强。

全球价值链的重要性日益增加（参见 DeBacker and Yamano，2012），知识产权在世界各地的灵活流动已导致全球创新网络的更新，同时考虑到成本和邻近的产品市场，发明性活动与进一步开发和商业化活动的分离增加。一些国家的政府开始关心的是，通过各种途径受到公共支持的知识产权，可能太容易在国外转移和利用。

2. 成长中的知识产权市场

很难准确估计知识产权市场的规模，因为大部分交易的是财产权，且是保密的，因为它们对于一个公司的战略可能透露太多。现有资料表明了一个上升的趋势，例如，2000～2010 年，在 OECD 地区，对于所有类型的知识产权，跨国许可和特许权使用费支出和收入——包括分支机构——都按平均每年 10.6％的增长率增加了（如图下编 10.1 所示），远高于同时期经合组织 GDP 的增长。根据 Athreye and Yang（2011），2009 年全球许可和特许权使用费的总收入价值达到了大约 1800 亿美元，尽管这包括了跨国公司的交易。根据美国人口普查局基于 2009 年服务年度调查和行政数据的估计，权利许可的收入仅仅占研发产业纳税雇主公司赚取的总收入的 5％（NAICS 5417）。直至 2008 年，这一直是增长最快的收入来源，但是这一趋势在 2009 年迅速扭转，出现了 10％的下降，这反映了内部 R&D 经费支出存在的重大危机。免税雇主研发公司，许可收入的份额相对较少，占总收入的将近 1％。Robbins（2006）估计美国国内和国际的专利和工业生产过程的许可其价值为 660 亿美元，总额的 4.5％为私人研发存量（BEA，2011）。这些估值表明，许可活动，虽然是一个成长型的活动，其在 R&D

投资总收益中仍然占相对较小的比例，这在许可活动的相对重要性方面与公司的自我报告是一致的。

3. 许可与所有权

许可似乎是专利市场交易的主导形式（如图下编 10.1 所示）。这是有许多原因的，主要涉及信息不对称问题，与担心支付超过赔率的潜在的买方相比，潜在的卖方更了解自己的发明。但是，专利所有权的转移在诉讼中起着关键作用，因为仅仅合法拥有人有能力起诉侵权。

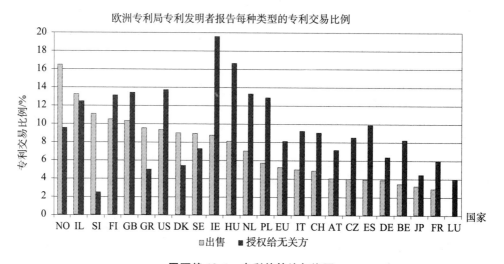

欧洲专利局专利发明者报告每种类型的专利交易比例

图下编 10.1　专利的转让与许可

资料来源：欧盟 FP7 计划创新——科技项目的 OECD 结果分析［EB/OL］. http：//www. innost. unibocconi. it.

4. 交易成本

许可市场的固有缺陷导致高昂的交易成本并阻碍许可谈判的成功，而许可是无形知识交换的主要工具。依据许可基金会（Licensing Foundation）对位于北美的 230 家公司的调查，发现每 100 项许可技术（从潜在许可颁发者的角度）中仅仅有 25 件存在潜在的许可专利持有者。在 6%～7% 的许可案例中，潜在的合作伙伴进入谈判，而平均仅仅有 3%～4% 的许可案例最终达成协议（Cockburn，2009）。企业及工业总署（DG Enterprise and Industry）通过欧洲企业网络（Enterprise Europe Network）对中小企业专利价格稳定的调查结果发现，中小企业在考虑购买/获得许可专利与出售/对外许可专利时，存在一个重要的不对称。在对外许可方面显得更具挑战性，由于难以确定买方，信息披露和关联交易成本是最重要的障碍。Graham、Merges、Samuelson 和 Sichelman（2009）的分析发现，科技公司指出专利保护通常是为了防止复制，帮助确保资金安全，并提高声誉，不寻求专利保护的主要原因则与申请和行权成本相关，特别是在 IT 产业。因此，专利基金为这些问题提供了一个解决方案。

根据美国知识产权法协会（the American Intellectual Property Law

Association）的一项调查，专利诉讼的平均费用是：进行到证据发现为止，各方 799000 美元；进行到审判和上诉为止，各方 1503000 美元；这些不包括侵权赔偿金。美国的部分专利诉讼是由于以下原因造成的：把互联网作为一种有效的搜索工具的使用；技术专利的增值与叠加；单个产品或服务中的多重技术组件的使用，以及观察到的使用技术来制造、使用或出售产品或服务的企业数量的增加。这些潜在原因也造成了越来越多的欧洲专利诉讼。

知识产权局越来越多的专利申请和积压已经引起了对专利质量以及足够激励创新的机制的能力的关注。由 OECD 基于在欧洲专利局（European Patent Office，EPO）的专利申请而开发的一个新的和实验性的综合指标表明，在过去的十年中，专利的质量一直在稳步下降（见图下编 10.2）。有关专利价

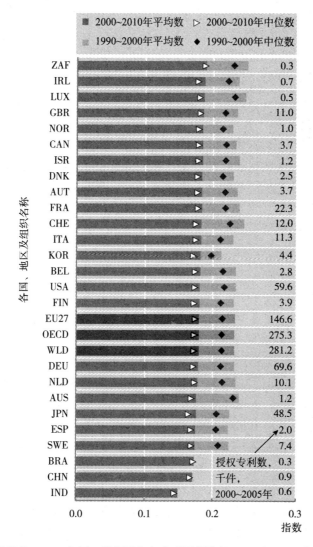

图下编 **10.2** 各国、地区及组织专利质量指标，1990～2000 年和
2000～2010 年：基于欧洲专利局（EPO）授权专利的复合指数
资料来源：OECD 科学、技术与工业计分析 2011。

值的不确定性的增加对所有公司创新活动提出了挑战，特别是那些仅有较少的可用资源来应对复杂的知识产权形势的公司。正如联邦贸易委员会（Federal Trade Commission）最近的一份报告（FTC，2011）所指出的，"无用或过于宽泛的专利，通过打击后续创新的积极性、防止竞争和以不必要的许可和诉讼来提高价格，破坏了平衡"。基于不正当使用的风险，人们的预期往往高于交易专利的平均质量。现有的证据与这一观点一致。这种关注的一个潜在原因是，质量的下降促进了完全旨在利用系统信息不对称的专利交易的进行，也将有限的资源转移到防御性的收购和许可策略，相反地，这一策略可以致力于改善技术的供需匹配情况。

5. 专利市场上的新运营商

近年来专利市场出现了许多新参与者，它们的商业模式集中在从知识产权中提取价值。在 IT 产业，PAE 活跃性的增加，强化了对依据过去形势分析（expost）专利交易影响创新和竞争的关注。PAE 的商业模式集中在收购和行使专利权，打击已经使用这一技术的制造商，而不是开发和转移技术。特定的 PAE 采用的进攻性诉讼策略，由于其不利于创新而在近来已经受到一些学者的批评（Bessen 等，2011）。相反地，另一些人声称，PAE 促进了技术市场并增加了小规模发明者的变现机会（Hosie，2008）。虽然由一个活跃的专利市场所产生的流动性增加，无疑使得专利权人更容易通过将他们的专利作为抵押品而获得融资。但是一些观察者指出，专利的残余价值仍然太小而不足以为即将启动的新项目提供有效的事前激励。在这种情况下，专利基金也可以应对专利权利主张实体带来的挑战，但是他们本身这样的行为也有明显的风险。

6. 专利丛林

在存在大量的"专利丛林"的市场，人们认为专利的聚集（有时候由专利基金提供）是尤为重要的，专利的聚集被定义为重叠的专利权的密网（Shapiro，2001），这种密网更经常地出现在"复杂产品"产业中，例如电子和半导体产业，这些产业中新产品是建立在累计和多种类型的早期发明基础上的（Ziedonis，2004）。潜在的进入者需要付出高昂的搜索和交易成本以实现自由运作，而高昂的搜索和交易成本可能阻碍市场准入，抑制竞争和对未来的创新产生消极影响（Hargreaves，2011）。

一个新的指标表明，专利丛林在复杂技术领域越来越重要（Von Grae-venitz 等，2011）。该指标基于欧洲专利局发布的检索报告中的引文分类信息，利用在检索过程中引用的引文的专利文献信息，这些信息指明对新颖性要求的限制，识别出三家公司构成的群体相互之间受到专利封锁的实例，每一家公司都拥有阻碍其他两家公司申请专利的专利。图下编 10.3 说明了在 1983～2003 年这段时期，对于复杂技术和离散技术分别而言，专利丛林这一指标的发展演变（正如 Cohenet 等人 2000 年所指出的），这表明在 20 世纪 80 年代复杂技术产品（如电子和半导体）市场比离散技术产品（如药品）市场变得相对更为密集，且从那时往后大体上保持如此。①

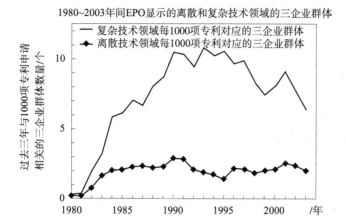

图下编 **10.3** 专利丛林和技术复杂性

资料来源：Von Graevenitz 等，2011。

高度丛林化专利市场被认为是加剧了两个相互交织的问题——专利阻滞和特许权使用费堆叠。正如在 Lemley and Shapiro（2007）文中解释的，专利阻滞是指专利持有人获得禁令的威胁，禁令迫使下游生产者从市场上召回其产品。在被告已经投入巨资在涉嫌侵权产品的设计、制造、市场和销售的情况下，禁令威胁会含有阻滞特征。在这些情形下，禁令威胁使专利持有人谈判特许权使用费远远高于他们的单个发明的实际经济贡献。这些过多的特许权使用费作为新产品的税收，纳入了专利技术，阻碍创新。另一个相关的问题是特许权使用费堆叠，指的是一个单一的产品可能侵犯多项专利并可能因此承担多个专利费用的情况。从产品制造商的角度来看，所有不同的特许权使用费的索赔费加起来或"堆叠"在一起，决定了如果公司即将免于专利诉讼费而出售该产品时，产品产生的特许权许可费总额负担。当市场专利丛林密集，在同一产品中能看到许多专利，特许权使用费堆叠极大地放大了禁令威胁和阻滞带来的相关问题。

最近的知识产权形势发展表明，企业和公共研究机构收购相对较少的专利并不足以使他们在技术市场成功地竞争。为了在交叉许可谈判中提高他们的谈判地位，大型公司现在正努力取得并收集大型专利组合。这种最近高调的收购包括谷歌收购摩托罗拉移动公司，由包括苹果、微软在内的一个财团从北电网络购买 6000 项专利，而苹果购买的专利曾经为 Novell 公司所拥有。

中小企业、公共研究机构以及大学缺乏能力和资源来通过获取专利或通过诉讼以实现"运作自由"。这些机构可能发现自己在与大型专利组合持

---

① 为说明特定阶段专利申请数量的一般性增长，仅考虑每 1000 项专利申请所对应的由三家企业组成的群体的数量。

有人面对面的谈判中处于劣势地位。Cockburn 等人（2010）对中小企业的一项研究发现，在专利数量低于中位数的获得许可的公司中，碎片化和许可费用之间的积极关系，以及碎片化和创新绩效之间的消极关系是最为明显的。作者声称，这个发现暗示了在产权分散的情形下，防御性专利的战略重要性，因为公司似乎能够通过建立大量专利来减少碎片化对于绩效的影响。他们的结果看来与 Ziedonis（2004）在面对互补性技术分散的专利所有权时，防御性专利的益处的假设是一致的。

7. 未开发的专利潜力

欧盟专家小组推测，专利被报告为处于休眠中（即不许可、内部使用，或是持有以用于防御目的）的程度可以作为一项潜在指标，通过政策，例如政府专利基金，来加强专利价值开发。PATVAL-I 和欧盟中小企业调查的评估显示，中小企业大约 10% 的专利都处于休眠状态。从公司继续为这些专利支付维持费用这个意义上说，这表明为了未来潜在使用而持有专利的一个基本的期权价值。然而，一个关键的问题是，是否有可能存在潜在的用户，（由于某种原因或另一方无法与专利所有者达成有效的协议）在执行该期权时提供更高的隐性价值。大企业的休眠专利的数目比中小企业高出一倍，这一事实与大企业在决定是否保留该期权时更少的信贷限制这一情况相一致。但是，它不能排除休眠专利其价值可能只是更小以及它们不被商业化的无效率损失和同时给出的机会成本。

（四） 近年来公共专利基金概览

许多国家与地区已经越来越关注上面描述的发展以及本国实体的能力，尤其是流动性受限的实体，例如中小企业、大学和公共研究机构，从而进入并成功地在知识产权市场上运作。这导向它们中的一些机构赞助设立专利基金，这一基金的商业模式与私营部门的私有专利基金有一些相同的特征。本节对于在这一领域一些最知名的活动给出了一个非常别具一格的且具有探索性的描述。其中大部分是相对较新的，目前比较公众获取信息的范围是较为有限且困难的。

1. 韩国

一个名为"智识发现有限公司"（Intellectual Discovery Ltd，ID）的新公司在政府支持下于 2010 年成立。ID 公司是一个知识产权运营公司，旨在执行一些与知识产权相关的功能。2011 年开始侧重运作基金，投资韩国国内以及国外的研发活动，并购买知识产权以创建投资组合（知识产权孵化），然后基于需求将其授权许可。它的知识产权池也是为了保护本土企业免于遭受潜在的专利诉讼。公司还通过投资知识产权所有公司，提供基于知识产权的银行服务，这可以将他们的知识产权作为抵押品，因而提高了低现金流公司的资金流动性。这种公私合作伙伴关系从公共和私人投资者获得了超过 5000 亿韩元（约合 31400 万欧元）初始资金。其首要目的是在广泛意义上进行防御以及众所周知的原因——专利组合是为了防止国内专利被外国资金所收购，并反过来控告可能起诉专利组合的客户/会员侵权的第三方。

另一个相关的基金是知识产权立方体合作伙伴（IPC，IP Cube Partners，IPC Partners）。利用来自韩国开发银行（1500 万美元）的资金和来自其会员（其中也包括大学和一些韩国企业）的会费，知识产权立体合作伙伴在韩国成立。IPC 的既定目标，是促进发明和培养新的商业机会，提供一个孵化、收获和保护发明的新方式。IPC 旨在"在全球选定的国家内为最好的发明申请专利，确保为知识产权所有者和发明者提供足够的补偿金，通过全球化的营销渠道推销有价值的知识产权，收购专利、与潜在买方联系并帮助韩国专利进入全球市场以实现知识产权销售和许可"。IPC 被安排进入三个不同的业务领域，即发明发展（长期）——集中在来自韩国的大学和研发实验室的发明；选定技术——旨在基于客户需求开发一个战略性组合；知识产权孵化和经纪（短期）——集中在技术转让、与学术界和政府合作以及提供知识产权情报和专利数据库挖掘服务；而其当前的活动集中在专利获取和为合作伙伴提供援助。IPC 实际运作中最新和公开的信息是有限的。

2. 法国

2010 年 3 月，法国政府联合 Caisse de Dépts et Consignations（一个公众信托机构）发起了一个类似的活动，名为 France Brevets。France Brevets 据称是欧洲第一个完全致力于专利推广和商业化的投资基金，其拥有 1 亿欧元的投资基金（在各省之间分配 5000 万欧元，公共部门投资公司 Caisse des Dépts et Consignations 5000 万欧元）。基金的既定目标是主要通过对以许可为目的的专利族的运作，并也通过促进公共和私营部门专利管理的交融渗透，使得大学、工程学院、研究机构以及私营公司可以在国际范围内更有效地利用它们的专利。该基金专注于专利货币化和实现中小企业与持有专利及潜在许可权在公共研究机构之间匹配。在某些情况下，它也支持自主专利的产生，提供维护专利的费用，以及支付与诉讼相关的成本。它有三种寻求创造价值的渠道：聚集汇总——降低与许可协议相关的交易费用；互动——寻找潜在的被许可人并准备谈判；货币化的时间——融资到市场的时间差。

2011 年以来，该基金一直活跃在信息和通信技术，生命科学和航天工业等领域。

3. 中国台湾地区

在 2011 年 9 月，中国台湾工业技术研究院（Industrial Technology Research Institute，ITRI）——一个半官方的机构——宣布了建立一个知识产权基金（IP bank）的计划。知识产权基金的目的在于协助当地的制造商创建专利组合和制定研发阶段的专利策略，同时在他们寻求扩大自己市场份额时防御诉讼。此外，在企业将面临其竞争对手或专利权利主张实体的专利侵权诉讼的情况下，知识产权基金将提供专利以支持促进其他策略中的防御活动。此外，通过 ITRI，公司可以使用其他基金来开发利用中国台北的大学和研究机构的知识产权，以作为行业备份。与提到的其他活动不同的是，知识产权基金显然将完全由公司拨款。截至 2011 年 10 月，ITRI 已经为这一新公司的初步运作募集了 5000 万元新台币（约合 130 万欧元），并募集了另外 2 亿元新台币（510 万欧元）用于引导基金以从行业中吸引更多的投资。根据 ITRI 反映，其成立六个月内，知识产权基金预计将募集其第一笔规模为 5 亿元新台币（1275 万欧元）的反诉基金。与此同时，另一笔大约 10 亿元新台币（2560 万欧元）的基金，将被用于为中国台北科技公司制定更好的国际知识产权战略。

4. 日本

2010 年 8 月，日本知识产权战略网络公司（Japanese Intellectual Property Strategy Network，Inc.，IPSN）和日本产业革新机构（Innovation Network Corporationof Japan，INCJ）建立了生命科学知识产权平台基金（Life Sciences IP Platform Fund，LSIP），这是日本的首个知识产权基金。LSIP 是一个投资与生命科学相关的知识产权的基金。这支基金主要集中在四个领域：生物标志物，胚胎干细胞/干细胞，癌症和阿尔茨海默氏病（Alzheimer's disease），基金跨越了大学、公共研究和其他机构的界限，而将知识产权捆绑在一起，增加其价值，然后将其授权许可，从而使生命科学部门通过新技术的应用和创建合资企业而得到发展。LSIP 由 IPSN 管理，IPSN 是一家成立于 2009 年 7 月的公司，公司的目的是通过利用先进技术领域专家的专业技能，为包括生命科学在内的先进技术领域提供知识产权战略和业务发展支持。INCJ 是公私合营企业，为下一代企业提供资金、技术和管理支持，并具有高达 19000 亿日元（200 亿欧元）的投资能力。在LSIP 基金建立的时候，INCJ 投入了 6 亿日元（600 万欧元），并可能在接下来的几年内根据基金的发展情况进行额外的投资，这将使其对 LSIP 的投资总额最高可达 10 亿日元（1000 万欧元）。一些私营公司（主要是大型制药公司）也在对 LSIP 进行投资。

5. 意大利

2010 年，意大利经济发展部设立了一个创新国家基金，用以资助基于专利和外观设计为主的中小企业创新项目。该基金获得了 8000 万欧元的捐赠，这笔捐赠由专利更新费用衍生而来，并分配给经济发展部以加强知识产权体系内中小企业的竞争力。该基金分为两股，一股专门用于股权投资（仅适用于专利），另一股专门用于债务融资（针对专利和外观设计）。至 2012 年，实施分两个阶段进行：1）负责基金活动执行的金融中介机构的选择；2）计划对中小企业的开放。

风险/冒险资金链将在 12 个月内，为具有高成长潜力的中小企业提供高达 150 万欧元的支持以支持一个进行专利商业化的项目（这一专利是针对在市场上引进新产品或服务或者针对创新的进一步开发）从而保证为期 8 年的投资回报。除此以外，国家将贷款担保提供给同样符合条件的公司以及基于专利和外观设计的价值开发项目，从而促进选定银行（意大利联合圣保罗银行和意大利联合信贷银行，Intesa Sanpaolo and Unicredit）提供信贷。这些担保机构预计将在 10 年内利用高达 300 万欧元的贷款，促进高达 7500 万欧元的许可金发放。

6. 中国

虽然很难获得完整详细信息，但是越来越多的迹象表明在中国行政资助正用于专利抵押机制。这种支持是在区域或自治区的基础上提供的，以重庆为例，2011 年国家知识产权局批准了两江新区作为知识产权质押融资试点区。在该试点区，知识产权质押融资的总金额已经达到了 2.5 亿元并预计将达到 10 亿元。最近，广东省深圳市政府宣布了一些旨在促进知识产权质押贷款的措施，覆盖"机制、平台、评估、贷款、担保、交易、辅助服务和担保推广"。Buchtela 等人（2010）指出，随着 2008 年一项计划的引入（这一计划意在建立知识产权可被用作抵押品的融资方法），可能是在一个更广泛的经济刺激措施的背景下，这种类型的支持开始在中国得到推广。

无法从现有信息来确定确切的公共抵押品的类型，包括提供配套服务、贷款补贴和风险承担担保，因为据了解，公共部门基金也参与了推动这些措施的实施。据悉，此前国家知识产权局（SIPO）曾在诸如北京、上海和广州等较大的城市试行过这些计划，最新计划是福建省漳州市的交通银行和知识产权局之间达成的一个协议，根据这一协议，交通银行将提供专利抵押贷款以帮助小型企业筹集资金。据报道，在同一城市，中国银行的分行也提供了类似的贷款产品，对其而言注册商标可以作为抵押品进行贷款。

7. 加拿大

一个非营利性组织——加拿大国际理事会（Canadian International Council，CIC）报告建议，加拿大政府应与私营部门联手建立一个国家投资基金以集中专利（从加拿大以及其他地方）以供对其经济至关重要的部门共用。这种基金可以由私人管理，将为私营部门、一个大型养老基金和安大略政府（Government of Ontario）管理风险资本投资的道明银行金融集团（TD Bank Financial Group）的一个分支作为其模板。CIC（加拿大国际理事会）认为，这一基金在科技公司破产时可以挽救知识产权，为拥有可用于交易的许可权而现金拮据的企业家提供股权。

8. 欧洲

一个由 CDC（Caisse de Dépts et Consignations）、欧洲投资银行（European Investment Bank，EIB）、德国的 KfW（Kreditanstalt für Wiederaufbau，KfW）、意大利 Cassa di depositi、瑞典的 Innovationsbron、芬兰的 Veraventure 和西班牙的 CDTI（Centro para el Desarrollo Tecnológico

Industrial）组成的任务小组，于 2010 年 6 月创立，其目的是为欧洲专利基金奠定基础。一些无纸化的提案指出，一个新的欧洲专利基金"可以收集由大学、研究机构和私营公司持有的广泛的知识产权投资组合（目的是收集至少 10000 个专利族）"。这个提议旨在使基金所覆盖的专利"得以保护和开发——通过将其组织进入技术集群以用于许可目的，主要提供给欧洲企业，尤其是创新型的中小企业。"从这些许可中获得的特许权使用费将按照基金使用股权的报酬，支付给公共和私营部门的研究机构。在第一个试验阶段，它的目标是以 4 亿~5 亿欧元试点基金为基础，最少获取 15000 个专利族。在其成功的情况下，该基金在第二个阶段将对其他私人投资者开放以达到更大的规模。

欧盟委员会在 2010 年推出了一个包括专家组和可行性研究的全面分析。这些分析的目的，是要提供一个总体形势图，并帮助委员会思考建立一个知识产权价格稳定工具的潜在选择，其中包括可能推出一个创新的欧盟知识产权市场平台以促进技术转让和交易。这一行动是在"创新联盟，为专利和许可开发欧洲知识市场"（Innovation Union to Develop a European Knowledge Market for Patents and Licensing）的承诺中诞生的：

"到 2011 年年底，与成员国和利益相关者密切合作，委员会将建议为专利和许可建立一个欧洲知识市场。这将以成员国在匹配供求的交易平台方面的经验为基础，将向地方推销使其进行无形资产的金融投资，以及其他向被忽视的知识产权注入新的活力的想法，例如专利池和创新经纪业务。"

2010 年，欧盟委员会发布一项招标，进行一项研究为知识产权（主要集中在专利）建立一个欧洲金融市场机制的探索。由圣加伦大学（University of St Gallen）和弗劳恩霍夫研究所（Fraunhofer Institute）执行这一研究，结果于 2011 年 12 月出版。该报告强调知识产权资产市场和知识产权金融市场之间的相互依存关系。

对于联合的知识产权市场，作者认为，为了减少来自欧盟的创新的流动性，减少知识产权市场的分散性，增加知识产权市场上的流动性和透明度，EC（欧盟委员会）应该在欧洲建立一个单一的知识产权资产市场，建议探索潜在的商业模式。

对于知识产权资产市场，报告重点建议增强意识，专利价值评估标准，在整个欧洲可实施的一个共同的高质量专利体系，对价值开发的支持，尤其是在中小企业内部。建议将许可协议作为知识产权交易的首选模式。

关于知识产权金融市场，报告的结论是，在知识产权资产市场成熟之前任何市场都不应该建立，并建议重点决定进行优秀的网状结构框架的筹备工作。

在欧盟专家组所考虑到的用于降低成本和提升专利价值开发能力的政策措施中，有两个是与专利基金相关的：第一是循着法国 French Caissede

Dépöts 的建议思路，建立欧盟专利许可基金（European Patent Licensing Fund，简称 EPLF）。该小组还认为，为专利池和选定技术建立提供有限的和有针对性的财政支持的范围，虽然细节较少。来自欧盟专家小组的结论，为讨论通过政府支持专利基金进行公共干预的依据提供一个有用的起点，这一结论以关注 EPLF 建议的可行性和尊重私人投资者积极性的附加价值为基础，反对采纳 EPLF 的建议。[①]

（五）确认政府专利基金的经济学依据

本文讨论的依据指向了在专利价值实现和专利市场的高度复杂交叉的一些市场失灵。然而，在市场失灵意义上的依据自身不能对任何特定形式的公共部门干预提供充分的理由。除了市场失灵理论的支持以外，公共赞助/政府支持专利基金要考虑的其他因素有：

（1）具体政策干预的目标与实际市场失灵一致的程度。

（2）干预在实现其既定目标时可能的有效性，以及如何将其与替代或补充干预进行比较。

（3）潜在的意想不到的效果，包括私人市场行为的错位，以及实施一项特定干预的权限时其范围之外的潜在影响。

（4）从社会角度看，建议干预的效率或金钱价值。

（5）是否某些特定的公开发起的专利基金设计特征更可能带来超过潜在成本的利益。

（6）迄今为止，从实施的政策经验中可以汲取哪些经验，以及能够做些什么来监控后续发展。

1. 明确的政策目标和证据的力度

（1）提供一个对抗破坏性诉讼活动的防御手段。

防御服务（主要在美国）由私营公司或非营利性机构提供，政府机构不参与。对于其他国家的政府而言，这引起了一些关于这些服务是否足够容易取得，以及这些服务是否与非美国公司相关的问题，还有防止在私营部门范围内出现其主导的类似活动的理由的问题。规模和协调的问题可能是相关的，但是这些同样可以影响公共举措的成败。政府赞助者也应该考虑，他们预见公共赞助基金在哪一点上达到临界质量和实现从政府独立出来（如果这是他们的目标的话）。

私募基金可能有很强的动机偏离合法防御位置而进行与政策目标不一致的权利主张行为。在这种情况下，公共参与的理由是不进行攻击行为时的一个争论点和可靠性保证。虽然这可能是对社会有益的，但是这将对经

[①] 第二项提议是为特定的技术建立专利池，这得到了来自高潜力技术领域的专家小组的支持。在高潜力技术领域，很多关键技术都被大量专利覆盖，而且技术风险和商业化失败率也比较低。专家小组认为专利池的建立可以促进创新和技术扩散。

济学的基金形成一个巨大的挑战，并可能难以在实践中落实，因为清晰的
界限必须加以划分。

关于有效性，一些观察家对"公共"专利基金作为对抗 PAE 诉讼的一
个成功的防御角色的能力提出了质疑，因为后者不生产任何产品，因而不
容易受到可能弱化他们谈判地位的反侵权索赔或禁令的威胁。在获得哪些
专利方面，公共基金必须比 PAE 进展更快，但是这并不能证明在 PAE 自
身是早先的技术开发者的情况下是可行的。

（2）交易成本最小化。

基金的发展方向原则上可以通过专业化和规模经济，帮助降低交易成
本，财政上支持技术成熟为可行的原型。基于先前讨论的关于特定市场失
灵的证据，重点为积极参与技术开发和示范的中小企业和公共研究机构降
低交易成本，呈现出更强的逻辑依据。公共支持提供这种服务的基金，其
理由也大概在某些技术领域更强有力，在这些领域，专利丛林和相关问题
可能更明显，技术开发本身是未来研究的一个基本条件。这个政策的目的
可能会通过诸如公共支持风险资本基金等现有工具很明显地达到。

考虑特定专利基金的附加价值时，需要参考专利集中的细节。用交易
理性明确区分一个基金内汇集的金融资产和汇集的专利是非常重要的。在
这种情况下，风险分散是主导因素，且是专利基金中的金融投资者必须考
虑的重要因素。与此同时，存在很强的因素使密切相关的和互补的专利集
中，导致反向风险聚集效果。只有足够大的基金可以同时应付集中与分散
问题。由于心理上存有这样的逻辑，这与专利池的公开推广有很强的相似
性，这一点看来像是来自欧盟专家组的建议。

（3）促进专利在本国的商业化。

政策制定者显然有兴趣确保他们在促进国内发明活动方面的投资最终
得以转化为经济效益（不仅仅是利润，而且创造就业机会和高薪工作）为
本国经济创造贡献。在不妨碍市场本身运作的条件下协调有关的目标是一
个明确的挑战。如果积极实施，公共专利基金的广泛使用可能会对专利权
利"可出口性"（exportability）强加限制，这有悖于自由贸易的基本原则。
一个可能的意外效果是，由于缩减了权利的存在范围，从而削弱了创新努
力。此外，如果在国家层面上广泛实施这类政策，对一些发明者而言，从
他们的角度看这会迫使他们放弃更好的货币化策略，他们可能选择避免基
金的服务。在这种情况下，基金可以获得的专利将不一定代表那些意在取
得权益的权利。

遗憾的是，目前，对于知识产权的地理位置和控制权之间的关系，以
及专利配套服务的地理位置与他们商业化所产生的价值（可以帮助验证政
策目标要求）之间的关系，系统的证据是有限的。如果没有与之紧密结合
的策略以解决概念证明、有效的发明在本国商业化失败、外部的投标人可
能愿意为知识产权提供更高数额等问题的最终原因，这类政策目标是不可

能达到的。一些地区尤其是欧洲的政策制定者目前一个明确的当务之急是，如何在种子期投资中提升长期权益。

2. 可能的效果、效率和货币价值

专利基金计划需要对融资需求、基金利用来自私营合作伙伴的外部融资的能力进行一个现实评估。基于最近知识产权投资组合购买的数据，从有长期跟踪记录的公司购买单个专利可能有 50 万美元的订单，虽然在公共赞助基金（例如建议建立欧洲基金）的情况下，每件专利的预期价格会低一个数量级。募集私人外部融资的能力将会降低，较大的重点政策目标会限制基金追求更积极的货币化策略的能力。政府需求，包括控制（例如典型的投资者保护）条款遵循一个清晰的逻辑，即确保公共基金的正确使用，但这将导致整个基金被归于公共部门类别，且有着使赞助政府的公共部门净债务数字显著的潜在影响。

注重技术开发和商业化还需要一个足够长期的投资前景展望。在美国（美国声称大学和医院的专利收入已经从 1990 年的不足 2 亿美元增长至 2007 年的超过 15 亿美元），达到大学技术经理人协会（Association of University Technology Managers，AUTM）研究中所报告的专利收入增长率，将需要一个较长时间的持续投资和适当的激励。同样重要的是，对公共研究机构的激励需要精心设计，以通过专利许可或重新分配，鼓励商业化。

根据所提供的信息为这种类型的建议提供估计成本/效益分析是不可行的。虽然直接成本的估计相对简单，但是这不同于通过推动商业化创新（否则将不被开发）产生的机会成本和收益的情况，间接地通过长期捐助，通过增加的和更优价格的融资以加强研发激励。

（1）潜在的意想不到的效果。

价格上升，而不是数量：在对任何供应不足的商品和服务刺激其需求的政策中，这是普遍关注的，即市场将通过仅仅提高价格（和创造额外租金）而不是通过提高所需活动的水平，做出实际反映。如果人们认识到干预的影响是暂时的，这将是极其重要的。在那种情况下，改变行为的长期激励作用将较小。公共专利基金可能的竞争效果很难预测，因为他们将取决于基金的精确实现，以及专利权利投资组合的各个组成部分之间的相互关系。

逆向选择和道德风险：这个问题是在考虑专利销售给外国买家时基金潜在强加于专利的限制之前提出来的。为了履行其任务，专利基金将需要在覆盖各种来源的发明的一个连贯的基础上运作，这些发明的权利已被收购。然而，如果人们认为追求一个单独的策略其利益更高的时候，一个一刀切的方法可能会导致供应（发明者）方选择从考虑投资转为撤出有关的发明。因此，基金管理者将面临可供选择的专利减少的情况。当存在持续发展的效果要求时，对一个基金而言，一个完整的权利转移至基金可能最终会减少由于道德风险的互补性成果，除非发明者保留一些剩余的利益要求。

升级风险：有人认为，在"专利战"和"专利军备竞赛"的时代，政府可以选择是否通过在专利申请和许可过程中资助和协助中小企业和公共研究机构，并通过汇集其专利以方便他们在市场上"自由运作"，从而促进相对"装备落后"的机构的专利获取。也有人指出，这可能造成一个专利战争升级风险，导致一些观察者反而偏向将政策制定的资源集中制定战略以减少在复杂产品制造业中重叠专利权的数量以及加强严格的防止囤积专利的竞争规则。

（2）国家利益和国际协调。

以关于公共资助专利基金的辩论为基础，有一个强烈的意识，即在面对日益激烈的国际竞争、全球价值链和采取其他措施方面，一些国家认为，哪些是国内最主要的挑战。在为新举措做的广告中用的一些言辞，表明了存在风险，这一风险是达到公平竞争的环境这一既定目标可能会导致专利基金用于回避限制优惠待遇范围的国际协议的做法。为了进行执行合法而可疑的和经济上适得其反的政策的风险管理，可能需要一套国际水平的基本规则，例如区分防御性和攻击性行为并承认真正进行了专利开发的局部投资的专利所有者的资格，包括工程设计、研究开发或许可。

（3）专利基金设计的特点。

仍然没有足够的依据可对被认为是最佳实践的公共专利基金的主要设计特点做出任何明确的建议。除了一些已有的要点，一些基本原则看似更可能使政策制定者达到他们的既定目标：

欧盟专家小组将需求拉动的筛选和收购过程强调为一个在知识产权市场成功的要素。

在特定技术领域，许可政策与公认做法相一致。

与专利价值开发相协调的配套服务的提供。

最近对于政府支持专利基金的建议明确承认了改善知识产权生态系统运作的互补措施的重要性。人们认识到，在特定关键细分市场中，缺乏运营商和中介机构可能妨碍或阻挠提供特定功能，这些功能在基于知识和创造性经济中（例如数据库服务，评级系统，投资组合管理等），对促进强劲增长是非常重要的。可以指出的是，这种缺乏可能是一个症状，而不是有限的商业化活动产生的原因，但是可能两种效果是相互加强的。

3. 试验与评价

所有关于公共专利基金的文献资料，一个共同的要素是需要继续探索在市场失灵的逻辑依据最强的领域目标干预的潜在作用。政策实验（例如专利基金）的执行，在收集这些干预的影响的证据中，需要有意识地配合有相当大的投资与之相匹配。鉴于目前现有资金有限，无论是一般的还是新类型的政策工具，对有证据基础的政策制定的这一限制的使用是尤为重要的，没有强有力的证据支持，这些努力很可能独立于他们的实际价值而被停止。

虽然使用随机对照试验是不可能的，潜在的战略将确保监控被支持的发明以及它们的责任机构与一些类似的机构一起，从而更加清楚地确定政策的影响。分析评价设计也应该说明事实，即基金可获得的专利是自我选择的，因而不大可能代表广泛的类群，因此可能需要额外的对照组。这将有助于确定在何种程度上基金能够吸引不同特点和潜力的专利。政府应当为这些分析工作考虑资源和专业知识的适当水平，如果他们希望在潜在计划延期或取消之前，能够得到有关的强有力的结论。

4. 结语与讨论事项

大多数公共专利基金是政府支持专利集中，其既定目的是有助于当地产生的知识产权实现内含价值。一般来说，它们试图提供知识产权（主要是专利导向的）战略和管理服务给本地的中小企业，公共研究机构以及大学，通过将它们的专利聚集于战略性的投资组合并许可使用，协助它们的发明实现商业化。一个更具有争议性的特点是，它们打算阻止外国实体对本地发明的购买建议。在大多数情况下，它们还通过提供合法建议并允许有权使用大量的专利投资组合（可以帮助其与那些实体可能拥有的强有力的地位相抗衡），帮助中小企业和公共研究机构保护自己免受来自诸如专利权利主张实体、市场现有成员（market incumbents）的专利侵权诉讼。

试图从为专利基金提供资助的国家政策经验范围中得出任何结论仍然为时过早。事实上，要充分体现可归于政府支持专利基金保护伞之下的不同范围干预的特征，仍有许多工作要做。然而，这对于讨论在国际范围内这些政策的相对优点是什么却很及时，主要有两个原因。首先，关于这些措施是如何被实施的信息最多也是不完整的，索赔与事实之间分离的空间也有限。因此，更高的清晰度将受到欢迎，特别是受到寻求获悉其自己国内评价和潜在执行的范围的国家的欢迎。其次，技术市场本质上是一个全球性的市场，一个国家的决定将明显影响其他国家的结果。经合组织为更详细地讨论和探索这些问题提供了一个平台。

2012 年 6 月巴黎会议代表们和与会专家应邀讨论和思考以下问题：

（1）对政府而言，是否有考虑支持、参与或实施国家或超国家专利基金的需求？如果有的话，将考虑什么产品？

（2）专利基金或相关干预措施可能应对的首要挑战有哪些？被认为是专利基金所应对范围之外的挑战有哪些？

（3）在什么情况下，政府专利基金可能是促进发明开发和进一步商品化的一个有效工具？是否存在这一风险，即它们可能导致强化保护主义和激化国家层面的"专利战"？

（4）私营部门和公共部门参与之间的界限是什么，应采取哪些措施来优化任何干预的社会影响？是否应该偏向于支持特定类型的技术或发明家，如中小企业（Small and Medium Enterprises，SMEs）和公共研究机构（Public Research Organisations，PROs），并以此为目标来管理技术市场？

（5）公共专利基金的竞争政策影响是什么，如何与私募基金情形下提出的问题相协调？

（6）OECD是否应该在监测这一领域的发展方面发挥积极作用，是否应在政府支持专利基金的实施和评价的准则开发方面起潜在的促进作用？

参考文献

［1］ Arora, A. and A. Gambardella, 2010. "Ideas for Rent: An Overview of Markets for Technology." *Industrial and Corporate Change*, Volume 19, Number 3, pp. 775-803.

［2］ Bessen, J. E., Meurer, M. J., Ford, J. L., 2011. "The Private and Social Costs of Patent Trolls", Boston University School of Law, Law and Economics Research Paper No. 11-45.

［3］ Buchtela, G., Egger, K, Herzog, D. and Arina, T., 2010. "SEE. IP Fund Feasibility Study". SEE IFA Network.

［4］ Calabresi, Guido, and Melamed. 1972. "Property Rules, Liability Rules and Inalienability: One View of the Cathedral". *Harvard Law Rev.* 85: 1089-1128.

［5］ Chesbrough, H., 2006. "Emerging Secondary Markets for Intellectual Property: US and Japan Comparisons", National Center for Industrial Property Information and Training (INPIT), Tokyo.

［6］ Chien, C. V., 2010. "From Arms Race to Marketplace: The New Complex Patent Ecosystem and Its Implications for the Patent System". *Hastings Law Journal*, Vol. 62, p. 297.

［7］ Cohen, W., Nelson, R., Walsh, J., 2000. "Protecting their Intellectual Assets: Appropriability Conditions and Why U. S. Manufacturing Firms Patent (or Not)", Working Paper 7552, National Bureau of Economic Research (NBER).

［8］ Cockburn, I., MacGarvie, M. J., Müller, E., 2010. "Patent thickets, licensing and innovative performance", *Industrial and Corporate Change* 19 (3), pp. 899-925.

［9］ De Backer, K. and N. Yamano, 2012. "International Comparative Evidence on Global Value Chains", OECD Science, Technology and Industry Working Papers, 2012/03, OECD Publishing. http://dx.doi.org/10.1787/5k9bb2vcwv5j-en.

［10］ European Research Area (ERA) Portal, 2011. "Proposal to establish a European patent fund: A French Non-Paper" Accessed from the ERA Portal Austria on June 2012. www.era.gv.at/space/11442/directory/21218/doc/22124.html.

［11］ European Commission, 2011. "A Single Market for Intellectual Property Rights Boosting creativity and innovation to provide economic growth, high quality jobs and first class products and services in Europe". Communication from the Commission to the European Parliament, the Council, the European Economic and Social Committee and the Committee of the Regions. COM (2011) 287 FINAL.

［12］ Expert Group on IPR valorization, 2012. "Options for an EU instrument for patent valorization", European Union. Accessed from http://ec.europa.eu/enterprise/policies/innovation/files/options-eu-instrument-patent-valorisation_en.pdf.

[13] Federal Trade Commission, 2011. "The Evolving IP Marketplace: Aligning Patent Notice and Remedies With Competition: A Report of the Federal Trade Commission", March. http: //www. ftc. gov/opa/2011/03/patentreport. shtm.

[14] Giuri P. Mariani M. Brusoni S. Crespi G. Francoz D. Gambardella A. Garcia-Fontes W. Geuna A. Gonzales R. Harhoff D. Hoisl K. Lebas C. Luzzi A. Magazzini L. Nesta L. Nomaler O. Palomeras N. Patel P. Romanelli M. B. Verspagen, 2007. "Inventors and Invention Processes. Results from the PatVal-EU Survey", in: *Research Policy* 36 (8): 1107-1127.

[15] Graham, Merges, Samuelson and Sichelman, 2009, "High Technology Entrepreneurs and the Patent System: Results of the 2008 Berkeley Patent Survey", 24*Berkeley Tech. Law Journal* 1255.

[16] Hall, B. and Ziedonis, R. , 2001, "The Patent Paradox Revisited: An Empirical Study of Patenting in the U. S. Semiconductor Industry", 1979-1995, 32 *RAND J. Econ.* 101 (2001).

[17] Hargreaves, I. , 2011. *Digital Opportunity: A review of intellectual property and growth.* Report to the UK Intellectual Property Office. IPO.

[18] Hall, B. , 2005. The Financing of Innovation, in Shane, S. (ed.), *Blackwell Handbook of Technology and Innovation Management*, Oxford: Blackwell Publishers, Ltd. , 2005.

[19] Hosie, S. , 2008. "Patent Trolls and the New Tort Reform: A Practitioner's Perspective", *Journal of Law & Policy for the Information Society*, 4, pp. 75-87.

[20] Lemley, M. A, and Shapiro, C. , 2007. "Patent Holdup and Royalty Stacking", *Texas Law Review*, 85, pp. 1991-2049.

[21] Lerner, J. , 1998. " 'Public Venture Capital': Rationale and Evaluation," in National Research Council (ed.), *SBIR: Challenges and Opportunities*, Washington, DC: Board on Science, Technology, and Economic Policy, NRC.

[22] OECD, 2012. "STI Policy Profiles (Chapter 2) . Main Trends in Science, Technology and Innovation Policy", in *Science, Technology and Industry Outlook* 2012 (*forthcoming*). DSTI/STP (2012) 4/REV1.

[23] Criscuolo, C. ; Dernis, H. and Squicciarini, M. , 2011. "Measuring patent quality and radicalness: new indicators for cross-country evidence", OECD. DSTI/EAS/IND/WPIA (2011) 6.

[24] OECD, 2011. *Science, Technology and Industry Scoreboard* 2011. OECD Publishing: Paris.

[25] Wagner, R. Polk and Parchomovsky, Gideon, "Patent Portfolios", 2005. U of Penn. Law School, Public Law Working Paper 56; U of Penn, Inst for Law & Econ Research Paper 04-16.

[26] Robbins, C. , 2006. "Measuring payments for the supply and use of intellectual property," Bureau of Economic Analysis, U. S. Department of Commerce: Washington, DC.

[27] Shapiro, C. , 2001. "Navigating the patent thicket: cross licenses, patent pools, and standard-setting" . In: Jaffe, A. , Lerner, J. , Stern, S. (Eds.), *Innovation*

Policy and the Economy，vol. 1. MIT Press，Cambridge，Mass.

[28] St. Gallen University and Fraunhofer Institute，2012. "Final report for EU Tender on Creating a Financial Market for IPR". Accessed from http：//www. moez. fraunhofer. de/de/＿jcr＿content/contentPar/textblockwithpics＿1/linklistPar/download/file. res/Final％20report＿creating-financial-market-for-ipr-in-europe＿enx. pdf.

[29] Von Graevenitz，G.，Wagner，S.，Harhoff，D.，2011. "How to measure patent thickets-A novel approach"，Economics Letters，111，pp. 6-9.

[30] Yanagisawa，T. and D. Guellec，2009，"The Emerging Patent Marketplace"，STI Working Paper 2009/9，Statistical Analysis of Science，Technology and Industry，OECD，Paris.

[31] Ziedonis，R.，2004. "Don't Fence Me In. Fragmented markets for technology and the patent acquisition strategies of firms"，*Management Science*，50，pp. 804-820.

附件 1　知识产权的政策措施简介

国　家	中小企业和/或公共研究机构的专利申请补贴	知识产权意识和教育产品	知识产权和技术转移专业人员培训	专利登记的课税扣除
阿根廷	√			
澳大利亚	√	√		
巴　西		√		
加拿大		√		
哥伦比亚	√			
捷克共和国	√			
丹　麦	√	√	√	
爱沙尼亚			√	
法　国	√			
德　国		√	√	
爱尔兰		√	√	
意大利				√
韩　国	√			
挪　威		√	√	√
斯洛文尼亚			√	
南　非	√	√	√	
土耳其	√	√		
英　国	√	√	√	

资料来源：OECD Science. Technology and Industry Outlook 2012. Based on country responses to the OECD STI Outlook 2012 policy questionnaire [DSTI/STP（2011）17/ANN].

三、日本第一支知识产权基金概况

2010 年 8 月 6 日，日本第一个知识产权基金 LSIP（Life-Science Intellectualproperty Platform Fund）成立。这个基金由日本知识产权战略网络株式会社（Intellectual Property Strategy Network，IPSN）和日本产业创新机构（Innovation Network Corporation of Japan，INCJ）发起成立。

这个基金的主要目标是进一步推进日本生命科学领域的产学联合和技术转移。在日本，大学的专利应用此前是以设置于各大学的 TLO（Technology License Organization）和大学内的知识产权总部为中心进行的，但如今各大学 TLO 中也有很多陷入运营困境，相继关闭。究其原因主要存在以下问题：①接受专利权转让与许可的企业方希望得到汇集了一定程度数量的知识产权权利群的转让与许可，但此前各大学分别零散地进行专利的营销，所以缺乏吸引力；②大学的专利是以研究为目的而获得的，因支持专利的资料不充分而没能掌控相关技术专利等，故作为知识产权价值偏低。官方研究机构也存在相同的问题，并且企业也可能持有闲置的尚未能够转入产业化的专利。

LSIP 为了解决这些问题，就生物标志物、ES/干细胞、癌、阿尔茨海默氏症四个领域，从以大学、科学技术振兴机构（JST）为主的官方研究机构、企业等汇集了知识产权后，并在此基础上为了收集所欠缺的资料进行补充研究及获取相关技术专利。由此形成富有吸引力的知识产权权利群，以期能向制药企业等提供技术或专利权转让与许可，并创建风险投资企业。仅这四个领域中可成为研讨对象的专利项目，在日本大学里估计就有约 2000 件，LSIP 将对其彻底调查后，以收购和设置实施权等形式来获得这些专利。特别是拥有约 5700 项专利的 JST 正在探讨与 INCJ 的合作事宜，计划对这次即将起步的 LSIP 提供协助。

IPSN 计划聘请具备生命科学领域、知识产权、专利、法律、运营等专业知识的外部顾问协助运营。预计在成立三年后，对 LSIP 的事业进行综合性评价，以决定知识产权基金以后的发展方向。知识产权基金在全世界也是刚刚起步，各国政府中，法国和韩国已表示将在政府进行一定参与的条件下设立知识产权基金，韩国去年年底成立了由政府及民间企业出资的知识产权基金。

INCJ 也在探讨此次生命科学以外领域的知识产权基金的设立。具体而言，目前正在对新一代锂离子电池、燃料电池、太阳能发电、光学开关、纳米技术等领域设立知识产权基金的可行性进行研究，计划今后将使其具体化。

（一）关于基金运营机构知识产权战略网络株式会社（IPSN）

1. 成立经过

京都大学山中伸弥教授于 2006 年 8 月在世界上首先确立了人工多功能性干细胞（iPS 细胞）这样的革新发明研究可以看出，日本的大学和研究机关的研究水平在世界上是领先的，并且已充分具备了今后还会创造出类似这样的发明和研究的土壤。但是，尽管日本在包括生命科学领域（医药和医疗领域等）在内的尖端技术领域中的研究方面颇为善战，但遗憾的是在活用知识产权的产业活性化以及技术开发方面，仍不及欧美。好不容易创造出来的优秀研究成果，如果不能使其受到世界视野的确切的知识产权保护及有效地充分利用，要想使该研究成果达到实现创造新药、医疗这一最终目标将是非常困难的。

鉴于此，2008 年 11 月，日本制药工业协会（制药协），为了支援日本首创的世界性发明——iPS 细胞相关研究的知识产权战略，由 13 家常任理事公司捐助，以 1 年的期限实施了知识产权支援项目。

本项目启用制药企业具有丰富专业知识和实践经验的资深专家，访问了 34 所以上的大学和研究机关，并且有效利用在制药企业积累的知识和经验，对研究人员及担任知识产权业务的有关人员进行了知识产权战略方面的培训与指导。其结果表明，很多大学和研究机关都没有全球性知识产权战略的意识，并且在生命科学领域中从事知识产权的人才确实不足这一事实得到了再次证实。另外，访问到的几乎所有的大学及研究机关，都强烈要求在本项目结束后继续对 iPS 细胞研究给予知识产权支援，以及更进一步地扩大对包括尖端医疗及生命科学在内的尖端技术领域的支援。

综上所述，为了通过提高尖端技术领域的知识产权水平，开辟产业化之路，从而实现以真正的知识产权创造立国，设立了作为日本首创的"创知产业"——知识产权战略网络株式会社（IPSN），如表下编 10.3 所示。

表下编 10.3　IPSN 组织概要

公司名称	知识产权战略网络株式会社；英文名：Intellectual Property Strategy Network，Inc.（IPSN）
设立	2009 年 7 月 1 日
所在地	〒 100～0005　日本国东京都千代田区丸之内 1-7-12SapiaTower10 层
注册资本	1 亿日元
董事长	秋元浩　（药学博士、原武田药品工业株式会社常务董事、东京大学大学院客座教授、九州大学特任教授、文部科学省 科学技术·学术审议会技术·研究基盘部会、产学官合作推进委员会委员、日本制药工业协会知识产权委员会顾问、生物产业协会知识产权委员会委员长）
董事	长井省三　（专利代理人、原山之内制药株式会社专利部部长、原日本制药工业协会知识产权部部长、东京医科齿科大学、久留米大学客座教授）
董事	玉井彰一　（原住友商事株式会社新药生物室长兼精密化学品部长以及住商制药国际株式会社社长）
董事	堀越康夫　（原产业再生机构执行董事、现任运营共创基盘执行董事）
监察	滝井朋子　（律师）

2. 运营理念

集结"知识、智慧",实现"创知"。IPSN是以全球性知识产权战略及产业化战略为本,主宰由业界团体,日本专利代理人协会及各界有识之士等强大的支援体制所支持的大学、研究机关、风险投资企业以及研究开发型企业所组成的"知识、智慧"的网络,其作为日本首创的创知产业,实现以知识产权创造立国的目标。

3. 运营方针

实现日本首创的创知产业。进行立足于面向大学、风险投资企业等的全球性知识产权战略和产业化战略的知识产权支援,提高相关知识产权水平,通过增值了的知识产权的产业化等,为强化产业的国际竞争力做出贡献。构筑欧美以及包括亚洲各国在内的全球性网络,谋求强化合作,早期发掘尖端技术领域,特别是医药和医疗领域的知识产权源泉,在适当的支援下实现日本与世界的整合。

4. 业务设计

(1) 对大学和研究机关及风险投资企业等,在全球性知识产权战略的策划和推进等多方面进行支援,提升知识产权价值。

(2) 进行以提升大学和研究机关及风险投资企业等的知识产权价值,促进知识产权的产业化为目的的研究资金或申请经费等的支援。

(3) 培养和确保知识产权方面的人才。

(4) 在亚洲各国构筑以知识产权为中心的网络(见图下编10.4)。

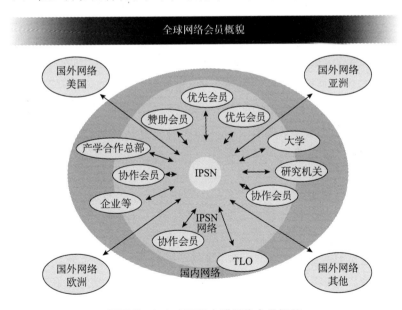

图下编 10.4 IPSN 全球网络会员概貌

其中:

优先会员:【资格】研究开发型企业;【期限】3年(可延长);【会费】

480 万日元/年（不含税）。

能够优先获得 IPSN 搜集到的未公开的大学、研究机关的研究信息、知识产权信息（0 级信息），但对未公开的信息负有保密义务。

能够获得 IPSN 根据优先会员的个别需求而搜集到的大学和研究机关的研究信息和知识产权信息（0 级信息）。

可获得将会员企业各自的需求信息整理列表后提供给大学，并提供来自大学的相关信息的服务。

能够获得整理列表后的大学需求信息。

无偿提供以上信息，但根据以上信息而达成委托研究、共同研究、技术转让、专利权转让与许可等交易时，收取成功报酬。

能够参加 IPSN 主办的由外部专家等进行的高水平讲演和研讨会。

能够委托 IPSN 进行人才培养（不收取指导费用）。

可将 IPSN 作为知识产权的综合咨询与指导机构而充分利用。

赞助会员：【资格】尖端技术领域的风险投资企业等、专利法律事务所、监察法人、团体等；【期限】3 年（可延长）；【会费】120 万日元/年（不含税）。

可将 IPSN 作为知识产权的综合咨询与指导机构而充分利用（收取实际费用）。

能够获得与企业间相互匹配的支援服务。

能够委托 IPSN 进行人才培养（需缴纳指导费用）。

能够参加 IPSN 主办的由外部专家等进行的高水平讲演和研讨会。

可通过与 IPSN 的合作而获得各种信息以及会员间的相互合作，但不提供由大学和研究机关等搜集到的信息中的 0 级信息。

协作会员：【资格】大学（包括大学的院系、研究室、项目单位）、产官学合作总部、研究机关、TLO 等；【会费】无。

可将 IPSN 作为知识产权的综合咨询与指导机构而充分利用（提供有关知识产权、共同研究、技术转让、专利权转让与许可、产业化等各战略方面的支援；原则上仅收取实际交通费）。

可获得知识产权培育服务。

通过有效利用 IPSN 而增大与企业间相互匹配的机会，实现共同研究、委托与被委托研究、技术转让、专利权转让与许可等。

能够获得产官学合作总部及 TLO 等之间相互匹配的支援。

能够参加 IPSN 主办的由外部专家等进行的高水平讲演和研讨会。

可获得从企业等搜集到的信息（包括 0 级信息，有时负有保密义务）。

5. 业务领域

（1）知识产权支援服务。

① 大学、研究机关方面。

提供知识产权战略的策划及实行等支援服务；

承接知识产权评估等有关知识产权全方位的咨询；

提供以提升知识产权价值为目的的资金援助；

提供希望在大学和研究机关实施研究的企业研究需求的信息；

将大学和研究机关的最新研究信息及未公开的专利信息等提供给企业，支援与企业间的共同研究、委托研究、技术转让、专利权转让与许可等方面的合作；

提供有关平台技术、产业化相关技术等的专利一揽子化及总括技术转让、专利权转让与许可的全方位服务；

提供技术转让、专利权转让与许可的战略策划支援及有关技术转让、专利权转让与许可方面的斡旋等服务。

② 企业方面。

提供有关大学和研究机关的研究或需求与会员企业需求的相互匹配的支援服务；

通过获得大学和研究机关的最新信息及 0 级信息等，从而能够早期发掘产业化机会；

增大与大学和研究机关之间的委托研究和共同研究的机会；

增大技术转让和专利权转让与许可的机会。

③ 风险投资企业方面。

提供推进风险投资企业的国外战略的支援：知识产权战略、技术转让、专利权转让与许可战略、商务战略；

向学术研究单位所创建的风险投资企业提供知识产权方面的初期支援；

提供与企业间的合作支援；

可将 IPSN 作为知识产权的综合咨询与指导机构而充分利用。

④ 投资家方面。

进行对风险投资企业的知识产权诊断与评估；

提供对投资对象、投资预定对象的产业化、再生、活性化等的有效评估支援。

（2）知识产权培育服务。提供以提升大学、研究机关及风险投资企业等的知识产权价值、增大匹配概率、促进产业化为目的的研究资金或申请经费等的支援。

补助用于新申请等强化、扩大知识产权的研究经费；

补助用于追加数据等强有力的确保知识产权的追加研究经费；

补助用于国内、国外以及进入各国国家阶段的国际申请等的申请经费；

金额：30 万～5000 万日元/件（见图下编 10.5）。

（3）人才的培养与确保。通过知识及经验丰富的 IPSN 工作人员的实践性指导，培养能够胜任研究开发战略、知识产权战略、产业化战略的三位一体的人才。

举办由外部专家等进行的高水平讲演和研讨会；

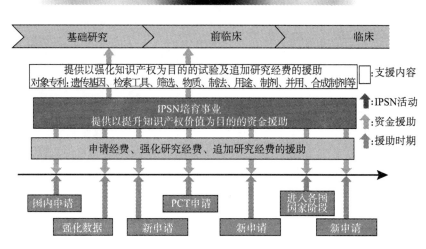

图下编 10.5　IPSN 的资金援助

进行以 OJT（在职培训）实践培训方式的人才培养；

也可接收来自会员企业、风险投资企业、TLO 的人才，对其进行培养；

力图解决学术研究单位中生命科学领域的人才不足问题；

支援建立因人才辈出呈现的集团单位的产学合作大据点；

扩大因人才不断辈出而能够独立的据点并确立网络体制。

（4）构筑亚洲网络。在尖端技术领域方面发展显著的亚洲各国和地区中（中国、韩国、新加坡、印度及中国台湾地区等），IPSN 扮演积极的角色，推进最初的正规化的网络构筑，并提供与上述各国和地区间的研发合作及商务战略等方面的协助和支援。

对于双向技术转让的强烈要求给予充分的支援；

支援亚洲各国和地区的研发战略、知识产权战略、产业化战略；

培养在亚洲各国和地区中能够胜任研发、知识产权、产业化各战略的三位一体的人才。

2013 年 7 月 25 日日本产业革新公司（INCJ）、松下公司和三井物产公司联合成立了 IPBridge 基金，旨在保护和盘活日本国内的知识产权，将日本境内未使用的专利卖给或租给日本公司，提升日本企业的实力，应对来自韩国和中国对手企业的竞争。

该基金是日本第一个特别为保护国内知识产权而成立的机构。基金初期由 INCJ（提供了大部分的现金）、松下和三井初步投入 30 亿日元成立，于 2013 年 7 月中全面投入运作。大约有 10 家日本公司将给以资金支持，这将使基金的管理资产达到约 300 亿日元。

该基金成立主要目的：

将销售专利获得的部分利润分给原始专利持有者；

提供新创公司智财组建支持；

购买专利持有者因企业重组和其他原因不再需要或不能使用的沉睡专利；

调查专利是否遭外国公司侵权，如果发现有侵权行为，基金将索取专利权利金；

将研究人员介绍给国内公司，从而阻止人才和技术流入外国公司。

（资料来源：科技产业资讯室，http：//iknow. stpi. narl. org. tw/Default. aspx；IP-bridge 网站，http：//ipbridge. co. jp/. ）

主要参考文献

[1] 刘海波. 技术经营论 [M]. 北京：科学出版社，2005.

[2] 王玉民，马维野. 专利商用化的策略与运用 [M]. 北京：科学出版社，2007.

[3] 毛金生，陈燕，李胜军，等. 专利运营实务 [M]. 北京：知识产权出版社，2013.

[4] 梁艳，刘群彦. 专利供方战略 [M]. 北京：法律出版社，2014.

[5] 周延鹏. 知识产权：全球营销获利圣经 [M]. 北京：知识产权出版社，2015.

[6] 蒂斯. 技术秘密与知识产权的转让与许可：解读当代世界的跨国企业 [M]. 王玉茂，彭洁，李莎，等，译. 北京：知识产权出版社，2014.

[7] 埃弗雷特，特鲁西略. 技术转移与知识产权问题 [M]. 王石宝，王婷婷，李娟，等，译. 北京：知识产权出版社，2014.

[8] 曼顿. 知识资产整合管理 知识资产发掘和保护指南 [M]. 张建宇，任莉，李德升，等，译. 北京：知识产权出版社，2014.

[9] 张文德. 知识产权运用 [M]. 北京：知识产权出版社，2015.

[10] 董新凯. 国家知识产权战略实施的制约因素及对策研究 [M]. 北京：知识产权出版社，2015.

[11] 丘志乔. 知识产权质押制度之重塑：基于法律价值的视角 [M]. 北京：知识产权出版社，2015.

[12] 余丹. 知识产权投资：风险、战略与法律保护 [M]. 杭州：浙江工商大学出版社，2015.

[13] 魏玮. 知识产权价值评估研究 [M]. 厦门：厦门大学出版社，2015.

[14] 毛昊，刘澄，林瀚. 中国企业专利实施和产业问题研究 [J]. 科学学研究，2013，31 (12)：1816-1825.

[15] Svensson R. Commercialization of patents and external financing during the R&D phase [J]. Research Policy，2007，36 (7)：1052-1069.

[16] 曹勇，赵莉. 专利获取、专利保护、专利商业化与技术创新绩效的作用机制研究 [J]. 科研管理，2013，34 (8)：42-52.

[17] 徐朝阳. 技术扩散模型中的发展中国家最优专利保护 [J]. 经济学 (季刊)，2010，9 (2)：509-532.

[18] 朱国军，杨晨. 企业专利运营能力的演化轨迹研究 [J]. 科学学与科学技术管理，2008 (7)：180-183.

[19] 何菁. 当前国内专利运营的难点和出路分析 [J]. 中国知识产权，2012 (70)：56-61.

[20] 林小爱. 专利交易特殊性及运营模式研究 [J]. 知识产权，2013 (3)：69-75.

[21] 宋河发. 国外主要科研机构和高校知识产权管理及其对我国的启示 [J]. 中国科

学院院刊，2013，28（4）：450-461.

[22] 李小丽. 日本大学专利技术转移组织运行的宏观驱动机制探析 [J]. 现代日本经济，2014（4）：55-63.

[23] 朱乃肖，黄春花. 开放式创新下的企业知识产权运营初探 [J]. 改革与战略，2012，28（2）：145-148.

[24] 魏玮. 从实施到运营：企业专利价值实现的发展趋势 [J]. 学术交流，2015，1：110-115.

[25] 李黎明，刘海波. 知识产权运营关键要素分析——基于案例分析视角 [J]. 科技进步与对策，2014（10）：1-9.

[26] 聂士海. 国际专利运营新势力 [J]. 中国知识产权，2012（70）：36-40.

[27] 刘金蕾，李建玲，刘海波. 高智发明模式的价值链分析与启示 [J]. 知识产权，2012（5）：91-97.

[28] 刘红光，孙惠娟，刘桂锋，等. 国外专利运营模式的实证研究 [J]. 图书情报研究，2014，7（2）：39-45.

[29] 杜跃平，王舒平，段利民，等. 中国专利运营公司典型模式调查研究 [J]. 科技进步与对策，2015，32（1）：83-88.

[30] 唐恒，朱伟伟. 高校专利运营模式的构建——基于客户价值的视角 [J]. 研究与发展管理，2013，25（1）：88-93.

[31] 唐恒，朱伟伟. 基于客户价值导向的高校专利运营研究 [J]. 技术经济与管理研究，2012（12）：31-35.

[32] 冯薇，李天柱，马佳. 生物技术企业接力创新中的专利运营模式——一个多案例研究 [J]. 科学学与科学技术管理，2015，36（3）：132-142.

[33] 郑伦幸，牛勇. 江苏省专利运营发展的现实困境与行政对策 [J]. 南京理工大学学报（社会科学版），2013，26（4）：58-64.

[34] 常利民. 我国专利运营对策研究 [J]. 电子知识产权，2014（8）：70-73.

[35] Millien R，Laurie R. A Summary of Established & Emerging IP Business models [C]. The Sedona Conference，Sedona，AZ. 2007：1-16.

[36] Wang A W. Rise of the Patent Intermediaries [J]. Berkeley Technology Law Journal，2010，25（1）：159-200.

[37] Lucia K A. The Patent Transactions Market-Established and Emerging Business Models [D]. Sweden，Chalmers University of Technology，2010.

[38] Feldman R，Ewing T. The Giants Among Us [J/OL]. Stanford Technology Law-Review，2012，1.

[39] Myhrvold N. Funding Eureka [J]. Harvard Business Review，2010，88（3）：40-50.

[40] Prud'homme. Dulling the Cutting Edge：How Patent-Related Policies and Practices Hamper Innovation in China [R]. Enropeun Chamber，MPRA Paper No. 43299，2012.

[41] 聂士海. IPXI：全球首家知识产权金融交易所 [J]. 中国知识产权，2012（70）：51-55.

[42] 李顺德. 知识产权贸易与知识产权产业 [J]. 对外经贸实务，2007（11）：4-8.

［43］刘海波，李黎明．知识产权产业初论［J］．科学决策，2009（2）：39-50．

［44］李黎明，刘海波．浅谈知识产权产业的战略意义［J］．科技促进发展，2012（7）：49-54．

［45］张平．专利运营的国际趋势与应对［J］．电子知识产权，2014（6）：22-25．

结　语

至此，这本《专利运营论》的稿件已经完成，自我国首部《专利法》自 1985 年 4 月 1 日开始实施后的 30 多年间，我国的专利事业可谓发生了翻天巨变，说中国用 30 多年的时间走过了西方 300 多年才走完的路也不为过。根据国家知识产权局公布的专利信息，截至 2015 年 4 月，我国共受理三种专利申请达到 1612 万件，授权专利 920 余万件，其中受理发明专利 551 余万件，授权 165 余万件。尤其是近几年，我国的专利申请量呈现井喷式增长，申请数量丝毫不逊色于发达国家。

《专利法》的实施为我国吸引外资、引进先进技术、激励创新提供了基本的制度保障，是我国建设创新型国家和实现可持续发展的重要一环，同时也是实现中华民族伟大复兴的一个重要里程碑。目前，我国基本上已经形成了自上而下的专利行政管理工作体系，国家领导人在多个场合提及包括专利在内的知识产权对我国发展的重要意义，各级政府也有序开展相应的工作。在市场方面，越来越多的单位和个人意识到专利的重要性，并且涌现出了一批积极利用专利探索经营发展之路的企业。

当然，我们也不会因为取得了些许成就而沾沾自喜，必须意识到 30 年与 300 年的积累和底蕴是截然不同的，即使是通过跨越式的追赶，也有一些必须经过长期积累才能完成的内容是我国目前所不具备的。但是不容忽视的是我国已经完成了初步的专利积累，这是利用专利制度实现我国经济社会发展过程的重要一步，这一过程的完成需要使专利"动起来"和"活起来"，这也就是我们所说的"专利运营"，即本书的主要目的所在。

随着"一带一路"战略的逐步展开，包括专利在内的知识产权的国际经贸作用也越来越凸显。知识产权制度从诞生以来，就发挥着国际贸易条件的功能。当前国际经贸出现了"WTO＋FTA""WTO＋RTA"的格局，显然会对我国的专利运营产生较大的影响。这一点，将要在今后的研究和工作中予以关注。

致　谢

我国专利运营的兴起，离不开中国专利保护协会秘书长马维野（国家知识产权局专利管理司原司长）的倡导和推动。2015 年 4 月 26 日世界知识产权日，马司长为理事长的中国专利运营联盟的成立，把我国专利运营引入了一个新阶段。本书初稿刚完成，我就微信马司长请做序。马司长慨然应允、欣然践诺，使本书增色非凡。在此向马司长表示崇高的敬意和衷心的感谢。

本书最初起意于 2012 年中关村管委会委托的调研课题《中关村知识产权运营体系构建研究》。课题执行期间，在创新处郅斌伟副处长的大力协调下，课题组访谈了当时北京地区初现规模的大部分专利运营机构。课题的顺利完成，让我们萌生了写一本专利运营方面著作的想法。因此，向直接把课题委托给我们、并给予诸多指导和帮助的中关村管委会刘航委员、孙晓峰处长、郅斌伟副处长表示诚挚谢意。

课题完成后大约一年，课题组最有活力和创造力的李黎明博士毕业去南京理工大学工作。黎明博士在我们这边学习和工作了 6 年时间，和我们一起做出了不少有趣的研究。在整理本书文稿的过程中，眼前还时常出现他的样子。本书的很多地方也有他研究成果的影子，在此也向他表示感谢和思念。

几年前曾和本书责任编辑李潇女士有过一次合作机会，但是机缘不足未能结果。本书书稿成型后，和李潇女士商谈出版事宜时，又一次被她的热情和专业精神所感动。在她的建议下，本书的内容和形式都有较大的完善。她的善意、执着和能力，使本书以现在的形式呈现在读者面前。再次感谢李潇女士。

英文讲 Last is not least，至今没有找到最合适的中文译文，不过意思大家都懂的。这里要说的是，中国科学院科技政策与管理科学研究所（现中国科学院科技战略咨询研究院）知识产权与科技法研究室的同事、中国科学院科知识产权研究与培训中心的同仁：宋河发主任、段异兵研究员、肖尤丹副研究员、贺宁馨博士、吕磊博士、李锡玲副主任、马常钧同志、刘颖同志、刘梦婷同志，你们的合作与支持，不仅是本书的基础，也是事业的基础。在此大声说，谢谢你们！